高等数学基础

张新德　陈玫伊　主编

ZHEJIANG UNIVERSITY PRESS
浙江大学出版社

图书在版编目(CIP)数据

高等数学基础 / 张新德，陈玫伊主编. —杭州：浙江大学出版社，2021.7(2024.8 重印)
ISBN 978-7-308-21458-2

Ⅰ.①高… Ⅱ.①张… ②陈… Ⅲ.①高等数学—高等职业教育—教材 Ⅳ.①O13

中国版本图书馆 CIP 数据核字(2021)第 107791 号

高等数学基础

张新德　陈玫伊　主编

责任编辑　马海城
责任校对　汪荣丽
封面设计　周　灵
出版发行　浙江大学出版社
(杭州市天目山路 148 号　邮政编码 310007)
(网址：http://www.zjupress.com)
排　　版　杭州星云光电图文制作有限公司
印　　刷　杭州高腾印务有限公司
开　　本　787mm×1092mm　1/16
印　　张　14.75
字　　数　349 千
版 印 次　2021 年 7 月第 1 版　2024 年 8 月第 4 次印刷
书　　号　ISBN 978-7-308-21458-2
定　　价　45.00 元

前　言

高等数学是一门重要的基础课程，肩负着为学生的专业课程学习服务、为学生的文化提升服务、为学生的可持续发展服务的责任. 同时随着社会的发展变化以及社会对人才的要求的提升，学生生源的多样性，高校对数学教材也提出了更高的要求，必须具有基础性、可操作性、阅读性较好等特点. 为了提高学生的整体素养和学校的整体教学水平，为了做好初等数学与高等数学的衔接，适应高职教育人才培养的新要求，充分发挥高等数学课程在高职院校人才培养中的重要作用，本着"拓宽文化基础，强化能力提升，合理构建学生可持续发展平台和提供必要的专业工具"的宗旨，立足高职，作者将多年的教学实践经验融入其中，编写了本教材.

本教材是根据教育部最新制定的"高职高专数学课程的教学基本要求"与"专升本高等数学考试大纲要求"，结合高职高专学生的特点编写的，注重概念，强化对学生基本能力的培养.

本教材的特点：强化基础概念，由浅入深，分析透彻；基础训练题多，强化对学生基本能力的训练；覆盖面广，涉及的章节涵盖专升本相关内容.

本教材共七章，内容主要为：函数与极限、导数与微分、导数的应用、一元函数积分学、常微分方程、无穷级数、向量代数与空间解析几何. 本教材适合作为高职高专各专业的高等数学教材，也可以作为高职高专学生专升本复习用书.

本教材由张新德、陈玫伊主编，郑伟洁、俞兰芳、刘芸恺分别参与第二章、第三章和第四章的编写工作. 书中难免出现疏漏、错误以及不尽如人意之处，恳请专家、同行、读者批评指正.

编者

2021 年 4 月

目 录

第 1 章　函数与极限

1.1　函数

1.1.1　函数的概念

1. 函数的定义

定义 1.1　设 x 和 y 是两个变量，D 是一个非空实数集合，$\forall x \in D$，按照法则 f，有唯一确定 y 与之相对应，则称对应法则 f 是定义在数集 D 上的一个函数，或称 y 是 x 的函数，记作 $y = f(x), x \in D$.

其中，x 称为自变量，y 称为因变量；当 $x = x_0$ 时，$y(x_0)$，$y\Big|_{x=x_0}$，$f(x_0)$ 表示对应的函数值. x 的取值范围 D 称为函数的定义域，全体函数值的集合 Z 称为函数的值域.

［注］　关于函数的进一步说明：

(1) 函数记号：y 是 x 的函数，可以记为 $y = f(x)$，如果在同一个问题中，出现对应法则不同的函数，则需要用不同的字母表示不同的对应规则，如：$y = \varphi(x)$，$y = g(x)$，$y = F(x)$，等等. 有时也用 $y = y(x)$ 表示 y 是 x 的函数，这时等号左边的 y 表示因变量，右边的 y 表示对应规则.

(2) 函数的两个要素：函数的定义域和对应规则是确定函数的两个要素. 两个函数只有当它们的定义域和对应规则都相同时才能相同. 函数的表示法只与定义域和对应法则有关，与用什么字母表示无关.

［例 1-1］　已知 $f(x) = x^2 + 1$，求 $f(0)$，$f(a)$，$f(x+1)$.

解　因为 $f(x) = x^2 + 1$，所以

$$f(0) = 0^2 + 1 = 1$$

$$f(a) = a^2 + 1$$

$$f(x+1) = (x+1)^2 + 1 = x^2 + 2x + 2.$$

［例 1-2］　若已知 $f(x+1) = x^3$，求 $f(x)$.

解　设 $x + 1 = u$，则 $x = u - 1$，$f(u) = (u-1)^3$

因函数的表示法只与定义域和对应法则有关，改变自变量的表示字母不影响函数关系，故将上式中的 u 换成 x，可得 $f(x) = (x-1)^3$.

2. 函数的定义域

函数的定义域的计算通常有两种情况：如函数有实际意义，则根据其实际背景确定其定义域. 另一种是用算式表达的函数，则其定义域是指使式子有意义的一切实数组成的集合，

一般要考虑以下几个方面：

(1) 分式的分母必须不等于零；

(2) 偶次根式的被开方式必须大于等于 0；

(3) 对数的真数必须大于零，底大于零且不等于 1；

(4) 正切符号下的式子必须不等于 $k\pi+\frac{\pi}{2}, k\in Z$，余切符号下的式子必须不等于 $k\pi, k\in Z$；

(5) 反正弦符号下的式子的绝对值必须小于等于 1，反余弦符号下的式子的绝对值必须小于等于 1；

(6) 若表达式中同时有以上几种情况，需同时考虑，并求它们的交集.

[例 1-3] 求下列函数的定义域：

(1) $y=\frac{1}{\sqrt{9-x^2}}+\arcsin(x-1)$； (2) $y=\log_{x+1}(4-x^2)$.

解 (1) 函数若要有意义，必须满足不等式组

$$\begin{cases}\sqrt{9-x^2}\neq 0\\ 9-x^2\geqslant 0\\ |x-1|\leqslant 1\end{cases},$$

解得：$-2\leqslant x\leqslant 2$，即函数的定义域为 $D=[-2,2]$.

(2) 因为原函数为对数函数形式，所以必须满足不等式组

$$\begin{cases}4-x^2>0\\ x+1>0\\ x+1\neq 1\end{cases},$$

解得：$-1<x<2$ 且 $x\neq 0$，即函数的定义域为 $D=(-1,0)\cup(0,2)$.

1.1.2 函数的特性

1. 有界性

定义 1.2 设函数 $f(x)$ 的定义域为 D，数集 $I\subset D$，若存在一个正数 M，使 $f(x)$ 在区间 I 上恒有 $|f(x)|\leqslant M$，则称函数 $f(x)$ 在 I 上**有界**，或称 $f(x)$ 是 I 上的有界函数；否则称函数 $f(x)$ 在 I 上**无界**.

例如，函数 $y=\frac{1}{x}$ 在区间 $(0,1)$ 内无界，在区间 $(1,+\infty)$ 内有界.

表 1-1 列出了 6 个常用的有界函数.

表 1-1 6 个常用的有界函数

函数		x 取值范围
$\lvert\sin x\rvert\leqslant 1$	$\lvert\cos x\rvert\leqslant 1$	$x\in(-\infty,+\infty)$
$\lvert\arcsin x\rvert\leqslant\frac{\pi}{2}$	$\lvert\arccos x\rvert\leqslant\pi$	$x\in[-1,1]$
$\lvert\arctan x\rvert\leqslant\frac{\pi}{2}$	$\lvert\text{arccot}\, x\rvert\leqslant\pi$	$x\in(-\infty,+\infty)$

2. 单调性

定义 1.3　设有函数 $f(x)$，如果对于区间内任意两点 x_1 和 x_2，当 $x_1 < x_2$ 时，都有 $f(x_1) < f(x_2)$，则称函数 $f(x)$ 在该区间上**单调增加**，如图 1-1 所示；当 $x_1 < x_2$ 时，都有 $f(x_1) > f(x_2)$，则称函数 $f(x)$ 在该区间上**单调减少**，如图 1-2 所示.

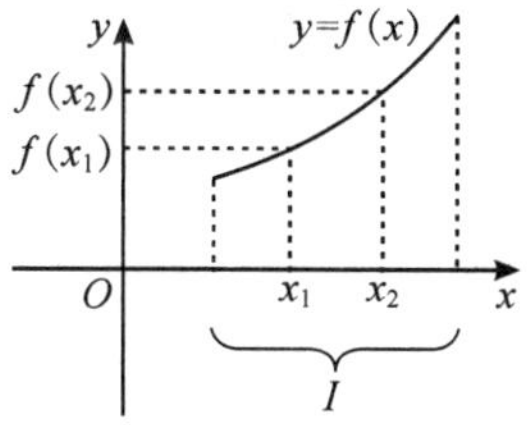

图 1-1

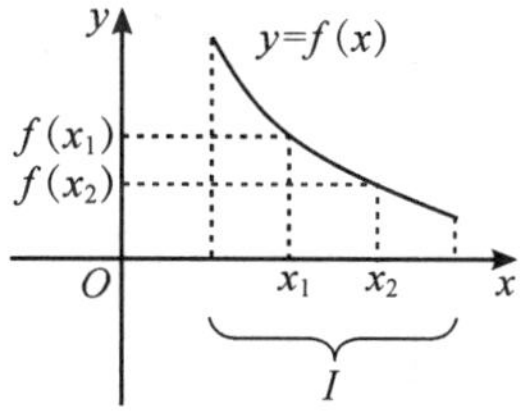

图 1-2

例如，函数 $y = x^2$ 在 $[0, +\infty)$ 内是单调增加的，在 $(-\infty, 0]$ 内是单调减少的，在 $(-\infty, +\infty)$ 内不是单调的.

表 1-2 列出了 8 个常用的单调函数.

表 1-2　8 个常用的单调函数

函数及其单调性	对应的反函数及其单调性
e^x 在 $(-\infty, +\infty)$ 内单调增加	$\ln x$ 在 $(0, +\infty)$ 内单调增加
$\sin x$ 在 $\left[-\frac{\pi}{2}, \frac{\pi}{2}\right]$ 上单调增加	$\arcsin x$ 在 $[-1, 1]$ 上单调增加
$\cos x$ 在 $[0, \pi]$ 上单调减少	$\arccos x$ 在 $[-1, 1]$ 上单调减少
$\tan x$ 在 $\left(-\frac{\pi}{2}, \frac{\pi}{2}\right)$ 内单调增加	$\arctan x$ 在 $(-\infty, +\infty)$ 内单调增加

3. 奇偶性

定义 1.4　设函数 $f(x)$ 的定义域 D 关于原点对称，如果对于任意的 $x \in D$，都有：

$f(-x) = f(x)$，则称函数 $f(x)$ 为偶函数，如图 1-3 所示；

$f(-x) = -f(x)$，则称函数 $f(x)$ 为奇函数，如图 1-4 所示.

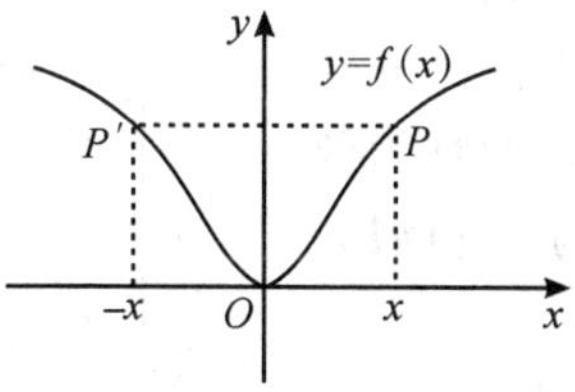

图 1-3

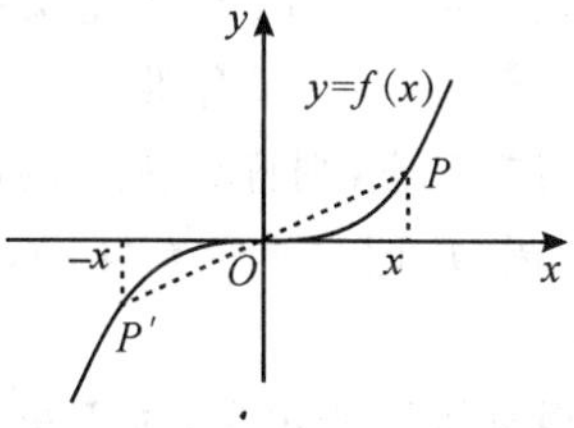

图 1-4

［注］　设以下所考虑的函数都是定义在区间 $(-a, a)$ 上，则：

(1) 两个偶函数的和或差是偶函数，两个奇函数的和或差是奇函数；

(2) 两个偶函数的积或商（除数不为 0）是偶函数，两个奇函数的积或商（除数不为 0）是偶函数，偶函数与奇函数的积或商（除数不为 0）是奇函数；

(3) 非零的一个奇函数和偶函数之和是非奇非偶函数；

(4) $f(x)$ 为任意函数，$x \in (-a, a)$，则 $f(x) + f(-x)$ 为偶函数，$f(x) - f(-x)$ 为奇

函数.

例如,函数 $y = x^2$ 为偶函数;$y = x^3$ 为奇函数;$y = x^2 + x^3$ 为非奇非偶函数.

[**例 1-4**]　判断函数 $f(x) = x\dfrac{a^x - 1}{a^x + 1}(a > 1)$ 的奇偶性.

解　$f(-x) = (-x)\dfrac{a^{-x} - 1}{a^{-x} + 1} = (-x)\dfrac{\frac{1 - a^x}{a^x}}{\frac{1 + a^x}{a^x}} = (-x)\dfrac{1 - a^x}{1 + a^x} = x\dfrac{a^x - 1}{1 + a^x} = f(x)$,所以为偶函数.

4. 周期性

定义 1.5　设函数 $f(x)$ 的定义域 D,如果存在不为 0 的数 T,使得对于 $x \in D$ 有 $(x + T) \in D$,$f(x + T) = f(x)$ 恒成立,则称函数 $f(x)$ 为周期函数,T 称为函数的周期.一般地,周期指的是最小正周期,如图 1-5 所示.

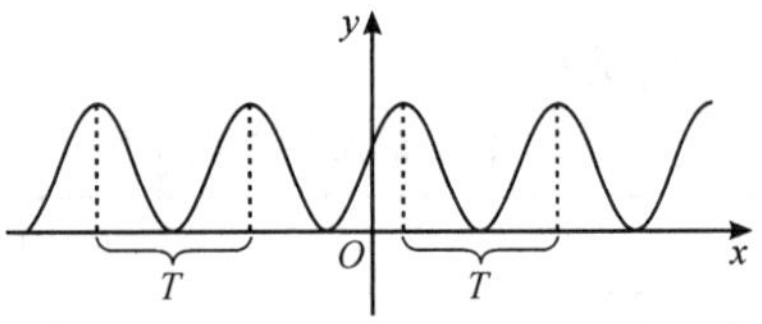

图 1-5

例如,函数 $y = \sin x$,$y = \cos x$ 都是周期为 2π 的周期函数,函数 $y = \tan x$,$y = \cot x$ 都是周期为 π 的周期函数.

1.1.3　反函数

在实际问题中研究变量之间的相互依赖关系时,自变量和因变量是可以互相转化的.例如,设圆的半径为 r,面积为 s,那么 r 与 s 之间的关系为 $s = \pi r^2$,这时,r 为自变量,s 为因变量;反过来,如果已知圆的面积 s 求半径 r,那么式子就变为 $r = \sqrt{\dfrac{s}{\pi}}$,这时,$s$ 为自变量,r 为因变量.对于以上两种函数关系,由于对应法则不同,它们是两个不同的函数,常称它们互为反函数.

定义 1.6　设函数 $y = f(x)$ 为定义在 D 上的函数,值域为 Z,如果对于每一个 $y \in Z$,都有唯一一个确定的且满足 $y = f(x)$ 的 $x \in D$ 与之对应,则称 x 为 y 的函数,这个函数称为函数 $y = f(x)$ 的反函数,记为 $y = f^{-1}(x)$,其定义域为 Z,值域为 D,如图 1-6 所示.

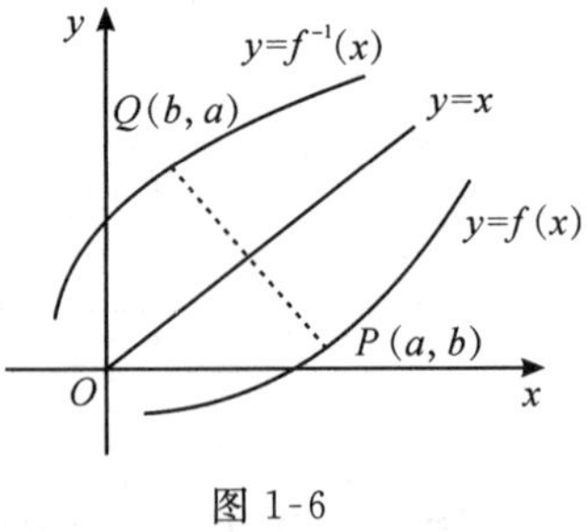

图 1-6

[**注**]　(1) 根据函数的定义,对于每一个自变量的值,都有唯一的函数值与之对应;而对于每一个函数值,却不一定只有唯一的自变量值与之对应.因此,只有不同的自变量值一一对应不同函数值的对应函数,才可以定义它的反函数.如果函数在一个区间上严格单调(递增或递减),则必存在反函数.

(2) 习惯上,总是用 x 表示自变量,y 表示因变量,因此 $y = f(x)$ 的反函数 $x = f^{-1}(y)$ 常改写成 $y = f^{-1}(x)$.函数 $y = f(x)$ 与 $y = f^{-1}(x)$ 的图像关于直线 $y = x$ 对称.

(3) $f[f^{-1}(x)] = x$,$f^{-1}[f(x)] = x$.

［例 1-5］　求函数 $y = 3x + 1$ 的反函数.

解　由 $y = 3x + 1$,解得 $x = \dfrac{y-1}{3}$

改变变量的符号,即得反函数 $y = \dfrac{x-1}{3}$.

［例 1-6］　求函数 $y = e^x - 2$ 的反函数.

解　由 $y + 2 = e^x$ 两边取以 e 为底的对数函数,
解得 $x = \ln(y+2)$
改变变量的符号,即得反函数 $y = \ln(x+2)$.

［例 1-7］　求函数 $y = \log_a(x + \sqrt{x^2-1})(x \geqslant 1)$ 的反函数.

解　由原式两边取以 a 为底的指数函数,得 $a^y = x + \sqrt{x^2-1}$,

$$a^{-y} = \frac{1}{x+\sqrt{x^2-1}} = \frac{x-\sqrt{x^2-1}}{(x+\sqrt{x^2-1})(x-\sqrt{x^2-1})} = x - \sqrt{x^2-1},$$

以上两式相加,得 $2x = a^y + a^{-y}$,$x = \dfrac{a^y + a^{-y}}{2}$,

所求的反函数为 $y = \dfrac{a^x + a^{-x}}{2}$,$x \in [0, +\infty)$.

［例 1-8］　讨论函数 $y = x^2$ 的反函数.

解　由于函数 $y = x^2$ 在定义域上非单调,因此不存在反函数;
当 $x \geqslant 0$ 时,函数的反函数为 $y = \sqrt{x}$;
当 $x \leqslant 0$ 时,函数的反函数为 $y = -\sqrt{x}$.

1.1.4　复合函数

定义 1.7　设 y 是 u 的函数 $y = f(u)$,而 u 是 x 的函数 $u = \varphi(x)$,且 $u = \varphi(x)$ 的值域与 $y = f(u)$ 的定义域相交非空,则 y 可以通过变量 u 的联系成为 x 的函数,写作 $y = f[\varphi(x)]$,我们把这个函数称为复合函数,u 称为中间变量.

通过分析复合函数的结构,我们可以把几个作为中间变量的函数复合成一个函数;同时,我们也可以将复合函数分解为简单函数,这些较简单的函数往往是基本初等函数或是基本初等函数的四则运算.

［例 1-9］　已知 $y = \sin u$,$u = x^2$,试把 y 表示为 x 的函数.

解　函数 $y = \sin u$ 的定义域为 $(-\infty, +\infty)$,$u = x^2$ 的值域为 $[0, +\infty)$,两者相交非空,因此可以复合且表示为 $y = \sin x^2$.

［例 1-10］　拆分以下复合函数:

(1) $y = (x^2-1)^{10}$;　(2) $y = \dfrac{1}{\ln x}$.

解　(1) $y = u^{10}$,$u = x^2 - 1$;　(2) $y = \dfrac{1}{u}$,$u = \ln x$.

［例 1-11］　已知 $y = f(u) = \ln u$,$u = \varphi(x) = a - x^2$,分别求当 $a = 1$ 和 $a = -1$ 时,函数 $y = f[\varphi(x)]$ 是否为复合函数.

解 (1) 当 $a=1$ 时,函数 $y=\ln u$ 的定义域为 $(0,+\infty)$,函数 $u=1-x^2$ 的值域为 $(-\infty,1]$,两者相交非空,所以 $y=f[\varphi(x)]=\ln(1-x^2)$ 是复合函数.

(2) 当 $a=-1$ 时,函数 $y=\ln u$ 的定义域为 $(0,+\infty)$,函数 $u=-1-x^2$ 的值域为 $(-\infty,-1]$,两者相交为空,所以 $y=f[\varphi(x)]=\ln(-1-x^2)$ 不是复合函数.

1.1.5 基本初等函数

常数函数、幂函数、指数函数、对数函数、三角函数和反三角函数统称为基本初等函数.

1. 常数函数 $y=c$

它的定义域是 $(-\infty,+\infty)$,图形为平行于 x 轴截距为 c 的直线.

2. 幂函数 $y=x^\alpha$(α 为实数)

它的定义域随 α 而异,但不论 α 为何值,$y=x^\alpha$ 在 $(0,+\infty)$ 内总有定义,且图形经过 $(1,1)$ 点.

3. 指数函数 $y=a^x$($a>0,a\neq1$)

它的定义域为 $(-\infty,+\infty)$,值域为 $(0,+\infty)$,都通过 $(0,1)$ 点,当 $a>1$ 时,函数单调增加(见图 1-7);当 $0<a<1$ 时,函数单调减少(见图 1-8).

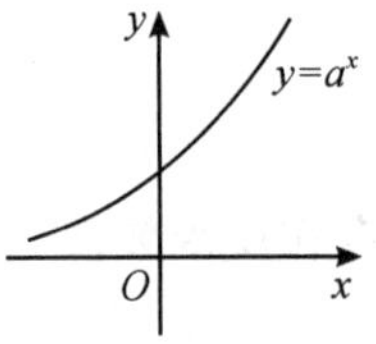

($a>1$ 的情形)
图 1-7

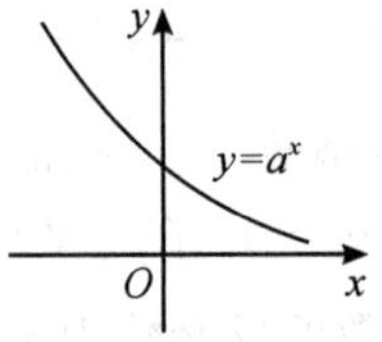

($0<a<1$ 的情形)
图 1-8

4. 对数函数 $y=\log_a x$($a>0,a\neq1$)

定义域为 $(0,+\infty)$,都通过 $(1,0)$ 点,当 $a>1$ 时,函数单调增加(见图 1-9);当 $0<a<1$ 时,函数单调减少(见图 1-10). 对数函数与指数函数互为反函数.

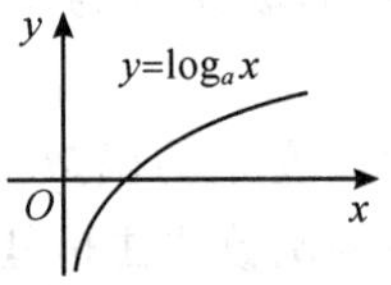

($a>1$ 的情形)
图 1-9

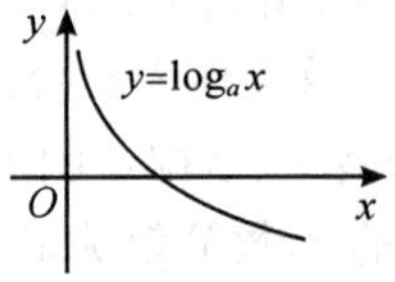

($0<a<1$ 的情形)
图 1-10

5. 三角函数

常见的三角函数的性质见表 1-3,对应的函数图像如图 1-11,图 1-12,图 1-13,图 1-14 所示.

表 1-3 常见的三角函数的性质

性质	正弦函数 $y=\sin x$	余弦函数 $y=\cos x$	正切函数 $y=\tan x$	余切函数 $y=\cot x$
定义域	$(-\infty,+\infty)$	$(-\infty,+\infty)$	$x\neq k\pi+\frac{\pi}{2},k\in Z$	$x\neq k\pi,k\in Z$
值域	$[-1,1]$	$[-1,1]$	$[-1,1]$	$[-1,1]$
单调性	定义域内非单调			

续表

性质	正弦函数 $y=\sin x$	余弦函数 $y=\cos x$	正切函数 $y=\tan x$	余切函数 $y=\cot x$
奇偶性	奇函数	偶函数	奇函数	奇函数
周期性	2π		π	
有界性	有界函数		无界函数	

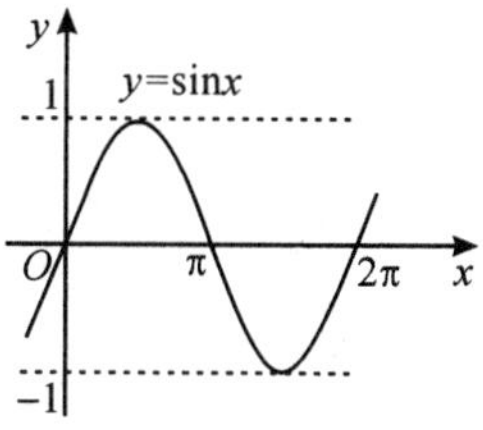

图 1-11

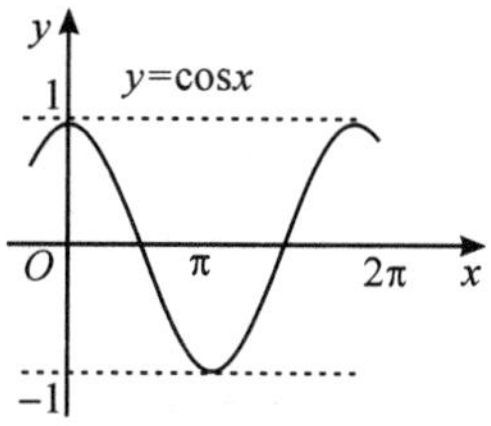

图 1-12

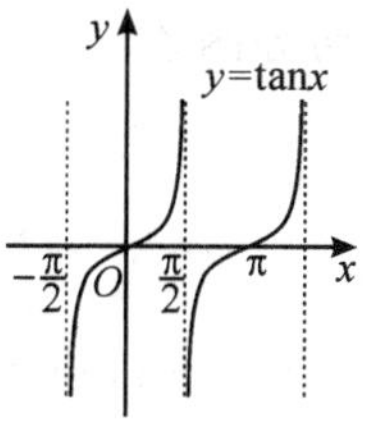

图 1-13

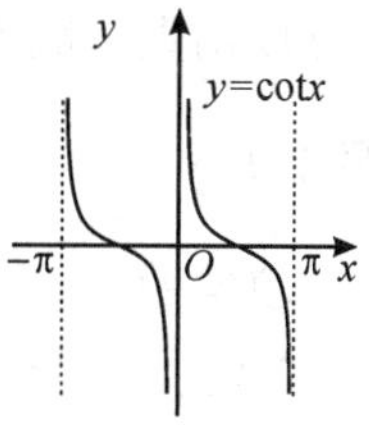

图 1-14

6. 反三角函数

三角函数的反函数称为反三角函数，由于三角函数 $y=\sin x$，$y=\cos x$，$y=\tan x$，$y=\cot x$ 在其定义域上非单调，为了得到它们的反函数，把这些函数限定在某个单调区间内来讨论. 反三角函数的性质见表 1-4，对应的函数图像如图 1-15，图 1-16，图 1-17，图 1-18 所示.

表 1-4　反三角函数的性质

性质	反正弦函数 $y=\arcsin x$	反余弦函数 $y=\arccos x$	反正切函数 $y=\arctan x$	反余切函数 $y=\operatorname{arccot} x$
定义域	$[-1,1]$	$[-1,1]$	$(-\infty,+\infty)$	$y=(-\infty,+\infty)$
值域	$\left[-\frac{\pi}{2},\frac{\pi}{2}\right]$	$[0,\pi]$	$\left(-\frac{\pi}{2},\frac{\pi}{2}\right)$	$(0,\pi)$
单调性	定义域内增函数	定义域内减函数	定义域内增函数	定义域内减函数
奇偶性	奇函数	非奇非偶函数	奇函数	非奇非偶函数
周期性	都不是周期函数			
有界性	都是有界函数			

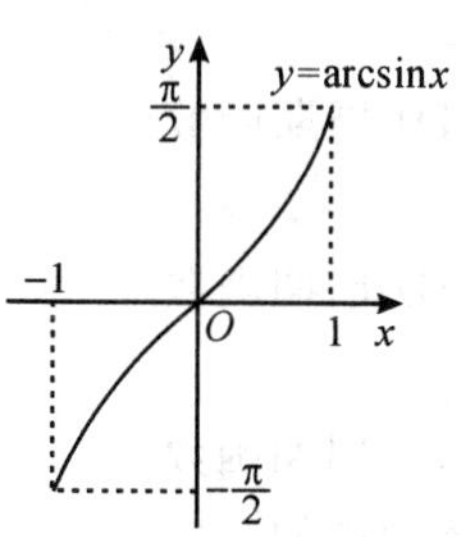

图 1-15

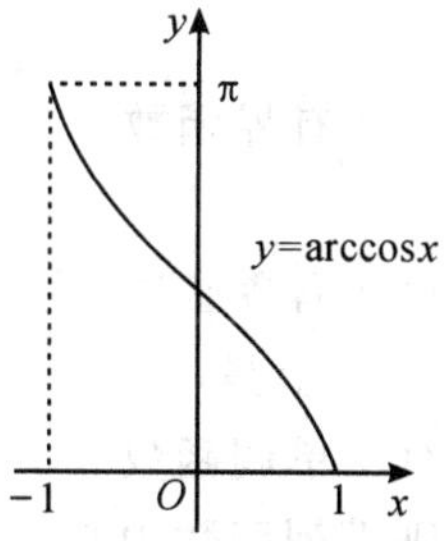

图 1-16

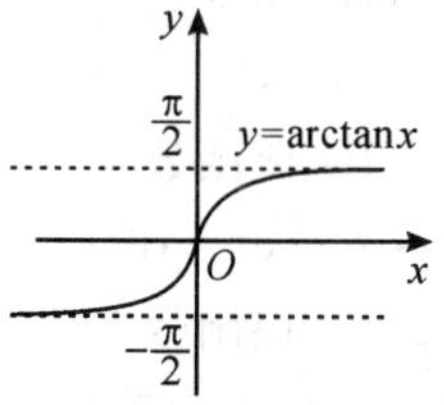

图 1-17

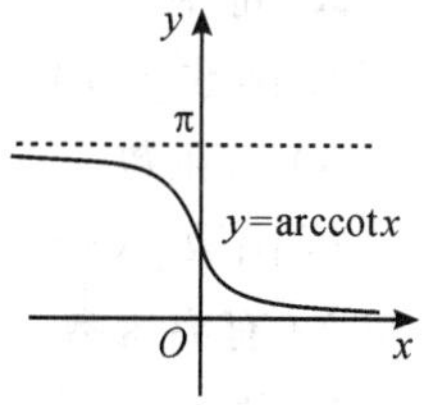

图 1-18

1.1.6　初等函数

定义 1.8　由基本初等函数经过有限次的四则运算和复合运算所构成，并可用一个解析式表示的函数，统称为初等函数. 例如，多项式函数 $P_n(x)=a_0x^n+a_1x^{n-1}+\cdots+a_{n-1}x+a_n$，函数 $y=\ln(x^2+\sin x)$ 等都是初等函数；函数 $y=1+x+x^2+\cdots+x^n$ 不是初等函数.

1.1.7 分段函数

定义 1.9 若函数 $y=f(x)$ 在它的定义域内的不同区间上有不同的表达式，则称它为分段函数. 例如，绝对值函数 $y=|x|=\begin{cases}x, & x\geqslant 0\\ -x, & x<0\end{cases}$，符号函数 $y=\operatorname{sin}x=\begin{cases}-1, & x<0\\ 0, & x=0.\\ 1, & x>0\end{cases}$

分段函数一般不是初等函数.

习题 1-1

1. 填空题

(1) 设 $f(x)=x^3+2x^2+1$，则 $f(e^x)=$ ________.

(2) 设 $y=2^u, u=v^2, v=\sin x$，则复合函数 $y=f(x)=$ ________.

(3) 函数 $f(x)=\begin{cases}x^2+1, & 1<x\leqslant 3\\ \ln x, & x>3\end{cases}$ 的定义域是________.

(4) 设函数 $f(x)=\begin{cases}x^2-2x, & x\geqslant 0\\ -x, & x<0\end{cases}$，则 $f(x+1)=$ ________.

(5) 设 $f(x)=x^2, \varphi(x)=e^x$，则 $\varphi[f(x)]=$ ________；$f[\varphi(x)]=$ ________.

(6) 设 $f(x)=3x+4, g[f(x)]=5x+1$，则 $g(x)=$ ________.

(7) 设在区间 $(-\infty,+\infty)$ 上 $f(x)$ 为偶函数，$g(x)$ 为奇函数，且 $f(x)$ 与 $g(x)$ 均不恒为零，则下列函数：①$f(x)\cdot g(x)$，②$f(x)+g(x)$，③$f[g(x)]$，④$g[f(x)]$，⑤$f[f(x)]$，⑥$g[g(x)]$ 为偶函数的是________；为奇函数的是________.

(8) 如果函数 $f(x)$ 的定义域为 $(-1,0)$，则函数 $f(x^2-1)$ 的定义域为________.

(9) 函数 $f(x)=x^3+5$ 的反函数是________.

(10) $\sin\left(\arcsin\frac{1}{2}\right)=$ ________；$\arctan\left(\tan\frac{\pi}{4}\right)=$ ________.

2. 选择题

(1) 函数 $f(x)=(x^2+1)\cos x$ 是(　　).

(A) 奇函数　(B) 偶函数　(C) 有界函数　(D) 周期函数

(2) 函数 $f(x)=x^2\sin x$ 是(　　).

(A) 奇函数　(B) 偶函数　(C) 有界函数　(D) 周期函数

(3) 函数 $f(x)=|x\sin x|e^{\cos x}$ 在 $(-\infty,+\infty)$ 上是(　　).

(A) 有界函数　(B) 偶函数　(C) 单调函数　(D) 周期函数

(4) 设 $f(x)$ 在 $(-\infty,+\infty)$ 内单调增加，则下列函数中必定单调增加的是(　　).

(A) $f(x^2)$　(B) $f^2(x)$　(C) $\tan f(x)$　(D) $\arctan f(x)$

3. 求下列函数的定义域.

(1) $y=\dfrac{1}{\sqrt{1-x^2}}$；　(2) $y=\log_2\dfrac{1}{1-x}+\sqrt{x+2}$；

(3) $y=\arcsin\dfrac{x-1}{2}$；　(4) $y=\log_{x+1}(x-1)$.

4. 下列各题中，函数 $f(x)$ 与 $g(x)$ 是否相同，为什么？

(1) $f(x)=\lg x^2, g(x)=2\lg x$；

(2) $f(x)=x, g(x)=\sqrt{x^2}$；

(3) $f(x)=\sqrt[3]{x^4-x^3}, g(x)=x\sqrt[3]{x-1}$；

(4) $f(x)=x-1, g(x)=\dfrac{(x-1)(x+4)}{x+4}$；

(5) $f(x)=e^{\ln x}, g(x)=x$.

5. 确定下列函数的奇偶性.

(1) $f(x)=x\sin x$；　(2) $f(x)=e^x-e^{-x}$；　(3) $f(x)=\ln\dfrac{1-x}{1+x}$；

(4) $f(x)=x^2\cos x$；　(5) $f(x)=\dfrac{a^x-1}{a^x+1}$；　(6) $f(x)=\dfrac{1}{a^x-1}+\dfrac{1}{2}(a>0,a\neq 1)$.

6. 下列函数可以看成由哪些简单函数复合而成？

(1) $y=\cos\sqrt{x}$；　(2) $y=(2x^2+1)^3$；　(3) $y=a\sqrt[3]{1+x}$；

(4) $y=\sin^2(3x+2)$；　(5) $y=\sqrt{\lg\sqrt{x}}$；　(6) $y=\ln\tan 2x$.

7. 求下列函数的反函数，并确定它们的定义域和值域.

(1) $y=\cos(2x+1)$；　(2) $y=1+\ln(x+2)$；　(3) $y=e^{2x}+2$.

1.2　数列的极限

1.2.1　数列

定义 1.10　按一定次序排列的无穷多个数 $x_1,x_2,x_3,\cdots,x_n,\cdots$ 称为无穷数列，简称数列，记作 $\{x_n\}$. 其中的每一个数都称为这个数列的项，x_n 称为数列的通项（一般项）. 例如：

$x_n=\dfrac{1}{n}:1,\dfrac{1}{2},\dfrac{1}{3},\cdots,\dfrac{1}{n},\cdots$；

$x_n=n:1,2,3,\cdots,n,\cdots$；

$x_n=(-1)^n:-1,1,-1,\cdots,(-1)^n,\cdots$；

$x_n=2:2,2,2,\cdots,2,\cdots$.

由上述这些例子可见：随着 n 的逐渐增大，数列有着各自的变化趋势，我们先对这几个具体数列的变化趋势进行分析，再引出数列极限的概念.

数列 $\left\{\dfrac{1}{n}\right\}$，当 n 无限增大时，它的通项 x_n 无限接近于 0；

数列 $\{n\}$，当 n 无限增大时，它的通项 x_n 也无限增大，因此不接近于任何确定的常数；

数列 $\{(-1)^n\}$，当 n 无限增大时，它的通项 x_n 有时等于 -1（n 为奇数时），有时等于 1（n 为偶数时），因此不接近于任何确定的常数；

数列 $\{2\}$，当 n 无限增大时，它的通项 x_n 始终等于 2.

通过以上四种情况可以得出，数列 $\{x_n\}$ 的通项变化趋势有两种情形：无限接近于某个确定的常数或不接近于任何确定的常数，这样我们可得出数列极限的初步定义.

1.2.2 数列的极限

定义 1.11 对于数列$\{x_n\}$，当 n 无限增大($n\to\infty$)时，它的通项 x_n 无限接近于一个确定的常数 A，则称 A 为数列$\{x_n\}$的极限，或称数列$\{x_n\}$收敛于 A. 记作：

$$\lim_{n\to\infty} x_n = A \text{ 或 } x_n \to A(n\to\infty),$$

否则，则称当 $n\to\infty$ 时数列$\{x_n\}$没有极限，或称数列发散.

[注] (1) 极限$\lim\limits_{n\to\infty} x_n = A$表示当项数$n$无限增大时，通项 x_n 变化的总趋势无限接近常数 A.

(2) 当 n 无限增大时，如果$\{x_n\}$无限增大，则数列极限不存在. 这时，习惯上也称数列$\{x_n\}$的极限是无穷大，记作$\lim\limits_{n\to\infty} x_n = \infty$.

(3) 常见数列的极限：$\lim\limits_{n\to\infty} C = C$($C$ 是常数)，$\lim\limits_{n\to\infty}\dfrac{1}{n^a} = 0(a>0)$，$\lim\limits_{n\to\infty}\dfrac{1}{2^n} = 0$，$\lim\limits_{n\to\infty} q^n = 0(|q|<1)$，$\lim\limits_{n\to\infty}\sqrt[n]{a} = 1(a>0)$，$\lim\limits_{n\to\infty}\sqrt[n]{n} = 1$，$\lim\limits_{n\to\infty}\dfrac{a^n}{n!} = 0(a>0)$.

1.2.3 收敛数列的性质

1. 有界性

对于数列$\{x_n\}$，如果存在正数 M，使得对于一切 x_n 恒有 $|x_n|\leqslant M$，则称数列$\{x_n\}$有界，如果不存在这样的 M，则称数列$\{x_n\}$无界.

定理 1.1 若数列$\{x_n\}$收敛，则$\{x_n\}$必有界，有界的数列不一定收敛；无界数列必定发散.

例如，数列 $x_n = \dfrac{n}{2n+1}(n=1,2,\cdots)$，可取 $M=\dfrac{1}{2}$，使得$\left|\dfrac{n}{2n+1}\right|\leqslant\dfrac{1}{2}$对于一切正整数 n 都成立，则说明数列有界.

2. 唯一性

定理 1.2 如果数列$\{x_n\}$收敛，则它的极限唯一.

3. 保号性

定理 1.3 若数列$\{x_n\}$收敛，且$\lim\limits_{n\to\infty} x_n = A$，则当 $A>0$(或 $A<0$)时，存在正整数 N，当 $n>N$ 时，有 $x_n>0$(或 $x_n<0$).

习题 1-2

1. 下列各题中，哪些数列收敛？哪些数列发散？对于收敛数列，通过观察$\{x_n\}$的变化趋势，写出它们的极限.

(1) $x_n = \dfrac{1}{2^n}$；　(2) $x_n = \dfrac{(-1)^n}{n}$；　(3) $x_n = \dfrac{n-1}{n+1}$；

(4) $x_n = n-\dfrac{1}{n}$；　(5) $x_n = 2+\dfrac{1}{n}$；　(6) $x_n = n+(-1)^{n-1}$；

(7) $x_n=(-1)^n n$；　(8) $x_n=2+(-1)^n$；　(9) $x_n=\frac{2^n-1}{3^n}$.

2. 若 $\lim\limits_{n\to\infty}a_n=k$（$k$ 为常数），则 $\lim\limits_{n\to\infty}a_{2n}=$ ________.

3. 下列结论中正确的是(　　).

(A) 若 $\lim\limits_{n\to\infty}\frac{a_{n+1}}{a_n}=1$，则 $\lim\limits_{n\to\infty}a_n$ 存在

(B) 若 $\lim\limits_{n\to\infty}a_n=A$，则 $\lim\limits_{n\to\infty}\frac{a_{n+1}}{a_n}=\frac{\lim\limits_{n\to\infty}a_{n+1}}{\lim\limits_{n\to\infty}a_n}=1$

(C) 若 $\lim\limits_{n\to\infty}a_n=A$，$\lim\limits_{n\to\infty}b_n=B$，则 $\lim\limits_{n\to\infty}(a_n)^{b_n}=A^B$

(D) 若数列 $\{a_{2n}\}$ 收敛，且 $a_{2n}-a_{2n-1}\to 0(n\to\infty)$，则数列 $\{a_n\}$ 收敛

1.3　函数的极限

数列可看作自变量为正整数 n 的一种特殊函数，数列极限就是研究当自变量 $n\to\infty$ 时函数值的变化趋势. 对于一般的函数 $y=f(x)$，$x\in D$，我们也可以研究在自变量 x 的变化过程中函数值的变化趋势. 在这里，自变量 x 的变化过程可分成趋于无穷大或趋于有限值这两种情况来讨论.

1.3.1　自变量趋向于无穷大时函数的极限

自变量趋向于无穷大是指 x 的绝对值无限增大，包括：

(1) x 取正数，无限增大，记作 $x\to+\infty$；

(2) x 取负数，绝对值无限增大（即 x 无限减小），记作 $x\to-\infty$.

若 x 不指定正负，只是 $|x|$ 无限增大，则写成 $x\to\infty$.

定义 1.12　对于函数 $f(x)$，如果当 $|x|$ 无限增大（即 $x\to\infty$）时，函数值无限接近于一个确定的常数 A，则称 A 为函数 $f(x)$ 当 $x\to\infty$ 的极限，或称函数 $f(x)$ 收敛于 A. 记作：

$$\lim_{x\to\infty}f(x)=A \text{ 或 } f(x)\to A(x\to\infty),$$

否则，则称当 $x\to\infty$ 时函数 $f(x)$ 没有极限，或称函数发散.

［例 1-12］　讨论函数 $f(x)=\frac{1}{x}$ 当 $x\to\infty$ 时的变化趋势.

解　函数的定义域为 $(-\infty,0)\cup(0,+\infty)$，从图 1-19 可以看出，当 $|x|$ 不断增大时，即 $x\to+\infty$ 和 $x\to-\infty$ 时，曲线都无限接近于 x 轴，即 $f(x)=\frac{1}{x}\to 0$. 这时，我们就说当 $x\to\infty$ 时，函数 $f(x)=\frac{1}{x}$ 的极限为 0，即 $\lim\limits_{x\to\infty}\frac{1}{x}=0$.

［例 1-13］　讨论函数 $y=2^x$ 当 $x\to\infty$ 时的变化趋势.

解　函数的定义域为 $(-\infty,0)\cup(0,+\infty)$，从图 1-20 可以看出，当 $x\to+\infty$ 时，函数值无限增大，即 $\lim\limits_{x\to+\infty}2^x=\infty$；当 $x\to-\infty$ 时，其函数值无限接近于 0，即 $\lim\limits_{x\to-\infty}2^x=0$. 由于当 $x\to+\infty$ 及 $x\to-\infty$ 时，函数变化趋势并不一致，因此我们说当 $x\to\infty$ 时，函数 $y=2^x$ 极限不存在.

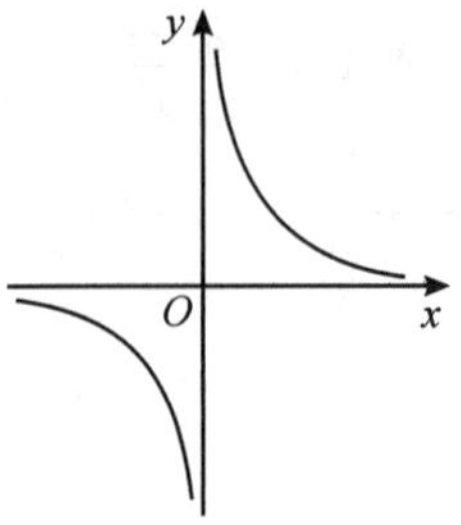

图 1-19

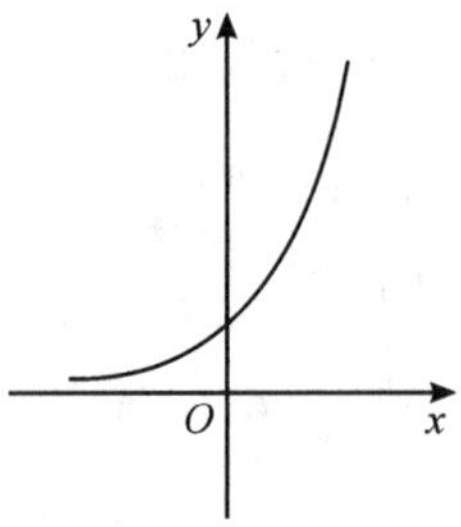

图 1-20

［例 1-14］ 讨论函数在下列条件下的极限：

(1)$x\to+\infty$；(2)$x\to-\infty$；(3)$x\to\infty$.

解 画出函数 $y=\arctan x$ 的图像，如图 1-21 所示，观察图像可知，

(1) 当 $x\to+\infty$ 时，$y\to\frac{\pi}{2}$，即 $\lim\limits_{x\to+\infty}\arctan x=\frac{\pi}{2}$；

(2) 当 $x\to-\infty$ 时，$y\to-\frac{\pi}{2}$，即 $\lim\limits_{x\to-\infty}\arctan x=-\frac{\pi}{2}$；

(3) 由于 $\lim\limits_{x\to+\infty}\arctan x\neq\lim\limits_{x\to-\infty}\arctan x$，故 $\lim\limits_{x\to+\infty}\arctan x$ 不存在.

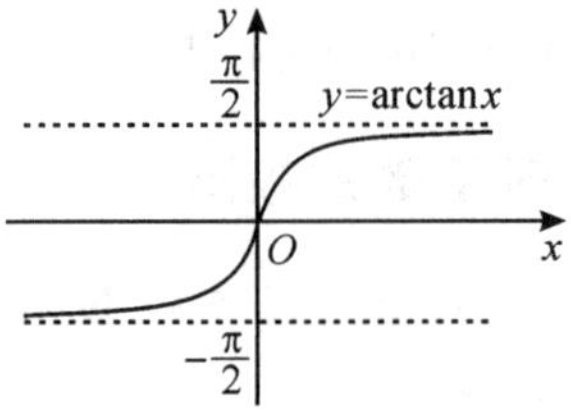

图 1-21

由上述定义和讨论，可得出以下结论.

定理 1.4 当 $x\to\infty$ 时，函数 $f(x)$ 以 A 为极限的重要条件是函数 $f(x)$ 当 $x\to+\infty$ 与 $x\to-\infty$ 时的极限均为 A，即

$$\lim_{x\to\infty}f(x)=A\Leftrightarrow\lim_{x\to-\infty}f(x)=\lim_{x\to+\infty}f(x)=A.$$

1.3.2 自变量趋向有限值时函数的极限

定义 1.13 设函数 $f(x)$ 在点 x_0 的某一个去心邻域内有定义，如果当 $x\to x_0$ 时，函数 $f(x)$ 无限接近于一个确定的常数 A，则称 A 为函数 $f(x)$ 当 $x\to x_0$ 的极限，或称函数 $f(x)$ 收敛于 A. 记作：

$$\lim_{x\to x_0}f(x)=A \text{ 或 } f(x)\to A(x\to x_0).$$

［注］ 在定义极限 $\lim\limits_{x\to x_0}f(x)$ 时，函数 $f(x)$ 在点 x_0 可以有定义，也可以没有定义，极限 $\lim\limits_{x\to x_0}f(x)$ 的结果是否存在，与 $f(x)$ 在点 x_0 有没有定义或函数取什么数值都无关.

［例 1-15］ 根据极限定义说明：

(1) $\lim\limits_{x\to2}x=2$； (2) $\lim\limits_{x\to x_0}C=C$.

解 (1) 当自变量 x 趋于 2 时，函数 $y=x$ 的值就趋向于 2，于是依照定义有 $\lim\limits_{x\to2}x=2$.

(2) 无论自变量 x 取何值，函数值都为 C，所以 $\lim\limits_{x\to x_0}C=C$.

[例 1-16]　当 $x\to 1$ 时，考察 $f(x)=x+1$ 和 $g(x)=\dfrac{x^2-1}{x-1}$ 的变化趋势.

解　函数 $f(x)$ 在 $x_0=1$ 处有定义，函数 $g(x)$ 在 $x_0=1$ 处没有定义：

(1) 当 $x\to 1$ 时，函数 $f(x)=x+1$ 无限接近于 2，此时我们可以说当 $x\to 1$ 时，函数 $f(x)=x+1$ 的极限为 2，即 $\lim\limits_{x\to 1}(x+1)=2$.

(2) 当 $x\to 1$ 时，函数 $g(x)=\dfrac{x^2-1}{x-1}$ 无限接近于 2，此时我们可以说当 $x\to 1$ 时，函数 $g(x)=\dfrac{x^2-1}{x-1}$ 的极限为 2，即 $\lim\limits_{x\to 1}\dfrac{x^2-1}{x-1}=2$.

当 $x\to x_0$ 时，自变量 x 可以是 x_0 左侧的点(即 $x<x_0$)，也可以是 x_0 右侧的点(即 $x>x_0$). 因此，当自变量 x 从 x_0 左侧(或右侧)趋于 x_0 时，函数 $f(x)$ 趋于常数 A，则称 A 为 $f(x)$ 在点 x_0 处的左极限(或右极限)，记为

$$\lim_{x\to x_0^-}f(x)=A\left[\text{或}\lim_{x\to x_0^+}f(x)=A\right].$$

定理 1.5　当 $x\to x_0$ 时，函数 $f(x)$ 以 A 为极限的重要条件是函数 $f(x)$ 在点 x_0 处的左、右极限存在且都为 A，即 $\lim\limits_{x\to x_0}f(x)=A\Leftrightarrow\lim\limits_{x\to x_0^-}f(x)=\lim\limits_{x\to x_0^+}f(x)=A$.

[例 1-17]　设 $f(x)=\begin{cases}x, & x\geqslant 1\\ -x, & x<1\end{cases}$，求 $\lim\limits_{x\to 1}f(x)$.

解　$\lim\limits_{x\to 1^-}f(x)=\lim\limits_{x\to 1^-}(-x)=-1$，

$\lim\limits_{x\to 1^+}f(x)=\lim\limits_{x\to 1^+}x=1$.

即 $\lim\limits_{x\to 1^-}f(x)\neq\lim\limits_{x\to 1^+}f(x)$，所以 $\lim\limits_{x\to 1}f(x)$ 不存在.

[例 1-18]　判断 $\lim\limits_{x\to 0}e^{\frac{1}{x}}$ 是否存在.

解　当 $x>0$ 趋近于 0 时，$\dfrac{1}{x}\to+\infty$，即 $\lim\limits_{x\to 0^+}e^{\frac{1}{x}}=+\infty$；

当 $x<0$ 趋近于 0 时，$\dfrac{1}{x}\to-\infty$，即 $\lim\limits_{x\to 0^-}e^{\frac{1}{x}}=0$.

虽然左极限存在，但右极限不存在，因此 $\lim\limits_{x\to 0}e^{\frac{1}{x}}$ 不存在.

习题 1-3

1. 分析下列函数的变化趋势，确定其极限：

(1) $y=2+\dfrac{1}{x}(x\to\infty)$；　　(2) $y=2^x(x\to 0)$；

(3) $y=e^{\frac{1}{x}}(x\to+\infty)$；　　(4) $y=e^x(x\to 0)$；

(5) $y=\cos x(x\to\infty)$；　　(6) $y=\arccos x(x\to 0)$；

(7) $y=3x+1(x\to 3)$；　　(8) $y=\dfrac{x^2-4}{x+2}(x\to-2)$.

2. 求 $f(x)=\dfrac{x}{x}$，$g(x)=\dfrac{|x|}{x}$ 当 $x\to 0$ 时的左、右极限，并说明它们在 $x\to 0$ 时的极限是否存在.

3. 求函数 $f(x)=\begin{cases}x^2, & x>0\\ x-1, & x\leqslant 0\end{cases}$，当 $x\to 0$ 时的左、右极限，并说明它在 $x\to 0$ 时的极限是否存在.

1.4 极限的运算

前面我们根据自变量的变化趋势，可以通过分析、观察得出一些简单函数的极限，但如果要计算一些结构较为复杂的函数极限，就需要建立极限的四则运算法则和复合函数的极限计算方法. 在以下的讨论中，符号"lim"下面没有表明自变量的变化过程，是指对 $x\to x_0$ 和 $x\to\infty$ 以及单侧极限均成立.

1.4.1 极限的四则运算

定理 1.6 设 $\lim f(x)=A$，$\lim g(x)=B$，则

(1) $\lim[f(x)\pm g(x)]=\lim f(x)\pm \lim g(x)=A\pm B$；

(2) $\lim[f(x)\cdot g(x)]=\lim f(x)\cdot \lim g(x)=A\cdot B$；

(3) $\lim\dfrac{f(x)}{g(x)}=\dfrac{\lim f(x)}{\lim g(x)}=\dfrac{A}{B}(B\neq 0)$.

[注] 法则(1)(2)均可推广到有限个函数的情形，即

$$\lim[f_1(x)+f_2(x)+\cdots+f_n(x)]=\lim f_1(x)+\lim f_2(x)+\cdots+\lim f_n(x)$$

$$\lim[f_1(x)\cdot f_2(x)\cdot\cdots\cdot f_n(x)]=\lim f_1(x)\cdot\lim f_2(x)\cdot\cdots\cdot\lim f_n(x)$$

推论 1 $\lim[Cf(x)]=C\lim f(x)=CA$.

推论 2 $\lim[f(x)]^n=[\lim f(x)]^n=A^n$.

推论 3 $\lim\sqrt[n]{f(x)}=\sqrt[n]{\lim f(x)}=\sqrt[n]{A}$.

1.4.2 求极限的基本方法

1. 代入法

[例 1-19] 求 $\lim\limits_{x\to 1}(x^2+4x+5)$.

解 $\lim\limits_{x\to 1}(x^2+4x+5)=\lim\limits_{x\to 1}x^2+\lim\limits_{x\to 1}4x+\lim\limits_{x\to 1}5=(\lim\limits_{x\to 1}x)^2+4\lim\limits_{x\to 1}x+\lim\limits_{x\to 1}5$
$=1^2+4\cdot 1+5=10$.

[例 1-20] 求 $\lim\limits_{x\to 1}\dfrac{x^3+1}{x^2-3x+5}$.

解 因为 $\lim\limits_{x\to 1}(x^2-3x+5)=1^2-3\cdot 1+5=3\neq 0$，所以

$$\lim_{x\to 1}\frac{x^3+1}{x^2-3x+5}=\frac{\lim\limits_{x\to 1}(x^3+1)}{\lim\limits_{x\to 1}(x^2-3x+5)}=\frac{1^3+1}{1^2-3\cdot 1+5}=\frac{2}{3}.$$

从以上例子可以看出，如果多项式函数 $f(x)$，$g(x)$ 在 x_0 有意义，求 $\lim\limits_{x\to x_0}f(x)$ 时，只要用 x_0 代替多项式中的 x，即 $\lim\limits_{x\to x_0}f(x)=f(x_0)$. 对于有理分式函数 $\dfrac{f(x)}{g(x)}$，当分母 $g(x)\neq 0$ 时，有

$$\lim_{x\to x_0}\frac{f(x)}{g(x)}=\frac{\lim\limits_{x\to x_0}f(x)}{\lim\limits_{x\to x_0}g(x)}=\frac{f(x_0)}{g(x_0)}.$$

2. 消去零因子法 $\left(\dfrac{0}{0}\text{ 型}\right)$

当 $\lim\limits_{x\to x_0}f(x)=\lim\limits_{x\to x_0}g(x)=0$ 时，可以通过恒等变形的方法消去 $\dfrac{f(x)}{g(x)}$ 中的公因子.

［例 1-21］　求 $\lim\limits_{x\to 3}\dfrac{x^2-9}{x-3}$.

解　当 $x\to 3$ 时，$x-3\to 0$，$x^2-9\to 0$，不能直接使用代入法，我们可以设法消去分子分母中为零的因式，然后再利用代入法进行计算.

$$\lim_{x\to 3}\frac{x^2-9}{x-3}=\lim_{x\to 3}\frac{(x-3)(x+3)}{x-3}=\lim_{x\to 3}(x+3)=6.$$

［例 1-22］　求 $\lim\limits_{x\to 7}\dfrac{2-\sqrt{x-3}}{x^2-49}$.

解　当 $x\to 7$ 时，分子分母皆趋于 0，我们可采用分子有理化的方法来找出分子分母中的公因子.

$$\lim_{x\to 7}\frac{2-\sqrt{x-3}}{x^2-49}=\lim_{x\to 7}\frac{(2-\sqrt{x-3})(2+\sqrt{x-3})}{(x^2-49)(2+\sqrt{x-3})}=\lim_{x\to 7}\frac{-1}{(x+7)(2+\sqrt{x-3})}$$
$$=-\frac{1}{56}.$$

3. 无穷小分出法 $\left(\dfrac{\infty}{\infty}\text{ 型}\right)$

当 $x\to\infty$ 时，函数 $\dfrac{P_n(x)}{Q_m(x)}$ 的分子、分母都趋于无穷大，极限都不存在，因此可让分式中的分子、分母同除 x 的最高次幂，利用无穷小求极限.

［例 1-23］　求：(1) $\lim\limits_{x\to\infty}\dfrac{2x^2+3}{3x^2+1}$；(2) $\lim\limits_{x\to\infty}\dfrac{3x^2+x+2}{4x^3+2x+3}$；(3) $\lim\limits_{x\to\infty}\dfrac{x^2+x+1}{x+1}$.

解　(1) $\lim\limits_{x\to\infty}\dfrac{2x^2+3}{3x^2+1}=\lim\limits_{x\to\infty}\dfrac{2+\dfrac{3}{x^2}}{3+\dfrac{1}{x^2}}=\dfrac{\lim\limits_{x\to\infty}\left(2+\dfrac{3}{x^2}\right)}{\lim\limits_{x\to\infty}\left(3+\dfrac{1}{x^2}\right)}=\dfrac{2+0}{3+0}=\dfrac{2}{3}$；

(2) $\lim\limits_{x\to\infty}\dfrac{3x^2+x+2}{4x^3+2x+3}=\lim\limits_{x\to\infty}\dfrac{\dfrac{3}{x}+\dfrac{1}{x^2}+\dfrac{2}{x^3}}{4+\dfrac{2}{x^2}+\dfrac{3}{x^3}}=\dfrac{\lim\limits_{x\to\infty}\left(\dfrac{3}{x}+\dfrac{1}{x^2}+\dfrac{2}{x^3}\right)}{\lim\limits_{x\to\infty}\left(4+\dfrac{2}{x^2}+\dfrac{3}{x^3}\right)}=\dfrac{0}{4}=0$；

(3) $\lim\limits_{x\to\infty}\dfrac{x^2+x+1}{x+1}=\lim\limits_{x\to\infty}\dfrac{1+\dfrac{1}{x}+\dfrac{1}{x^2}}{\dfrac{1}{x}+\dfrac{1}{x^2}}=\dfrac{\lim\limits_{x\to\infty}\left(1+\dfrac{1}{x}+\dfrac{1}{x^2}\right)}{\lim\limits_{x\to\infty}\left(\dfrac{1}{x}+\dfrac{1}{x^2}\right)}=\infty$.

当 $x \to \infty$ 时，函数 $\dfrac{P_n(x)}{Q_m(x)}$ 的极限可总结如下：

$$\lim_{x\to\infty}\frac{P_n(x)}{Q_m(x)} = \lim_{x\to\infty}\frac{a_0x^n + a_1x^{n-1} + \cdots + a_n}{b_0x^m + b_1x^{m-1} + \cdots + b_m} = \begin{cases} \infty, & m < n \\ \dfrac{a_0}{b_0}, & m = n\text{(可当作公式使用)}. \\ 0, & m > n \end{cases}$$

[例 1-24] 求 $\lim\limits_{n\to\infty}\left(\dfrac{1}{n^2} + \dfrac{2}{n^2} + \cdots + \dfrac{n}{n^2}\right)$.

解 $\lim\limits_{n\to\infty}\left(\dfrac{1}{n^2} + \dfrac{2}{n^2} + \cdots + \dfrac{n}{n^2}\right) = \lim\limits_{n\to\infty}\dfrac{1+2+\cdots+n}{n^2} = \lim\limits_{n\to\infty}\dfrac{\frac{1}{2}n(n+1)}{n^2} = \dfrac{1}{2}$.

[例 1-25] 求 $\lim\limits_{x\to1}\left(\dfrac{2}{x^2-1} - \dfrac{1}{x-1}\right)$.

解 一般遇到这种分式加减求极限时首先要想到通分.

$$\lim_{x\to1}\left(\frac{2}{x^2-1} - \frac{1}{x-1}\right) = \lim_{x\to1}\frac{2-(x+1)}{x^2-1} = \lim_{x\to1}\frac{-(x-1)}{x^2-1} = \lim_{x\to1}\frac{-1}{x+1} = -\frac{1}{2}.$$

[注] 若所求函数的分子、分母极限均为零，这种极限称为"$\dfrac{0}{0}$"型未定式；若所求函数的分子、分母都趋于无穷大，这种未定式称为"$\dfrac{\infty}{\infty}$"型；类似的，还有"$\infty-\infty$""$0\cdot\infty$""1^∞"等未定式，计算时可将它们转化为"$\dfrac{0}{0}$"型或"$\dfrac{\infty}{\infty}$"型.

1.4.3 复合函数的极限法则

定理 1.7 设函数 $y = f(u)$ 与 $u = \varphi(x)$ 满足：

(1) $\lim\limits_{u\to a}f(u) = A$；

(2) 当 $x \neq x_0$ 时，$\varphi(x) \neq a$，且 $\lim\limits_{x\to x_0}\varphi(x) = a$，

则 $\lim\limits_{x\to x_0}f[\varphi(x)] = \lim\limits_{u\to a}f(u) = A = f[\lim\limits_{x\to x_0}\varphi(x)]$.

该定理可以形象地解释为"求极限可以放到函数号里面去进行".

[例 1-26] 求 $\lim\limits_{x\to0}\ln(\cos x)$.

解 令 $u = \cos x$，则 $\ln(\cos x)$ 可看作是由 $y = \ln u$ 和 $u = \cos x$ 复合而成，所以

$\lim\limits_{x\to0}\ln(\cos x) = \ln(\lim\limits_{x\to0}\cos x) = \ln 1 = 0$.

习题 1-4

1. 填空题

(1) $\lim\limits_{x\to2}(x^2+1) =$ ________；

(2) $\lim\limits_{x\to1}\dfrac{x^2-2x+1}{x-1} =$ ________；

(3) $\lim\limits_{x\to\infty}\dfrac{x^2-2x+1}{x^2-1} =$ ________；

(4) $\lim\limits_{x\to 2}\dfrac{x^2-3}{x-2}=$ ________;

(5) $\lim\limits_{n\to\infty}\dfrac{(-1)^n}{\sqrt{n}}=$ ________;

(6) 若$\lim\limits_{x\to\infty}\dfrac{ax^2+bx+1}{1-x}=2$,则 $a=$ ________,$b=$ ________;

(7) 若$\lim\limits_{x\to 1}\dfrac{x^2+ax+b}{1-x}=5$,则 $a=$ ________,$b=$ ________.

2. 计算下列极限

(1) $\lim\limits_{x\to 1}\dfrac{x^2-1}{2x^2-x-1}$;

(2) $\lim\limits_{x\to 0}\dfrac{x^2}{1-\sqrt{1+x^2}}$;

(3) $\lim\limits_{x\to 0}\dfrac{4x^3-2x^2+x}{3x^2+2x}$;

(4) $\lim\limits_{h\to 0}\dfrac{(x+h)^2-x^2}{h}$;

(5) $\lim\limits_{x\to\infty}\dfrac{(2x^2+1)(x-3)}{2-7x^3}$;

(6) $\lim\limits_{x\to -1}\left(\dfrac{1}{1+x}-\dfrac{3}{1+x^3}\right)$;

(7) $\lim\limits_{x\to\infty}(1+\dfrac{1}{x})(2-\dfrac{1}{x^2})$;

(8) $\lim\limits_{x\to 4}\dfrac{\sqrt{1+2x}-3}{\sqrt{x}-2}$;

(9) $\lim\limits_{n\to\infty}\left(\dfrac{2}{n^2}+\dfrac{4}{n^2}+\cdots+\dfrac{2n}{n^2}\right)$;

(10) $\lim\limits_{n\to\infty}\left(\dfrac{1+2+\cdots+n}{n+2}-\dfrac{n}{2}\right)$.

3. 计算下列极限

(1) $\lim\limits_{x\to +\infty}x(x-\sqrt{1+x^2})$;

(2) $\lim\limits_{x\to +\infty}\sin(\sqrt{1+x}-\sqrt{x})$;

(3) $\lim\limits_{x\to +\infty}\dfrac{(3x+1)^{70}(8x-3)^{20}}{(5x-1)^{90}}$;

(4) $\lim\limits_{x\to -\infty}\dfrac{\sqrt{4x^2+x-1}+x-1}{\sqrt{x^2+\cos x}}$;

(5) $\lim\limits_{x\to +\infty}(\sqrt{(a+x)(b+x)}-\sqrt{(a-x)(b-x)})$;

(6) $\lim\limits_{n\to\infty}\dfrac{2^n+3^n+7^n}{(-5)^n+7^n}$.

1.5　两个重要的极限

1.5.1　第一个重要极限:$\lim\limits_{x\to 0}\dfrac{\sin x}{x}=1\left(\dfrac{0}{0}\text{型}\right)$

如果$\lim\limits_{x\to a}\varphi(x)=0$($a$ 可以是有限数 x_0,$\pm\infty$,∞),那么得到推广的结果:

$$\lim_{x\to a}\frac{\sin[\varphi(x)]}{\varphi(x)}=\lim_{\varphi(x)\to 0}\frac{\sin[\varphi(x)]}{\varphi(x)}=1.$$

[例 1-27]　求$\lim\limits_{x\to 0}\dfrac{\tan x}{x}$.

解　$\lim\limits_{x\to 0}\dfrac{\tan x}{x}=\lim\limits_{x\to 0}\dfrac{\frac{\sin x}{\cos x}}{x}=\lim\limits_{x\to 0}\dfrac{\sin x}{x}\cdot\dfrac{1}{\cos x}=\lim\limits_{x\to 0}\dfrac{\sin x}{x}\cdot\lim\limits_{x\to 0}\dfrac{1}{\cos x}=1\cdot 1=1.$

[例 1-28]　求$\lim\limits_{x\to 0}\dfrac{1-\cos x}{2x^2}$.

解 $\lim\limits_{x\to0}\dfrac{1-\cos x}{2x^2}=\lim\limits_{x\to0}\dfrac{\dfrac{1-\cos x}{2}}{x^2}=\lim\limits_{x\to0}\dfrac{\sin^2\dfrac{x}{2}}{4\cdot\left(\dfrac{x}{2}\right)^2}=\lim\limits_{x\to0}\dfrac{1}{4}\cdot\dfrac{\sin\dfrac{x}{2}}{\dfrac{x}{2}}\cdot\dfrac{\sin\dfrac{x}{2}}{\dfrac{x}{2}}=\dfrac{1}{4}.$

1.5.2 第二个重要极限：$\lim\limits_{x\to\infty}(1+\dfrac{1}{x})^x=\mathrm{e}(1^\infty$ 型)

［注］ 这个重要极限可以变形和推广：

(1) 令$\dfrac{1}{x}=t$，则 $x\to\infty$ 时 $t\to0$，代入后得到$\lim\limits_{t\to0}(1+t)^{\frac{1}{t}}=\mathrm{e}$.

(2) 若$\lim\limits_{x\to a}\varphi(x)=\infty$($a$ 可以是有限数 x_0，$\pm\infty$，∞)，则

$$\lim_{x\to a}[1+\frac{1}{\varphi(x)}]^{\varphi(x)}=\lim_{\varphi(x)\to a}[1+\frac{1}{\varphi(x)}]^{\varphi(x)}=\mathrm{e}.$$

或$\lim\limits_{x\to a}\varphi(x)=0$($a$ 可以是有限数 x_0，$\pm\infty$，∞)，则

$$\lim_{x\to a}[1+\varphi(x)]^{\frac{1}{\varphi(x)}}=\lim_{\varphi(x)\to0}[1+\varphi(x)]^{\frac{1}{\varphi(x)}}=\mathrm{c}.$$

［例 1-29］ 求$\lim\limits_{x\to\infty}(1+\dfrac{1}{x})^{3x+2}$.

解 $\lim\limits_{x\to\infty}(1+\dfrac{1}{x})^{3x}=\lim\limits_{x\to\infty}[(1+\dfrac{1}{x})^{3x}\cdot(1+\dfrac{1}{x})^2]=\lim\limits_{x\to\infty}[(1+\dfrac{1}{x})^x]^3\cdot\lim\limits_{x\to\infty}(1+\dfrac{1}{x})^2=\mathrm{e}^3.$

［例 1-30］ 求$\lim\limits_{x\to\infty}(1-\dfrac{2}{x})^x$.

解 $\lim\limits_{x\to\infty}(1-\dfrac{2}{x})^x=\lim\limits_{x\to\infty}(1-\dfrac{2}{x})^{-\frac{x}{2}\cdot(-2)}=[\lim\limits_{x\to\infty}(1-\dfrac{2}{x})^{-\frac{x}{2}}]^{-2}=\mathrm{e}^{-2}.$

由上面的例题可得公式的推论：$\lim\limits_{x\to\infty}(1+\dfrac{k}{x})^{lx+m}=\mathrm{e}^{kl}$ 或$\lim\limits_{z\to0}(1+kz)^{\frac{l}{z}+m}=\mathrm{e}^{kl}$，其中 k，l，m 均为常数.

［例 1-31］ 求$\lim\limits_{x\to\infty}\left(\dfrac{3+x}{2+x}\right)^{3x}$.

解 $\lim\limits_{x\to\infty}\left(\dfrac{3+x}{2+x}\right)^{3x}=\lim\limits_{x\to\infty}\left(\dfrac{\dfrac{3+x}{x}}{\dfrac{2+x}{x}}\right)^{3x}=\lim\limits_{x\to\infty}\left(\dfrac{1+\dfrac{3}{x}}{1+\dfrac{2}{x}}\right)^{3x}=\dfrac{\lim\limits_{x\to\infty}(1+\dfrac{3}{x})^{3x}}{\lim\limits_{x\to\infty}(1+\dfrac{2}{x})^{3x}}=\dfrac{\mathrm{e}^9}{\mathrm{e}^6}=\mathrm{e}^3.$

［例 1-32］ 求$\lim\limits_{x\to0}\dfrac{\ln(1+x)}{x}$.

解 $\lim\limits_{x\to0}\dfrac{\ln(1+x)}{x}=\lim\limits_{x\to0}\ln(1+x)^{\frac{1}{x}}=\ln\lim\limits_{x\to0}(1+x)^{\frac{1}{x}}=\ln\mathrm{e}=1.$

1.5.3 两个重要准则

1. 夹逼准则

定理 1.8 若函数 $f(x)$，$g(x)$，$h(x)$ 在点 a 的某去心邻域内满足条件：

(1) $g(x)\leqslant f(x)\leqslant h(x)$；

(2) $\lim\limits_{x\to\infty(x\to a)} g(x)=A$，$\lim\limits_{x\to\infty(x\to a)} h(x)=A$；

则函数 $f(x)$ 必收敛，且 $\lim\limits_{x\to\infty(x\to a)} f(x)=A$.

定理 1.8(数列的夹逼准则)　设数列 $\{x_n\}$，$\{y_n\}$，$\{z_n\}$ 满足条件：

(1) $\{y_n\}\leqslant\{x_n\}\leqslant\{z_n\}$；

(2) $\lim\limits_{n\to\infty} y_n=a$，$\lim\limits_{n\to\infty} z_n=a$；

则数列 $\{x_n\}$ 的极限存在，且 $\lim\limits_{n\to\infty} x_n=a$.

[例 1-33]　求 $\lim\limits_{n\to\infty}\left(\dfrac{1}{\sqrt{n^2+1}}+\dfrac{1}{\sqrt{n^2+2}}+\cdots+\dfrac{1}{\sqrt{n^2+n}}\right)$.

解　应用夹逼准则：

$$\frac{n}{\sqrt{n^2+n}}\leqslant\frac{1}{\sqrt{n^2+1}}+\frac{1}{\sqrt{n^2+2}}+\cdots+\frac{1}{\sqrt{n^2+n}}\leqslant\frac{n}{\sqrt{n^2+1}},$$

$$\lim_{n\to\infty}\frac{n}{\sqrt{n^2+n}}=1,\lim_{n\to\infty}\frac{n}{\sqrt{n^2+1}}=1,$$

故 $\lim\limits_{n\to\infty}\left(\dfrac{1}{\sqrt{n^2+1}}+\dfrac{1}{\sqrt{n^2+2}}+\cdots+\dfrac{1}{\sqrt{n^2+n}}\right)=1$.

[例 1-34]　求 $\lim\limits_{n\to\infty} n\left(\dfrac{1}{n^2+\pi}+\dfrac{1}{n^2+2\pi}+\cdots+\dfrac{1}{n^2+n\pi}\right)$.

解　$n\cdot\dfrac{n}{n^2+n\pi}<n\left(\dfrac{1}{n^2+\pi}+\dfrac{1}{n^2+2\pi}+\cdots+\dfrac{1}{n^2+n\pi}\right)<n\cdot\dfrac{n}{n^2+\pi}$，

且 $\lim\limits_{n\to\infty}\dfrac{n^2}{n^2+\pi}=1$，$\lim\limits_{n\to\infty}\dfrac{n^2}{n^2+n\pi}=1$，

所以，由夹逼准则得 $\lim\limits_{n\to\infty} n\left(\dfrac{1}{n^2+\pi}+\dfrac{1}{n^2+2\pi}+\cdots+\dfrac{1}{n^2+n\pi}\right)=1$.

2. 单调有界准则

定义 1.14　如果数列 $\{x_n\}$ 满足条件 $x_1\leqslant x_2\leqslant\cdots\leqslant x_n\leqslant x_{n+1}\leqslant\cdots$，则称数列 $\{x_n\}$ 是单调增加的；如果数列 $\{x_n\}$ 满足条件 $x_1\geqslant x_2\geqslant\cdots\geqslant x_n\geqslant x_{n+1}\geqslant\cdots$，则称数列 $\{x_n\}$ 是单调减少的. 单调增加和单调减少的数列统称为单调数列.

定理 1.9　单调有界数列必有极限.

[注]　收敛的数列一定有界，但有界的数列不一定收敛. 如果一个数列不仅有界，而且单调，则该数列一定收敛.

习题 1-5

1. 计算下列函数的极限

(1) $\lim\limits_{x\to 0}\dfrac{\tan 3x}{x}$；　　(2) $\lim\limits_{x\to 0}\dfrac{\sin 2x}{\sin 5x}$；

(3) $\lim\limits_{x\to 0}\dfrac{x-\sin x}{x+\sin x}$；　　(4) $\lim\limits_{x\to 0}\dfrac{2\arcsin x}{3x}$；

(5) $\lim\limits_{x\to 0}\dfrac{\tan(2x+x^3)}{\sin(x-x^2)}$；　　(6) $\lim\limits_{x\to\infty}(x\sin\dfrac{2}{x})$.

2. 计算下列函数的极限

(1) $\lim\limits_{x\to 0}(1-x)^{\frac{1}{x}}$；

(2) $\lim\limits_{x\to 0}\left(\dfrac{2-x}{2}\right)^{\frac{2}{x}}$；

(3) $\lim\limits_{x\to\infty}\left(\dfrac{x-1}{x+1}\right)^{x}$；

(4) $\lim\limits_{x\to\infty}\left(\dfrac{x^2}{x^2-1}\right)^{x}$；

(5) $\lim\limits_{x\to 0}\dfrac{\ln(1+2x)}{x}$；

(6) $\lim\limits_{x\to 0}\dfrac{\ln(1+4x)}{\sin 3x}$.

3. 设 $x_n=(1^n+2^n+\cdots+10^n)^{\frac{1}{n}}$，求 $\lim\limits_{n\to\infty}x_n$.

4. 计算 $\lim\limits_{n\to\infty}\left(\dfrac{1}{\sqrt{n^2+2}}+\dfrac{1}{\sqrt{n^2+4}}+\cdots+\dfrac{1}{\sqrt{n^2+2n}}\right)$.

1.6 无穷小与无穷大

1.6.1 无穷大量

研究当 $x\to 0$ 时函数 $\left|\dfrac{1}{x}\right|$ 的变化趋势，我们会发现当 x 越来越接近于 0 时，$\left|\dfrac{1}{x}\right|$ 会越来越大，因此在 x 无限接近于 0 的过程中，$\left|\dfrac{1}{x}\right|$ 就可以无限增大. 就是说不论事先指定一个多大的正数，总有那么一个时刻，在那个时刻以后，变量的绝对值就可以大于事先指定的那个正数，因此我们称它为无穷大量.

定义 1.15 在自变量 x 的某一变化过程中，因变量 y 的绝对值无限增大. 则称 y 为自变量 x 在此变化过程中的无穷大量(简称无穷大)，记作 $\lim y=\infty$.

[例 1-35] 判断下列条件下的函数是否无穷大：

(1) 当 $x\to 1$ 时，函数 $y=\dfrac{1}{x-1}$； (2) 当 $x\to\infty$ 时，函数 $y=x^2$.

解 (1) 当 $x\to 1$ 时，$|y|=\dfrac{1}{|x-1|}$ 无限增大，故 $y=\dfrac{1}{x-1}$ 是当 $x\to 1$ 时的无穷大，即 $\lim\limits_{x\to 1}\dfrac{1}{x-1}=\infty$；

(2) 当 $x\to\infty$ 时，$|y|=|x^2|$ 无限增大，则 $y=x^2$ 是当 $x\to\infty$ 时的无穷大，即 $\lim\limits_{x\to\infty}x^2=\infty$.

1.6.2 无穷小量

定义 1.16 在自变量 x 的某一变化过程中，因变量 y 的极限为零，则称 y 为自变量 x 在此变化过程中的无穷小量(简称无穷小)，记作 $\lim y=0$.

[注] 常数 0 可以看作是一个无穷小量.

[例 1-36] 指出下列变化过程中，哪些变量是无穷小量.

(1) $x\to 0$ 时，函数 $\dfrac{x}{1+x}$；

(2) $x\to\pi$ 时，函数 $\cos x$；

(3) $x \to \infty$ 时，函数 $\frac{1}{x}$；

(4) $n \to \infty$ 时，数列 $\sqrt{n}$.

解 以上变量在相应变化过程中，(1)(3) 为无穷小量，而(2)(4) 不是无穷小量. 因为

(1) $\lim\limits_{x \to 0} \frac{x}{1+x} = 0$；

(2) $\lim\limits_{x \to \pi} \cos x = -1$；

(3) $\lim\limits_{x \to \infty} \frac{1}{x} = 0$；

(4) $\lim\limits_{n \to \infty} \sqrt{n} = \infty$.

定理 1.10 变量 y 以 A 为极限的充分必要条件是：变量 y 可以表示为 A 与一个无穷小量的和.

无穷小量的性质：

性质 1 有限个无穷小量的代数和仍然是无穷小量.

性质 2 有界函数与无穷小量之积仍然是无穷小量.

性质 3 常数与无穷小量之积仍然是无穷小量.

性质 4 有限个无穷小量之积(自变量为同一变化过程时) 仍然是无穷小量.

[**例 1-37**] 求 $\lim\limits_{x \to 0} x \sin \frac{1}{x}$.

解 因为正弦函数 $\left| \sin \frac{1}{x} \right| \leqslant 1$，所以是有界函数；当 $x \to 0$ 时，x 是无穷小量. 根据性质 2，乘积 $x \sin \frac{1}{x}$ 也是无穷小量. 即 $\lim\limits_{x \to 0} x \sin \frac{1}{x} = 0$.

定理 1.11 在变量 y 的变化过程中：

(1) 如果 y 是无穷大量，则 $\frac{1}{y}$ 是无穷小量；

(2) 如果 y 是非零的无穷小量，则 $\frac{1}{y}$ 是无穷大量.

1.6.3 无穷小量的阶

通过无穷小量的性质，我们可知两个无穷小量的和、差、积仍然是无穷小量，但是两个无穷小的商会出现各种不同结果. 在自变量的同一变化过程中，两个无穷小的商的极限，可能为零，可能不存在，也可能是非零常数. 通常我们把两个无穷小的商的极限称为 $\frac{0}{0}$ 型未定式极限，它反映了作为分子和分母两个无穷小趋于零的速度. 通过比较两个无穷小趋于零的速度之比，我们引入了无穷小量阶的概念.

设 α, β 是同一过程中的两个无穷小量，且 $\alpha \neq 0$：

(1) 如果 $\lim \frac{\beta}{\alpha} = 0$，就说 β 是比 α 高阶的无穷小量，记作 $\beta = o(\alpha)$；

(2) 如果 $\lim \frac{\beta}{\alpha} = c(c \neq 0)$，就说 β 与 α 是同阶无穷小；

(3) 如果 $\lim \frac{\beta}{\alpha}=1$,称$\beta$与$\alpha$是等价无穷小,记作$\alpha \sim \beta$,显然,等价无穷小是同阶无穷小的特殊情形,即 $c=1$;

(4) 如果 $\lim \frac{\beta}{\alpha}=\infty$,就说$\beta$是比$\alpha$低阶的无穷小量.

例如,由于$\lim\limits_{x \to 0} \frac{3x^2}{x}=0$,所以当$x \to 0$时,$3x^2$是比$x$高阶的无穷小,$x$是比$3x^2$低阶的无穷小,即 $3x^2=o(x)(x \to 0)$.

因为$\lim\limits_{x \to 2} \frac{x^2-4}{x-2}=4$,所以当$x \to 2$时,$x^2-4$与$x-2$是同阶无穷小.

因为$\lim\limits_{x \to 0} \frac{\sin x}{x}=1$,所以当$x \to 0$时,$\sin x$与$x$是等价无穷小,即$\sin x \sim x(x \to 0)$.

1.6.4 利用等价无穷小量代换求极限

定理 1.12 在自变量的同一变化过程中,$\alpha,\alpha',\beta,\beta'$都是无穷小量,且$\alpha \sim \alpha',\beta \sim \beta'$,如果$\lim \frac{\beta'}{\alpha'}$存在,则$\lim \frac{\beta}{\alpha}=\lim \frac{\beta'}{\alpha'}$.

这个定理说明在求某些无穷小量乘除运算的极限时,可使用其等价无穷小量代换,不影响极限值的结果,但可使求极限的步骤简化.

下面给出几个当$x \to 0$时的等价无穷小量,可以当作公式使用:

$$\sin x \sim x,\tan x \sim x,1-\cos x \sim \frac{1}{2}x^2,\sqrt[n]{1+x}-1 \sim \frac{x}{n},$$

$$\arcsin x \sim x,\arctan x \sim x,e^x-1 \sim x,\ln(1+x) \sim x.$$

[例 1-38] 求$\lim\limits_{x \to 0} \frac{\arctan x}{x}$.

解法一 令$\arctan x=t$,则$x=\tan t$.当$x \to 0$时,$t \to 0$,则

$$\lim_{x \to 0} \frac{\arctan x}{x}=\lim_{t \to 0} \frac{t}{\tan t}=1.$$

解法二 当$x \to 0$时,$\arctan x \sim x$,所以

$$\lim_{x \to 0} \frac{\arctan x}{x}=\lim_{x \to 0} \frac{x}{x}=1.$$

[例 1-39] 求$\lim\limits_{x \to 0} \frac{\tan x \ln(1+x)}{\sin x^2}$.

解 当$x \to 0$时,$\sin x \sim x$,故有$\sin x^2 \sim x^2$;又因为$\tan x \sim x,\ln(1+x) \sim x$,所以

$$\lim_{x \to 0} \frac{\tan x \ln(1+x)}{\sin x^2}=\lim_{x \to 0} \frac{x \cdot x}{x^2}=1.$$

[例 1-40] 求$\lim\limits_{x \to 0} \frac{e^{\sin 2x}-1}{\ln(1-3x)}$.

解 当$x \to 0$时,$\sin 2x \to 0$,故有$e^{\sin 2x}-1 \sim \sin 2x \sim 2x$;且$-3x \to 0$,则$\ln(1-3x) \sim -3x$.所以

$$\lim_{x \to 0} \frac{e^{\sin 2x}-1}{\ln(1-3x)}=\lim_{x \to 0} \frac{2x}{-3x}=-\frac{2}{3}.$$

［例 1-41］　求$\lim\limits_{x\to 0}\dfrac{\sqrt[3]{1+x\sin x}-1}{\arctan x^2}$.

解　当 $x\to 0$ 时，$\sqrt[3]{1+x}-1\sim\dfrac{x}{3}$，因此 $\sqrt[3]{1+x\sin x}-1\sim\dfrac{x\sin x}{3}$；又因 $\arctan x\sim x$，故有 $\arctan x^2\sim x^2$. 所以

$$\lim_{x\to 0}\frac{\sqrt[3]{1+x\sin x}-1}{\arctan x^2}=\lim_{x\to 0}\frac{\frac{1}{3}x\sin x}{x^2}=\lim_{x\to 0}\frac{1}{3}\cdot\frac{\sin x}{x}=\frac{1}{3}.$$

［例 1-42］　求$\lim\limits_{x\to 0}\dfrac{\tan x-\sin x}{\sin^3 x}$.

解　$\lim\limits_{x\to 0}\dfrac{\tan x-\sin x}{\sin^3 x}=\lim\limits_{x\to 0}\dfrac{\sin x(1-\cos x)}{\cos x\sin^3 x}$；

因为当 $x\to 0$ 时，$\sin x\sim x$，$1-\cos x\sim\dfrac{1}{2}x^2$，所以

$$\lim_{x\to 0}\frac{\tan x-\sin x}{\sin^3 x}=\lim_{x\to 0}\frac{\sin x(1-\cos x)}{\cos x\sin^3 x}=\lim_{x\to 0}\frac{x\cdot\frac{x^2}{2}}{x^3\cdot\cos x}=\lim_{x\to 0}\frac{1}{2\cos x}=\frac{1}{2}.$$

［注］　等价无穷小量代换，只能用于乘除运算，对加、减项的无穷小量不能随意代换，如上例用下面的解法是错误的.

$$\lim_{x\to 0}\frac{\tan x-\sin x}{\sin^3 x}=\lim_{x\to 0}\frac{x-x}{x^3}=0.$$

习题 1-6

1. 下列函数中哪些是无穷小？哪些是无穷大？

(1) $y=2+\dfrac{1}{x}(x\to 0)$；　　(2) $y=\dfrac{1}{x^2}(x\to 0)$；

(3) $y=\ln x(x\to 0^+)$；　　(4) $y=e^{\frac{1}{x}}(x\to 0^+)$；

(5) $y=\dfrac{1}{x}\cos x(x\to 1^-)$；　　(6) $y=e^{-\frac{1}{x-1}}(x\to 1^+)$；

(7) $y=e^{-\frac{1}{x-1}}(x\to 1^-)$；　　(8) $y=\dfrac{x^2-1}{x-1}(x\to\infty)$.

2. 选择题

(1) 当 $x\to 0$ 时，$f(x)=x-\sin x$ 是比 x^2 的(　　).

(A) 高阶无穷小　(B) 等价无穷小　(C) 同阶无穷小　(D) 低阶无穷小

(2) 当 $x\to 0$ 时，$(1-\cos x)^2$ 是 $\sin^2 x$ 的(　　).

(A) 同阶但不是等价无穷小　(B) 等价无穷小

(C) 高阶无穷小　(D) 低阶无穷小

3. 函数 $y=\dfrac{1}{(x-1)^2}$ 在什么变化过程中是无穷大量？又在什么变化过程中是无穷小量？

4. 当 $x\to 1$ 时，无穷小 $1-x$ 和(1) $1-x^3$，(2) $\dfrac{1}{2}(1-x^2)$ 是否同阶？是否等价？

5. 利用等价无穷小量代换求下列极限

(1) $\lim\limits_{x\to 0}\dfrac{\sin(x^n)}{(\sin x)^m}$ (n、m 为正整数)； (2) $\lim\limits_{x\to 0}\dfrac{1-\cos x}{x\sin x}$；

(3) $\lim\limits_{x\to 0}\dfrac{(\sqrt{1+2x}-1)\arcsin x}{\tan x^2}$； (4) $\lim\limits_{x\to 0}\dfrac{\tan 3x}{2x}$；

(5) $\lim\limits_{x\to 0}\dfrac{\sin x-\tan x}{(\sqrt[3]{1+x^2}-1)(\sqrt{1+\sin x}-1)}$.

1.7 函数的连续性

在现实生活中，植物的生长、河水的流动、物体运动的路程等很多变量的变化都是连续不断的，这种现象在函数关系上的反映就是函数的连续性. 下面我们先引入函数改变量的概念，再来描述函数的连续性.

1.7.1 函数改变量

设变量 t 从初值 t_0 变化到终值 t_1，则终值与初值的差值 t_1-t_0，称为变量 t 的增量，记为 $\Delta t=t_1-t_0$.

增量 Δt 可正可负，若 Δt 为正，则说明变量 t 从 t_0 变到 t_1 时是增大的；若 Δt 为负，说明变量 t 减少.

设有函数 $y=f(x)$，当自变量 x 从 x_0 改变到 $x_0+\Delta x$ 时，函数 y 相应地从 $f(x_0)$ 变到 $f(x_0+\Delta x)$，因此函数 y 的增量可表示为 $\Delta y=f(x_0+\Delta x)-f(x_0)$.

1.7.2 函数的连续性

对于函数 $y=f(x)$，若保持 x_0 不变而让自变量的增量 Δx 变动，则一般情况下，函数 y 的增量 Δy 也会随之变动. 如果当 Δx 极其微小并趋于零时，Δy 也趋于零，则称函数在点 x_0 处连续，如图 1-22 所示.

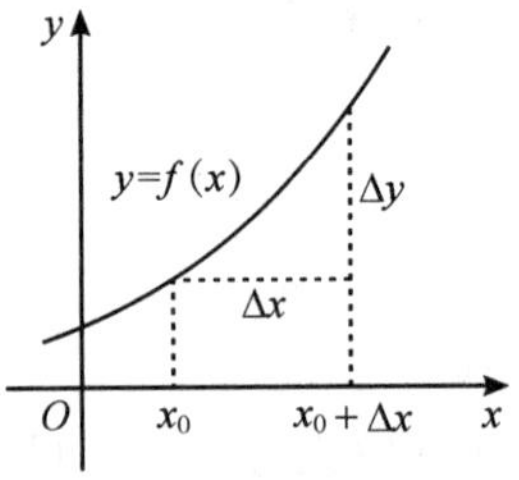

图 1-22

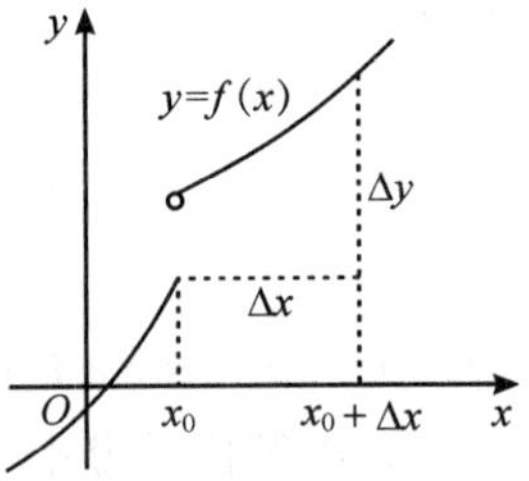

图 1-23

定义 1.17 设函数 $y=f(x)$ 在点 x_0 的某一邻域内有定义，当自变量 x 在点 x_0 处取得的增量 Δx 趋于零时，函数增量 Δy 也趋于零，即 $\lim\limits_{\Delta x\to 0}\Delta y=0$，或写作

$$\lim_{\Delta x\to 0}[f(x_0+\Delta x)-f(x_0)]=0,$$

那么就称函数 $y=f(x)$ 在点 x_0 处连续.

若 $\lim\limits_{\Delta x\to 0}\Delta y=0$，则就称函数 $y=f(x)$ 在点 x_0 处不连续(如图 1-23 所示).

[例 1-43]　用定义证明函数 $y = x^2 + 2$ 在给定点 x_0 处连续.

解　当 x 相比 x_0 处有增量 Δx 时,函数改变量可表示为

$$\Delta y = [(x_0 + \Delta x)^2 + 2] - (x_0^2 + 2) = 2x_0 \Delta x + (\Delta x)^2,$$

因为当 $\Delta x \to 0$ 时

$$\lim_{\Delta x \to 0} \Delta y = \lim_{\Delta x \to 0} [2x_0 \Delta x + (\Delta x)^2] = 0,$$

所以函数 $y = x^2 + 2$ 在给定点 x_0 处连续.

为了应用方便,在定义 1.17 中,令 $x = x_0 + \Delta x$,即 $\Delta x = x - x_0$,则 $\Delta x \to 0$ 就是 $x \to x_0$,$\Delta y = f(x_0 + \Delta x) - f(x_0) = f(x) - f(x_0)$. 因此,$\lim\limits_{\Delta x \to 0} \Delta y = 0$ 可改写为 $\lim\limits_{x \to x_0} [f(x) - f(x_0)] = 0$,即 $\lim\limits_{x \to x_0} f(x) = f(x_0)$.

因此,函数在点 x_0 处连续,也可定义如下:

定义 1.18　设函数 $y = f(x)$ 在点 x_0 的某一邻域内有定义,如果当 $x \to x_0$ 时,函数 $f(x)$ 极限存在,且等于点 x_0 处的函数值,即 $\lim\limits_{x \to x_0} f(x) = f(x_0)$,则称函数在点 x_0 处连续.

根据连续的定义,函数 $f(x)$ 在点 x_0 处连续,必须满足三个条件:

(1) $f(x)$ 在点 x_0 处有定义,$f(x_0)$ 存在;

(2) $\lim\limits_{x \to x_0} f(x)$ 存在;

(3) $\lim\limits_{x \to x_0} f(x) = f(x_0)$.

因此,若要求连续函数在某一点的极限,只需求出函数在该点的函数值即可. 如已证明函数 $y = x^2 + 2$ 在给定点 x_0 处连续,则有 $\lim\limits_{x \to x_0} (x^2 + 2) = x_0^2 + 2$.

下面说明左连续及右连续的概念:

如果左极限 $\lim\limits_{x \to x_0^-} f(x) = f(x_0^-)$ 存在且等于函数值 $f(x_0)$,即 $f(x_0^-) = f(x_0)$,就称函数 $f(x)$ 在点 x_0 处左连续.

如果右极限 $\lim\limits_{x \to x_0^+} f(x) = f(x_0^+)$ 存在且等于函数值 $f(x_0)$,即 $f(x_0^+) = f(x_0)$,就称函数 $f(x)$ 在点 x_0 处右连续.

因此,设函数 $y = f(x)$ 在点 x_0 的某一邻域内有定义,若在点 x_0 处左连续且右连续,也说明函数在点 x_0 处连续.

定义 1.19　如果函数 $y = f(x)$ 在区间 (a,b) 内任意一点都连续,那么称 $f(x)$ 在区间 (a,b) 内连续.

如果函数 $y = f(x)$ 在区间 (a,b) 内连续,且 $\lim\limits_{x \to a^+} f(x) = f(a)$,$\lim\limits_{x \to b^-} f(x) = f(b)$,则称函数 $f(x)$ 在闭区间 $[a,b]$ 上连续.

[注]　(1) 在区间上每一点都连续的函数,叫做在该区间上的连续函数,连续函数的图形是一条连续而不间断的曲线.

(2) 若区间包括端点,那么函数在右端点连续是指左连续,即 $\lim\limits_{x \to a^+} f(x) = f(a)$;在左端点连续是指右连续,即 $\lim\limits_{x \to b^-} f(x) = f(b)$.

1.7.3 函数的间断点及其分类

据函数在某点连续的定义可知，若函数 $f(x)$ 在点 x_0 处连续，则必满足 $\lim\limits_{x\to x_0}f(x)=f(x_0)$. 若函数 $y=f(x)$ 在点 x_0 的某一邻域内有定义，但是 $\lim\limits_{x\to x_0}f(x)\neq f(x_0)$，则称函数 $f(x)$ 在点 x_0 处不连续，x_0 为函数 $f(x)$ 的间断点，具体可分为以下三种情形：

(1) 函数在点 x_0 处没有定义；

(2) 极限 $\lim\limits_{x\to x_0}f(x)$ 不存在；

(3) 在点 x_0 处有定义，极限 $\lim\limits_{x\to x_0}f(x)$ 存在，但 $\lim\limits_{x\to x_0}f(x)\neq f(x_0)$.

例如，函数 $y=\dfrac{1}{x}$ 在 $x=0$ 处没有定义，所以 $x=0$ 是它的间断点.

函数的间断点按其单侧极限是否存在，分为第一类间断点与第二类间断点.

定义 1.20 如果函数 $f(x)$ 在 $x=x_0$ 处的左、右极限都存在，但不全等于 $f(x_0)$，则称点 $x=x_0$ 为 $f(x)$ 的第一类间断点. 如果函数 $f(x)$ 在 $x=x_0$ 处的左、右极限至少有一个不存在，则称点 $x=x_0$ 为 $f(x)$ 的第二类间断点.

[**例 1-44**] 讨论函数 $y=\dfrac{x^2+2}{x+1}$ 在点 $x=-1$ 处是否连续.

解 因为函数在 $x=-1$ 没有定义，即 $f(-1)$ 不存在，所以 $x=-1$ 是间断点.

注意到 $\lim\limits_{x\to-1}\dfrac{x^2+2}{x+1}=\infty$，因此 $x=-1$ 称为无穷间断点，如图 1-24 所示.

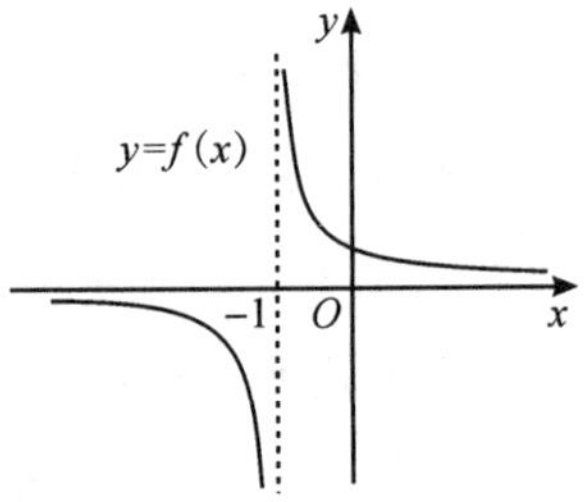

图 1-24

[**例 1-45**] 讨论 $f(x)=\begin{cases}3x^2-4, & x<0\\ 5x+2, & x\geqslant 0\end{cases}$，函数在点 $x=0$ 处是否连续.

解 因为 $\lim\limits_{x\to0^-}f(x)=\lim\limits_{x\to0^-}(3x^2-4)=-4$，$\lim\limits_{x\to0^+}f(x)=\lim\limits_{x\to0^+}(5x+2)=2$，所以 $\lim\limits_{x\to0}f(x)$ 不存在，因此 $x=0$ 是间断点.

从图 1-25 可以看出，函数图像在点 $x=0$ 的左右发生了跳跃，因此 $x=0$ 称为跳跃间断点.

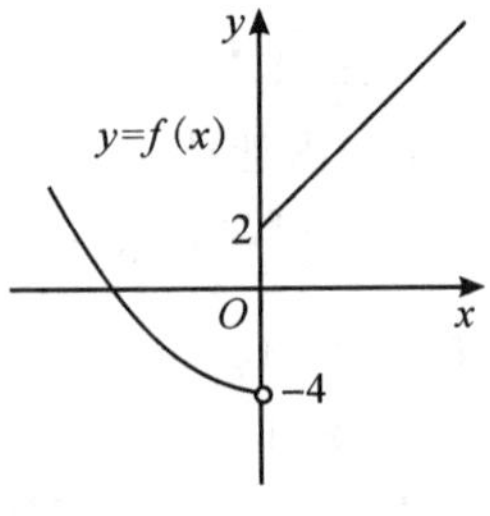

图 1-25

[**例 1-46**] 讨论函数 $f(x)=\begin{cases}\dfrac{x^2-4}{x-2}, & x\neq 2\\ 3, & x=2\end{cases}$，在点 $x=2$ 处是否连续.

解 因为 $\lim\limits_{x\to2}f(x)=\lim\limits_{x\to2}\dfrac{x^2-4}{x-2}=\lim\limits_{x\to2}(x+2)=4$，$f(2)=3$，所以 $\lim\limits_{x\to2}f(x)\neq f(2)$，因此 $x=2$ 是间断点.

从图 1-26 可以看出,如果修改函数的定义,令 $f(2)=4$,就可以使得函数 $f(x)$ 连续,因此 $x=2$ 称为可去间断点.

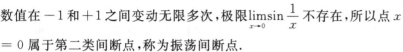

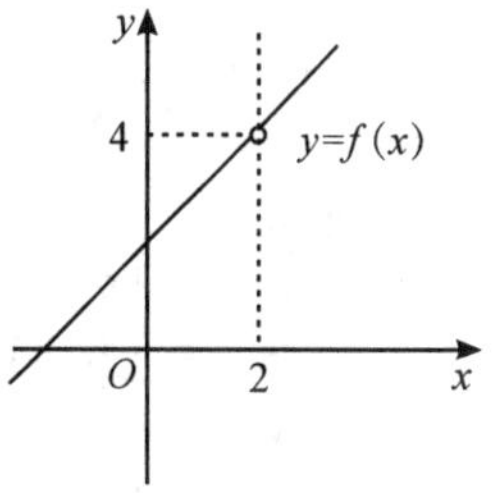

图 1-26

［例 1-47］　考察函数 $y=\sin\dfrac{1}{x}$ 在点 $x=0$ 处的连续性.

解　函数 $y=\sin\dfrac{1}{x}$ 在点 $x=0$ 处没有定义,且当 $x\to 0$ 时,函数值在 -1 和 $+1$ 之间变动无限多次,极限 $\lim\limits_{x\to 0}\sin\dfrac{1}{x}$ 不存在,所以点 $x=0$ 属于第二类间断点,称为振荡间断点.

［例 1-48］　已知函数

$$f(x)=\begin{cases}e^x+a, & x>0\\ b, & x=0,\\ x^2+1, & x<0\end{cases}$$

在 $x=0$ 处连续,求 a,b 的值.

解　因为函数 $f(x)$ 在 $x=0$ 处连续,所以 $\lim\limits_{x\to 0^-}f(x)=\lim\limits_{x\to 0^+}f(x)=f(0)$. 又因为 $f(0)=b$, $\lim\limits_{x\to 0^-}f(x)=\lim\limits_{x\to 0^-}(x^2+1)=1$, $\lim\limits_{x\to 0^+}f(x)=\lim\limits_{x\to 0^+}(e^x+a)=1+a$,所以 $b=1+a=1$,所以 $a=0,b=1$.

习题 1-7

1. 填空题

(1) 函数 $f(x)=x\cos\dfrac{1}{x}$ 的间断点是________,属于第________类间断点.

(2) 设 $f(x)=\begin{cases}a+x, & x\leqslant 1\\ \ln x, & x>1\end{cases}$ 在 $x=1$ 处连续,则 $a=$________.

(3) 函数 $f(x)=\dfrac{x+1}{e^x-2}$ 的间断点是________.

(4) 若要修补 $f(x)=\dfrac{1-\sqrt{1-x}}{1-\sqrt[3]{1-x}}$,使其在点 $x=0$ 处连续,则要补充定义 $f(0)=$________.

(5) 函数 $f(x)=\dfrac{1}{\ln|x|}$ 的间断点有________个.

2. 设函数 $f(x)=\begin{cases}x^2, & -2\leqslant x\leqslant 1\\ 2-x, & 1<x\leqslant 5\end{cases}$,画出函数图像,并讨论 $f(x)$ 在 $x=1$ 处的连续性.

3. 已知函数 $f(x)=\begin{cases}(1+x)^{\frac{2}{x}}, & x\neq 0\\ k, & x=0\end{cases}$,在 $x=0$ 处连续,求 k 的值.

4. 计算下列函数的间断点,并说明这些间断点属于哪一类:

(1) $y=\dfrac{x^2-1}{x^2-3x+2}$;

(2) $y=\cos^2\dfrac{1}{x}$；

(3) $y=\begin{cases}2x+1, & x\leqslant 1\\ 1, & x>1\end{cases}$；

(4) $y=\begin{cases}x\sin\dfrac{1}{x}, & x\neq 0\\ 1, & x=0\end{cases}$.

5. 给下列函数 $f(x)$ 补充定义 $f(0)$ 等于一个什么数值，能使修改后的 $f(x)$ 在 $x=0$ 处连续？

(1) $f(x)=\dfrac{\sqrt{1+x}-\sqrt{1-x}}{x}$；

(2) $f(x)=\sin x\cos\dfrac{1}{x}$；

(3) $f(x)=\ln(1+kx)^{\frac{l}{x}+m}$ (k,m 为常数).

6. 设函数 $f(x)=\begin{cases}(x+1)\arctan\dfrac{1}{x^2-1}, & x\neq\pm 1\\ 0, & x=\pm 1\end{cases}$，讨论 $f(x)$ 在点 $x=\pm 1$ 处的连续性.

1.8 连续函数的运算与性质

1.8.1 连续函数的运算法则

定理 1.13 设函数 $f(x)$ 与 $g(x)$ 在点 x_0 处连续，则这两个函数的和（差）$f(x)+(-)g(x)$，积 $f(x)\cdot g(x)$，商 $\dfrac{f(x)}{g(x)}$（当 $g(x)\neq 0$ 时），在点 x_0 处也连续.

例如我们可以利用定义证明三角函数 $\sin x$ 和 $\cos x$ 在区间 $(-\infty,+\infty)$ 内连续，则 $\tan x=\dfrac{\sin x}{\cos x}$ 和 $\cot x=\dfrac{\cos x}{\sin x}$ 也在它们的定义域内连续.

利用定理 1.13，我们可以证明：

(1) 多项式函数 $y=a_0x^n+a_1x^{n-1}+\cdots+a_{n-1}x+a_n$ 在 $(-\infty,+\infty)$ 内连续.

(2) 分式函数 $y=\dfrac{a_0x^n+a_1x^{n-1}+\cdots+a_{n-1}x+a_n}{b_0x^m+b_1x^{m-1}+\cdots+b_{m-1}x+b_m}$ 除分母为 0 的点不连续外，在其它点处都连续.

1.8.2 反函数和复合函数的连续性

对于反函数和复合函数，我们也可以来讨论它们的连续性.

定理 1.14 如果函数 $y=f(x)$ 在区间 I_x 上单调增加（或单调减少）且连续，那么它的反函数 $x=f^{-1}(y)$ 也在对应的区间 $I_y=\{y\,|\,y=f(x),x\in I_x\}$ 上单调增加（或单调减少）且连续.

例如 $y=\sin x$ 在闭区间 $\left[-\dfrac{\pi}{2},\dfrac{\pi}{2}\right]$ 上单调增加且连续，因此它的反函数 $y=\arcsin x$ 在

闭区间[$-1,1$]上也是单调增加且连续的.

定理 1.15 若$\lim\limits_{x\to x_0}\varphi(x)=a$,函数 $f(u)$ 在点 a 处连续,则有

$$\lim_{x\to x_0}f[\varphi(x)]=f(a)=f[\lim_{x\to x_0}\varphi(x)].$$

若在定理1.15的条件下,假设 $\varphi(x)$ 在点 x_0 处连续,则可得:

定理 1.16 设函数 $u=\varphi(x)$ 在点 x_0 处连续,且 $\varphi(x_0)=u_0$,而函数 $y=f(u)$ 在点 $u=u_0$ 处连续,则复合函数 $f[\varphi(x)]$ 在点 x_0 处也连续.

[例 1-49] 讨论函数 $y=\sin\dfrac{1}{x}$ 的连续性.

解 函数 $y=\sin\dfrac{1}{x}$ 可看作由 $y=\sin u$ 和 $u=\dfrac{1}{x}$ 复合而成. $u=\dfrac{1}{x}$ 在$(-\infty,0)$和$(0,+\infty)$内都是连续的,$y=\sin u$ 在$(-\infty,+\infty)$内连续. 因此根据定理可知,函数 $y=\sin\dfrac{1}{x}$ 在区间$(-\infty,0)$和$(0,+\infty)$内连续.

1.8.3 初等函数的连续性

定理 1.17 基本初等函数在其定义域内是连续的.

因初等函数是由基本初等函数经过有限次的四则运算和复合运算所构成的,故有:

定理 1.18 一切初等函数在其定义区间内是连续的.

[注] 定义区间是指包含在定义域内的区间,初等函数仅在其定义区间内连续,在其定义域内不一定连续.

根据函数 $f(x)$ 在点 x_0 处连续的定义,如果已知 $f(x)$ 在点 x_0 处连续,那么$\lim\limits_{x\to x_0}f(x)=f(x_0)$. 因此,结合定理1.18可知:如果 $f(x)$ 是初等函数,且 x_0 是 $f(x)$ 的定义区间内的点,则$\lim\limits_{x\to x_0}f(x)=f(x_0)$.

[例 1-50] 设函数 $f(x)=\begin{cases}x-1, & x<0\\ 0, & x=0\\ x+1, & x>0\end{cases}$,分析函数在其定义域内的连续性.

解 当 $x_0<0$ 时,因为$\lim\limits_{x\to x_0}f(x)=x_0-1=f(x_0)$,所以此时函数为连续函数;

当 $x=0$ 时,因为$\lim\limits_{x\to 0^-}f(x)=-1$,$\lim\limits_{x\to 0^+}f(x)=1$,此时$\lim\limits_{x\to 0}f(x)$不存在,不满足$\lim\limits_{x\to 0}f(x)=f(0)$,所以函数在 $x=0$ 处不连续;

当 $x_0>0$ 时,因为$\lim\limits_{x\to x_0}f(x)=x_0+1=f(x_0)$,所以此时函数为连续函数.

因此函数的连续区间为$(-\infty,0)\cup(0,+\infty)$,函数的间断点为 $x=0$.

1.8.4 闭区间上连续函数的性质

下面介绍定义在闭区间上的连续函数的几个重要的性质:

定理 1.19 如果函数 $y=f(x)$ 在闭区间$[a,b]$上连续,则 $f(x)$ 在这个区间上有界,见图1-27.

定理 1.20(最大值与最小值定理) 如果函数 $y=f(x)$ 在闭区间$[a,b]$上连续,则它在这个区间上一定有最大值与最小值,见图1-28.

［注］ 如果函数在开区间内连续，或函数在闭区间上有间断点，那么函数在该区间上不一定有界，也不一定有最大值或最小值，见图 1-29.

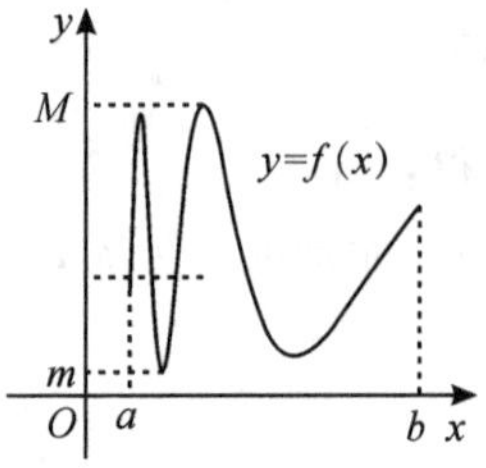

图 1-27

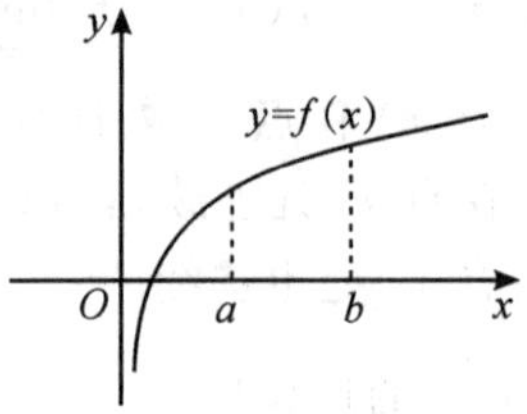

图 1-28

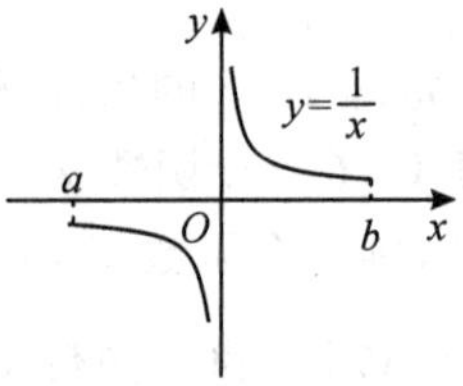

图 1-29

如果在点 x_0 处函数值 $f(x_0)=0$，则称 x_0 为函数 $f(x)$ 的零点.

定理 1.21(零点定理) 如果函数 $y=f(x)$ 在闭区间 $[a,b]$ 上连续，且 $f(a)$ 与 $f(b)$ 异号，则至少存在一点 $\xi\in(a,b)$，使得 $f(\xi)=0$，见图 1-30.

从几何上看，零点定理表示：如果连续曲线弧 $y=f(x)$ 的两个端点位于 x 轴的不同侧，那么这段曲线弧与 x 轴至少有一个交点.

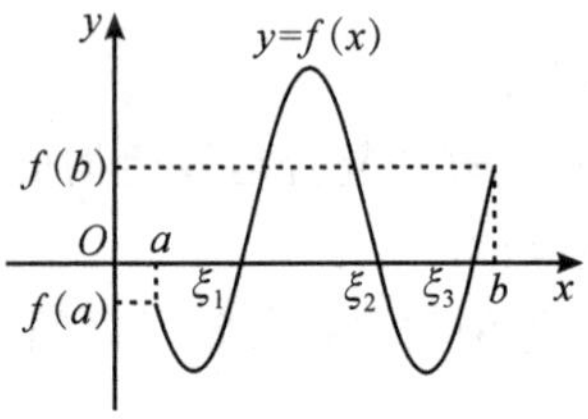

图 1-30

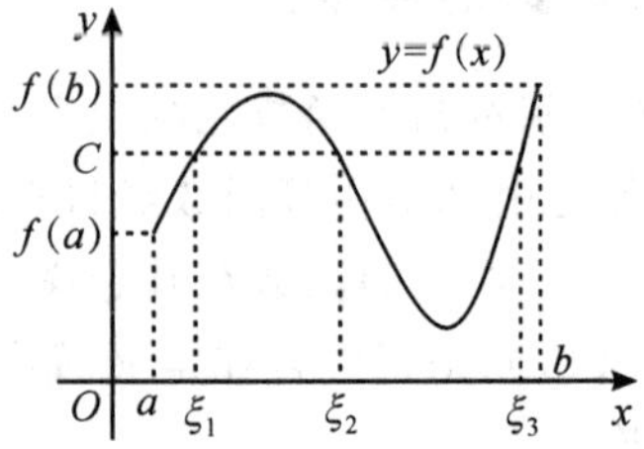

图 1-31

［例 1-51］ 证明 $x^3-3x=0$ 在 $(1,2)$ 内至少有一个根.

解 函数 $f(x)=x^3-3x$ 是初等函数，因此它在闭区间 $[1,2]$ 上连续. 因

$$f(1)=1^3-3\times1=-2<0,f(2)=2^3-3\times2=2>0,$$

由零点定理可知，在 $(1,2)$ 内至少存在一点 ξ，使得 $f(\xi)=0$. 即 $x^3-3x=0$ 在 $(1,2)$ 内至少有一个根.

定理 1.22(介值定理) 如果函数 $y=f(x)$ 在闭区间 $[a,b]$ 上连续，且在此区间的端点处取不同的函数值 $f(a)=A$ 及 $f(b)=B$，那么对于 A 与 B 之间的任意一个数 C，在开区间 (a,b) 内至少存在一点 $\xi\in(a,b)$，使得 $f(\xi)=C$，见图 1-31.

从几何上看，介值定理表示：连续曲线弧 $y=f(x)$ 与水平直线 $y=C$ 至少相交于一点.

推论 在闭区间上连续的函数一定能取得介于最大值 M 与最小值 m 之间的任何值.

习题 1-8

1. 填空题

(1) 函数 $f(x)=\dfrac{1}{\ln(x-2)}$ 的连续区间是________.

(2) 函数 $y=\dfrac{\sin x}{x^2(x-1)}e^x$ 的连续区间是________.

(3) 函数 $y=\sin\sqrt{x+\sqrt{1-x^2}}$ 的连续区间为________.

2. 讨论函数 $y=\begin{cases}\dfrac{x}{1-\sqrt{1-x}}, & x<0\\ x+2, & x\geqslant 0\end{cases}$ 的连续性.

3. 设 $y=\begin{cases}\dfrac{\sin 5x}{x}, & x<0\\ 3x^2-2x+k, & x\geqslant 0\end{cases}$（其中 k 为常数），当 k 为何值时，函数 $f(x)$ 在其定义域内连续？

4. 设函数 $f(x)=\begin{cases}e^x, & x<0\\ a+x, & x\geqslant 0\end{cases}$，应当怎样选择数 a，使得 $f(x)$ 成为在 $(-\infty,+\infty)$ 内的连续函数.

5. 证明方程 $x^3-2x=1$ 在 1 与 2 之间至少存在一个实根.

6. 证明曲线 $y=x^4-3x^2+7x-10$ 在 $x=1$ 与 $x=2$ 之间至少与 x 轴有一个交点.

1.9　综合训练题

1. 填空题

(1) 设 $f(x)=x^2+\sin x$，则 $f(e^x+1)=$ ________.

(2) 设 $f(x)=\ln\sqrt{x}$，则 $f[f(x)]=$ ________，其定义域为________.

(3) 函数 $y=\arctan\dfrac{x-1}{2}$ 的定义域是________.

(4) 已知函数 $f\left(\dfrac{1}{x}\right)=\dfrac{x+1}{x}$，则 $f(x)$ 的反函数为________.

(5) 函数 $f(x)=\dfrac{x}{x^2-1}$ 的间断点是________，为第________类间断点.

(6) $\lim\limits_{x\to\infty}\left(\dfrac{\sin x}{x}-x\sin\dfrac{1}{x}\right)=$ ________.

(7) 设 $\lim\limits_{x\to\infty}\dfrac{2x^a-5x^2+1}{bx^4+1}=2$，则 $a=$ ________，$b=$ ________.

(8) 已知 $\lim\limits_{x\to 0}(1+ax)^{\frac{3}{x}}=e\sqrt{e}$，则 $a=$ ________.

(9) 函数 $f(x)=\dfrac{x+1}{e^{2x}-1}$ 的连续区间是________.

(10) 设 $f(x)=\begin{cases}x+1, & x\leqslant 0\\ x^2, & x>0\end{cases}$，则 $\lim\limits_{x\to 0^+}f(x)=$ ________，$\lim\limits_{x\to 0^-}f(x)=$ ________，$\lim\limits_{x\to 0}f(x)=$ ________.

2. 选择题

(1) 设 $x_n=\underbrace{0.33\cdots3}_{n个}$，则当 $n\to\infty$ 时，数列 $\{x_n\}$（　　）.

(A) 收敛于 0.3　　(B) 收敛于 0.4

(C) 收敛于 $\dfrac{1}{3}$　　(D) 发散

(2) 下列变量在给定的变化过程中为无穷小量的是(　　).

(A) $e^{\frac{1}{x}}(x \to 0)$　　(B) $\sin\frac{1}{x}(x \to 0)$

(C) $\ln x(x \to 1)$　　(D) $\cos x(x \to 0)$

(3) 下列极限存在的是(　　).

(A) $\lim\limits_{x\to\infty}\frac{x(x-1)}{x^2}$　　(B) $\lim\limits_{x\to 0}\frac{1}{e^x-1}$

(C) $\lim\limits_{x\to -2}e^{\frac{1}{x+2}}$　　(D) $\lim\limits_{x\to +\infty}\sqrt{\frac{x^3+1}{x}}$

(4) 下列结论正确的是(　　).

(A) $\lim\limits_{x\to\infty}(1+x)^{\frac{1}{x}}=e$　　(B) $\lim\limits_{x\to 0}(1-x)^{\frac{1}{x}}=e^{-1}$

(C) $\lim\limits_{x\to 0}(1+\frac{1}{x})^x=e$　　(D) $\lim\limits_{x\to\infty}(1+\frac{1}{x})^{-x}=e$

(5) 如果$\lim\limits_{x\to 0}\frac{3\sin mx}{2x}=\frac{2}{3}$,则 $m=$(　　).

(A) $\frac{2}{3}$　　(B) $\frac{3}{2}$　　(C) $\frac{4}{9}$　　(D) $\frac{9}{4}$

(6) 函数 $f(x)=\begin{cases}e^{-\frac{1}{x-2}}, & x\neq 2\\ 0, & x=2\end{cases}$在点 $x=2$ 处(　　).

(A) 连续　　(B) 不连续,但有右连续

(C) 不连续,但有左连续　　(D) 左、右都不连续

(7) 下列函数在点 $x=0$ 处均不连续,其中点 $x=0$ 是 $f(x)$ 的可去间断点的是(　　).

(A) $f(x)=e^{\frac{1}{x}}$　　(B) $f(x)=\frac{1}{x}\sin x$

(C) $f(x)=1+\frac{1}{x}$　　(D) $f(x)=\frac{1}{e^x-1}$

(8) 函数 $f(x)=\frac{x^2-4}{x-2}$ 在点 $x=2$ 处(　　).

(A) 有定义　　(B) 有极限

(C) 没有极限　　(D) 既无定义又无极限

(9) 如果函数 $f(x)$ 的定义域是$[0,1]$,则函数 $g(x)=f\left(x+\frac{1}{3}\right)+f\left(x-\frac{1}{3}\right)$的定义域是(　　).

(A) $[0,1]$　　(B) $\left[-\frac{1}{3},\frac{2}{3}\right]$

(C) $\left[\frac{1}{3},\frac{4}{3}\right]$　　(D) $\left[\frac{1}{3},\frac{2}{3}\right]$

(10) 函数 $y=\lg(\sqrt{x^2+1}+x)+\lg(\sqrt{x^2+1}-x)$(　　).

(A) 是奇函数,非偶函数　　(B) 是偶函数,非奇函数

(C) 既非奇函数,又非偶函数　　(D) 既是奇函数,又是偶函数

3. 计算下列函数的极限

(1) $\lim\limits_{x\to\frac{\pi}{2}}(1+\cos x)^{\sec x}$；　(2) $\lim\limits_{x\to 0}\dfrac{\cos x-\cos 3x}{x^2}$；

(3) $\lim\limits_{x\to\infty}\left[\dfrac{x^2+1}{x^3+1}(2+\cos 3x)\right]$；　(4) $\lim\limits_{x\to\infty}\left(\dfrac{2x+3}{2x+1}\right)^{x+1}$；

(5) $\lim\limits_{n\to\infty}\dfrac{1+3+5+\cdots+(2n-1)}{2+4+6+\cdots+2n}$；　(6) $\lim\limits_{x\to a}\dfrac{\cos x-\cos a}{x-a}$；

(7) $\lim\limits_{x\to+\infty}(\sqrt{x^2+x+1}-\sqrt{x^2-x+1})$；(8) $\lim\limits_{x\to 1}\left(\dfrac{3}{1-x^3}-\dfrac{1}{1-x}\right)$.

4. 设函数 $f(x)=\begin{cases}\dfrac{\tan x}{x}, & x<0\\ a-1, & x=0\\ x\cos\dfrac{1}{x}+b, & x>0\end{cases}$

(1) a、b 为何值时，极限 $\lim\limits_{x\to 0}f(x)$ 存在？

(2) a、b 为何值时，函数 $f(x)$ 在 $x=0$ 处连续？

5. 求函数 $f(x)=\begin{cases}-x^2, & -\infty<x\leqslant -1\\ 2x+1, & -1<x\leqslant 1\\ 4-x, & 1<x<+\infty\end{cases}$，的连续区间，并作出函数的图像.

6. 设 $f(x)=\begin{cases}e^{\frac{1}{x-1}}, & x>0\\ \ln(1+x), & -1<x\leqslant 0\end{cases}$，求 $f(x)$ 的间断点，并说明间断点所属类型.

7. 证明方程 $\sin x+x+1=0$ 在开区间 $\left(-\dfrac{\pi}{2},\dfrac{\pi}{2}\right)$ 内至少有一个根.

8. 设 $f(x)=\begin{cases}[\arctan(x^{-1})]\sin x+x^{-1}\ln(1+3x), & -\dfrac{1}{3}<x<0\\ a, & x\geqslant 0\end{cases}$，若 $f(x)$ 在点 $x=0$ 处连续，求 a 的值.

第2章 导数与微分

2.1 导数的概念

2.1.1 导数的定义

1. 函数在一点处的导数与导函数

定义 2.1 设函数 $y=f(x)$ 在点 x_0 的某个邻域内有定义，当自变量 x 在点 x_0 处取得增量(点 $x_0+\Delta x$ 仍在该邻域内)时，相应的函数 y 取得增量 $\Delta y=f(x_0+\Delta x)-f(x_0)$；若当 $\Delta x\to 0$ 时，极限

$$\lim_{\Delta x\to 0}\frac{\Delta y}{\Delta x}=\lim_{\Delta x\to 0}\frac{f(x_0+\Delta x)-f(x_0)}{\Delta x}$$

存在，则称此极限值为函数 $y=f(x)$ 在点 x_0 处的导数，并称函数 $y=f(x)$ 在点 x_0 处可导，记为 $f'(x_0)$，也可记为 $y'\big|_{x=x_0}$ 或 $\frac{\mathrm{d}f(x)}{\mathrm{d}x}\big|_{x=x_0}$ 或 $\frac{\mathrm{d}y}{\mathrm{d}x}\big|_{x=x_0}$，即

$$f'(x_0)=\lim_{\Delta x\to 0}\frac{\Delta y}{\Delta x}=\lim_{\Delta x\to 0}\frac{f(x_0+\Delta x)-f(x_0)}{\Delta x}.$$

函数 $f(x)$ 在点 x_0 处可导有时也说成 $f(x)$ 在点 x_0 具有导数或导数存在.

若极限 $\lim\limits_{\Delta x\to 0}\frac{f(x_0+\Delta x)-f(x_0)}{\Delta x}$ 不存在，则称函数 $y=f(x)$ 在点 x_0 处不可导，x_0 称为不可导点.

导数的定义也可以采取不同的表达式，例如：

$$f'(x_0)=\lim_{x\to x_0}\frac{f(x)-f(x_0)}{x-x_0},$$

$$f'(x_0)=\lim_{h\to 0}\frac{f(x_0+h)-f(x_0)}{h},$$

$$f'(x_0)=\lim_{\Delta x\to 0}\frac{f(x_0-\Delta x)-f(x_0)}{-\Delta x}.$$

[注] 在上述式子中，虽然 x 可以取区间 I 内的任意数值，但在极限过程中，x 是常量，Δx 或 h 是变量.

定义 2.2 如果函数 $y=f(x)$ 在开区间 I 内的每一点处都可导，就称函数 $f(x)$ 在开区间 I 内可导，这时，$\forall x\in I$ 都对应函数 $f(x)$ 的一个确定的导数值 $f'(x)$，那么 $y=f'(x)$ 就成了一个新的函数，叫做函数 $y=f(x)$ 的导函数，简称导数，记作 y'，$f'(x)$，$\frac{\mathrm{d}y}{\mathrm{d}x}$，或 $\frac{\mathrm{d}f(x)}{\mathrm{d}x}$. 显然，

$y=f(x)$ 在点 x_0 处的导数 $f'(x_0)$，就是导函数 $f'(x)$ 在 x_0 处的函数值，即 $f'(x_0)=f'(x)\big|_{x=x_0}$.

2. 单侧导数

函数在某一点处极限存在的充要条件是左、右极限都存在且相等，因此 $f'(x_0)$ 存在，即函数 $f(x)$ 在点 x_0 处可导的充要条件是：

$$\lim_{h\to 0^-}\frac{f(x_0+h)-f(x_0)}{h}=\lim_{h\to 0^+}\frac{f(x_0+h)-f(x_0)}{h}$$

这两个极限分别称为函数 $f(x)$ 在点 x_0 处的左导数和右导数，记作 $f'_-(x_0)$ 及 $f'_+(x_0)$，即

$$f'_-(x_0)=\lim_{h\to 0^-}\frac{f(x_0+h)-f(x_0)}{h},$$

$$f'_+(x_0)=\lim_{h\to 0^+}\frac{f(x_0+h)-f(x_0)}{h}.$$

[**例 2-1**]　已知函数 $f(x)=\begin{cases}x^2, & x\leqslant 1\\ x, & x>1\end{cases}$，判断函数在 $x=1$ 处的导数是否存在.

解　$f'_-(1)=\lim\limits_{\Delta x\to 0^-}\dfrac{f(1+\Delta x)-f(1)}{\Delta x}$

$$=\lim_{\Delta x\to 0^-}\frac{(1+\Delta x)^2-1^2}{\Delta x}=\lim_{\Delta x\to 0^-}(2+\Delta x)=2,$$

$$f'_+(1)=\lim_{\Delta x\to 0^+}\frac{f(1+\Delta x)-f(1)}{\Delta x}$$

$$=\lim_{\Delta x\to 0^+}\frac{(1+\Delta x)-1}{\Delta x}=\lim_{\Delta x\to 0^+}1=1.$$

因为 $f'_-(1)\neq f'_+(1)$，所以 $f'(1)$ 不存在.

[**例 2-2**]　求函数 $y=x^2$ 在 $x=1$ 处的导数 $f'(1)$，$f'(2)$.

分析：先求导函数 $f'(x)$，再求 $f'(x_0)$.

解　因为 $f(x)=x^2$，所以

(1) $\Delta y=f(x+\Delta x)-f(x)=2x\Delta x+\Delta x^2$,

(2) $\dfrac{\Delta y}{\Delta x}=2x+\Delta x$,

(3) $f'(x)=\lim\limits_{\Delta x\to 0}\dfrac{\Delta y}{\Delta x}=2x$,

所以，$f'(1)=2$，$f'(2)=4$.

由以上例题我们可以得出，利用导数定义求函数导数的步骤：

(1) 求函数的增量：$\Delta y=f(x+\Delta x)-f(x)$；

(2) 求两增量的比值：$\dfrac{\Delta y}{\Delta x}=\dfrac{f(x+\Delta x)-f(x)}{\Delta x}$；

(3) 求极限：$\lim\limits_{\Delta x\to 0}\dfrac{\Delta y}{\Delta x}=\lim\limits_{\Delta x\to 0}\dfrac{f(x+\Delta x)-f(x)}{\Delta x}$.

2.1.2　导数的基本公式

1. $(C)'=0$（C 为常数）；　　2. $(x^a)'=ax^{a-1}$（a 为常数）；

3. $(a^x)' = a^x \ln a$；

4. $(e^x)' = e^x$；

5. $(\log_a x)' = \dfrac{1}{x\ln a}$；

6. $(\ln x)' = \dfrac{1}{x}$；

7. $(\sin x)' = \cos x$；

8. $(\cos x)' = -\sin x$；

9. $(\tan x)' = \sec^2 x = \dfrac{1}{\cos^2 x}$；

10. $(\cot x)' = -\csc^2 x = -\dfrac{1}{\sin^2 x}$；

11. $(\sec x)' = \sec x \tan x$；

12. $(\csc x)' = -\csc x \cot x$；

13. $(\arcsin x)' = \dfrac{1}{\sqrt{1-x^2}}$；

14. $(\arccos x)' = -\dfrac{1}{\sqrt{1-x^2}}$；

15. $(\arctan x)' = \dfrac{1}{1+x^2}$；

16. $(\text{arccot}\, x)' = -\dfrac{1}{1+x^2}$.

2.1.3 导数的几何意义

设曲线 C 是函数 $y = f(x)$ 的图形，求曲线 C 在点 $M(x_0, y_0)$ 处的切线的斜率.

如图 2-1 所示，设点 $N(x_0+\Delta x, y_0+\Delta y)(\Delta x \neq 0)$ 为曲线 C 上的另一点，连接点 M 和点 N 的直线 MN 称为曲线 C 的割线. 设割线 MN 的倾斜角为 φ，其斜率为

$$\tan\varphi = \frac{\Delta y}{\Delta x} = \frac{f(x_0+\Delta x)-f(x_0)}{\Delta x}.$$

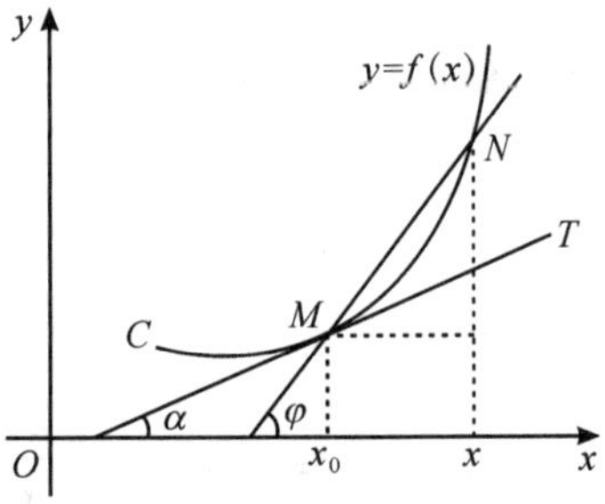

图 2-1

所以当点 N 沿曲线 C 趋近于点 M 时，割线 MN 的倾斜角 φ 趋近于切线 MT 的倾斜角 α，故割线 MN 的斜率 $\tan\varphi$ 趋近于切线 MT 的斜率 $\tan\alpha$. 因此，曲线 C 在点 $M(x_0, y_0)$ 处的切线斜率为

$$\tan\alpha = \lim_{\Delta x\to 0}\tan\varphi = \lim_{\Delta x\to 0}\frac{\Delta y}{\Delta x} = \lim_{\Delta x\to 0}\frac{f(x_0+\Delta x)-f(x_0)}{\Delta x}.$$

即函数 $y = f(x)$ 在 $M(x_0, y_0)$ 的导数，就是曲线 C 在点 $M(x_0, y_0)$ 处的切线的斜率，假设切线 MT 的斜率为 k，则有

$$k = \tan\alpha = f'(x_0).$$

这就是导数的几何意义.

根据导数的几何意义及直线的点斜式方程，很容易得到曲线 $y = f(x)$ 在点 $M(x_0, y_0)$ 处的切线方程：

$$y - f(x_0) = f'(x_0)(x - x_0),$$

以及在点 $M(x_0, y_0)$ 法线方程：

$$y - f(x_0) = -\frac{1}{f'(x_0)}(x - x_0).$$

［**例 2-3**］ 求曲线 $y = \dfrac{1}{\sqrt{x}}$ 在点 $x = 1$ 处的切线方程.

解 因为 $y' = (x^{-\frac{1}{2}})' = -\dfrac{1}{2}x^{-\frac{3}{2}}$，且切线斜率为

$$k = y'\Big|_{x=1} = -\frac{1}{2}x^{-\frac{3}{2}}\Big|_{x=1} = -\frac{1}{2},$$

所以，切线方程为 $y-1=-\frac{1}{2}(x-1)$，整理得

$$x+2y-3=0.$$

［例 2-4］ 求曲线 $y=\sqrt{x^3}$ 的通过点 $(0,-4)$ 的切线方程.

解　设切点为 (x_0,y_0)，则切线斜率为

$$k=y'\big|_{x=x_0}=\frac{3}{2}x^{\frac{1}{2}}\big|_{x=x_0}=\frac{3}{2}\sqrt{x_0}.$$

于是所求切线方程可设为

$$y-y_0=\frac{3}{2}\sqrt{x_0}(x-x_0), \tag{1}$$

由于切点 (x_0,y_0) 在曲线 $y=\sqrt{x^3}$ 上，故有

$$y_0=\sqrt{x_0^3} \tag{2}$$

由于切线(1) 通过点 $(0,-4)$，故有

$$-4-y_0=\frac{3}{2}\sqrt{x_0}(0-x_0), \tag{3}$$

求得方程(2) 及(3) 组成的方程组的解为 $x_0=4$，$y_0=8$，代入(1) 式并化简，即得所求切线方程为

$$3x-y-4=0.$$

2.1.4　函数可导性与连续性的关系

定理 2.1　若函数 $y=f(x)$ 在点 x_0 处可导，则函数 $y=f(x)$ 在点 x_0 处一定连续.

［注］ 该定理的逆命题不成立. 即一个函数在某一点连续却不一定在该点可导. 举例说明如下：

$y=\sqrt[3]{x}$、$y=|x|$ 在 $(-\infty,+\infty)$ 内连续，因此在 $x=0$ 处连续，但在 $x=0$ 处不可导，请读者自行证明.

［例 2-5］ 讨论函数 $f(x)=\begin{cases} x\cdot\sin\dfrac{1}{x}, & x\neq 0 \\ 0, & x=0 \end{cases}$，在点 $x=0$ 处的连续性和可导性.

解　因为 $\lim\limits_{x\to 0}f(x)=\lim\limits_{x\to 0}x\cdot\sin\dfrac{1}{x}=0$，即

$$\lim_{x\to 0}f(x)=f(0).$$

所以该函数在 $x=0$ 处连续. 又因为

$$\frac{f(0+\Delta x)-f(0)}{\Delta x}=\frac{\Delta x\cdot\sin\dfrac{1}{\Delta x}}{\Delta x}=\sin\frac{1}{\Delta x},$$

当 $\Delta x\to 0$ 时，$\sin\dfrac{1}{\Delta x}$ 极限不存在，所以该函数在 $x=0$ 处不可导.

［例 2-6］ 设 $f(x)=\begin{cases} \sin(x-1)+2, & x<1 \\ ax+b, & x\geqslant 1 \end{cases}$，问当 a，b 取何值时 $f(x)$ 在 $(-\infty,+\infty)$

内可导.

解 因为
$$\lim_{x\to 1^+} f(x) = \lim_{x\to 1^+}(ax+b) = a+b,$$
$$\lim_{x\to 1^-} f(x) = \lim_{x\to 1^-}(\sin(x-1)+2) = 2,$$
$$f(1) = a+b,$$

要使 $f(x)$ 在 $x=1$ 处连续,必须 $a+b=2$.

因为

$$f'_+(1) = \lim_{x\to 1^+}\frac{f(x)-f(1)}{x-1} = \lim_{x\to 1^+}\frac{(ax+b)-(a+b)}{x-1} = a,$$

$$f'_-(1) = \lim_{x\to 1^-}\frac{f(x)-f(1)}{x-1} = \lim_{x\to 1^-}\frac{\sin(x-1)+2-(a+b)}{x-1} = \lim_{x\to 1-}\frac{\sin(x-1)}{x-1} = 1,$$

要使 $f(x)$ 在 $x=1$ 处可导,则 $a=1$,故 $a=1,b=1$.

[注] $f(x)$ 在 $(-\infty,+\infty)$ 内可导隐含了函数在分段点是连续的和可导的,求待定常数时我们往往要用这两个条件.

[例 2-7] 已知函数 $f(x)=\begin{cases}\ln(1+x), & x>0\\ 0, & x=0\\ \dfrac{1}{x}\sin^2 x, & x<0\end{cases}$,求 $f'(x)$.

解 当 $x>0$ 时,$f'(x)=\dfrac{1}{x+1}$;当 $x<0$ 时,$f'(x)=\dfrac{x\sin 2x-\sin^2 x}{x^2}$.

由于 $x=0$ 是该函数的分界点,由导数的定义,我们得出

$$f'_+(0) = \lim_{x\to 0^+}\frac{f(x)-f(0)}{x-0} = \lim_{x\to 0^+}\frac{\ln(x+1)-0}{x-0} = 1,$$

$$f'_-(0) = \lim_{x\to 0^-}\frac{f(x)-f(0)}{x-0} = \lim_{x\to 0^-}\frac{\sin^2 x}{x^2} = 1,$$

因此 $f'(0)=1$,于是

$$f'(x)=\begin{cases}\dfrac{1}{x+1}, & x>0,\\ 1, & x=0,\\ \dfrac{x\sin 2x-\sin^2 x}{x^2}, & x<0.\end{cases}$$

即

$$f'(x)=\begin{cases}\dfrac{1}{x+1}, & x\geqslant 0,\\ \dfrac{x\sin 2x-\sin^2 x}{x^2}, & x<0.\end{cases}$$

根据以上例题,可总结出分段函数的求导方法:

(1) 如果分段函数在各开区间内可导,可分别求出它们在各开区间内的导数.

(2) 判断函数在分界点 x_0 处的可导性.一般方法为:

① 如果函数在分界点 x_0 的两侧由一个表达式表达,则需考查极限

$\lim\limits_{x \to x_0} \dfrac{f(x) - f(x_0)}{x - x_0}$ 的存在性.

② 如果函数在分界点 x_0 的两侧由不同的表达式表达，则需考查极限

$\lim\limits_{x \to x_0^-} \dfrac{f(x) - f(x_0)}{x - x_0}$ 与 $\lim\limits_{x \to x_0^+} \dfrac{f(x) - f(x_0)}{x - x_0}$

的存在情况. 若两者都存在且相等，则函数 $f(x)$ 在 x_0 处可导；否则，$f(x)$ 在 x_0 处不可导.

习题 2-1

1. 填空题

(1) 设函数 $f(x)$ 在点 x_0 处可导，则

① $\lim\limits_{h \to 0} \dfrac{f(x_0 - 3h) - f(x_0)}{h} =$ ________；

② $\lim\limits_{h \to 0} \dfrac{f(x_0 + h) - f(x_0 - h)}{2h} =$ ________；

③ $\lim\limits_{n \to \infty} n\left[f\left(x_0 + \dfrac{1}{n}\right) - f\left(x_0 - \dfrac{1}{2n}\right)\right] =$ ________；

④ $\lim\limits_{x \to 0} \dfrac{x}{f(x_0) - f(x_0 + x)} =$ ________.

(2) 设 $f(x)$ 在点 x_0 可导，a,b 为常数，则 $\lim\limits_{\Delta x \to 0} \dfrac{f(x_0 + a\Delta x) - f(x_0 - b\Delta x)}{\Delta x} =$ ________.

(3) 设函数 $f(x)$ 在 $x = 1$ 可导，且 $\left.\dfrac{\mathrm{d}f(x)}{\mathrm{d}x}\right|_{x=1} = 1$，则 $\lim\limits_{x \to 0} \dfrac{f(1 + 2x) - f(1)}{x} =$ ________.

(4) 设 $f(x) = \sqrt{x}$，则 $\lim\limits_{h \to 0} \dfrac{f(x + h) - f(x)}{h} =$ ________.

(5) 设 $f(x)$ 可导，且满足 $\lim\limits_{x \to 0} \dfrac{f(1) - f(1 - 2x)}{x} = -2$，则曲线 $y = f(x)$ 在点 $[1, f(1)]$ 处的切线斜率为________.

2. 选择题

(1) 若 $f(x) = \begin{cases} x^2 + 3, x < 1 \\ ax + b, x \geqslant 1 \end{cases}$ 在 $x = 1$ 处可导，则(　　).

(A) $a = 2, b = 2$　　(B) $a = -2, b = 2$

(C) $a = 2, b = -2$　　(D) $a = -2, b = -2$

(2) 下列四个命题中成立的是(　　).

(A) 可积函数必是连续函数　　(B) 单调函数必是连续函数

(C) 可导函数必是连续函数　　(D) 连续函数必是可导函数

(3) 设函数 $f(x) = |x^3 - 1| \varphi(x)$，其中 $\varphi(x)$ 在 $x = 1$ 处连续，则 $\varphi(1) = 0$ 是 $f(x)$ 在 $x = 1$ 处可导的(　　).

(A) 充分必要条件　　(B) 必要但非充分条件

(C) 充分但非必要条件　　(D) 既非充分也非必要条件

(4) 设 $f(x)$ 在 $x=a$ 的某个邻域内有定义，则 $f(x)$ 在 $x=a$ 处可导的一个充分条件是(　　).

(A) $\lim\limits_{h\to+\infty} h\left[f\left(a+\dfrac{1}{h}\right)-f(a)\right]$存在　　(B) $\lim\limits_{h\to 0}\dfrac{f(a+2h)-f(a+h)}{h}$ 存在

(C) $\lim\limits_{h\to 0}\dfrac{f(a+h)-f(a-h)}{2h}$ 存在　　(D) $\lim\limits_{h\to 0}\dfrac{f(a)-f(a-h)}{h}$ 存在

(5) 设函数 $f(x)=|x|$，则函数在 $x=0$ 处(　　).

(A) 可导但不连续　　(B) 不连续且不可导

(C) 连续且可导　　(D) 连续但不可导

3. 解答题

(1) 设 $f'(x)\begin{cases} ax^2+bx+c, & x<0 \\ \ln(1+x), & x\geqslant 0 \end{cases}$，确定常数 a,b,c 使得 $f''(0)$ 存在.

(2) 设 $f(x)=\begin{cases} \dfrac{\varphi(x)-\cos x}{x}, & x>0 \\ e^x+a, & x\leqslant 0 \end{cases}$，其中 $\varphi(x)$ 具有二阶导数，且 $\varphi(0)=1,\varphi'(0)=0,\varphi''(0)=1$，

① 确定 a 的值，使 $f(x)$ 在 $x=0$ 处连续；

② 求 $f'(x)$.

2.2　导数基本公式与运算法则

在本节中，介绍求导数的几个基本法则以及几个基本初等函数的导数公式. 借助于这些法则和基本初等函数的导数公式，就能比较方便地求出常见的初等函数的导数.

2.2.1　导数的四则运算法则

定理 2.2　设函数 $u(x)$ 与 $v(x)$ 在点 x 处均可导，则它们的和、差、积、商(分母不为零)在点 x 处也可导，并且

(1) $[u(x)\pm v(x)]'=u'(x)\pm v'(x)$；

(2) $[u(x)v(x)]'=u'(x)v(x)+u(x)v'(x)$；

(3) $\left[\dfrac{u(x)}{v(x)}\right]'=\dfrac{u'(x)v(x)-u(x)v'(x)}{[v(x)]^2}[v(x)\neq 0]$；

[注]　法则(1)(2) 均可推广到有限多个函数运算的情形. 例如，设函数 $u(x),v(x),w(x)$ 均可导，则有，

$[u(x)\pm v(x)\pm w(x)]'=u'(x)\pm v'(x)\pm w'(x)$，

$[u(x)v(x)w(x)]'=u'(x)v(x)w(x)+u(x)v'(x)w+u(x)v(x)w'(x)$.

特别地，当 $v(x)=C$(C 为常数) 时，有

$$[Cu(x)]'=Cu'(x).$$

[例 2-8]　已知函数 $y=5x^2+\dfrac{3}{x^3}-2^x+4\cos x$，求 y'.

解　$y' = \left(5x^2 + \frac{3}{x^3} - 2^x + 4\cos x\right)'$

$= (5x^2)' + \left(\frac{3}{x^3}\right)' - (2^x)' + (4\cos x)'$

$= 5 \times 2x + 3 \times (-3)x^{-4} - 2^x \ln 2 + 4(-\sin x)$

$= 10x - \frac{9}{x^4} - 2^x \ln 2 - 4\sin x.$

[例 2-9]　已知函数 $y = x\sin x \ln x$，求 y'.

解　$y' = (x)'\sin x \ln x + x(\sin x)'\ln x + x\sin x(\ln x)'$

$= 1 \cdot \sin x \ln x + x\cos x \ln x + x\sin x \cdot \frac{1}{x}$

$= \sin x \ln x + x\cos x \ln x + \sin x.$

[例 2-10]　已知函数 $f(x) = \frac{x^2 - x + 2}{x + 3}$，求 y'.

解　$f'(x) = \frac{(x^2 - x + 2)'(x + 3) - (x^2 - x + 2)(x + 3)'}{(x + 3)^2}$

$= \frac{(2x - 1)(x + 3) - (x^2 - x + 2) \cdot 1}{(x + 3)^2}$

$= \frac{x^2 + 6x - 5}{(x + 3)^2}.$

[例 2-11]　已知函数 $y = \frac{5x^2 - 2x + 7}{\sqrt{x}}$，求 y'.

解　化简得 $y = 5x^{\frac{5}{2}} - 2x^{\frac{1}{2}} + 7x^{-\frac{1}{2}}$，

$y' = 5 \cdot \frac{5}{2}x^{\frac{3}{2}} - 2 \cdot \frac{1}{2}x^{-\frac{1}{2}} + 7 \cdot (-\frac{1}{2}) \cdot x^{-\frac{3}{2}}$

$= \frac{25}{2}x^{\frac{3}{2}} - x^{-\frac{1}{2}} - \frac{7}{2}x^{-\frac{3}{2}}$

$= \frac{1}{2\sqrt{x^3}}(25x^3 - 2x - 7).$

在求导数时，先对函数变形化简再求导，有时可简化运算过程.

2.2.2　复合函数的求导法则

对 $\ln\tan x, \sin 2x, e^{x^3}$ 这样的函数，能否用导数公式直接求导呢?当然不能，因为它们不是基本初等函数，而是复合函数. 我们将借助复合函数求导法则求出复合函数的导数，从而使可以求导数的函数的范围得到很大扩充.

定理 2.3　如果函数 $u = \varphi(x)$ 在 x 处可导，函数 $y = f(u)$ 在对应点处也可导，则函数 $y = f[\varphi(x)]$ 在点 x 处可导，且

$$y = \{f[\varphi(x)]\}' = f'(u)\varphi'(x),$$

或

$$y'_x = y'_u u'_x, \frac{dy}{dx} = \frac{dy}{du} \cdot \frac{du}{dx}.$$

[例 2-12]　求下列函数的导数.

(1) $y=\sin^3 x$； (2) $y=\cos x^2$；

(3) $y=\ln(3x+1)$； (4) $y=(2+5x)^4$；

解 由定理2.3得

(1) 设 $u=\sin x, y=u^3$，

$y'_x=y'_u\cdot u'_x=3u^2\cdot\cos x$，

即 $y'=3\sin^2 x\cdot(\sin x)'=3\sin^2 x\cdot\cos x$；

(2) 设 $u=x^2, y=\cos u$，

$y'_x=y'_u\cdot u'_x=\cos u\cdot 2x$，

即 $y'=-\sin x^2\cdot(x^2)'=-2x\sin x^2$；

(3) 设 $u=3x+1, y=\ln u$，

$y'_x=y'_u\cdot u'_x=\dfrac{1}{u}\cdot 3$，

即 $y'=\dfrac{1}{3x+1}\cdot(3x+1)'=\dfrac{3}{3x+1}$；

(4) 设 $u=2+5x, y=u^4$，

$y'_x=y'_u\cdot u'_x=4u^3\cdot 5$，

即 $y'=4(2+5x)^3\cdot(2+5x)'=20(2+5x)^3$.

[例 2-13] 求函数 $y=\ln(x+\sqrt{x^2+a^2})$ 的导数.

解 $y'=\dfrac{1}{x+\sqrt{x^2+a^2}}\cdot(x+\sqrt{x^2+a^2})'$

$=\dfrac{1}{x+\sqrt{x^2+a^2}}\cdot[x'+(\sqrt{x^2+a^2})']=\dfrac{1}{\sqrt{x^2+a^2}}$.

在熟练掌握复合函数的求导公式后，求导时将不必写出中间过程和中间变量.如果函数由多层函数复合而成，定理2.3同样适用.例如，$y=f(u), u=g(v), v=\varphi(x)$，则复合函数 $y=f\{g[\varphi(x)]\}$ 的导数为

$$\frac{\mathrm{d}y}{\mathrm{d}x}=\frac{\mathrm{d}y}{\mathrm{d}u}\cdot\frac{\mathrm{d}u}{\mathrm{d}v}\cdot\frac{\mathrm{d}v}{\mathrm{d}x}.$$

复合函数求导公式好像链条一样，一环扣一环，所以又称之为链式法则，它可以推广到多个复合函数求导数的情形.

[例 2-14] 求下列函数的导数.

(1) $y=2^{\tan\frac{1}{x}}$； (2) $y=\sin^2(2-3x)$； (3) $y=\log_3\cos\sqrt{x^2+1}$.

解 (1) $y'=2^{\tan\frac{1}{x}}\ln 2\cdot\left(\tan\dfrac{1}{x}\right)'=2^{\tan\frac{1}{x}}\ln 2\cdot\sec^2\dfrac{1}{x}\cdot\left(-\dfrac{1}{x^2}\right)=-\dfrac{2^{\tan\frac{1}{x}}\ln 2}{x^2\cos^2\dfrac{1}{x}}$；

(2) $y'=2\sin(2-3x)\cdot\cos(2-3x)\cdot(-3)=-3\sin[2(2-3x)]=-3\sin(4-6x)$；

(3) $y'=\dfrac{1}{\cos\sqrt{x^2+1}\cdot\ln 3}\cdot(-\sin\sqrt{x^2+1})\cdot\dfrac{2x}{2\sqrt{x^2+1}}=-\dfrac{x\tan\sqrt{x^2+1}}{\sqrt{x^2+1}\cdot\ln 3}$.

有些函数求导时，需要综合运用各种求导法则，如下列例题中的函数，整体来看是一个乘积，先用导数乘法运算求导，在求导时其中一个因式就是复合函数求导.

［例 2-15］　求下列函数的导数.

(1) $y=(x+1)\sqrt{3-4x}$；　(2) $y=\left(\dfrac{x}{x^2-3}\right)^n$.

解　(1) $y'=(x+1)'\sqrt{3-4x}+(x+1)(\sqrt{3-4x})'$

$$=\sqrt{3-4x}+(x+1)\frac{-4}{2\sqrt{3-4x}}$$

$$=\frac{3-4x-2x-2}{\sqrt{3-4x}}=\frac{1-6x}{\sqrt{3-4x}};$$

(2) $y'=n\left(\dfrac{x}{x^2-3}\right)^{n-1}\cdot\left(\dfrac{x}{x^2-3}\right)'=n\left(\dfrac{x}{x^2-3}\right)^{n-1}\dfrac{x^2-3-2x^2}{(x^2-3)^2}=\dfrac{nx^{n-1}(3+x^2)}{(x^2-3)^{n+1}}$.

某些函数可以先化简再求导，这样能够化简求导运算.

［例 2-16］　求函数 $y=\ln\sqrt{\dfrac{1+x^2}{1-x^2}}$ 的导数.

解　将函数化简得

$y=\dfrac{1}{2}[\ln(1+x^2)-\ln(1-x^2)]$，所以

$$y'=\frac{1}{2}\{[\ln(1+x^2)]'-[\ln(1-x^2)]'\}$$

$$=\frac{1}{2}\left(\frac{2x}{1+x^2}-\frac{-2x}{1-x^2}\right)=\frac{2x}{1-x^4}.$$

复合函数求导既是重点又是难点. 在求复合函数的导数时，首先要分清楚函数的复合层次，然后从外向里，逐层求导，不要遗漏，也不要重复. 在求导的过程中，要始终明确所求的导数是哪个函数对哪个变量（不管是自变量还是中间变量）的导数.

习题 2-2

1. 填空题

(1) 已知 $y=f\left(\dfrac{3x-2}{3x+2}\right)$，$f'(x)=\arctan x$，则 $\left.\dfrac{dy}{dx}\right|_{x=0}=$ ________.

(2) 设 $f(2x)=\ln x$，则 $\dfrac{df(x)}{dx}=$ ________.

(3) 设 $y=5^{\sin^3 x}$，则 $\dfrac{dy}{dx}=$ ________.

(4) 设 $y=x\ln(x+\sqrt{x^2+1})$，则 $\dfrac{dy}{dx}=$ ________.

(5) 设 $y=\arctan e^x-\ln\sqrt{\dfrac{e^{2x}}{e^{2x}+1}}$，则 $\left.\dfrac{dy}{dx}\right|_{x=1}=$ ________.

(6) 已知函数 $y=\ln x+x\sqrt{x\sqrt{x}}$，则 $y'=$ ________.

2. 选择题

(1) 设 $y=x-\dfrac{1}{2}\sin x$，则 $\dfrac{dx}{dy}=$（　　）.

(A)$1-\frac{1}{2}\cos y$　(B)$1-\frac{1}{2}\cos x$　(C)$\frac{2}{2-\cos x}$　(D)$\frac{2}{2-\cos y}$

(2) 若 $f(x)=e^x+\ln x$，则 $f'(2)=$（　）.

(A)$e^x+\frac{1}{x}$　(B)$e^2+\frac{1}{2}$　(C)$e^2+\frac{1}{x}$　(D)$e^2+\ln 2$

(3) 若函数 $f(x)=ax^4+bx^2+c$ 满足 $f'(1)=2$，则 $f'(-1)$ 等于（　）.

(A)-1　(B)-2　(C)2　(D)0

(4) 已知函数 $y=\ln\frac{\sqrt{1+x}-\sqrt{1-x}}{\sqrt{1+x}+\sqrt{1-x}}$，则 $y'|_{x=\frac{1}{2}}=$（　）.

(A)$\frac{\sqrt{3}}{2}$　(B)$-\frac{\sqrt{3}}{2}$　(C)$-\frac{4\sqrt{3}}{3}$　(D)$\frac{4\sqrt{3}}{3}$

(5) 设 $f(x)=e^{(\tan x)^k}$，且 $f'\left(\frac{\pi}{4}\right)=e$，则 $k=$（　）.

(A)1　(B)-1　(C)$\frac{1}{2}$　(D)2

3. 求下列函数的导数

(1)$y=4x^3-\sqrt{x}+2\ln x$；

(2)$y=3^x+\frac{\cos x}{4}$；

(3)$y=\ln x-2\lg x+3\log_2 x$；

(4)$y=(x^2-3x+2)(x^4+x^2-1)$；

(5)$y=\frac{x^5-\sqrt{x}+1}{x^3}$；

(6)$y=(1-\sqrt{x})\left(1+\frac{1}{\sqrt{x}}\right)$；

(7)$y=\frac{x\sin x}{1+x^2}$；

(8)$y=xe^x\cos x$.

4. 求下列函数的导数

(1)$y=\sin\left(3x-\frac{\pi}{6}\right)$；

(2)$y=(2+3x)^5$；

(3)$y=\ln\tan\frac{x}{2}$；

(4)$y=\log_a(x^2-2)$；

(5)$y=\frac{1}{(2x-1)^3}$；

(6)$y=\sin^2 x\cos 2x$；

(7)$y=\frac{\arccos x}{\sqrt{1-x^2}}$；

(8)$y=\left(\arcsin\frac{x}{3}\right)^5$；

(9)$y=3^{\cos\frac{1}{x^2}}$；

(10)$y=5^{x\ln x}$；

(11)$y=\operatorname{arccot}\left(\frac{1+x}{1-x}\right)$；

(12)$y=(\arctan x^3)^2$；

(13)$y=\sqrt{x+\sqrt{x+\sqrt{x}}}$；

(14)$y=\sin[\sin(\sin x)]$；

(15)$y=\sin\left[\frac{x}{\sin\left(\frac{x}{\sin x}\right)}\right]$；

(16)$y=\frac{1}{\sqrt{a^2-b^2}}\arcsin\frac{a\sin x+b}{a+b\sin x}$.

5. 设 $y=x[\cos(\ln x)+\sin(\ln x)]$，求$\frac{dy}{dx}$.

6. 设 $f'(\ln x) = \begin{cases} 1, 0 < x \leqslant 1 \\ x, x > 1 \end{cases}$，且 $f(0) = 0$，试求函数 $f(x)$ 的解析表达式.

2.3　高阶导数

一般地，函数 $y = f(x)$ 的导数 $y = f'(x)$ 仍然是 x 的函数，如果该函数仍然是可导函数，则可以继续求它的导数，$(y')' = [f'(x)]'$ 这相当于对函数 $y = f(x)$ 求了两次导数，我们称 $(y')'$ 为 $y = f(x)$ 的二阶导数，记作 y'' 或 $f''(x)$ 或 $\frac{d^2 y}{dx^2}$.

相应地，把 $y = f(x)$ 的导数 $f'(x)$ 叫做函数 $y = f(x)$ 的一阶导数.

类似地，二阶导数的导数叫做三阶导数，三阶导数的导数叫做四阶导数，……，一般地，$(n-1)$ 阶导数的导数叫做 n 阶导数，分别记作

$$y''', y^{(4)}, \cdots, y^{(n)}$$

或

$$\frac{d^3 y}{dx^3}, \frac{d^4 y}{dx^4}, \cdots, \frac{d^n y}{dx^n}.$$

函数 $y = f(x)$ 具有 n 阶导数，也常说成函数 $f(x)$ 为 n 阶可导. 如果函数 $f(x)$ 在点 x 处具有 n 阶导数，那么 $f(x)$ 在点 x 的某一邻域内必定具有一切低于 n 阶的导数. 二阶及二阶以上的导数统称高阶导数.

由此可见，求高阶导数就是多次接连地求导数. 所以，仍可应用前面学过的求导方法来计算高阶导数.

[例 2-17]　求下列函数的二阶导数.

(1) $y = 2x^3 - 3x^2 + 5$；　(2) $y = x\cos x$.

解　(1) $y' = 6x^2 - 6x, y'' = 12x - 6$；

(2) $y' = \cos x - x\sin x, y'' = -\sin x - \sin x - x\cos x = -2\sin x - x\cos x$.

[例 2-18]　求下列函数的高阶导数.

(1) $y = 5^x$；　(2) $y = e^{-2x}$.

解　(1) $y' = 5^x \ln 5, y'' = 5^x \ln^2 5, \cdots, y^{(n)} = 5^x \ln^n 5$；

(2) $y' = (-2)e^{-2x}, y'' = (-2)^2 e^{-2x}, \cdots, y^{(n)} = (-2)^n e^{-2x}$.

类似地，我们得到常见函数的 n 阶导数公式：

(1) $(a^x)^{(n)} = a^x \ln^n a$；$(e^x)^{(n)} = e^x$；

(2) $(x^n)^{(n)} = n!$；

(3) $(\sin x)^{(n)} = \sin\left(x + n \cdot \frac{\pi}{2}\right)$；

(4) $(\cos x)^{(n)} = \cos\left(x + n \cdot \frac{\pi}{2}\right)$；

(5) $\left(\frac{1}{x+a}\right)^{(n)} = \frac{(-1)^n n!}{(x+a)^{n+1}}$；

(6) $[\ln(x+a)]^{(n)} = \left(\frac{1}{x+a}\right)^{(n-1)} = \frac{(-1)^{n-1}(n-1)!}{(x+a)^n}$；

(7) $[f(ax+b)]^{(n)} = a^n f^{(n)}(ax+b)$.

习题 2-3

1. 填空题

(1) 若 $f(x)=x^n$，则 $f^{(n)}(x)=$ ________.

(2) 设 $y=xe^x$，则 $y''(0)=$ ________.

(3) 设 $y=\dfrac{1}{1+\sqrt{x}}+\dfrac{1}{1-\sqrt{x}}$，则 $y^{(5)}=$ ________.

(4) 设函数 $f(x)$ 在 $x=2$ 的某邻域内可导，且 $f'(x)=e^{f(x)}$，$f(2)=1$，则 $f'''(2)=$ ________.

(5) 设 $y=\dfrac{1-x}{1+x}$，则 $f^{(n)}(x)=$ ________.

(6) 设 $y=\sin^4 x-\cos^4 x$，则 $y^{(n)}(x)=$ ________.

(7) 设函数 $f(x)$ 有任意阶导数且 $f'(x)=f^2(x)$，则 $f'''(x)=$ ________.

(8) 设 $y=10x^9+8x^7+1$，则 $y^{(9)}=$ ________.

2. 选择题

(1) 设 $x^3-2x^2y+5xy^2-5y+1=0$ 确定了 y 是 x 的函数，则 $\dfrac{d^2y}{dx^2}$ 在点(1,1)处的值是(　　).

(A) $-\dfrac{4}{3}$　(B) $-\dfrac{16}{9}$　(C) $-\dfrac{34}{27}$　(D) $-\dfrac{130}{27}$

(2) 设 $f(x)=e^{2x}$，则 $f'''(0)=$ (　　).

(A) 8　(B) 2　(C) 0　(D) 1

(3) 设 $f(x)=x\cos x$，则 $f''(x)=$ (　　).

(A) $\cos x+\sin x$　(B) $\cos x-x\sin x$

(C) $\cos x-\sin x$　(D) $-x\cos x-2\sin x$

(4) 设 $y=\sin x$，则 $y^{(10)}\big|_{x=0}=$ (　　).

(A) 1　(B) -1　(C) 0　(D) $2n$

(5) 已知 $f(x)=x\ln x$，则 $f^{(6)}(x)=$ (　　).

(A) $-\dfrac{1}{x^5}$　(B) $\dfrac{1}{x^5}$　(C) $\dfrac{4!}{x^5}$　(D) $-\dfrac{4!}{x^5}$

(6) 已知 $y=3x^4e^{10}$，则 $f^{(6)}(x)=$ (　　).

(A) 0　(B) 1　(C) e^{10}　(D) e

(7) 已知 $f(x)$ 有任意阶导数，且 $f'(x)=[f(x)]^2$，则当 n 为大于2的正整数时，$f(x)$ 的 n 阶导数 $f^{(n)}(x)$ 是(　　).

(A) $n![f(x)]^{n+1}$　(B) $n[f(x)]^{n+1}$　(C) $[f(x)]^{2n}$　(D) $n![f(x)]^{2n}$

(8) 设函数 $f(x)$ 可导，$f(0)=f'(0)=0$，且 $f''(0)=2$，现有甲、乙两种不同方法计算极限 $\lim\limits_{x\to 0}\dfrac{f(x)}{x^2}$：

甲：$\lim\limits_{x\to0}\dfrac{f(x)}{x^2}=\lim\limits_{x\to0}\dfrac{f'(x)}{2x}=\lim\limits_{x\to0}\dfrac{f''(x)}{2}=\dfrac{1}{2}f''(0)=1$；

乙：$\lim\limits_{x\to0}\dfrac{f(x)}{x^2}=\lim\limits_{x\to0}\dfrac{f'(x)}{2x}=\lim\limits_{x\to0}\dfrac{f'(x)-f'(0)}{2x}=\dfrac{1}{2}f''(0)=1$，则(　　).

(A) 甲正确乙不正确　　(B) 甲不正确乙正确

(C) 甲乙都正确　　(D) 甲乙都不正确

3. 设函数 $y=xe^x$，求 $\left.\dfrac{d^2y}{dx^2}\right|_{x=0}$.

4. 设 $y=\sin[f(x^2)]$，其中具有二阶导数，求 $\dfrac{d^2y}{dx^2}$.

5. 计算函数 $y=\sin(\ln x)$ 的二阶导数 y''.

6. 设 $y=(x+2)(2x+3)^2(3x+4)^3$，求 $y^{(6)}$.

7. 求函数 $f(x)=xe^x$ 的 n 阶导数 $\dfrac{d^nf}{dx^n}$.

8. 求下列函数的高阶导数：

(1) 已知 $f(x)=\sin\dfrac{x}{2}+\cos 2x$，求 $f^{(28)}(\pi)$；

(2) 已知 $f(x)=\sin x\cos x\cos 2x\cos 4x\cos 8x$，求 $f^{(n)}(x)$.

9. 求函数 $y=\dfrac{1}{x^2-3x+2}$ 的 n 阶导数 $y^{(n)}$.

10. 设 $y=\sin^6x+\cos^6x$，求 $y^{(n)}$.

11. 设 $f(x)$ 在 $x=0$ 的某邻域内二阶可导，且 $\lim\limits_{x\to0}\left[\dfrac{\sin 3x}{x^3}+\dfrac{f(x)}{x^2}\right]=0$，求 $f(0)$，$f'(0)$，$f''(0)$ 及 $\lim\limits_{x\to0}\dfrac{f(x)+3}{x^2}$.

2.4　隐函数的导数和由参数方程所确定的函数的导数

2.4.1　隐含数及其求导法则

形如 $y=f(x)$ 的函数叫做显函数，这类函数表达式的特点是：等号左端是因变量，而右端是含有自变量的式子；在实际问题中，有时会遇到另一类函数，例如 $e^x+e^y=x'y+xy'$，$e^{\frac{x}{y}}=xy$，$\sin(x^2y)-5x=0$，$2x^2-y+4=0$，等等，因变量 y 与自变量 x 的关系是由一个含有 x,y 的方程 $F(x,y)=0$ 所确定的. 这种由方程 $F(x,y)=0$ 所确定的 y 与 x 之间的函数关系叫做隐函数.

显函数与隐函数只是函数的不同表现形式，隐函数有时很容易可以转化成显函数，例如 $2x-y+3=0$，就可转化成 $y=2x+3$，但大部分隐函数很难或不能化为显函数. 因此我们试图把隐函数化为显函数再求导的想法并非总能实现. 那么怎样求隐函数的导数呢？下面通过具体例子给出隐函数求导数的方法.

[**例 2-19**] 求由方程 $xy+\ln y=1$ 所确定的函数 $y=f(x)$ 的导数.

解　方程两边同时对 x 求导，得

$$y+xy'+\frac{1}{y}\cdot y'=0,$$

所以 $y'=-\dfrac{y^2}{xy+1}$

[例 2-20]　求由方程 $e^y-x^2y+e^x=0$ 所确定的函数的导数.

解　方程两边同时对 x 求导，得

$$e^y\cdot y'-(2xy+x^2y')+e^x=0,$$

所以 $y'=\dfrac{dy}{dx}=\dfrac{2xy-e^x}{e^y-x^2}$.

[例 2-21]　求由方程 $y\sin x-\cos(x-y)=0$ 所确定的函数的导数.

解　方程两边同时对 x 求导，得

$y\cos x+\sin x\cdot\dfrac{dy}{dx}+\sin(x-y)\cdot\left(1-\dfrac{dy}{dx}\right)=0,$

整理得 $[\sin(x-y)-\sin x]\dfrac{dy}{dx}=\sin(x-y)+y\cos x,$

解得 $\dfrac{dy}{dx}=\dfrac{\sin(x-y)+y\cos x}{\sin(x-y)-\sin x}$.

[例 2-22]　设 $y=y(x)$ 是由方程 $\dfrac{x}{y}=\tan(\ln\sqrt{x^2+y^2})$ 确定的隐函数，求 $\dfrac{dy}{dx},\dfrac{d^2y}{dx^2}$.

解　两边对 x 求导，得

$$\begin{aligned}\frac{y-xy'}{y^2}&=\sec^2(\ln\sqrt{x^2+y^2})\cdot\frac{1}{2(x^2+y^2)}\cdot(2x+2yy')\\&=[1+\tan^2(\ln\sqrt{x^2+y^2})]\cdot\frac{x+yy'}{x^2+y^2}.\end{aligned}$$

由原方程可知 $\dfrac{x}{y}=\tan(\ln\sqrt{x^2+y^2})$，代入上式，有

$$\frac{x-xy'}{y^2}=\left(1+\frac{x^2}{y^2}\right)\cdot\frac{x+yy'}{x^2+y^2}\Rightarrow y'=\frac{y-x}{y+x}.$$

把 y' 再对 x 求导数，得

$y''=\dfrac{2xy'-2y}{(y+x)^2}$，再把 $y'=\dfrac{y-x}{y+x}$ 代入上式，得 $y''=-\dfrac{2(x^2+y^2)}{(y+x)^3}$.

2.4.2　对数求导法

形如 $y=[f(x)]^{\varphi(x)}$ 的函数称为幂指函数. 直接使用前面所学的求导法则不能求出幂指函数的导数. 对于这类函数可以先在方程两边同时取对数，然后两边同时对 x 求导，即应用隐函数求导法求出其导数. 我们把这种方法称为对数求导法.

此方法还适用于几个函数通过乘、除、开方所构成的比较复杂的函数求导.

[例 2-23]　设 $y=x^{\sin x}(x>0)$，求 y'.

解　对函数左右两边同时取对数，得

$$\ln y=\sin x\cdot\ln x,$$

等式两边同时对 x 求导,得

$$\frac{1}{y}\cdot y'=\cos x\cdot\ln x+\sin x\cdot\frac{1}{x},$$

所以

$$y'=y\left(\cos x\cdot\ln x+\sin x\cdot\frac{1}{x}\right)=x^{\sin x}\left(\cos x\cdot\ln x+\frac{\sin x}{x}\right).$$

[例 2-24]　设 $(\cos y)^x=(\sin x)^y$,求 y'.

解　对函数左右两边同时取对数,得

$$x\ln(\cos y)=y\ln(\sin x),$$

等式两边同时对 x 求导,得

$$\ln\cos y-x\frac{\sin y}{\cos y}.y'=y'\ln\sin x+y\frac{\cos x}{\sin x}.$$

所以
$$y'=\frac{\ln\cos y-y\cot x}{x\tan y+\ln\sin x}.$$

[例 2-25]　设 $y=\frac{(x+1)\sqrt[3]{x-1}}{(x+4)^2e^x}(x>1)$,求 y'.

解　对函数左右两边同时取对数,得

$$\ln y=\ln(x+1)+\frac{1}{3}\ln(x-1)-2\ln(x+4)-x,$$

上式两边对 x 求导,得

$$\frac{1}{y}\cdot y'=\frac{1}{x+1}+\frac{1}{3}\cdot\frac{1}{x-1}-\frac{2}{x+4}-1,$$

$$y'=\frac{(x+1)\sqrt[3]{x-1}}{(x+4)^2e^x}\left[\frac{1}{x+1}+\frac{1}{3(x-1)}-\frac{2}{x+4}-1\right].$$

[例 2-26]　设 $y=\sqrt{(x^2+1)(3x-4)(x-1)}$,求 y'.

解　对函数左右两边同时取对数,得

$$\ln y=\frac{1}{2}\ln(x^2+1)+\frac{1}{2}\ln(3x-4)+\frac{1}{2}\ln(x-1),$$

上式两边对 x 求导,得

$$\frac{1}{y}y'=\frac{x}{x^2+1}+\frac{3}{2(3x+4)}+\frac{1}{2(x-1)},$$

$$y'=\sqrt{(x^2+1)(3x-4)(x-1)}\left[\frac{x}{x^2+1}+\frac{3}{2(3x-4)}+\frac{1}{2(x-1)}\right].$$

2.4.3　参数方程所确定的函数的导数

一般地,若由参数方程

$$\begin{cases}x=\varphi(t)\\y=\psi(t)\end{cases}$$

确定 y 与 x 之间的函数关系,则称此函数关系所表达的函数为由**参数方程确定的函数**.

在实际问题中,有时要计算由参数方程所确定的函数的导数,但要从方程中消去参数 t 有

时会有困难.因此,希望有一种能直接由参数方程出发计算出它所表示的函数的导数的方法.

假定函数 $x=\varphi(t)$,$y=\psi(t)$ 都可导,且 $\varphi(t)\neq 0$,则由复合函数与反函数的求导法则,就有

$$\frac{\mathrm{d}y}{\mathrm{d}x}=\frac{\mathrm{d}y}{\mathrm{d}t}\cdot\frac{\mathrm{d}t}{\mathrm{d}x}=\frac{\mathrm{d}y}{\mathrm{d}t}\frac{1}{\frac{\mathrm{d}x}{\mathrm{d}t}}=\frac{\psi'(t)}{\varphi(t)},$$

即 $\frac{\mathrm{d}y}{\mathrm{d}x}=\frac{\psi'(t)}{\varphi(t)}$ 或 $\frac{\mathrm{d}y}{\mathrm{d}x}=\frac{\frac{\mathrm{d}y}{\mathrm{d}t}}{\frac{\mathrm{d}x}{\mathrm{d}t}}$.

如果 $x=x(t)$,$y=y(t)$ 还是二阶可导的,那么还可得到此函数的二阶导数公式

$$\begin{aligned}\frac{\mathrm{d}^2y}{\mathrm{d}x^2}&=\frac{\mathrm{d}}{\mathrm{d}x}\left[\frac{y'(t)}{x'(t)}\right]=\frac{\mathrm{d}}{\mathrm{d}t}\left[\frac{y'(t)}{x'(t)}\right]\cdot\frac{\mathrm{d}t}{\mathrm{d}x}\\&=\frac{y''(t)x'(t)-y'(t)x''(t)}{[x'(t)]^2}\cdot\frac{1}{x'(t)}=\frac{y''(t)x'(t)-y'(t)x''(t)}{[x'(t)]^3}.\end{aligned}$$

[例 2-27] 求由参数方程 $\begin{cases}x=\arctan t\\y=\ln(1+t^2)\end{cases}$ 所表示的函数 $y=y(x)$ 的导数.

解 $\frac{\mathrm{d}y}{\mathrm{d}x}=\frac{y'(t)}{x'(t)}=\frac{\frac{2t}{1+t^2}}{\frac{1}{1+t^2}}=2t.$

[例 2-28] 已知椭圆的参数方程为

$$\begin{cases}x=a\cos t\\y=b\sin t\end{cases},$$

求椭圆在 $t=\frac{\pi}{4}$ 相应的点处的切线方程.

解 当 $t=\frac{\pi}{4}$ 时,椭圆上的相应点 M_0 的坐标是

$$x_0=a\cos\frac{\pi}{4}=\frac{a\sqrt{2}}{2},$$

$$y_0=b\sin\frac{\pi}{4}=\frac{b\sqrt{2}}{2},$$

曲线在点 M_0 的切线斜率为

$$\left.\frac{\mathrm{d}y}{\mathrm{d}x}\right|_{t=\frac{\pi}{4}}=\left.\frac{(a\cos t)'}{(b\sin t)'}\right|_{t=\frac{\pi}{4}}=\left.\frac{b\cos t}{-a\sin t}\right|_{t=\frac{\pi}{4}}=-\frac{b}{a}.$$

代入点斜式方程,即得椭圆在点 M_0 处的切线方程

$$y-\frac{b\sqrt{2}}{2}=-\frac{b}{a}\left(x-\frac{a\sqrt{2}}{2}\right),$$

化简后得 $$bx+ay-\sqrt{2}ab=0.$$

[例 2-29] 设 $\begin{cases}x=a(t-\sin t)\\y=a(1-\cos t)\end{cases}$,求 $\frac{\mathrm{d}^2y}{\mathrm{d}x^2}$.

解 $\dfrac{\mathrm{d}y}{\mathrm{d}x}=\dfrac{y'(t)}{x'(t)}=\dfrac{a\sin t}{a(1-\cos t)}=\cot\dfrac{t}{2}$,

$$\frac{\mathrm{d}^2y}{\mathrm{d}x^2}=\frac{\mathrm{d}}{\mathrm{d}x}\left(\cot\frac{t}{2}\right)=\frac{\mathrm{d}}{\mathrm{d}t}\left(\cot\frac{t}{2}\right)\cdot\frac{\mathrm{d}t}{\mathrm{d}x}=-\frac{1}{2}\csc^2\frac{t}{2}\cdot\frac{1}{a(1-\cos t)}=-\frac{1}{4a}\csc^4\frac{t}{2}.$$

习题 2-4

1. 填空题

(1) 设函数 $y=f(x)$ 由方程 $xy+2\ln x=y^4$ 确定,则曲线 $y=f(x)$ 在点(1,1)处的切线方程是________.

(2) 设函数 $y=y(x)$ 由方程 $\ln(x^2+y)=x^3y+\sin x$ 确定,则 $\left.\dfrac{\mathrm{d}y}{\mathrm{d}x}\right|_{x=0}=$________.

(3) 已知函数 $y=y(x)$ 由方程 $\mathrm{e}^y+6xy+x^2-1=0$ 确定,则 $y''(0)=$________.

(4) 设 $y=y(x)$ 是由方程 $\sqrt{x^2+y^2}=\mathrm{e}^{\arctan\frac{y}{x}}$ 确定的隐函数,则 $\dfrac{\mathrm{d}y}{\mathrm{d}x}=$________.

(5) 设 $f(x)=\left(1+\dfrac{1}{x}\right)^x$,则 $f'\left(\dfrac{1}{2}\right)=$________.

(6) 设 $y=\sqrt{\mathrm{e}^{\frac{1}{x}}\sqrt{x\sqrt{\sin x}}}$,则 $y'=$________.

(7) 设 $y=\sqrt[5]{\dfrac{x-5}{\sqrt[5]{x^2+2}}}$,则 $y'=$________.

(8) 设 $y=\dfrac{\sqrt{x+2}(3-x)^4}{(x+1)^5}$,则 $y'=$________.

(9) 设 $y=(2x+1)^{\sin x}$,则其导数为________.

(10) 曲线 $\begin{cases}x=1+t^2\\y=t^3\end{cases}$,在 $t=2$ 处的切线方程为________.

(11) 设参数方程 $\begin{cases}x=r^2\cos 2\theta\\y=r^3\sin 2\theta\end{cases}$,

① 当 r 是常数,θ 是参数时,则 $\dfrac{\mathrm{d}y}{\mathrm{d}x}=$________.

② 当 θ 是常数,r 是参数时,则 $\dfrac{\mathrm{d}y}{\mathrm{d}x}=$________.

2. 选择题

(1) 设函数 $f(x)$ 和 $g(x)$ 都可导,且 $y=[f(x)]^{g(x)}$,则 $y'=$(   ).

(A) $g(x)[f(x)]^{g(x)-1}f'(x)$

(B) $[f(x)]^{g(x)}\left[g'(x)\ln f(x)+\dfrac{g(x)}{f(x)}\right]$

(C) $[f(x)]^{g(x)}\left[g'(x)\ln f(x)+g(x)\dfrac{f'(x)}{f(x)}\right]$

(D) 以上都不对

(2) 已知函数 $\begin{cases}x=\dfrac{t}{\ln t}\\y=\dfrac{\ln t}{t}\end{cases}$,则 $\lim\limits_{x\to\mathrm{e}}\dfrac{\mathrm{d}y}{\mathrm{d}x}=$(   ).

(A) e^2　　(B) $\frac{1}{e^2}$　　(C) $-e^2$　　(D) $-\frac{1}{e^2}$

(3) 设函数 $y=y(x)$ 由参数方程 $\begin{cases}x=t^2+2t\\y=\ln(1+t)\end{cases}$ 确定，则曲线 $y=y(x)$ 在 $x=3$ 处的法线与 x 轴交点的横坐标是(　　).

(A) $\frac{1}{8}\ln2+3$　　(B) $-\frac{1}{8}\ln2+3$

(C) $-8\ln2+3$　　(D) $8\ln2+3$

3. 设 y 是由方程 $\sin(xy)-\frac{1}{y-x}=1$ 所确定的函数，求(1) $y\Big|_{x=0}$；　(2) $\frac{\mathrm{d}y}{\mathrm{d}x}\Big|_{x=0}$.

4. 设函数 $y=y(x)$ 由方程 $e^y+xy=e$ 所确定，求 $y'(0)$.

5. 设函数 $y=xe^y+1$，求 $y'(0)$.

6. 由方程 $\arctan\frac{y}{x}=\ln\sqrt{x^2+y^2}$ 所确定的 y 是 x 的函数，求 $\frac{\mathrm{d}y}{\mathrm{d}x}$.

7. 已知函数方程 $F(x,y)=2x^2+2xy+y^2=0$，其中变量 y 是变量 x 的函数，求 $\frac{\mathrm{d}y}{\mathrm{d}x}$ 和 $\frac{\mathrm{d}^2y}{\mathrm{d}x^2}$.

8. 求下列方程所确定的隐函数的导数

(1) $x^2+6xy+3y^2=5$；　(2) $e^{xy}-5x+y^3=0$；

(3) $xy=e^{x+y}$；　(4) $x-\sin\frac{y}{x}+\tan\alpha=0$；

(5) $xy-\sin(\pi y^2)=0$；　(6) $\ln\sqrt{x^2+y^2}=\arctan\frac{y}{x}$.

9. 用对数求导法求下列函数的导数

(1) $y=\left(\frac{x}{1+x}\right)^x$；　(2) $y=2x^{\sqrt{x}}$；

(3) $y=(\sin x)^{\tan x}$；　(4) $y=\sqrt{x(\sin x)\sqrt{1-e^x}}$；

(5) $y=\frac{x^2}{1-x}\cdot\sqrt[3]{\frac{3-x}{x^2+3}}$；　(6) $y=(x^2-x+1)^x$；

(7) $y=x^2\sqrt{\frac{1+x}{1-x}}$；　(8) $y=x^{x^x}$；

(9) $y=(x+\sqrt{x^2+1})^n$；　(10) $y=(x-a_1)^{a_1}(x-a_2)^{a_2}\cdots(x-a_n)^{a_n}$.

10. 求下列参数方程所确定的函数的导数

(1) $\begin{cases}x=\frac{t^2}{2}\\y=1-t\end{cases}$；　(2) $\begin{cases}x=\arctan t\\y=\ln(1+t^2)\end{cases}$；

(3) $\begin{cases}x=e^t\sin t\\y=e^t\cos t\end{cases}$；　(4) $\begin{cases}x=e^{2t}\cos^2t\\y=e^{2t}\sin^2t\end{cases}$.

11. 求下列参数方程所确定的函数的二阶导数

(1) $\begin{cases}x=3e^{-t}\\y=2e^t\end{cases}$；　(2) $\begin{cases}x=f'(t)\\y=tf'(t)-f(t)\end{cases}$，设 $f''(t)$ 存在且不为零.

12. 求下列参数方程所确定的函数的三阶导数

(1) $\begin{cases} x = 1 - t^2 \\ y = t - t^3 \end{cases}$；　　　　(2) $\begin{cases} x = \ln(1 + t^2) \\ y = t - \arctan t \end{cases}$.

2.5　函数的微分

函数 $y = f(x)$ 在 x_0 处的导数反映了因变量 y 相对于自变量 x 在 x_0 处的变化率，它描述了 y 随 x 在 x_0 处变化的快慢程度. 有些实际问题中还需要计算当自变量取得微小增量时函数相应的增量的近似值. 这种问题称之为微分问题.

2.5.1　微分的定义

先看一个实际案例：正方形金属薄片受热后面积的改变量. 设有一块边长为 x_0 的正方形金属薄片，由于受到温度变化的影响，边长从 x_0 改变到 $x_0 + \Delta x$，问此薄片的面积改变了多少？

如图 2-2 所示，此薄片原来的面积 $A = x_0^2$. 薄片受到温度变化的影响后，面积变为 $(x_0 + \Delta x)^2$，故面积的改变量为 $\Delta A = (x_0 + \Delta x)^2 - x_0^2 = 2x_0\Delta x + (\Delta x)^2$. 上式包含两部分，第一部分 $2x_0\Delta x$ 是 Δx 的线性函数，即右图中带有斜线的两个矩形的面积之和；第二部分 $(\Delta x)^2$ 是图中带有网格线的小正方形的面积.

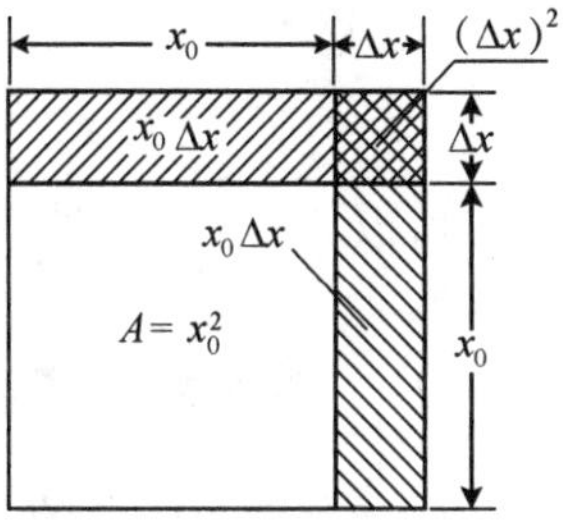

图 2-2

当 $\Delta x \to 0$ 时，$(\Delta x)^2$ 是比 Δx 高阶的无穷小，即 $(\Delta x)^2 = o(\Delta x)(\Delta x \to 0)$. 由此可见，边长有微小改变时（即 $|\Delta x|$ 很小时），那么第二部分 $(\Delta x)^2$ 这个高阶无穷小可以忽略不计，因此可以用第一部分 $2x_0\Delta x$ 近似的来表示 ΔA，即 $\Delta A \approx 2x_0\Delta x$. 我们把 $2x_0\Delta x$ 称为 $A = x^2$ 在点 x_0 处的微分.

定义 2.5　设函数 $y = f(x)$ 可导，则称 $f'(x) \cdot \Delta x$ 为函数 $y = f(x)$ 在 x 的微分. 记作 $\mathrm{d}y$，即

$$\mathrm{d}y = f'(x) \cdot \Delta x,$$

对于函数 $y = x$，由微分定义可以得到

$$\mathrm{d}y = y'\mathrm{d}x = x'\mathrm{d}x = \mathrm{d}x,$$

于是，函数的微分可以写成

$$\mathrm{d}y = f'(x)\mathrm{d}x,$$

即函数的微分等于函数的导数与自变量微分的乘积.

[**注**]　关于微分的进一步说明：

(1) 函数 $f(x)$ 在 x_0 处的微分定义为 $\mathrm{d}y\,|_{x=x_0} = f'(x_0)\mathrm{d}x$；

(2) 当 $\Delta x \to 0$ 时，函数的增量可近似地表示为微分，即 $\Delta y \approx f'(x)\mathrm{d}x$；

(3) 函数可导必可微，函数可微必可导.

[**例 2-30**]　求函数 $y = x^2$ 在 $x = 3$，且 $\Delta x = 0.02$ 时的微分 $\mathrm{d}y$ 和增量 Δy.

解　先求函数在任意点 x 的微分：

$$\mathrm{d}y = \mathrm{d}(x^2) = 2x\mathrm{d}x,$$

当 $x=3,\Delta x=0.02$ 时的微分：

$$dy=2x\Delta x=2\times3\times0.02=0.12,$$

函数的增量为：

$\Delta y=(x+\Delta x)^2-x^2=2x\Delta x+(\Delta x)^2=2\times3\times0.02+0.004=0.1204$，

由此例可以进一步看出，当 $|\Delta x|$ 很小时，dy 与 Δy 的确很接近.

[例 2-31] 求函数 $y=e^{-x^2}-\ln x+1$ 的微分.

解 因为 $y'=-2xe^{-x^2}-\dfrac{1}{x}$，所以 $dy=f'(x)dx=\left(-2xe^{-x^2}-\dfrac{1}{x}\right)dx$.

[例 2-32] 求下列函数的微分：

(1) $y=x^3e^{2x}$； (2) $y=\arctan\dfrac{1}{x}$.

解 (1) 因为 $y'=3x^2e^{2x}+2x^3e^{2x}=x^2e^{2x}(3+2x)$，

所以 $dy=y'dx=x^2e^{2x}(3+2x)dx$.

(2) 因为 $y'=\dfrac{-\dfrac{1}{x^2}}{1+\dfrac{1}{x^2}}=-\dfrac{1}{1+x^2}$，

所以 $dy=-\dfrac{dx}{1+x^2}$.

2.5.2 基本初等函数的微分公式与微分运算法则

根据导数与微分的关系，由基本初等函数的导数公式可直接推出基本初等函数的微分公式，列式如下.

1. 基本初等函数的微分公式

$d(C)=0$； $d(x^\mu)=\mu x^{\mu-1}dx$；

$d(\sin x)=\cos x dx$； $d(\cos x)=-\sin x dx$；

$d(\tan x)=\sec^2 x dx$； $d(\cot x)=-\csc^2 x dx$；

$d(\sec x)=\sec x\tan x dx$； $d(\csc x)=-\csc x\cot x dx$；

$d(a^x)=a^x\ln a dx$； $d(e^x)=e^x dx$；

$d(\log_a x)=\dfrac{1}{x\ln a}dx$； $d(\ln x)=\dfrac{1}{x}dx$；

$d(\arcsin x)=\dfrac{1}{\sqrt{1-x^2}}dx$； $d(\arccos x)=-\dfrac{1}{\sqrt{1-x^2}}dx$；

$d(\arctan x)=\dfrac{1}{1+x^2}dx$； $d(\text{arccot} x)=-\dfrac{1}{1+x^2}dx$.

2. 函数四则运算的微分法则

由函数四则运算的求导法则，可推得如下微分法则. 假设 $u=u(x),v=v(x)$ 在 x 处都可导(微)，则

$d(u\pm v)=du\pm dv$， $d(Cu)=Cdu$，

$d(uv)=vdu+udv$，　$d\left(\frac{u}{v}\right)=\frac{vdu-udv}{v^2}$.

[例 2-33]　求下列函数的微分：

(1) $y=3x^2+\ln x-2x$；

(2) $y=x^3e^{2x}$；

(3) $y=\frac{\sin x}{x}$.

解　(1) $dy=d(3x^2+\ln x-2x)=d(3x^2)+d(\ln x)-d(2x)$；

所以 $dy=6xdx+\frac{1}{x}dx-2dx=\left(6x+\frac{1}{x}-2\right)dx$.

(2) $dy=d(x^3e^{2x})=x^3d(e^{2x})+e^{2x}d(x^3)$；

所以 $dy=2x^3e^{2x}dx+3x^2e^{2x}dx=(2x^3+3x^2)e^{2x}dx$.

(3) $dy=d\left(\frac{\sin x}{x}\right)=\frac{xd\sin x-\sin xdx}{x^2}$；

所以 $dy=\frac{x\cos x-\sin x}{x^2}dx$.

3. 复合函数的微分法则

由复合函数的导数法则，很容易推出复合函数的微分法则，而且只要理解导数与微分的关系式，求微分的方法和求导数完全一样. 例如

设 $y=f(u)$ 及 $u=g(x)$ 都可导，则复合函数 $y=f[g(x)]$ 的微分为

$$dy=y'_x dx=f'(u)g'(x)dx,$$

由于 $du=g'(x)dx$，所以，复合函数 $y=f[g(x)]$ 的微分公式也可以写成

$$dy=f'(u)du \text{ 或 } dy=y'_u du.$$

由此可见，无论 u 是自变量还是中间变量，微分形式 $dy=f'(u)du$ 都保持不变. 这一性质称为一阶微分形式不变性. 这性质表示，当变换自变量时，微分形式 $dy=f'(u)du$ 并不改变.

[例 2-34]　求下列函数的微分：

(1) $y=e^{ax+bx^2}$；　(2) $y=\sin(2x+1)$.

解　(1) 解法 1：利用 $dy=y'dx$ 得

$$dy=(e^{ax+bx^2})'dx=e^{ax+bx^2}(ax+bx^2)'dx$$
$$=(a+2bx)e^{ax+bx^2}dx;$$

解法 2：令 $u=ax+bx^2$，则 $y=e^u$，由微分形式的不变性得

$$dy=(e^u)'du=e^udu=e^{ax+bx^2}d(ax+bx^2)$$
$$=(a+2bx)e^{ax+bx^2}dx;$$

(2) $dy=\cos(2x+1)d(2x+1)$

$=\cos(2x+1)\cdot 2dx$

$=2\cos(2x+1)dx$.

[例 2-35]　求函数 $y=\ln\sqrt{1-x^2}$ 的微分.

解　$dy=\frac{1}{\sqrt{1-x^2}}d(\sqrt{1-x^2})$

$$=\frac{1}{\sqrt{1-x^2}}\cdot\frac{1}{2\sqrt{1-x^2}}\mathrm{d}(1-x^2)$$

$$=-\frac{x}{1-x^2}\mathrm{d}x.$$

[例 2-36] 求隐函数 $xy=\mathrm{e}^{x+y}$ 的微分.

解 方程两边同时求微分得

$$x\mathrm{d}y+y\mathrm{d}x=\mathrm{d}\mathrm{e}^{x+y},$$

即

$$x\mathrm{d}y+y\mathrm{d}x=\mathrm{e}^{x+y}\mathrm{d}(x+y),$$

$$x\mathrm{d}y+y\mathrm{d}x=\mathrm{e}^{x+y}\mathrm{d}x+\mathrm{e}^{x+y}\mathrm{d}y.$$

解得

$$\mathrm{d}y=\frac{\mathrm{e}^{x+y}-y}{x-\mathrm{e}^{x+y}}\mathrm{d}x \text{ 或 } \mathrm{d}y=\frac{y(x-1)}{x(1-y)}\mathrm{d}x$$

习题 2-5

1. 填空题

(1) 设 $y=\cos(\sin x)$，则 $\mathrm{d}y=$ ________.

(2) 设函数 $y=\dfrac{x}{\sqrt{1+x^2}}$，则 $\mathrm{d}y=$ ________.

(3) 设 $y=\mathrm{e}^{\sin(ax+b)}$，求 $\mathrm{d}y=$ ________.

(4) 设 $y=f(x)$ 是可微函数，则 $\mathrm{d}f(x^2)=$ ________.

(5) 设 $y=x^2+\ln x$，则 $x=$ ________.

(6) 设函数 $y=\mathrm{e}^x$，则 $\mathrm{d}y|_{x=1}=$ ________.

(7) 设 $y=\sin(2x+1)$，则 $\mathrm{d}y=\mathrm{d}(2x+1)=$ ________ $\mathrm{d}x$.

(8) 设 $f(x)$，$g(x)$ 均为可导函数，则 $\mathrm{d}f[g(x)]=$ ________ $\mathrm{d}g(x)=$ ________ $\mathrm{d}x$.

2. 选择题

(1) 若 $y=\cos^2 2x$，则 $\mathrm{d}y=$（　　）.

(A) $(\cos^2 2x)'(2x)'\mathrm{d}x$　　(B) $(\cos^2 2x)'\mathrm{d}\cos 2x$

(C) $-2\cos 2x\sin 2x\mathrm{d}x$　　(D) $2\cos 2x\mathrm{d}\cos 2x$

(2) 下列函数中，微分等于 $\dfrac{1}{x\ln x}\mathrm{d}x$ 的是（　　）.

(A) $x\ln x+C$　　(B) $\ln(\ln x)+C$

(C) $\dfrac{1}{2}\ln^2 x+C$　　(D) $\dfrac{\ln x}{x}+C$

(3) 设 $y=f(x)$，已知 $\lim\limits_{x\to 0}\dfrac{f(x_0)-f(x_0+2x)}{6x}=3$，则 $\mathrm{d}y|_{x=x_0}=$（　　）.

(A) $-9\mathrm{d}x$　　(B) $18\mathrm{d}x$

(C) $-3\mathrm{d}x$　　(D) $2\mathrm{d}x$

(4) 设 $y=f(x)$，且 $f'(x^2)=\dfrac{1}{x^2}$，则 $\mathrm{d}y=$（　　）.

(A) $\frac{2}{x^2}dx$ (B) $-\frac{2}{x^3}dx$

(C) $\ln x^2 dx$ (D) $\frac{1}{x}dx$

(5) 若 $f(u)$ 可导,且 $y=f(e^x)$,则有 $dy=$( ).

(A) $f'(e^x)dx$ (B) $f'(e^x)de^x$

(C) $[f(e^x)]'de^x$ (D) $[f(e^x)]'e^x dx$

(6) 设 $f(x)=\begin{cases} x, & x<0 \\ xe^x, & x\geqslant 0 \end{cases}$,在点 $x=0$ 处,下列结论错误的是( )

(A) 连续 (B) 可导 (C) 不可导 (D) 可微

(7) 函数 $y=f(x)$ 在 $x=x_0$ 处可微,是 $y=f(x)$ 在点 $x=x_0$ 处连续的( ).

(A) 充分且必要条件 (B) 必要非充分条件

(C) 充分非必要条件 (D) 既非充分也非必要条件

(8) 若函数 $y=f(x)$ 满足 $f'(x_0)=2$,则当 $\Delta x\to 0$ 时,函数 $y=f(x)$ 在点 $x=x_0$ 处的微分 dy 是( ).

(A) 与 Δx 等价的无穷小 (B) 与 Δx 同阶的无穷小

(C) 比 Δx 低阶的无穷小 (D) 比 Δx 高阶的无穷小

(9) 设函数 $f(u)$ 可导,$y=f(x^2)$ 当自变量 x 在 $x=-1$ 处取得增量 $\Delta x=-0.1$ 时,相应的函数增量 Δy 的线性主部为 0.1,则 $f'(1)=$( ).

(A) -1 (B) 0.1 (C) 1 (D) 0.5

3. 已知函数 $y=x^3-x$,计算在 $x=2$ 处,当 $\Delta x=1$,$\Delta x=0.1$,$\Delta x=0.01$ 时 Δy 及 dy 的值.

4. 求下列函数的微分

(1) $y=(x^3-3x+3)^2$; (2) $y=5+2x+\frac{3}{x}$;

(3) $y=e^{\sin 3x}+xe^x$; (4) $y=\frac{x}{1-x^2}$;

(5) $y=e^{-x}\cos x$; (6) $y=\arcsin\sqrt{x}$;

(7) $y=(e^{-x}+e^x)^2$; (8) $y=5^{\tan x}$;

(9) $y=2\sqrt{x}-\frac{1}{x-1}$; (10) $y=\frac{1-\sin x}{1+\sin x}$;

(11) $y=\tan^2(1+2x^2)$; (12) $y=\arctan\frac{1-x}{1+x}$.

5. 设 $y=f(\ln x)e^{f(x)}$,其中 $f(x)$ 可微,求 dy.

6. 计算由下列方程所确定的函数 $y=f(x)$ 的微分 dy.

(1) $e^y=x\ln y$; (2) $xy=a^2$;

(3) $\frac{x^2}{a^2}+\frac{y^2}{b^2}=1$; (4) $y=1+xe^y$.

7. 求函数在指定点的微分

(1) $y = \arcsin\sqrt{x}$，在 $x = \frac{1}{4}$ 处；

(2) $y = \frac{x}{1+x^2}$，在 $x = 0, x = 1$ 处.

2.6　综合训练题

1. 填空题

(1) 曲线 $y = x^{\frac{3}{2}}$ 上点________处的切线与直线 $y = 3x - 1$ 平行.

(2) 设 $f(x) = \sqrt{x}$，求 $\lim\limits_{h\to 0}\frac{f(x+h)-f(x)}{h} =$ ________.

(3) 已知 $f'(1) = 1$，则 $\lim\limits_{\Delta x\to 0}\frac{f(1-\Delta x)-f(1+\Delta x)}{\Delta x} =$ ________.

(4) 已知函数 $y = x\sin(2x - \frac{\pi}{2})\cos(2x + \frac{\pi}{2})$，则 $y' =$ ________.

(5) 设 $f(x) = x(x-1)(x-2)\cdots(x-2015)$，则 $f'(0) =$ ________.

(6) 已知 $f'(3) = 2$，则 $\lim\limits_{h\to 0}\frac{f(3-2h)-f(3)}{h} =$ ________.

(7) 若函数 $y = y(x)$ 由方程 $y = 1 + xe^y$ 所确定，则 $y' =$ ________.

(8) 若函数 $f(x) = \begin{cases} a + 2e^x, & x < 0 \\ x^2 + bx + 1, & x \geqslant 0 \end{cases}$，处处可导，则 $a =$ ________，$b =$ ________.

(9) 若函数 $y = y(x)$ 由方程 $y = 1 + xe^{\sin y}$ 所确定，则 $y' =$ ________.

(10) 设 $y = \cos[f(x^2)]$，其中 f 具有二阶导数，则 $\frac{d^2y}{dx^2} =$ ________.

(11) 若函数 $y = y(x)$ 由方程 $\sin y + xe^y + 2x = 0$ 所确定，则 $dy =$ ________.

(12) 设 $f'(x) = g(x)$，则 $df(x^2) =$ ________.

(13) $de^{\sin^2(1-x)} =$ ________.

(14) 设 $f(u) = \lim\limits_{x\to\infty} u\left(\frac{x+u}{x-u}\right)^x$，则 $d[f(u)] =$ ________.

(15) 设函数 $f(x) = e^{\cos^2\sqrt{x}}$，则微分 $dy =$ ________.

2. 选择题

(1) 若函数 $f'(x)$ 对任何 x 均满足 $f(1+x) = 2f(x)$，且 $f'(0) = C$（C 为常数），则必有(　　).

(A) $f'(1) = 0$　　(B) $f'(1) = C$

(C) $f'(1)$ 不存在　　(D) $f'(1) = 2C$

(2) 曲线 $y = e^{1-x^2}$ 与直线 $x = -1$ 的交点为 P，则曲线 $y = e^{1-x^2}$ 在点 P 处的切线方程是(　　).

(A) $2x - y - 1 = 0$　　(B) $2x + y + 1 = 0$

(C) $2x + y - 3 = 0$　　(D) $2x - y + 3 = 0$

(3) 设 $f(x)$ 在点 $x=a$ 处可导，则 $\lim\limits_{x\to 0}\dfrac{f(a+x)-f(a-x)}{x}=$(　　).

(A) $f'(a)$　　(B) $2f'(a)$　　(C) 0　　(D) $f'(2a)$

(4) 若 $f(x)$ 在 $x=x_0$ 处可导，则下列各式中结果等于 $f'(x_0)$ 的是(　　).

(A) $\lim\limits_{\Delta x\to 0}\dfrac{f(x_0)-f(x_0+\Delta x)}{\Delta x}$　　(B) $\lim\limits_{\Delta x\to 0}\dfrac{f(x_0-\Delta x)-f(x_0)}{\Delta x}$

(C) $\lim\limits_{\Delta x\to 0}\dfrac{f(x_0+2\Delta x)-f(x_0)}{\Delta x}$　　(D) $\lim\limits_{\Delta x\to 0}\dfrac{f(x_0+2\Delta x)-f(x_0+\Delta x)}{\Delta x}$

(5) 下列结论错误的是(　　).

(A) 若函数 $f(x)$ 在点 $x=x_0$ 处连续，则 $f(x)$ 在点 $x=x_0$ 处可导

(B) 若函数 $f(x)$ 在点 $x=x_0$ 处不连续，则 $f(x)$ 在点 $x=x_0$ 处不可导

(C) 若函数 $f(x)$ 在点 $x=x_0$ 处可导，则 $f(x)$ 在点 $x=x_0$ 处连续

(D) 若函数 $f(x)$ 在点 $x=x_0$ 处不可导，则 $f(x)$ 在点 $x=x_0$ 处也可能连续

(6) 设 $f(x)=\begin{cases}x, & x<0\\ xe^x, & x\geqslant 0\end{cases}$，在点 $x=0$ 处，下列结论错误的是(　　).

(A) 连续　　(B) 可导　　(C) 不可导　　(D) 可微

(7) 函数 $f(x)=\ln|x-1|$ 的导数是(　　).

(A) $f'=\dfrac{1}{|x-1|}$　　(B) $f'=\dfrac{1}{x-1}$　　(C) $f'=\dfrac{1}{1-x}$　　(D) $f'=\begin{cases}\dfrac{1}{x-1}, x>1\\ \dfrac{1}{1-x}, x<1\end{cases}$

(8) 若 $f'(1)=2$，则 $\lim\limits_{x\to 0}\dfrac{f(1+x)-f(1)}{\sin x}=$(　　).

(A) 2　　(B) -2　　(C) 1　　(D) $f(x)$

(9) 若函数 $f(x)$ 处处二次可微，则 $\lim\limits_{k\to 0}\left[\lim\limits_{h\to 0}\dfrac{f(p+k+h)-f(p+k)-f(p+h)+f(p)}{hk}\right]=$(　　).

(A) $f'(h)f'(k)$　　(B) $f''(p)$　　(C) $[f'(p)]^2$　　(D) $f'[f'(p)]$

(10) 若 $x^3-2x^2y+5xy^2-5y+1=0$ 确定了 y 是 x 的函数，则 $\dfrac{d^2y}{dx^2}$ 在点(1,1)处的值是(　　).

(A) $-\dfrac{4}{3}$　　(B) $-\dfrac{16}{9}$　　(C) $-\dfrac{34}{27}$　　(D) $-\dfrac{130}{27}$

(11) 已知曲线的参数方程是 $\begin{cases}x=2(t-\sin t)\\ y=2(1-\cos t)\end{cases}$，则曲线在 $t=\dfrac{\pi}{2}$ 处的切线方程是(　　).

(A) $x+y=\pi$　　(B) $x-y=\pi-4$　　(C) $x-y=\pi$　　(D) $x+y=\pi-4$

(12) 设参数方程为 $\begin{cases}x=a\cos t\\ y=b\sin t\end{cases}$，则二阶导数 $\dfrac{d^2y}{dx^2}=$(　　).

(A) $\dfrac{b}{a\sin^2 t}$　　(B) $-\dfrac{b}{a^2\sin^3 t}$　　(C) $\dfrac{b}{a\cos^2 t}$　　(D) $-\dfrac{b}{a^2\sin t\cos^2 t}$

(13) 曲线 $y=x^3-3x$ 上切线平行于 x 轴的点是(　　).

(A)(0,0)　　(B)(1,2)　　(C)(-1,2)　　(D)(0,2)

(14) 函数 $f(x)=(x^2-x-2)\,|x^3-x|$ 不可导点的个数是(　　).

(A)3　　(B)2　　(C)1　　(D)0

(15) 设函数 $y=f(x)$ 在点 $x=x_0$ 处可微,$\Delta y=f(x_0+\Delta x)-f(x_0)$,则当 $\Delta x\to 0$ 时,必有(　　).

(A)$\mathrm{d}y$ 是比 Δx 高阶的无穷小量　　(B)$\mathrm{d}y$ 是比 Δx 低阶的无穷小量

(C)$\Delta y-\mathrm{d}y$ 是比 Δx 高阶的无穷小量　　(D)$\Delta y-\mathrm{d}y$ 是与 Δx 同阶的无穷小量

(16) 设函数 $f(x)=\lim\limits_{n\to\infty}\sqrt[n]{1+|x|^{3n}}$,则 $f(x)$ 在 $(-\infty,+\infty)$ 内(　　).

(A) 处处可导　　(B) 恰有一个不可导点

(C) 恰有两个不可导点　　(D) 至少有三个不可导点

(17) 设 $f(x)=3x^3+x^2\,|x|$,则使 $f^{(n)}(0)$ 存在的最高阶数 n 为(　　).

(A)0　　(B)1　　(C)2　　(D)3

(18) 设周期函数 $f(x)$ 在 $(-\infty,+\infty)$ 内可导,周期为 4,又有 $\lim\limits_{x\to 0}\dfrac{f(1)-f(1-x)}{2x}=-1$,则曲线 $y=f(x)$ 在点 $[5,f(5)]$ 处的切线的斜率为(　　).

(A) $\dfrac{1}{2}$　　(B)0　　(C) -1　　(D) -2

3. 已知曲线 $x^2+2xy+y^2-4x-5y+3=0$ 的切线平行于直线 $2x+3y=0$,求此切线方程.

4. 求曲线 $y^2+y^3=2x$ 在点(1,1)处的切线方程与法线方程.

5. 讨论函数 $y=x\,|x|$ 在 $x=0$ 处的可导性.

6. 求函数 $f(x)=|x^2-1|$ 在点 $x=x_0$ 处的导数.

7. 求下列函数的导数(其中 a,b 为常数)

(1) $y=x^{a+b}$;　　(2) $y=\dfrac{1-x^3}{\sqrt{x}}$;

(3) $y=(\sqrt{x}+1)\left(\dfrac{1}{\sqrt{x}}-1\right)$;　　(4) $y=(x+1)\sqrt{2x}$;

(5) $y=(1+ax^b)(1+bx^a)$;　　(6) $y=\dfrac{x^2}{2}+\dfrac{2}{x^2}$.

8. 求下列各函数的导数(其中 a,b,c,n 为常数)

(1) $y=\log_a\sqrt{x}$;　　(2) $y=\dfrac{a}{b+cx^n}$;

(3) $y=\dfrac{1-\ln x}{1+\ln x}$;　　(4) $y=\dfrac{1+x-x^2}{1-x+x^2}$;

(5) $y=x^a+a^x+a^a$;　　(6) $y=\mathrm{e}^{-\frac{1}{x}}$;

(7) $y=\mathrm{e}^{\mathrm{e}^{-x}}$;　　(8) $y=x2\mathrm{e}^{-2x}\sin 3x$.

9. 求下列各函数的导数

(1) $y=\tan x-x\tan x$;　　(2) $y=\dfrac{5\sin x}{1+\cos x}$;

(3) $y=\dfrac{\sin x}{x}+\dfrac{x}{\sin x}$;　　(4) $y=2\tan x+\sec x-1$.

10. 求下列各函数的导数(其中 a,n 为常数)

(1) $y=\sqrt{x^2-a^2}$;　　(2) $y=\log_a(1+x^2)$;

(3) $y=\ln(a^2-x^2)$;　　(4) $y=\ln\sqrt{x}+\sqrt{\ln x}$;

(5) $y=\sin^n x\cos nx$;　　(6) $y=\cos^3\dfrac{x}{2}$;

(7) $y=\ln\ln x$;　　(8) $y=\lg(x-\sqrt{x^2-a^2})$;

(9) $y=\arctan\dfrac{2x}{1-x^2}$;　　(10) $y=\operatorname{arccot}\dfrac{1}{x}$;

(11) $y=\left(\arcsin\dfrac{x}{2}\right)^2$;　　(12) $y=\sec^2\dfrac{x}{a}+\csc^2\dfrac{x}{a}$.

11. 设 $f(x)=\dfrac{1}{(1-2x)(1+x)}$,求 $f^{(n)}(0)$.

12. 设 $f(x)=\dfrac{1}{x^2-3x-4}$,求 $f^{(n)}(0)$.

13. 设函数 $y=e^x\sin x$,求 $y^{(n)}$.

14. 设 $f(x)=\sin^4 x+\cos^4 x$,求 $f^{(n)}(x)$.

15. 求函数 $y=\sin^2 x$ 的 n 阶导数.

16. 求函数 $y=\dfrac{1-x}{1+x}$ 的 n 阶导数.

17. 方程 $xe^{f(y)}=e^y$ 确定 y 是 x 的函数,其中 $f(x)$ 具有二阶导数,且 $f'(x)\neq 1$,求 $\dfrac{d^2y}{dx^2}$.

18. 下列各题中的方程均确定 y 是 x 的函数,求 y'_x(其中 a,b 常数)

(1) $x^2+y^2-xy=1$;　　(2) $y=x+\ln y$;

(3) $y^{\sin x}=(\sin x)^y$;　　(4) $e^{x+y}=\arcsin y$.

19. 利用对数求导法求下列函数的导数

(1) $y=(\cos x)^{\sin x}$;　　(2) $y=(\sin x)^{\ln x}$;

(3) $y=\dfrac{\sqrt[5]{x-3}\,\sqrt[3]{3x-2}}{\sqrt{x+2}}$;　　(4) $y=\dfrac{x^2}{1-x}\sqrt[3]{\dfrac{5-x}{(x+3)^2}}$.

20. 求由参数方程所确定的函数的二阶导数

(1) 设 $\begin{cases}x=\ln(2+t)\\ y=t+\dfrac{1}{2}t^2\end{cases}$,求 $\dfrac{d^2y}{dx^2}$;

(2) 设 $\begin{cases}x=\ln\sin t\\ y=\cos t+t\sin t\end{cases}$,求 $\dfrac{d^2y}{dx^2}$;

(3) 设 $\begin{cases}x=t-\ln(1+t)\\ y=t^2+t\end{cases}$,求 $\dfrac{d^2y}{dx^2}$.

21. 求曲线 $\begin{cases}x=e^t\sin 2t\\ y=e^t\cos t\end{cases}$ 在点(0,1)处的法线方程.

22. 设 $f(x)$ 在 $(-\infty,+\infty)$ 上一阶可导，且 $f''(0)$ 存在，又有 $f(0)=f'(0)=0$，试求函数 $g(x)=\begin{cases}\dfrac{f(x)}{x}, & x\neq 0\\ 0, & x=0\end{cases}$ 的导数.

23. 设 $y=y(x)$ 是由方程 $\dfrac{x}{y}=\tan(\ln\sqrt{x^2+y^2})$ 确定的隐函数，求 $\dfrac{\mathrm{d}y}{\mathrm{d}x},\dfrac{\mathrm{d}^2y}{\mathrm{d}x^2}$.

24. 设 $y=(1+x)\ln(1+x+\sqrt{2x+x^2})-\sqrt{2x+x^2}$，求 $\mathrm{d}y$.

25. 已知函数 $f(x)=\begin{cases}\dfrac{x}{2x+1}, & x\leqslant 0\\ \ln(1+x), & x>0\end{cases}$，求 $f'(x)$.

26. 设有函数 $f(x)=\begin{cases}x+1, & x<0\\ k^2, & x=0\\ kx\mathrm{e}^x+1, & x>0\end{cases}$，试分析在点 $x=0$ 处，k 为何值时，$f(x)$ 有极限；k 为何值时，$f(x)$ 连续；k 为何值时，$f(x)$ 可导.

27. 设函数 $f(x)$ 在 $x=x_0$ 点连续，且 $\lim\limits_{x\to x_0}\dfrac{f(x)}{x-x_0}=a(a\neq 0)$，试证明 $f(x)$ 在 $x=x_0$ 可导，且 $f'(x_0)=a$.

28. 设 $f(x)$ 在 $(-\infty,+\infty)$ 上有定义，对于任何 $x,y\in(-\infty,+\infty)$ 有 $f(x+y)=f(x)f(y)$，且 $f'(0)=1$，试证明：对于任何 $x\in(-\infty,+\infty)$，有 $f'(x)=f(x)$.

29. 设 $f'(\ln x)=\begin{cases}1, & 0<x\leqslant 1\\ x, & x>1\end{cases}$，且 $f(0)=0$，试求函数 $f(x)$ 的解析表达式.

第3章　导数的应用

3.1　微分中值定理

3.1.1　罗尔中值定理

定理 3.1(罗尔中值定理)

若函数 $f(x)$ 满足以下 3 个条件：

(1) 函数 $f(x)$ 在闭区间$[a,b]$上连续；

(2) 函数 $f(x)$ 在开区间(a,b)内可导；

(3) $f(a)=f(b)$；

则在开区间(a,b)内至少存在一点 ξ，使得 $f'(\xi)=0$.

这个定理在图像上是非常直观的，如图 3-1 所示，该定理的几何意义为：若连续光滑的曲线 $y=f(x)$ 在闭区间$[a,b]$上的两个端点的函数值相等，且在开区间(a,b)上的两个端点的函数值相等，且在开区间(a,b)内每点都存在不垂直于 x 轴的切线，则在此曲线 $y=f(x)$ 上至少存在一条水平切线.

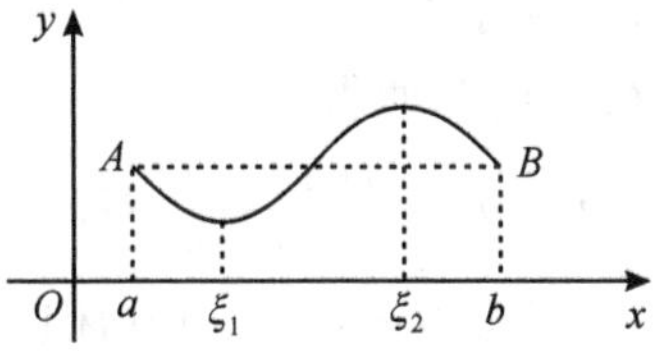

图 3-1

[例 3-1]　函数 $y=\sin x$ 在区间$[0,\pi]$上满足罗尔中值定理吗?若满足，求出 ξ.

解　由于函数 $y=\sin x$ 在区间$[0,\pi]$上连续，且在开区间$(0,\pi)$内可导，又因为

$$y(0)=\sin 0=0=\sin\pi=y(\pi),$$

故函数 $y=\sin x$ 在区间$[0,\pi]$上满足罗尔中值定理，所以存在一点 $\xi\in(0,\pi)$，使得 $f'(\xi)=0$，即

$$f'(\xi)=\cos\xi=0,$$

所以 $\xi=\frac{\pi}{2}$.

这里我们需要注意的是：

(1) 罗尔中值定理中三个条件缺一不可，如果缺少其中一个，定理的结论将不一定成立.

例如，函数 $f(x)=x, x\in(0,1)$. 由于函数不满足 $f(0)=f(1)$，所以找不到 $(0,1)$，使得 $f'(\xi)=0$.

(2) 定理的条件是充分的，但不是必要的. 也就是说，定理条件不全具备时，不一定不存在属于 (a,b) 的 ξ，使得 $f'(\xi)=0$.

例如，$f(x)=\begin{cases} x^2, & |x|<1 \\ 0, & -2\leqslant x\leqslant -1 \\ 1, & 1\leqslant x\leqslant 2 \end{cases}$，函数 $f(x)$ 在闭区间 $[-2,2]$ 上不连续，在开区间 $(-2,2)$ 内不可导，但是却满足存在一点 $\xi=0, \xi\in(-2,2)$，使得 $f'(0)=0$.

[例3-2] 设 $P(x)=0$ 为多项式函数，试证明若方程 $P'(x)=0$ 没有实根，则方程 $P(x)=0$ 至多有一个实根.

证明 （利用反证法）

假设方程 $P(x)=0$ 有两个实根，设为 x_1, x_2，则

$$P(x_1)=P(x_2)=0,$$

不妨设 $x_1<x_2$，因为多项式函数 $P(x)$ 在闭区间 $[x_1,x_2]$ 上连续，在开区间 (x_1,x_2) 内可导，且 $P(x_1)=P(x_2)$. 故 $P(x)$ 满足罗尔中值定理，即存在一点 $\xi\in(x_1,x_2)$，使得 $P'(\xi)=0$，这与题设方程 $P'(x)=0$ 没有实根相矛盾，所以命题成立.

在罗尔中值定理中，条件(3) $f(a)=f(b)$ 过于特殊，不易被所有函数满足，这就使得罗尔中值定理的适用范围比较有限.

3.1.2 拉格朗日中值定理

定理 3.2(拉格朗日中值定理)

若函数 $f(x)$ 满足以下条件：

(1) 函数 $f(x)$ 在闭区间 $[a,b]$ 上连续；

(2) 函数 $f(x)$ 在开区间 (a,b) 内可导.

则在开区间 (a,b) 内至少存在一点 ξ，使得

$$f'(\xi)=\frac{f(b)-f(a)}{b-a}.$$

从定理3.2的条件与结论可见，若曲线 $y=f(x)$ 在闭区间 $[a,b]$ 上的两个端点的函数值相等，即 $f(a)=f(b)$，则拉格朗日中值定理就是罗尔中值定理. 也就是说，罗尔中值定理是拉格朗日中值定理的一个特例. 下面可用罗尔中值定理来证明拉格朗日中值定理.

证明 构造辅助函数：$F(x)=f(x)-\dfrac{f(b)-f(a)}{b-a}x$

从定理3.2的条件及初等函数在区间上的性质可知：函数 $F(x)$ 在闭区间 $[a,b]$ 上连续，在开区间 (a,b) 内可导，且有 $F(a)=F(b)=\dfrac{bf(a)-af(b)}{b-a}$，故函数 $F(x)$ 在区间 $[a,b]$ 上满足罗尔中值定理，所以存在一点 $\xi\in(a,b)$，使得

$$F'(\xi)=f'(\xi)-\frac{f(b)-f(a)}{b-a}=0,$$

即

$$f'(\xi)=\frac{f(b)-f(a)}{b-a},$$

所以定理得证.

数值$\frac{f(b)-f(a)}{b-a}$表示在区间$[a,b]$上,曲线$y=f(x)$两端点的连线AB的斜率.所以如图3-2所示,拉格朗日中值定理的几何意义是:在区间$[a,b]$上,曲线$y=f(x)$至少存在一点$P[\xi,f(\xi)]$,使得曲线在P点处的切线平行于曲线两端点的连线AB.

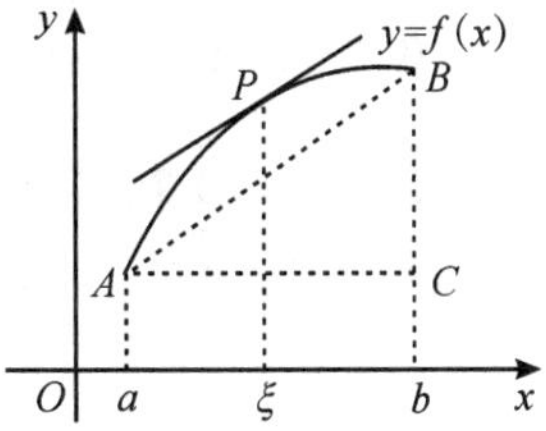

图3-2

[**例3-3**] 函数$y=\ln x$在闭区间$[1,2]$上满足拉格朗日中值定理吗?若满足,求出ξ.

解 由于函数$y=\ln x$在闭区间$[1,2]$上连续,在开区间$(1,2)$内可导,故函数$y=\ln x$在区间$[1,2]$上满足拉格朗日中值定理,即存在一点$\xi\in(1,2)$,使得

$$f'(\xi)=\frac{f(2)-f(1)}{2-1}=\ln 2=\frac{1}{\xi},$$

故

$$\xi=\frac{1}{\ln 2}.$$

利用拉格朗日中值定理可以来证明一些不等式或者恒等式.

[**例3-4**] 证明$|\sin x-\sin y|\leqslant|x-y|$.

证:令$f(x)=\sin x$,则$f(x)$在闭区间$[x,y]$上连续,在开区间(x,y)内可导,满足拉格朗日中值定理,所以存在一点$\xi\in(x,y)$,使得

$$f'(\xi)=\frac{f(y)-f(x)}{y-x}=\cos\xi=\frac{\sin y-\sin x}{y-x},$$

又由于$|\cos\xi|\leqslant 1$,故$\left|\frac{\sin y-\sin x}{y-x}\right|\leqslant 1$,即证明$|\sin x-\sin y|\leqslant|x-y|$.

由拉格朗日中值定理可以得到以下两个重要推论.

推论1 函数$f(x)$在区间I上可导且$f'(x)\equiv 0$,则$f(x)$在I上恒等于一个常数.

推论2 函数$f(x)$与$g(x)$在区间I上可导且$f'(x)\equiv g'(x)$,则$f(x)=g(x)+C$(C为常数).

习题3-1

1.下列函数是否满足罗尔中值定理?若满足,求出ξ.

(1)$f(x)=2x^2-x-3$在区间$\left[-1,\frac{3}{2}\right]$上;

(2)$f(x)=\frac{3}{2x^2+1}$在区间$[-1,1]$上.

2.下列函数是否满足拉格朗日中值定理?若满足,求出ξ.

(1)$f(x)=x^3$在区间$[-1,2]$上;

(2)$f(x)=\arctan x$在区间$[0,1]$上.

3.利用罗尔中值定理证明:若$f(x)=(x-1)(x-2)(x-3)(x-4)$,则$f'(x)=0$有三个实根.

4. 利用拉格朗日中值定理证明：

$$\frac{a-b}{a} \leqslant \ln\frac{a}{b} \leqslant \frac{a-b}{b} \quad (0 < b \leqslant a)$$

5. 设 $f(x)$ 在 $[0,1]$ 上可导，$f(0)=0$，$f(1)=1$，且 $f(x)$ 不恒等于 x. 求证：存在 $\xi \in (0,1)$ 使得 $f'(\xi) > 1$.

3.2 洛必达法则

前面我们已经学过无穷大(小)量，看到两个无穷大(小)量之比的极限可能存在，也可能不存在. 那么应该如何来求这样的极限呢？下面学习求不定式极限的一个法则 —— 洛必达法则，它是一种求未定式极限的有效方法，主要应用于求 $\frac{0}{0}$ 和 $\frac{\infty}{\infty}$ 型未定式的极限.

定理 3.3(洛必达法则)

若函数 $f(x)$ 和 $g(x)$ 在 x_0 的某邻域内可导，且满足：

(1) $\lim\limits_{x \to x_0} f(x) = 0$，$\lim\limits_{x \to x_0} g(x) = 0$；

(2) $g'(x) \neq 0$；

(3) $\lim\limits_{x \to x_0} \frac{f'(x)}{g'(x)} = A$，(其中 A 可为实数，也可为 ∞)；

则 $\lim\limits_{x \to x_0} \frac{f(x)}{g(x)} = \lim\limits_{x \to x_0} \frac{f'(x)}{g'(x)} = A$.

[注]　上述定理对于 $x \to \infty$ 等其他类型时的 $\frac{0}{0}$ 型未定式同样适用，对于 $x \to x_0$ 或 $x \to \infty$ 等其他类型时的 $\frac{\infty}{\infty}$ 型未定式也有相应的法则.

[例 3-5]　求极限 $\lim\limits_{x \to 1} \frac{x^3-3x+2}{x^3-x^2-x+1}$.

解　当 $x \to 1$ 时，原式是 $\frac{0}{0}$ 型的未定式，用洛必达法则有

$$\lim_{x \to 1} \frac{x^3-3x+2}{x^3-x^2-x+1} = \lim_{x \to 1} \frac{3x^2-3}{3x^2-2x-1} = \lim_{x \to 1} \frac{6x}{6x-2} = \frac{3}{2}.$$

注意：若 $\lim\limits_{x \to x_0} \frac{f'(x)}{g'(x)}$ 还是未定式，且 $f'(x)$，$g'(x)$ 满足定理中对 $f(x)$，$g(x)$ 所要求的条件，则可以继续使用法则，直到不再是未定式为止，即

$$\lim_{x \to x_0} \frac{f(x)}{g(x)} = \lim_{x \to x_0} \frac{f'(x)}{g'(x)} = \lim_{x \to x_0} \frac{f''(x)}{g''(x)} = \cdots$$

[例 3-6]　求极限 $\lim\limits_{x \to 0} \frac{e^x - e^{-x} - 2x}{x - \sin x}$.

解　这是 $\frac{0}{0}$ 型未定式，可用洛必达法则，

$$\lim_{x \to 0} \frac{e^x - e^{-x} - 2x}{x - \sin x} = \lim_{x \to 0} \frac{e^x - e^{-x} - 2}{1 - \cos x} = \lim_{x \to 0} \frac{e^x - e^{-x}}{\sin x} = \lim_{x \to 0} \frac{e^x + e^{-x}}{\cos x} = 2.$$

注意：在反复使用法则时，要时刻注意检查是否为未定式，若不是未定式，则不可以使用.

［例 3-7］　求极限 $\lim\limits_{x\to+\infty}\dfrac{\dfrac{\pi}{2}-\arctan x}{\dfrac{1}{x}}$.

解　这是 $\dfrac{0}{0}$ 型未定式，可用洛必达法则，

$$\lim_{x\to+\infty}\frac{\dfrac{\pi}{2}-\arctan x}{\dfrac{1}{x}}=\lim_{x\to+\infty}\frac{-\dfrac{1}{1+x^2}}{-\dfrac{1}{x^2}}=1.$$

［例 3-8］　求极限 $\lim\limits_{x\to0^+}\dfrac{\ln\tan x}{\ln x}$.

解　这是 $\dfrac{\infty}{\infty}$ 型未定式，可用洛必达法则，

$$\lim_{x\to0^+}\frac{\ln\tan x}{\ln x}=\lim_{x\to0^+}\frac{\dfrac{1}{\tan x}\sec^2 x}{\dfrac{1}{x}}=\lim_{x\to0^+}\frac{\dfrac{1}{\tan x}\,\dfrac{1}{\cos^2 x}}{\dfrac{1}{x}}$$

$$=\lim_{x\to0^+}\frac{x}{\sin x\cos x}=\lim_{x\to0^+}\frac{x}{\sin x}\lim_{x\to0^+}\frac{1}{\cos x}=1.$$

除 $\dfrac{0}{0}$ 或 $\dfrac{\infty}{\infty}$ 型未定式外，还有 $0\cdot\infty$，$\infty-\infty$，0^0，1^∞，∞^0 型未定式，对它们往往通过适当的方式转换为 $\dfrac{0}{0}$ 或 $\dfrac{\infty}{\infty}$ 后，再使用洛必达法则.

1. 0 · ∞ 型

步骤：$0\cdot\infty\Rightarrow\dfrac{1}{\infty}\cdot\infty\Rightarrow\dfrac{\infty}{\infty}$，或 $0\cdot\infty\Rightarrow0\cdot\dfrac{1}{0}\Rightarrow\dfrac{0}{0}$.

［例 3-9］　求极限 $\lim\limits_{x\to0^+}x^2\ln x$.

解　当 $x\to0^+$ 时原式是 $0\cdot\infty$ 型的未定式，则

$$\lim_{x\to0^+}x^2\ln x=\lim_{x\to0^+}\frac{\ln x}{\dfrac{1}{x^2}}=\lim_{x\to0^+}\frac{\dfrac{1}{x}}{-2x^{-3}}=\lim_{x\to0^+}\frac{x^2}{-2}=0.$$

2. ∞ − ∞ 型

步骤：$\infty-\infty\Rightarrow\dfrac{1}{0}-\dfrac{1}{0}\Rightarrow\dfrac{0-0}{0\cdot0}$.

［例 3-10］　求极限 $\lim\limits_{x\to0}\left(\dfrac{1}{\sin x}-\dfrac{1}{x}\right)$.

解　$\lim\limits_{x\to0}\left(\dfrac{1}{\sin x}-\dfrac{1}{x}\right)=\lim\limits_{x\to0}\dfrac{x-\sin x}{x\cdot\sin x}=\lim\limits_{x\to0}\dfrac{1-\cos x}{\sin x+x\cos x}=\lim\limits_{x\to0}\dfrac{\sin x}{\cos x+\cos x-x\sin x}=0.$

3. 0^0, 1^∞, ∞^0 型

步骤：$\left.\begin{matrix}0^0\\1^\infty\\\infty^0\end{matrix}\right\}\xrightarrow{\text{取对数}}\left\{\begin{matrix}0\cdot\ln 0\\\infty\cdot\ln 1\\0\cdot\ln\infty\end{matrix}\right\}\Rightarrow 0\cdot\infty.$

［例 3-11］ 求极限 $\lim\limits_{x\to 0^+}x^x$.

解 原式 $=\lim\limits_{x\to 0^+}e^{x\ln x}=e^{\lim\limits_{x\to 0^+}x\ln x}=e^{\lim\limits_{x\to 0^+}\frac{\ln x}{\frac{1}{x}}}=e^{\lim\limits_{x\to 0^+}\frac{\frac{1}{x}}{-\frac{1}{x^2}}}=e^0=1.$

说明：

(1) 如果所求极限不是 $\frac{0}{0}$ 或 $\frac{\infty}{\infty}$ 这样的未定型，则不能用洛必达法则.

(2) 如果 $\lim\frac{f'(x)}{g'(x)}$ 不存在，并不表明 $\lim\frac{f(x)}{g(x)}$ 极限不存在，只表明洛必达法则对此题失效，可以用其他方法求极限.

例如，求极限 $\lim\limits_{x\to\infty}\frac{x+\sin x}{1+x}$，这是 $\frac{\infty}{\infty}$ 型未定式，但极限 $\lim\limits_{x\to\infty}\frac{f'(x)}{g'(x)}=\lim\limits_{x\to\infty}\frac{1+\cos x}{1}$，此时极限不存在，即不满足洛必达法则的第三个条件，所以不能使用洛必达法则. 原极限可由下面的方法求出：

$$\lim_{x\to\infty}\frac{x+\sin x}{1+x}=\lim_{x\to\infty}\frac{1+\frac{\sin x}{x}}{\frac{1}{x}+1}=1.$$

习题 3-2

1. 利用洛必达法则求下列极限

(1) $\lim\limits_{x\to\frac{\pi}{2}}\frac{\ln\sin x}{(\pi-2x)^2}$；

(2) $\lim\limits_{x\to 0}\left(\frac{1}{x}-\frac{1}{e^x}\right)$；

(3) $\lim\limits_{x\to 0}\left(\frac{1}{x}-\frac{1}{e^x-1}\right)$；

(4) $\lim\limits_{x\to 0^+}\frac{\ln x}{\cot x}$；

(5) $\lim\limits_{x\to+\infty}x^3e^{-2x}$.

2. 洛必达法则适用的条件是什么？

3.3 函数的单调性与极值

3.3.1 函数的单调性

一个函数在某个区间内单调性增减的变化规律，是我们研究函数图形时首先要考虑的. 在第一章中已经给出了单调性的定义，现在介绍利用导数判定函数单调性的方法.

先从几何上直观分析，容易看到，图 3-3 中的曲线是上升的，其上每一点处的切线与 x 轴正向的夹角都是锐角，切线的斜率大于零；相反的，图 3-4 中的曲线是下降的，其上每一点处的切线与 x 轴正向的夹角都是钝角，切线的斜率小于零，也就是说 $f(x)$ 在相应点处的导数小于零. 一般地，有判定定理：

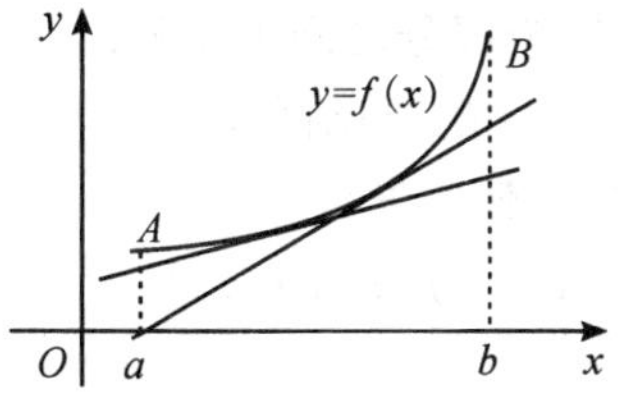

图 3-3

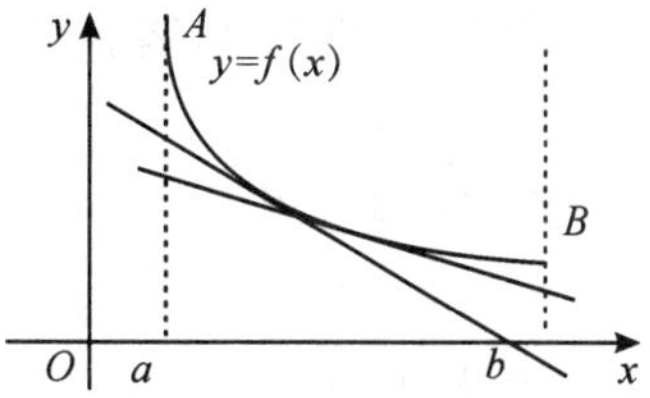

图 3-4

定理 3.4(函数的单调性)

设函数 $f(x)$ 在区间 (a,b) 内可导.

(1) 如果在 (a,b) 内，$f'(x) > 0$，那么函数 $f(x)$ 在 (a,b) 单调递增；

(2) 如果在 (a,b) 内，$f'(x) < 0$，那么函数 $f(x)$ 在 (a,b) 单调递减.

证明　在区间 (a,b) 内任取两点 x_1, x_2，设 $x_1 < x_2$. 由于 $f(x)$ 在 (a,b) 内可导，所以 $f(x)$ 在闭区间 $[x_1, x_2]$ 上连续，在开区间 (x_1, x_2) 内可导，满足拉格朗日中值定理条件，因此有

$$f(x_2) - f(x_1) = f'(\xi)(x_2 - x_1)(x_1 < \xi < x_2).$$

因为 $x_2 - x_1 > 0$，若 $f'(\xi) > 0$，则 $f(x_2) - f(x_1) > 0$，即 $f(x_2) > f(x_1)$，由定义知，$f(x)$ 在 (a,b) 内单调递增；若 $f'(\xi) < 0$，同理可证，$f(x)$ 在 (a,b) 内单调递减.

需要说明的是这个判定定理只是函数在区间内单调递增(或减少)的充分条件.

[例 3-12]　判定函数 $y = x - \sin x$ 在 $[0, 2\pi]$ 上的单调性.

解　因为在 $(0, 2\pi)$ 内

$$y' = 1 - \cos x > 0,$$

所以由定理 3.4 可知函数 $y = x - \sin x$ 在 $[0, 2\pi]$ 上单调增加.

[例 3-13]　讨论函数 $y = e^x - x - 1$ 的单调性.

解　$y' = e^x - 1$.

函数 $y = e^x - x - 1$ 的定义域为 $(-\infty, +\infty)$. 因为在 $(-\infty, 0)$ 内 $y' < 0$，所以函数 $y = e^x - x - 1$ 在 $(-\infty, 0]$ 上单调减少；因为在 $(0, +\infty)$ 内 $y' > 0$，所以函数 $y = e^x - x - 1$ 在 $[0, +\infty)$ 上单调增加.

[例 3-14]　讨论函数 $y = \sqrt[3]{x^2}$ 的单调性.

解　这个函数的定义域为 $(-\infty, +\infty)$.

当 $x \neq 0$ 时，这个函数的导数为

$$y = \frac{2}{3\sqrt[3]{x}}.$$

当 $x = 0$ 时，函数的导数不存在. 在 $(-\infty, 0)$ 内，$y' < 0$，因此函数 $y = \sqrt[3]{x^2}$ 在 $(-\infty, 0]$ 上单调减少；在 $(0, +\infty)$ 内，$y' > 0$，所以函数 $y = \sqrt[3]{x^2}$ 在 $[0, +\infty)$ 上单调增加.

我们注意到，在例 3-13 中，$x = 0$ 是函数 $y = e^x - x - 1$ 的单调减少区间 $(-\infty, 0]$ 和单调增加区间 $[0, +\infty)$ 的分界点，而在该点处 $y' = 0$. 在例 3-14 中，$x = 0$ 是函数 $y = \sqrt[3]{x^2}$ 的

单调减少区间$(-\infty,0]$和单调增加区间$[0,+\infty)$的分界点，而在该点处导数不存在.综合上述两种情况，我们有如下结论：

如果函数在定义区间上连续，除去有限个导数不存在的点外导数存在且连续，那么只要用方程$f'(x)=0$的根及$f'(x)$不存在的点来划分函数$f(x)$的定义区间，就能保证$f'(x)$在各个部分区间内保持固定的符号，因而函数$f(x)$在每个部分区间上单调.

[例 3-15] 确定函数$f(x)=2x^3-9x^2+12x-3$的单调区间.

解 这个函数的定义域为$(-\infty,+\infty)$.求这个函数的导数.

$$f'(x)=6x^2-18x+12=6(x-1)(x-2),$$

解方程$f'(x)=0$，即解

$$6(x-1)(x-2)=0,$$

得出它在定义域$(-\infty,+\infty)$内的两个根$x_1=1,x_2=2$.这两个根把$(-\infty,+\infty)$分成三个部分区间$(-\infty,1)$，$(1,2)$及$(2,+\infty)$.

在$x\in(-\infty,1)$时，$f'(x)>0$，即$f(x)$单调递增；

在$x\in(1,2)$时，$f'(x)<0$，即$f(x)$单调递减；

在$x\in(2,+\infty)$时，$f'(x)>0$，即$f(x)$单调递增.

所以函数$f(x)$的单调增区间为$(-\infty,1)$和$(2,+\infty)$，单调减区间为$(1,2)$.

[注] 在书写单调区间时，可写为开区间，也可写为闭区间.一般情况下，写成开区间的形式.

从以上的例子中可以看出，有些函数在它的定义域内不是单调的，但用导数等于零的点(称为驻点)和导数不存在的点(称为尖点)划分函数的定义区间之后，就可以使函数在各个部分区间上单调.因此，确定函数单调性的一般步骤如下：

(1) 确定函数的定义域，并求出函数的驻点和尖点.

(2) 用驻点与尖点把定义域划分为若干个子区间.

(3) 确定$f'(x)$在各个子区间内的符号，从而判断$f(x)$的单调性.

同样，利用函数的单调性可证明不等式.

[例 3-16] 证明当$x>0$时，$x>\ln(x+1)$.

证 设$f(x)=x-\ln(x+1)$，由于当$x>0$时，有

$$f'(x)=1-\frac{1}{1+x}=\frac{x}{1+x}>0,$$

又由于$f(x)$在$x=0$处连续，且$f(0)=0$，所以$f(x)$在区间$[0,+\infty)$上递增.从而当$x>0$时，有

$$f(x)=x-\ln(x+1)>f(0)=0,$$

即$x>\ln(x+1)$.

3.3.2 函数的极值

如图 3-5 所示，函数$y=f(x)$的图像在点x_1,x_3处的函数值$f(x_1),f(x_3)$比其左右近旁各点的函数值都大，而在点x_2,x_4处的函数值$f(x_2),f(x_4)$比其左右近旁各点的函数值都小，对于这种性质的点和对应的函数值，给出如下定义.

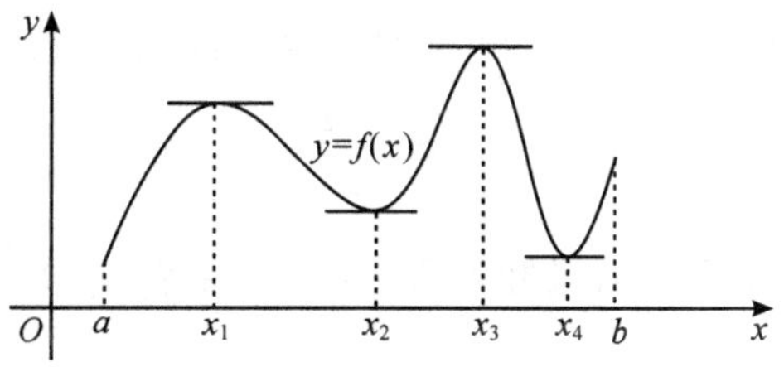

图 3-5

定义 3.1　设函数 $y = f(x)$ 在点 x_0 的邻域内有定义，如果对点 x_0 邻域内任意的 x 总有 $f(x) < f(x_0)$[$f(x) > f(x_0)$]，则称 $f(x_0)$ 为函数的极大值(极小值)，x_0 点称为函数 $f(x)$ 极大值点(极小值点).

函数的极大值与极小值统称为**极值**，极大值点与极小值点统称为**极值点**.

容易看出，在函数取到极值处时，曲线的切线是水平的，即该切线的斜率等于零. 但在曲线上有水平切线的地方，函数不一定取到极值.

定理 3.5(极值存在的必要条件)

如果函数 $f(x)$ 在点 x_0 处有极值 $f(x_0)$，且 $f'(x_0)$ 存在，则 $f'(x_0) = 0$.

定理3.5表明：可导函数 $f(x)$ 的极值点必定是驻点，反之，函数的驻点却不一定是极值点. 例如 $x = 0$ 是 $y = x^3$ 的驻点，但不是极值点，函数 $y = x^3$ 在定义域内没有极值.

总之，函数的极值只能在驻点或尖点处取得，那么如何判断驻点或尖点处是否有极值，或驻点和尖点是否为极值点呢?

定理 3.6(极值存在的第一充分条件)

设函数 $f(x)$ 在点 x_0 处连续，在 x_0 的空心邻域内可导，则

(1) 当 $x < x_0$ 时，$f'(x_0) > 0$；当 $x > x_0$ 时，$f'(x_0) < 0$，则 $f(x)$ 在 x_0 处取得最大值；

(2) 当 $x < x_0$ 时，$f'(x_0) < 0$；当 $x > x_0$ 时，$f'(x_0) > 0$，则 $f(x)$ 在 x_0 处取得最大值；

(3) 当 $f'(x_0)$ 的符号不发生改变时，则函数 $f(x)$ 在 x_0 处不取得极值.

[例 3-17]　求函数 $f(x) = 2x^3 - 6x^2 - 18x + 7$ 的极值.

解　由于 $f'(x) = 6x^2 - 12x - 18 = 6(x-3)(x+1)$，令 $f'(x_0) = 0$，解得 $x_1 = 3$，$x_2 = -1$. 故

当 $x < -1$ 时，$f'(x_0) > 0$，

当 $-1 < x < 3$ 时，$f'(x_0) < 0$，

当 $x > 3$ 时，$f'(x_0) > 0$.

所以 $f(x)$ 在 $x = -1$ 点处取得极大值 $f(-1) = 17$，在 $x = 3$ 点取得最小值 $f(3) = -47$.

综上，可以总结求函数极值的基本步骤：

(1) 确定函数的定义域，并求出函数的驻点和尖点；

(2) 用驻点与尖点把定义域划分为若干个子区间；

(3) 确定 $f'(x)$ 在各个子区间内的符号，利用定理 3.5 来判断是否为函数的极值；

(4) 写出最后结果.

在求单调区间与极值时可借助表格.

[例 3-18]　求函数 $f(x)=(x-1)x^{\frac{2}{3}}$ 的单调区间和极值.

解　由于 $f'(x)=\frac{5}{3}x^{\frac{2}{3}}-\frac{2}{3}x^{-\frac{1}{3}}=\frac{5x-2}{3\sqrt[3]{x}}$,

故 $f(x)$ 在 $x=0$ 点不可导,且其驻点为 $x=\frac{2}{5}$(见表 3-1).

表 3-1

x	$(-\infty,0)$	0	$\left(0,\frac{2}{5}\right)$	$\frac{2}{5}$	$\left(\frac{2}{5},+\infty\right)$
$f'(x)$	$+$	不存在	$-$	0	$+$
$f(x)$	↗	极大值 $f(0)=0$	↘	极小值 $f\left(\frac{2}{5}\right)=-\frac{3}{5}\sqrt[3]{\frac{4}{25}}$	↗

由表 3-1 可得 $f(x)=(x-1)x^{\frac{2}{3}}$ 的单调递增区间为 $(-\infty,0)$ 和 $\left(\frac{2}{5},+\infty\right)$,单调递减区间为 $(0,\frac{2}{5})$,在 $x=0$ 点取得极大值 $f(0)=0$,在 $x=\frac{2}{5}$ 点取得极小值 $f\left(\frac{2}{5}\right)=-\frac{3}{5}\sqrt[3]{\frac{4}{25}}$.

定理 3.7(极值存在的第二充分条件)

设函数 $f(x)$ 在点 x_0 处具有二阶导数且 $f'(x_0)=0$,$f''(x_0)\neq 0$,

(1) 如果 $f''(x_0)<0$,则 $f(x)$ 在 x_0 取得极大值;

(2) 如果 $f''(x_0)>0$,则 $f(x)$ 在 x_0 取得极小值.

注意:若 $f''(x_0)=0$,则不能用第二充分条件,这时仍需要用第一充分条件讨论.

[例 3-19]　求函数 $f(x)=2x^3-3x^2-12x+25$ 的极值.

解　由于 $f'(x)=6x^2-6x-12$,$f''(x)=12x-6$,

令 $f'(x)=0$ 得驻点 $x_1=-1$,$x_2=2$. 因为

$f''(-1)=-18<0$,$f''(2)=18>0$,

故 $f(x)$ 有极大值 $f(-1)=32$,极小值 $f(2)=5$.

3.3.3　函数的最值与优化问题

实际生活中,我们经常遇到在一定条件下怎样使得材料最少、成本最低、利润最高等问题,这类问题可以归结为求函数在给定区间上的最值问题.

函数的最值可在区间内部(极值点处)取得,也可以在区间端点取得,于是求函数的最大(最小)值的步骤如下:

(1) 求出所有的极值点(驻点与尖点);

(2) 求出这些点和端点处的函数值;

(3) 比较这些函数值,其中最大的为最大值,最小的为最小值.

［例 3-20］　求函数 $y = x^4 - 2x^2 + 5$ 在区间$[-2,2]$的最值.

解　由于 $f'(x) = 4x^3 - 4x = 4x(x^2 - 1)$，$f(x)$ 不存在不可导的点，令 $f'(x) = 0$，得 $f(x)$ 的驻点 $x_1 = 0, x_2 = 1, x_3 = -1$. 计算这些点的函数值，得 $f(0) = 5, f(1) = 4, f(-1) = 4$. $f(x)$ 在端点处的函数值为 $f(-2) = 13, f(2) = 13$. 故 $f(x)$ 的最大值为 $f(-2) = 13$，$f(2) = 13$，最小值为 $f(1) = 4, f(-1) = 4$.

［例 3-21］　从一个边长为 a 的正方形铁皮的四角上截去同样大小的正方形，然后把四边折起来做成一个无盖盒子，问截去的正方形多大时盒子的容量最大？

解　设截去的小正方形的边长为 x，则盒子的容积为

$$V(x) = x(a-2x)^2, \left(x \mid 0 < x < \frac{a}{2}\right),$$

于是问题就换成了求函数 $V(x)$ 在区间$(0,\frac{a}{2})$上的最值问题.

由于
$$V'(x) = (a-2x)(a-6x),$$

令 $V'(x) = 0$，得驻点为 $x = \frac{a}{6}$，则

$$V\left(\frac{a}{6}\right) = \frac{2}{27}a^3.$$

故当 $x = \frac{a}{6}$ 时，盒子的容积 V 最大.

习题 3-3

1. 求下列各函数的单调区间

(1) $f(x) = x^4 - 2x^2 - 5$；

(2) $f(x) = (x+2)^2(x-1)^3$；

(3) $f(x) = x - \ln(1+x)$；

(4) $f(x) = \frac{x}{1+x^2}$.

2. 求下列各函数的极值

(1) $f(x) = \frac{x^4}{4} - \frac{2}{3}x^3 + \frac{x^2}{2} + 2$；

(2) $f(x) = x + \sqrt{1-x}$；

(3) $f(x) = x^3 - 6x^2 + 9x - 4$；

(4) $f(x) = x^2 e^{-x}$.

3. 求下列各函数的最值

(1) $f(x) = x^3 - 3x^2 - 9x + 5$ 在区间$[-4,4]$上；

(2) $f(x) = x + \frac{1}{x}$ 在区间$[0.01,100]$上.

4. 证明方程 $x^5 + 2x^3 + x - 1 = 0$ 有且仅有一个小于 1 的正根。

3.4　曲线的凹凸性与拐点

定义 3.2　设函数 $y = f(x)$ 在区间 I 上连续，如果函数的曲线位于其上任意一点的切线的上方，则称该曲线在区间 I 上是凹的（如图 3-6 所示）；如果函数的曲线位于其上任意一

点的切线的下方，则称该曲线在区间 I 上是凸的(如图 3-7 所示).

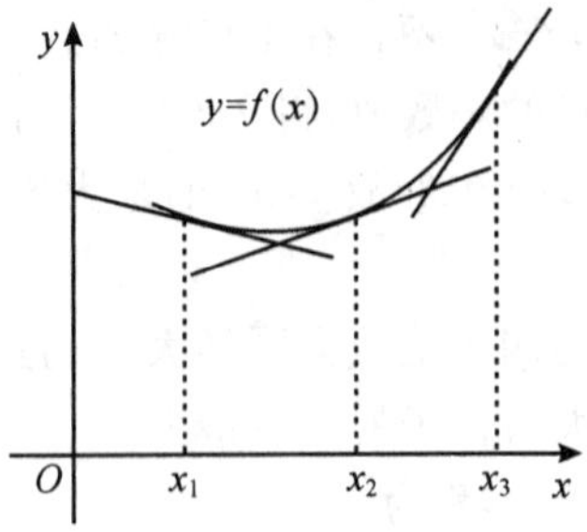

图 3-6

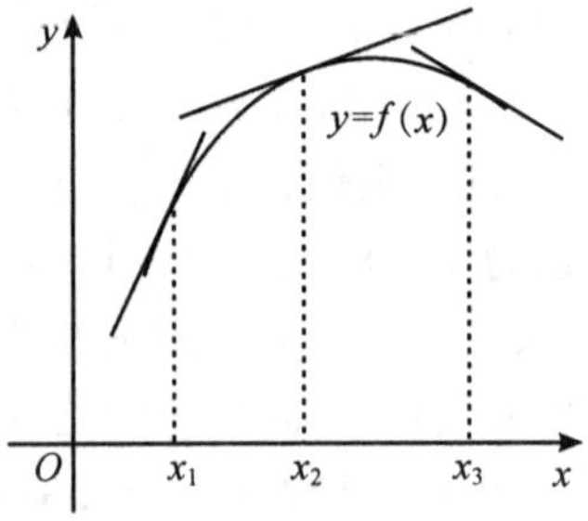

图 3-7

定理 3.8(曲线凹凸性的判定定理)

设 $f(x)$ 在 $[a,b]$ 上连续，在 (a,b) 内具有一阶和二阶导数，那么

(1) 若在 (a,b) 内 $f''(x)>0$，则 $f(x)$ 在 $[a,b]$ 上的图形是凹的.

(2) 若在 (a,b) 内 $f''(x)<0$，则 $f(x)$ 在 $[a,b]$ 上的图形是凸的.

连续曲线 $y=f(x)$ 上凹弧与凸弧的分界点称为该曲线的拐点.

求曲线 $y=f(x)$ 的凹凸区间和拐点的步骤：

(1) 确定函数 $y=f(x)$ 的定义域；

(2) 求出二阶导数 $f''(x)$；

(3) 求使二阶导数为零的点和使二阶导数不存在的点；

(4) 判断或列表判断，确定曲线的凹凸区间和拐点.

[例 3-21] 判断曲线 $y=\ln x$ 的凹凸性.

解 $y'=\dfrac{1}{x}, y''=-\dfrac{1}{x^2}$

因为该函数的定义域为 $(0,+\infty)$，$y''<0$，所以曲线 $y=\ln x$ 是凸的.

[例 3-22] 求曲线 $y=2x^3+3x^2-12x+14$ 的拐点.

解 $y'=6x^2+6x-12, y''=12x+6$，

令 $y''=0$，得 $x=-\dfrac{1}{2}$.

当 $x<-\dfrac{1}{2}$ 时，$y''<0$；当 $x>-\dfrac{1}{2}$ 时，$y''>0$.

所以点 $\left(-\dfrac{1}{2}, 20\dfrac{1}{2}\right)$ 是曲线的拐点.

[例 3-23] 求曲线 $y=3x^4-4x^3+1$ 的拐点及凹凸区间.

解 (1) 函数的定义域为 R；

(2) $y'=12x^3-12x^2, y''=36x\left(x-\dfrac{2}{3}\right)$；

(3) 解方程 $y''=0$，得 $x_1=0, x_2=\dfrac{2}{3}$；

(4) 列表 3-2 判断.

表 3-2

x	$(-\infty,0)$	0	$\left(0,\frac{2}{3}\right)$	$\frac{2}{3}$	$\left(\frac{2}{3},+\infty\right)$
$f''(x)$	+	0	−	0	+
$f(x)$	∪	1	∩	$\frac{11}{27}$	∪

由表可知，函数在区间$(-\infty,0)$和$\left(\frac{2}{3},+\infty\right)$上曲线是凹的，在区间$(0,\frac{2}{3})$上曲线是凸的. 点$(0,1)$，$\left(\frac{2}{3},\frac{11}{27}\right)$是曲线的拐点.

习题 3-4

1. 求下列各函数的凹凸区间与拐点

(1) $f(x)=\dfrac{1}{x^2+1}$；　(2) $f(x)=(1+x)^4$.

2. 问 a，b 为何值时，点$(1,3)$是曲线 $f(x)=ax^3+bx^2$ 的拐点？

3. 已知函数 $y=\dfrac{x^3}{(x-1)^2}$，求：

(1) 函数的增减区间及极值；

(2) 函数的凹凸区间及拐点；

(3) 函数的渐近线.

3.5　综合训练题

1. 选择题

(1) 函数 $f(x)=x^3-3x$ 在区间$[0,1]$上满足拉格朗日中值定理的 ξ 是(　　).

(A) $\dfrac{1}{\sqrt{3}}$　　(B) 0　　(C) ± 1　　(D) $\pm\sqrt{3}$

(2) 下列极限中能使用洛必达法则的是(　　).

(A) $\lim\limits_{x\to\infty}\dfrac{\sin x}{x}$　　(B) $\lim\limits_{x\to\infty}\dfrac{x-\sin x}{x+\sin x}$　　(C) $\lim\limits_{x\to\frac{\pi}{2}}\dfrac{\tan 5x}{\sin 3x}$　　(D) $\lim\limits_{x\to+\infty}\dfrac{\ln(1+e^x)}{x}$

(3) 下列各式运用洛必达法则正确的是(　　).

(A) $\lim\limits_{n\to\infty}\sqrt[n]{n}=e^{\lim\limits_{n\to\infty}\frac{\ln n}{n}}=e^{\lim\limits_{n\to\infty}\frac{(\ln n)'}{n'}}=e^{\lim\limits_{n\to\infty}\frac{1/n}{1}}=1$

(B) $\lim\limits_{x\to 0}\dfrac{x+\sin x}{x-\sin x}=\lim\limits_{x\to 0}\dfrac{1+\cos x}{1-\cos x}=\infty$

(C) $\lim\limits_{x\to 0}\dfrac{x^2\sin\frac{1}{x}}{\sin x}=\lim\limits_{x\to 0}\dfrac{2x\sin\frac{1}{x}-\cos\frac{1}{x}}{\cos x}$ 不存在

(D) $\lim\limits_{x\to 0}\dfrac{x}{e^x}=\lim\limits_{x\to 0}\dfrac{1}{e^x}=1$

(4) 已知函数 $y'=f'(x)$ 图像如图 3-8 所示,则函数 $y=f(x)$ 必有(　　).

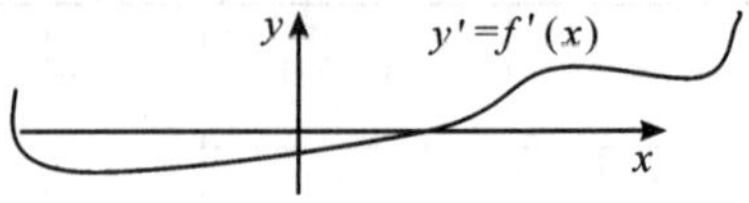

图 3-8

(A) 一个极大值点　　(B) 两个极大值点

(C) 一个极大值点、一个极小值点　　(D) 无极值

(5) 设$\lim\limits_{x\to a}\dfrac{f(x)-f(a)}{(x-a)^2}=-1$,则在点 $x=a$ 处(　　).

(A) $f(x)$ 的导数存在,且 $f'(a)\neq 0$　　(B) $f(x)$ 取得极大值

(C) $f(x)$ 取得极小值　　(D) $f(x)$ 导数不存在

(6) 设函数 $y=f(x)$ 具有二阶导数,且 $f'(x)>0$, $f''(x)>0$, Δx 为自变量 x 在 x_0 处的增量, Δy 与 dy 分别为 $f(x)$ 在点 x_0 处对应的增量与微分,若 $\Delta x>0$,则(　　).

(A) $0<dy<\Delta y$　　(B) $0<\Delta y<dy$

(C) $\Delta y<dy<0$　　(D) $dy<\Delta y<0$

2. 填空题

(1) 曲线 $y=\dfrac{x^2}{2x+1}$ 的斜渐近线方程为________.

(2) 曲线 $y=\dfrac{(1+x)^{\frac{3}{2}}}{\sqrt{x}}$ 的斜渐近线方程为________.

(3) 设函数 $y(x)$ 由参数方程 $\begin{cases}x=t^3+3t+1\\ y=t^3-3t+1\end{cases}$ 确定,则曲线 $y=y(x)$ 向上凸的 x 取值范围为________.

3. 已知函数 $f(x)$ 在 $[0,1]$ 上连续,在 $(0,1)$ 内可导,且 $f(0)=0$, $f(1)=1$,证明

(1) 存在 $\xi\in(0,1)$,使得 $f(\xi)=1-\xi$;

(2) 存在两个不同的点 $\eta,\zeta\in(0,1)$,使得 $f'(\eta)f'(\zeta)=1$.

4. 求函数 $y=(x-1)e^{\frac{\pi}{2}+\arctan x}$ 的单调区间和极值,并求该函数图形的渐近线.

5. 设有三次方程 $x^3-3ax+2b=0$,其中 $a>0$, $b^2<a^3$,试证明该方程有且仅有三个实根.

6. 讨论函数 $f(x)=x^2-\ln x^2$ 的单调区间,并求极值.

7. 证明题

(1) 证明:当 $x>1$ 时, $e^x>ex$.

(2) 已知函数 $f(x)$ 具有二阶导数,且 $\lim\limits_{x\to 0}\dfrac{f(x)}{x}=0$, $f(1)=0$,试证:至少有一个 $\xi\in(0,1)$,使 $f''(\xi)=0$.

(3) 设 $f(x)$ 在 $(-\infty,+\infty)$ 内可导, $\lim\limits_{x\to\infty}f'(x)=e$, $\lim\limits_{x\to\infty}\left(\dfrac{x+C}{x-C}\right)^x=\lim\limits_{x\to\infty}[f(x)-f(x-1)]$,求 C 的值.

(4) 设 $x>0$,证明 $\ln\left(1+\dfrac{1}{x}\right)>\dfrac{1}{x+1}$.

(5) 设函数 $f(x)$ 的导函数 $f'(x)$ 在 $[a,b]$ 上单调增加，且 $f(a)=f(b)=0$，求证：当 $a<x<b$ 时，$f(x)<0$.

(6) 证明不等式：当 $x\geqslant 0$ 时，$2x\arctan x\geqslant \ln(1+x^2)$.

(7) 函数 $f(x)=a\sin x+\frac{1}{3}\sin 3x$ 在 $x=\frac{\pi}{3}$ 处取得极值，求常数 a 的值，并判定是极大值还是极小值.

(8) 设 $f(x)$ 在 $[1,\mathrm{e}]$ 上可导，且 $0<f(x)<1$，$f'(x)>\frac{1}{x}$. 证明：在 $(1,\mathrm{e})$ 内有唯一的 ξ，使得 $f(\xi)=\ln\xi$.

第 4 章　一元函数积分学

4.1　不定积分的概念与性质

4.1.1　原函数的概念

一般地，已知某一个函数 $F(x)$ 的导数 $f(x)$，要求函数 $F(x)$，我们引入下述定义.

定义 4.1　设 $f(x)$ 是定义在某区间上的已知函数，如果存在可导函数 $F(x)$，使得

$$F'(x) = f(x) \text{ 或 } \mathrm{d}F(x) = f(x)\mathrm{d}x,$$

则称 $F(x)$ 是 $f(x)$ 在该区间上的一个原函数.

由导数的学习可知 $(x^2)' = 2x$，说明 x^2 是 $2x$ 的一个原函数. 又有 $(x^2+1)' = 2x$，$(x^2+C)' = 2x$（C 是任意常数），所以 x^2+1，x^2+C 也都是 $2x$ 的原函数，

4.1.2　不定积分的概念

定义 4.2　设 $F(x)$ 是函数 $f(x)$ 在某区间上的一个原函数，C 为任意常数，函数 $f(x)$ 的所有原函数 $F(x)+C$ 称为 $f(x)$ 的不定积分，记作 $\int f(x)\mathrm{d}x$，即

$$\int f(x)\mathrm{d}x = F(x) + C,$$

其中，$\int$ 称为积分号，$f(x)$ 称为被积函数，$f(x)\mathrm{d}x$ 称为被积表达式，x 称为积分变量，C 称为积分常数.

由不定积分定义，显然得出 $\int 2x\mathrm{d}x = x^2 + C$.

4.1.3　基本积分公式

由不定积分的定义可知，不定积分的运算是导数（微分）运算的逆运算，所以由导数的基本公式可以相应地推导出下列不定积分的基本公式（见表 4-1）.

表 4-1

导数基本公式	积分基本公式
$(C)' = 0$	$\int 0\mathrm{d}x = C$
$(x^a)' = ax^{a-1}$	$\int x^a \mathrm{d}x = \frac{1}{a+1}x^{a+1} + C(a \neq -1)$

续表

导数基本公式	积分基本公式
$(a^x)' = a^x \ln a$ 特别：$(e^x)' = e^x$	$\int a^x dx = \frac{a^x}{\ln a} + C(a > 0 \text{ 且 } a \neq 1)$ 特别：$\int e^x dx = e^x + C$
$(\ln x)' = \frac{1}{x}(x > 0)$ $[\ln(-x)]' = \frac{1}{x}(x < 0)$	$\int \frac{1}{x} dx = \ln\|x\| + C$
$(\cos x)' = -\sin x$	$\int \sin x dx = -\cos x + C$
$(\sin x)' = \cos x$	$\int \cos x dx = \sin x + C$
$(\tan x)' = \frac{1}{\cos^2 x} = \sec^2 x$	$\int \sec^2 x dx = \tan x + C$
$(\cot x)' = -\frac{1}{\sin^2 x} = -\csc^2 x$	$\int \csc^2 x dx = -\cot x + C$
$(\arcsin x)' = \frac{1}{\sqrt{1-x^2}}$	$\int \frac{1}{\sqrt{1-x^2}} dx = \arcsin x + C$
$(\arctan x)' = \frac{1}{1+x^2}$	$\int \frac{1}{1+x^2} dx = \arctan x + C$

上述公式是求不定积分的基础，必须熟记.

[例 4-1] 求不定积分$\int \sqrt[3]{x^2}\, dx$

解 $\int \sqrt[3]{x^2}\, dx = \int x^{\frac{2}{3}} dx = \frac{1}{\frac{2}{3}+1} x^{\frac{2}{3}+1} + C = \frac{3}{5} x^{\frac{5}{3}} + C.$

4.1.4 不定积分的性质

由于不定积分运算与导数(微分)运算互为逆运算，因此，可以得到以下不定积分性质.

(1) 积分与导数(微分)的互逆运算性质.

性质 1 $[\int f(x) dx]' = f(x)$ 或 $d[\int f(x) dx] = f(x) dx$；

$$\int F'(x) dx = F(x) + C \text{ 或} \int dF(x) = F(x) + C.$$

(2) 不定积分的运算性质.

性质 2 两个函数代数和的不定积分等于它们不定积分的代数和，即

$$\int [f(x) \pm g(x)] dx = \int f(x) dx \pm \int g(x) dx,$$

此性质可以推广到任意有限个函数代数和的情况.

性质 3 被积函数中不为零的常数因子可以提到积分号外，即

$$\int k f(x) dx = k \int f(x) dx (k \neq 0).$$

[例 4-2] 设 $f(x)=\int\cos 3x\mathrm{d}x$，求 $f'(x)$.

解 由不定积分的性质得 $f'(x)=(\int\cos 3x\mathrm{d}x)'=\cos 3x$.

[例 4-3] 已知 $\int f(x)\mathrm{d}x=2^x+\sin x+C$，求 $f(x)$.

解 $f(x)=(2^x+\sin x+C)'=2^x\ln 2+\cos x$.

[例 4-4] 求不定积分 $\int(\sqrt{2}x^3-\mathrm{e}^x+3\sin x-\frac{5}{x})\mathrm{d}x$.

解
$$\begin{aligned}\int(\sqrt{2}x^3-\mathrm{e}^x+3\sin x-\frac{5}{x})\mathrm{d}x&=\sqrt{2}\int x^3\mathrm{d}x-\int\mathrm{e}^x\mathrm{d}x+3\int\sin x\mathrm{d}x-5\int\frac{1}{x}\mathrm{d}x\\&=\sqrt{2}\cdot\frac{1}{3+1}x^{3+1}-\mathrm{e}^x-3\cos x-5\ln|x|+C\\&=\frac{\sqrt{2}}{4}x^4-\mathrm{e}^x-3\cos x-5\ln|x|+C.\end{aligned}$$

[例 4-5] 求 $\int\cos^2\frac{x}{2}\mathrm{d}x$.

解 $\int\cos^2\frac{x}{2}\mathrm{d}x=\int\frac{1+\cos x}{2}\mathrm{d}x=\frac{1}{2}\int(1+\cos x)\mathrm{d}x=\frac{1}{2}(x+\sin x)+C$.

[例 4-6] 求不定积分 $\int\frac{x^4}{1+x^2}\mathrm{d}x$.

解
$$\begin{aligned}\int\frac{x^4}{1+x^2}\mathrm{d}x&=\int\frac{(x^4-1)+1}{x^2+1}\mathrm{d}x=\int\frac{(x^2+1)(x^2-1)+1}{x^2+1}\mathrm{d}x\\&=\int(x^2-1+\frac{1}{x^2+1})\mathrm{d}x=\frac{1}{3}x^3-x+\arctan x+C.\end{aligned}$$

4.1.5 不定积分的几何意义——积分曲线簇

设 $f(x)$ 的不定积分为 $F(x)+C$，即 $\int f(x)\mathrm{d}x=F(x)+C$，则 $F(x)+C$ 的函数图像称为 $f(x)$ 的积分曲线.

例如，$\int 2x\mathrm{d}x=x^2+C$，则 x^2+C 的函数图像为 $2x$ 的积分曲线，如图 4-1.

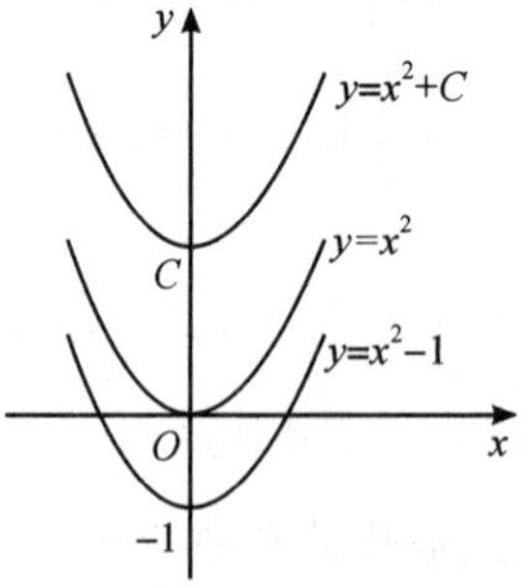

图 4-1

[例 4-7] 求经过点(2,5)，且其切线的斜率为 $x+2$ 的曲线方程.

解 由题意得 $f'(x)=x+2$，

则 $y = f(x) = \int (x+2)\mathrm{d}x = \frac{1}{2}x^2 + 2x + C.$

由曲线过点(2,5),代入,得

$$C = -1.$$

所求曲线方程为 $y = \frac{1}{2}x^2 + 2x - 1.$

习题 4-1

1. 填空题

(1) 设 $f(x)$ 的导函数为 $2x + 3\sin x$,则 $f(x) =$ ________;

(2) 设$\int f(x)\mathrm{d}x = x\sin x + C$,则 $f'(x) =$ ________;

(3) 设 $f(x)$ 的原函数为 $2x + 3\sin x$,则 $f(x) =$ ________;

(4) $\int \mathrm{d}\left(\frac{\sin x}{1+x^2}\right) =$ ________;

(5) 若 2^x 为 $f(x)$ 的一个原函数,则 $f(x) =$ ________.

2. 求下列不定积分

(1) $\int (1-3x^2)\mathrm{d}x$;

(2) $\int (2^x + x^2)\mathrm{d}x$;

(3) $\int \left(\frac{1}{x} - 3\cos x\right)\mathrm{d}x$;

(4) $\int \left(\frac{x}{3} - \frac{2}{x} + \frac{3}{x^2} - \frac{4}{x^4}\right)\mathrm{d}x$;

(5) $\int \frac{(t+1)^3}{t^2}\mathrm{d}t$;

(6) $\int \sqrt{x\sqrt{x}}\,\mathrm{d}x$.

3. 求下列不定积分

(1) $\int \frac{x^2}{x^2+1}\mathrm{d}x$;

(2) $\int \frac{\mathrm{e}^{2u}-1}{\mathrm{e}^u+1}\mathrm{d}u$;

(3) $\int \sin^2\frac{t}{2}\mathrm{d}t$;

(4) $\int \frac{\cos 2x}{\cos x - \sin x}\mathrm{d}x$;

(5) $\int \frac{\mathrm{d}x}{x^2(1+x^2)}$;

(6) $\int \frac{\cos^2 x}{\sin x + 1}\mathrm{d}x$;

(7) $\int \sec x(2\sec x + 3\cos x)\mathrm{d}x$.

4. 已知某曲线 $y = f(x)$ 经过点$\left(\frac{\pi}{2}, 2\right)$,且在曲线上任一点$(x,y)$的切线斜率为 $\cos x$,求该曲线方程.

4.2 换元积分法

利用基本积分公式和不定积分的性质,只能求出一部分函数的不定积分,因此,对于某些函数,我们还需要寻求一些特殊方法来解决,其中,换元积分法是最重要的方法之一,它可分为第一类换元积分法和第二类换元积分法.

4.2.1 第一类换元积分法

第一类换元积分法是把微分公式与换元思想相结合的一种方法，其基本思想是：通过换元，将所求不定积分转化为基本积分公式来求.

引例 求$\int \cos 2x\mathrm{d}x$.

引例分析 显然，$\int \cos 2x\mathrm{d}x \neq \sin 2x + C$，这是因为$(\sin 2x)' \neq \cos 2x$，由微分公式知 $\mathrm{d}x = \frac{1}{2}\mathrm{d}(2x)$，从而$\int \cos 2x\mathrm{d}x \xlongequal{\text{凑微分}} \frac{1}{2}\int \cos 2x\mathrm{d}(2x) \xlongequal{\text{设 } 2x=t} \frac{1}{2}\int \cos t\mathrm{d}t = \frac{1}{2}\sin t + C$，

$\frac{1}{2}\sin t + C \xlongequal{\text{回代 } t=2x} \frac{1}{2}\sin 2x + C$.

由此得到第一类换元积分法.

定理 4.1(第一类换元积分法)

设所求不定积分具有形式$\int f[\varphi(x)]\cdot\varphi'(x)\mathrm{d}x = \int f[\varphi(x)]\mathrm{d}[\varphi(x)]$，令 $t=\varphi(x)$，则 $\int f[\varphi(x)]\cdot\varphi'(x)\mathrm{d}x = \int f[\varphi(x)]\mathrm{d}[\varphi(x)] = \int f(t)\mathrm{d}t$.

如果由基本公式可以求得

$$\int f(t)\mathrm{d}t = F(t) + C,$$

那么

$$\int f[\varphi(x)]\cdot\varphi'(x)\mathrm{d}x = F[\varphi(x)] + C.$$

将上述四个过程联立起来，可以写成下面四个步骤：

$$\begin{aligned}
&\int f[\varphi(x)]\cdot\varphi'(x)\mathrm{d}x \\
&= \int f[\varphi(x)]\mathrm{d}[\varphi(x)] \quad \text{(凑微分)} \\
&\xlongequal{\text{设 } \varphi(x)=t} \int f(t)\mathrm{d}t \quad \text{(换元)} \\
&= F(t) + C \quad \text{(求积分)} \\
&\xlongequal{t=\varphi(x)} F[\varphi(x)] + C \quad \text{(回代)}
\end{aligned}$$

称这种方法为**第一类换元积分法**.

[例 4-8] 求不定积分$\int \frac{1}{3x+1}\mathrm{d}x$.

解
$$\begin{aligned}
\int \frac{1}{3x+1}\mathrm{d}x &= \frac{1}{3}\int \frac{1}{3x+1}\mathrm{d}(3x+1) \\
&\xlongequal{\text{设 } 3x+1=u} \frac{1}{3}\int \frac{1}{u}\mathrm{d}u \\
&= \frac{1}{3}\mid u\mid + C \xlongequal{u=3x+1} = \frac{1}{3}\mid 3x+1\mid + C.
\end{aligned}$$

当运算熟练后，可以不必把 u 写出来，直接计算下去．

［例 4-9］　求 $\int \frac{(\ln x)^3}{x}dx$.

解　$\int \frac{(\ln x)^3}{x}dx = \int (\ln x)^3 \cdot \frac{1}{x}dx = \int (\ln x)^3 d(\ln x) = \frac{1}{4}(\ln x)^4 + C.$

［例 4-10］　求不定积分 $\int xe^{x^2}dx$.

解　$\int xe^{x^2}dx = \int e^{x^2} \cdot xdx = \frac{1}{2}\int e^{x^2}d(x^2) = \frac{1}{2}e^{x^2} + C.$

［例 4-11］　求不定积分 $\int \tan xdx$.

解
$$\int \tan xdx = \int \frac{\sin x}{\cos x}dx = \int \frac{1}{\cos x} \cdot \sin xdx$$
$$= -\int \frac{1}{\cos x}d(\cos x) = -\ln|\cos x| + C.$$

［例 4-12］　求不定积分 $\int \frac{1}{4x^2+4x+2}dx$.

解
$$\int \frac{1}{4x^2+4x+2}dx = \int \frac{1}{(2x+1)^2+1}dx$$
$$= \frac{1}{2}\int \frac{1}{(2x+1)^2+1}d(2x+1) = \frac{1}{2}\arctan(2x+1) + C.$$

［例 4-13］　求不定积分 $\int \frac{1}{x^2+4x+3}dx$.

解
$$\int \frac{1}{x^2+4x+3}dx = \int \frac{1}{(x+1)(x+3)}dx = \frac{1}{2}\int \left(\frac{1}{x+1} - \frac{1}{x+3}\right)dx$$
$$= \frac{1}{2}\left[\int \frac{1}{x+1}dx - \int \frac{1}{x+3}dx\right]$$
$$= \frac{1}{2}\left[\int \frac{1}{x+1}d(x+1) - \int \frac{1}{x+3}d(x+3)\right]$$
$$= \frac{1}{2}[\ln|x+1| - \ln|x+3|] + C = \frac{1}{2}\ln\left|\frac{x+1}{x+3}\right| + C.$$

一般地，常用的凑微分公式有：

(1) $dx = \frac{1}{a}d(ax+b)$；　(2) $xdx = \frac{1}{2}d(x^2)$；

(3) $x^a dx = \frac{1}{a+1}dx^{a+1}$；　(4) $\frac{1}{x^2}dx = -d\left(\frac{1}{x}\right)$；

(5) $\frac{1}{\sqrt{x}}dx = 2d(\sqrt{x})$；　(6) $e^x dx = d(e^x)$；

(7) $\frac{1}{x}dx = d(\ln|x|)$；　(8) $\cos xdx = d(\sin x)$；

(9) $\sin xdx = d(-\cos x)$；　(10) $\frac{1}{1+x^2}dx = d(\arctan x)$；

(11) $\frac{1}{\sqrt{1-x^2}}dx = d(\arcsin x)$；　(12) $\sec^2 xdx = d(\tan x)$；

(13) $\csc^2 x\mathrm{d}x=-\mathrm{d}(\cot x)$.

[例 4-14] 求不定积分 $\int \csc x\mathrm{d}x$.

解 $\int \csc x\mathrm{d}x=\int \frac{1}{\sin x}\mathrm{d}x=\int \frac{\sin x}{\sin^2 x}\mathrm{d}x=-\int \frac{1}{1-\cos^2 x}\mathrm{d}\cos x$

$$=\int \frac{1}{\cos^2 x-1}\mathrm{d}\cos x=\int \frac{1}{(\cos x+1)(\cos x-1)}\mathrm{d}\cos x$$

$$=\frac{1}{2}\int\left(\frac{1}{\cos x-1}-\frac{1}{\cos x+1}\right)\mathrm{d}\cos x$$

$$=\frac{1}{2}\left(\int \frac{1}{\cos x-1}\mathrm{d}\cos x-\int \frac{1}{\cos x+1}\mathrm{d}\cos x\right)$$

$$=\frac{1}{2}\left[\int \frac{1}{\cos x-1}\mathrm{d}(\cos x-1)-\int \frac{1}{\cos x+1}\mathrm{d}(\cos x+1)\right]$$

$$=\frac{1}{2}(\ln|\cos x-1|-\ln|\cos x+1|)+C=\frac{1}{2}\ln\left|\frac{\cos x-1}{\cos x+1}\right|+C$$

$$=\frac{1}{2}\ln\left|\frac{(\cos x-1)^2}{\cos^2 x-1}\right|+C-\frac{1}{2}\ln\left|\frac{(\cos x-1)^2}{-\sin^2 x}\right|+C$$

$$=\ln\left|\frac{(1-\cos x)}{\sin x}\right|+C=\ln|\csc x-\cot x|+C.$$

同理可以求得

$$\int \sec x\mathrm{d}x=\ln|\sec x+\tan x|+C,$$

这两个积分结果可以作为公式直接使用.

4.2.2 第二类换元积分法

引例 求 $\int \sqrt{1-x^2}\,\mathrm{d}x$.

引例分析 令 $x=\sin t(-\frac{\pi}{2}\leqslant x\leqslant\frac{\pi}{2})$,则

$$\int \sqrt{1-x^2}\,\mathrm{d}x=\int \sqrt{1-\sin^2 t}\,\mathrm{d}(\sin t)=\int \cos t\cdot\cos t\mathrm{d}t=\int \cos^2 t\mathrm{d}t=\int \frac{1+\cos 2t}{2}\mathrm{d}t$$

$$=\frac{t}{2}+\frac{\sin 2t}{4}+C=\frac{1}{2}t+\frac{1}{2}\sin t\cos t+C,$$

由 $x=\sin t$,可得 $t=\arcsin x$,$\cos t=\sqrt{1-\sin^2 t}=\sqrt{1-x^2}$,代入上式得

$$\int \sqrt{1-x^2}\,\mathrm{d}x=\frac{1}{2}\arcsin x+\frac{1}{2}x\sqrt{1-x^2}+C.$$

本例也是进行了换元求积分,但与第一类换元积分法不同,我们称之为第二类换元积分法.

定理 4.2(第二类换元积分法)

对于不定积分 $\int f(x)\mathrm{d}x$,令 $x=\varphi(t)$,则

$$\int f(x)\mathrm{d}x=\int f[\varphi(t)]\mathrm{d}[\varphi(t)]=\int f[\varphi(t)]\varphi'(t)\mathrm{d}t.$$

如果

$$\int f[\varphi(t)]\varphi'(t)\mathrm{d}t = F(t) + C,$$

且由 $x = \varphi(t)$ 得 $t = \varphi^{-1}(x)$，代入上式得

$$\int f[\varphi(t)]\varphi'(t)\mathrm{d}t \xlongequal{t=\varphi^{-1}(x)} F[\varphi^{-1}(x)] + C,$$

联立上述过程可写为

$$\int f(x)\mathrm{d}x \xlongequal{\text{设}x=\varphi(t)} \int f[\varphi(t)]\mathrm{d}[\varphi(t)]$$

$$= \int f[\varphi(t)]\varphi'(t)\mathrm{d}t = F(t) + C = F[\varphi^{-1}(x)] + C.$$

根据换元函数形式的不同，我们又把第二类换元积分法分为代数换元积分法和三角换元积分法两类，下面举例介绍.

1. 代数换元积分法

［例 4-15］　求不定积分 $\int \frac{x}{\sqrt{x-1}}\mathrm{d}x$.

解　设 $\sqrt{x-1} = t$，所以 $x = t^2 + 1, \mathrm{d}x = \mathrm{d}(t^2+1) = (t^2+1)'\mathrm{d}t = 2t\mathrm{d}t$，

$$\int \frac{x}{\sqrt{x-1}}\mathrm{d}x = \int \frac{t^2+1}{t}\cdot 2t\mathrm{d}t = 2\int (t^2+1)\mathrm{d}t$$

$$= \frac{2}{3}t^3 + 2t + C = \frac{2}{3}(\sqrt{x-1})^3 + 2\sqrt{x-1} + C.$$

［例 4-16］　求不定积分 $\int \frac{1}{\sqrt{x}+\sqrt[3]{x}}\mathrm{d}x$.

解　设 $\sqrt[6]{x} = t$，所以 $x = t^6, \mathrm{d}x = \mathrm{d}t^6 = 6t^5\mathrm{d}t$，

$$\int \frac{1}{\sqrt{x}+\sqrt[3]{x}}\mathrm{d}x = \int \frac{1}{t^3+t^2}\cdot 6t^5\mathrm{d}t = 6\int \frac{t^3}{t+1}\mathrm{d}t$$

$$= 6\int \frac{(t^3+1)-1}{t+1}\mathrm{d}t = 6\int \left(t^2 - t + 1 - \frac{1}{t+1}\right)\mathrm{d}t$$

$$= 6\left[\frac{1}{3}t^3 - \frac{1}{2}t^2 + t - \ln|t+1|\right] + C$$

$$= 2\sqrt{x} - 3\sqrt[3]{x} + 6\sqrt[6]{x} - 6\ln(\sqrt[6]{x}+1) + C.$$

2. 三角换元积分法

［例 4-17］　求不定积分 $\int \sqrt{a^2-x^2}\,\mathrm{d}x\,(a>0)$.

解　设 $x = a\sin t, t \in \left[-\frac{\pi}{2}, \frac{\pi}{2}\right]$，则 $\mathrm{d}x = a\cos t\mathrm{d}t$，

所以 $\int \sqrt{a^2-x^2}\,\mathrm{d}x = \int a\cos t\cdot a\cos t\mathrm{d}t = \frac{a^2}{2}\int (1+\cos 2t)\mathrm{d}t$

$$= \frac{a^2}{2}\left(t + \frac{1}{2}\sin 2t\right) + C = \frac{a^2}{2}(t + \sin t\cos t) + C$$

$$=\frac{a^2}{2}(\arcsin\frac{x}{a}+\frac{x}{a}\cdot\frac{\sqrt{a^2-x^2}}{a})+C$$

$$=\frac{a^2}{2}\arcsin\frac{x}{a}+\frac{x}{2}\cdot\sqrt{a^2-x^2}+C.$$

[注] 若设 $x=a\cos t$,同样可以计算.

[例 4-18] 求不定积分$\int\frac{1}{\sqrt{x^2+a^2}}\mathrm{d}x(a>0)$.

解 设 $x=a\tan t, t\in(-\frac{\pi}{2},\frac{\pi}{2})$,则 $\mathrm{d}x=a\sec^2t\mathrm{d}t$,

所以$\int\frac{1}{\sqrt{x^2+a^2}}\mathrm{d}x=\int\frac{1}{a\sec t}\cdot a\sec^2t\mathrm{d}t=\int\sec t\mathrm{d}t$

$$=\ln|\sec t+\tan t|+C=\ln\left|\frac{x}{a}+\frac{\sqrt{x^2+a^2}}{a}\right|+C.$$

[例 4-19] 求不定积分$\int\frac{1}{\sqrt{x^2-a^2}}\mathrm{d}x(a>0)$.

解 设 $x=a\sec t, t\in(0,\frac{\pi}{2})$,则 $\mathrm{d}x=a\sec t\cdot\tan t\mathrm{d}t$,

所以$\int\frac{1}{\sqrt{x^2-a^2}}\mathrm{d}x=\int\frac{a\sec t\cdot\tan t}{a\tan t}\mathrm{d}t=\int\sec t\mathrm{d}t$

$$=\ln|\sec t+\tan t|+C=\ln\left|\frac{x}{a}+\frac{\sqrt{x^2-a^2}}{a}\right|+C.$$

[注] 当被积函数中含有如下“平方和或平方差”形式的根号时,那么可以作相应的三角换元去掉根号:

(1) $\sqrt{a^2-x^2}$(设 $x=a\sin t$);

(2) $\sqrt{x^2+a^2}$(设 $x=a\tan t$);

(3) $\sqrt{x^2-a^2}$(设 $x=a\sec t$).

习题 4-2

1. 求下列不定积分

(1)$\int(2x-1)^5\mathrm{d}x$;

(2)$\int\sin3x\mathrm{d}x$;

(3)$\int\mathrm{e}^{-x}\mathrm{d}x$;

(4)$\int\frac{1}{\sqrt{1+2x}}\mathrm{d}x$;

(5)$\int\frac{1}{(2x+3)^2}\mathrm{d}x$;

(6)$\int\frac{\mathrm{e}^{\frac{1}{x}}}{x^2}\mathrm{d}x$;

(7)$\int t\sqrt{t^2-5}\mathrm{d}t$;

(8)$\int\mathrm{e}^{\sin x}\cos x\mathrm{d}x$;

(9)$\int\mathrm{e}^x\cos\mathrm{e}^x\mathrm{d}x$;

(10)$\int\mathrm{e}^{-2x+1}\mathrm{d}x$;

(11)$\int10^{1-3x}\mathrm{d}x$;

(12)$\int\frac{\mathrm{e}^x}{1+\mathrm{e}^x}\mathrm{d}x$;

(13) $\int \frac{1}{x^2}\cos(1+\frac{1}{x})\mathrm{d}x$；　　(14) $\int \frac{1}{x\ln^2 x}\mathrm{d}x$；

(15) $\int \frac{\mathrm{d}x}{\sqrt{x}(1+x)}$.

2. 求下列不定积分

(1) $\int \frac{1}{x(1+\ln x)}\mathrm{d}x$；　　(2) $\int \frac{\cos(\arcsin x)}{\sqrt{1-x^2}}\mathrm{d}x$；

(3) $\int \frac{1+\tan x}{\cos^2 x}\mathrm{d}x$；　　(4) $\int \frac{x}{1+x^2}\mathrm{d}x$；

(5) $\int \frac{1}{4+9x^2}\mathrm{d}x$；　　(6) $\int \frac{\mathrm{d}x}{\sqrt{4-9x^2}}$；

(7) $\int \frac{1}{4x^2+4x+5}\mathrm{d}x$；　　(8) $\int \sin^2 3x\mathrm{d}x$；

(9) $\int \sin^3 x\mathrm{d}x$；　　(10) $\int \frac{\mathrm{d}t}{\mathrm{e}^t+\mathrm{e}^{-t}}$；

(11) $\int \frac{1}{x^2-1}\mathrm{d}x$；　　(12) $\int \frac{1}{\sin^2 2x}\mathrm{d}x$；

(13) $\int \frac{\sin^7 x}{\cos^9 x}\mathrm{d}x$；　　(14) $\int \frac{\tan\sqrt{x}}{\sqrt{x}}\mathrm{d}x$；

(15) $\int \frac{1}{4x^2+4x+1}\mathrm{d}x$；　　(16) $\int \frac{x+1}{x^2+2x+2}\mathrm{d}x$；

(17) $\int \frac{1}{16+9x^2}\mathrm{d}x$；　　(18) $\int \frac{x^2-x+3}{x(x^2+1)}\mathrm{d}x$.

3. 求下列不定积分

(1) $\int \frac{\mathrm{d}x}{\sqrt{x}(1+x)}$；　　(2) $\int \frac{\sqrt{x}}{1+\sqrt{x}}\mathrm{d}x$；

(3) $\int \frac{1}{\sqrt{x}(1+\sqrt[3]{x})}\mathrm{d}x$；　　(4) $\int \frac{x}{\sqrt{x-1}}\mathrm{d}x$.

4.3　分部积分法

分部积分法是另一种重要的积分方法，它由函数积的导数公式推导出来. 即对

$$(uv)'=u'v+uv',$$

等式两边同时求不定积分得

$$\int (uv)'\mathrm{d}x=\int u'v\mathrm{d}x+\int uv'\mathrm{d}x$$

$$\Rightarrow \int uv'\mathrm{d}x=\int (uv)'\mathrm{d}x-\int u'v\mathrm{d}x$$

$$\Rightarrow \int uv'\mathrm{d}x=uv-\int u'v\mathrm{d}x,$$

即

$$\int u\mathrm{d}v = uv - \int v\mathrm{d}u.$$

这个公式叫做分部积分公式. 当积分$\int u\mathrm{d}v$不易计算,而积分$\int v\mathrm{d}u$比较容易计算时,就可以使用这个公式.

[例 4-20] 求$\int x\cos x\mathrm{d}x$.

解 设 $u = x, \mathrm{d}v = \cos x\mathrm{d}x = \mathrm{d}(\sin x)$,则 $\mathrm{d}u = \mathrm{d}x, v = \sin x$,
由分部积分公式得

$$\int x\cos x\mathrm{d}x = x\sin x - \int \sin x\mathrm{d}x = x\sin x + \cos x + C.$$

在计算方法熟练后,分部积分法的替换过程可以省略.

[例 4-21] 求$\int x\mathrm{e}^x\mathrm{d}x$.

解 $\int x\mathrm{e}^x\mathrm{d}x = \int x\mathrm{d}\mathrm{e}^x = x\mathrm{e}^x - \int \mathrm{e}^x\mathrm{d}x = x\mathrm{e}^x - \mathrm{e}^x + C.$

[例 4-22] 求$\int \ln x\mathrm{d}x$.

解
$$\begin{aligned}\int \ln x\mathrm{d}x &= x\ln x - \int x\mathrm{d}(\ln x) = x\ln x - \int x\cdot(\ln x)'\mathrm{d}x \\ &= x\ln x - \int x\cdot\frac{1}{x}\mathrm{d}x = x\ln x - \int \mathrm{d}x = x\ln x - x + C.\end{aligned}$$

[例 4-23] 求$\int x^2\cos x\mathrm{d}x$.

解
$$\begin{aligned}\int x^2\cos x\mathrm{d}x &= \int x^2\mathrm{d}(\sin x) = x^2\sin x - \int \sin x\mathrm{d}(x^2) \\ &= x^2\sin x - \int \sin x\cdot(x^2)'\mathrm{d}x = x^2\sin x - 2\int x\sin x\mathrm{d}x \\ &= x^2\sin x + 2(x\cos x - \int \cos x\mathrm{d}x) \\ &= x^2\sin x + 2x\cos x - 2\sin x + C.\end{aligned}$$

[例 4-24] 求$\int x^2\mathrm{e}^x\mathrm{d}x$.

解
$$\begin{aligned}\int x^2\mathrm{e}^x\mathrm{d}x &= \int x^2\mathrm{d}\mathrm{e}^x = x^2\mathrm{e}^x - \int \mathrm{e}^x\mathrm{d}x^2 = x^2\mathrm{e}^x - \int \mathrm{e}^x\cdot(x^2)'\mathrm{d}x \\ &= x^2\mathrm{e}^x - 2\int x\mathrm{e}^x\mathrm{d}x = x^2\mathrm{e}^x - 2\int x\mathrm{d}\mathrm{e}^x \\ &= x^2\mathrm{e}^x - 2(x\mathrm{e}^x - \int \mathrm{e}^x\mathrm{d}x) \\ &= x^2\mathrm{e}^x - 2x\mathrm{e}^x + 2\mathrm{e}^x + C = \mathrm{e}^x(x^2 - 2x + 2) + C.\end{aligned}$$

[例 4-25] 求$\int x\arctan x\mathrm{d}x$.

解 $\int x\arctan x\mathrm{d}x = \frac{1}{2}\int \arctan x\mathrm{d}(x^2)$

$$= \frac{1}{2}[x^2\arctan x - \int x^2 \mathrm{d}(\arctan x)]$$

$$= \frac{1}{2}[x^2\arctan x - \int x^2 \cdot (\arctan x)'\mathrm{d}x]$$

$$= \frac{1}{2}(x^2\arctan x - \int \frac{x^2}{1+x^2}\mathrm{d}x)$$

$$= \frac{1}{2}[x^2\arctan x - \int \frac{(x^2+1)-1}{1+x^2}\mathrm{d}x]$$

$$= \frac{1}{2}[x^2\arctan x - \int (1-\frac{1}{1+x^2})\mathrm{d}x]$$

$$= \frac{1}{2}(x^2\arctan x - x + \arctan x) + C.$$

[例 4-26]　求$\int \mathrm{e}^x\sin x\mathrm{d}x$.

解　$\int \mathrm{e}^x\sin x\mathrm{d}x = \int \sin x\mathrm{d}(\mathrm{e}^x) = \mathrm{e}^x\sin x - \int \mathrm{e}^x\mathrm{d}(\sin x)$

$$= \mathrm{e}^x\sin x - \int \mathrm{e}^x\cos x\mathrm{d}x = \mathrm{e}^x\sin x - \int \cos x\mathrm{d}(\mathrm{e}^x)$$

$$= \mathrm{e}^x\sin x - [\mathrm{e}^x\cos x - \int \mathrm{e}^x\mathrm{d}(\cos x)]$$

$$= \mathrm{e}^x\sin x - \mathrm{e}^x\cos x - \int \mathrm{e}^x\sin x\mathrm{d}x.$$

所以$\int \mathrm{e}^x\sin x\mathrm{d}x = \frac{\mathrm{e}^x}{2}(\sin x - \cos x) + C$.

[例 4-27]　求$\int \mathrm{e}^{\sqrt{x}}\mathrm{d}x$.

解　设$\sqrt{x} = t$，所以 $x = t^2$，$\mathrm{d}x = \mathrm{d}t^2 = (t^2)'\mathrm{d}t = 2t\mathrm{d}t$，于是

$$\int \mathrm{e}^{\sqrt{x}}\mathrm{d}x = \int \mathrm{e}^t \cdot 2t\mathrm{d}t = 2\int t \cdot \mathrm{e}^t\mathrm{d}t = 2\int t\mathrm{d}(\mathrm{e}^t)$$

$$= 2[t\mathrm{e}^t - \int \mathrm{e}^t\mathrm{d}t] = 2(t\mathrm{e}^t - \mathrm{e}^t) + C$$

$$= 2(t-1)\mathrm{e}^t + C = 2(\sqrt{x}-1)\mathrm{e}^{\sqrt{x}} + C.$$

习题 4-3

求下列不定积分

(1) $\int x\mathrm{e}^x\mathrm{d}x$；　　(2) $\int \arcsin x\mathrm{d}x$；

(3) $\int x^2\cos 2x\mathrm{d}x$；　　(4) $\int \mathrm{e}^x\cos x\mathrm{d}x$；

(5) $\int \ln(x^2+1)\mathrm{d}x$；　　(6) $\int \frac{\ln x}{x^2}\mathrm{d}x$；

(7) $\int x^2\mathrm{e}^{-x}\mathrm{d}x$；　　(8) $\int \frac{\ln\ln x}{x}\mathrm{d}x$；

(9) $\int x^2 e^{3x} dx$；　　　　(10) $\int 3x^2 \ln(x^3+1) dx$；

(11) $\int \arctan\sqrt{x}\, dx$.

4.4　定积分的概念与性质

4.4.1　两个实例

1. 曲边梯形的面积

在平面直角坐标系中，由连续曲线 $y=f(x)$（不妨设 $f(x)\geqslant 0$），直线 $x=a$，$x=b$ 及 x 轴所围成的图形 $AabB$，叫做曲边梯形（如图 4-2）.

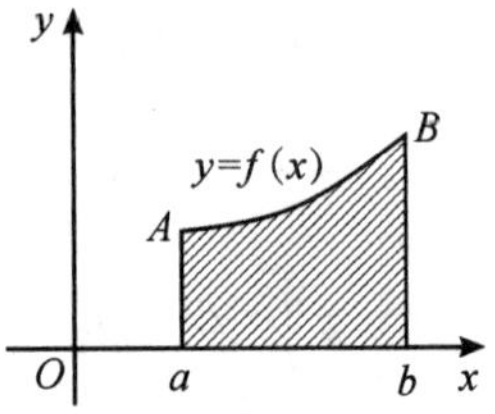

图 4-2

那么如何求曲边梯形的面积呢？显然不能用初等数学的办法来解决. 其解决的基本思想是：分割，求近似，作和式，取极限. 下面根据问题进行如下叙述：

问题 1：能否把曲边梯形分割成若干个小的曲边梯形，再考虑小曲边梯形的面积？

(1) 分割

在 $[a,b]$ 内任取分点，

$a=x_0<x_1<x_2<\cdots<x_{n-1}<x_n=b$,

把区间 $[a,b]$ 分成 n 个小区间，

$[x_0,x_1],[x_1,x_2],\cdots,[x_{n-1},x_n]$,

第 i 个小区间的长记为

$\Delta x_i = x_i - x_{i-1}(i=1,2,\cdots,n)$,

过每个分点 $x_i(i=1,2,\cdots,n-1)$ 作 x 轴的垂线，把曲边梯形分成 n 个小曲边梯形（如图 4-3 所示）.

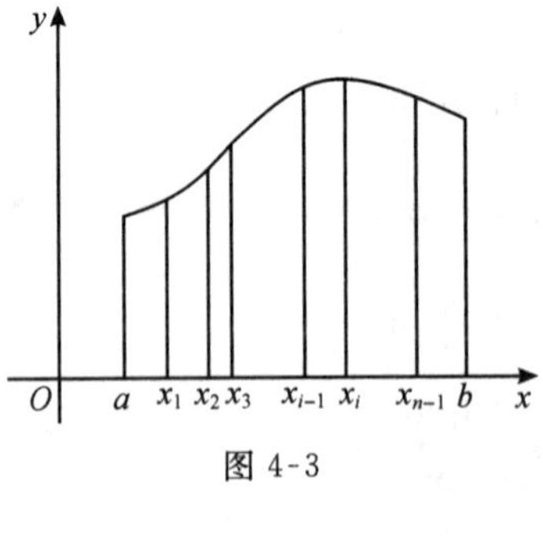

图 4-3

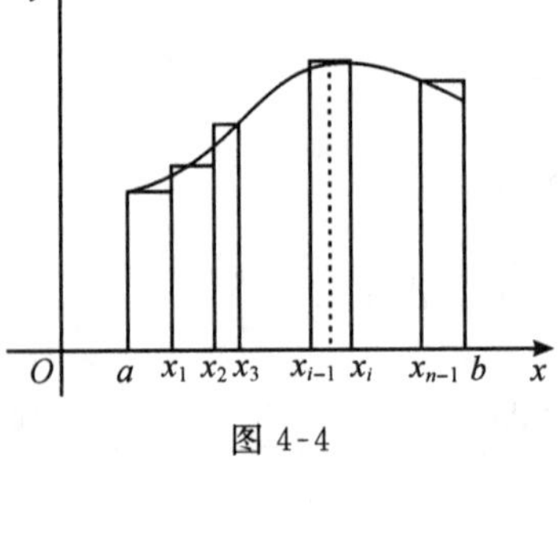

图 4-4

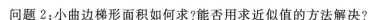

问题 2：小曲边梯形面积如何求？能否用求近似值的方法解决？

(2) 求近似

在每个小区间$[x_{i-1},x_i]$$(i=1,2,\cdots,n)$内任取一点$\xi_i$，用$\Delta x_i$为底、$f(\xi_i)$为高的矩形面积$f(\xi_i)\Delta x_i$近似代替第$i$个小曲边梯形的面积$(i=1,2,\cdots,n)$(如图 4-4 所示).

问题 3：如何求曲边梯形面积的近似值呢？

(3) 作和式

$$\sum_{i=1}^{n} f(\xi_i)\Delta x_i,$$

显然，此和式可作为曲边梯形面积的一个近似值.

问题 4：如何求曲边梯形面积的真值？

(4) 取极限

当分法分得越细，其近似值就越接近曲边梯形面积的真值.

于是令$\lambda=\max\limits_{1\leqslant i\leqslant n}\{\Delta x_i\}$(表示所有小区间中最大区间的长度)，当$\lambda\to 0$时，上述和式的极限就是曲边梯形的面积，即

$$\lim_{\lambda\to 0}\sum_{i=1}^{n} f(\xi_i)\Delta x_i.$$

综上所述，求曲边梯形面积的基本思想是：先把曲边梯形分割成许多小曲边梯形，然后用小矩形面积近似代替小曲边梯形的面积，进而用小矩形面积之和近似代替曲边梯形的面积，当分割无限细分时，小矩形面积之和的极限就是曲边梯形的面积.

2. 变速直线运动的路程

在变速直线运动中，设物体运动速度v是时间t的连续函数：$v=v(t)$，求在时间间隔$[a,b]$内所走过的路程.

如果是匀速直线运动，因为v是常数，那么在$[a,b]$时间内经过的路程为$v(b-a)$，而变速直线运动，v不是常量，就不能用上述式子解决了. 但考虑到在很短的时间间隔内，速度的变化是微小的，可以近似看作匀速直线运动，基于这样的思想，我们也可用分割、取近似、作和式、求极限的方法来解决这个问题，具体步骤如下：

(1) 分割

在时间间隔区间$[a,b]$内任取分点$a=t_0<t_1<t_2<\cdots<t_{n-1}<t_n=b$，将时间间隔区间$[a,b]$分成$n$个小段：$[t_0,t_1]$，$[t_1,t_2]$，…，$[t_{n-1},t_n]$，第$i$小段的时间间隔记为

$$\Delta t_i=t_i-t_{i-1}(i=1,2,\cdots,n).$$

(2) 求近似

在$[t_{i-1},t_i]$$(i=1,2,\cdots,n)$内任取一点$\xi_i$，将时间间隔$[t_{i-1},t_i]$内的变速运动近似看成速度为$v(\xi_i)$的匀速运动，则在时间间隔$[t_{i-1},t_i]$内走过的路程的近似值为

$$v(\xi_i)\Delta t_i(i=1,2,\cdots,n).$$

(3) 作和式

$$\sum_{i=1}^{n} v(\xi_i)\Delta t_i,$$

就是取在时间间隔$[a,b]$内走过的路程的一个近似值.

(4) 取极限

令 $\lambda = \max\limits_{1\leqslant i\leqslant n}\{\Delta t_i\}$，当 $\lambda \to 0$ 时，上述和式的极限就是在 $[a,b]$ 内走过的路程，即

$$\lim_{\lambda\to 0}\sum_{i=1}^{n} v(\xi_i)\Delta t_i.$$

4.4.2 定积分的定义

从上述两个实例看，虽然它们的实际意义不同，但解决问题的思想方法是一致的，都是求一种特定和式极限的问题. 因此，概括定义如下：

定义 4.3 设函数 $f(x)$ 在区间 $[a,b]$ 上有定义，任取分点

$$a = x_0 < x_1 < x_2 < \cdots < x_{n-1} < x_n = b,$$

将 $[a,b]$ 分成 n 个小区间 $[x_{i-1},x_i](i=1,2,\cdots,n)$. 记 $\Delta x_i = x_i - x_{i-1}(i=1,2,\cdots,n)$. 在每个小区间 $[x_{i-1},x_i](i=1,2,\cdots,n)$ 上任取一点 ξ_i，作和式

$$\sum_{i=1}^{n} f(\xi_i)\Delta x_i.$$

令 $\lambda = \max\limits_{1\leqslant i\leqslant n}\{\Delta x_i\}$，如果当 $\lambda\to 0$ 时，和式 $\sum\limits_{i=1}^{n} f(\xi_i)\Delta x_i$ 的极限存在，则称函数 $f(x)$ 在区间 $[a,b]$ 上可积. 并称此极限值为函数 $f(x)$ 在区间 $[a,b]$ 上的定积分，记作 $\int_a^b f(x)\mathrm{d}x$，即

$$\int_a^b f(x)\mathrm{d}x = \lim_{\lambda\to 0}\sum_{i=1}^{n} f(\xi_i)\Delta x_i,$$

其中 $\int$ 称为积分号，$f(x)$ 称为被积函数，$f(x)\mathrm{d}x$ 称为被积表达式，x 称为积分变量，$[a,b]$ 称为积分区间，a,b 分别称为积分下限与积分上限.

根据定积分的定义，上面两个例子均可用定积分表示. 曲边梯形的面积：$\int_a^b f(x)\mathrm{d}x$，变速直线运动的路程：$\int_a^b v(t)\mathrm{d}t$.

从定积分的定义，我们可知：

(1) $\int_a^b f(x)\mathrm{d}x$ 是一个确定的数，它只与被积函数 $f(x)$ 以及积分区间 $[a,b]$ 有关，而与区间的分法，ξ_i 的选法无关，与积分变量用什么字母表示也无关，即

$$\int_a^b f(x)\mathrm{d}x = \int_a^b f(t)\mathrm{d}t = \int_a^b f(u)\mathrm{d}u.$$

(2) 在定积分的定义中，我们假定 $a<b$，如果 $b<a$，我们规定

$$\int_a^b f(x)\mathrm{d}x = -\int_b^a f(x)\mathrm{d}x.$$

特别地，当 $a=b$ 时，$\int_a^a f(x)\mathrm{d}x = 0$.

4.4.3 定积分的几何意义

由定积分的定义，不难得到定积分的几何意义.

(1) 若在区间$[a,b]$上$f(x)\geqslant 0$,则定积分$\int_a^b f(x)\mathrm{d}x$在几何上表示曲线$y=f(x)$,直线$x=a$,$x=b$及x轴所围成的曲边梯形的面积A(如图 4-5 所示),即

$$\int_a^b f(x)\mathrm{d}x = A.$$

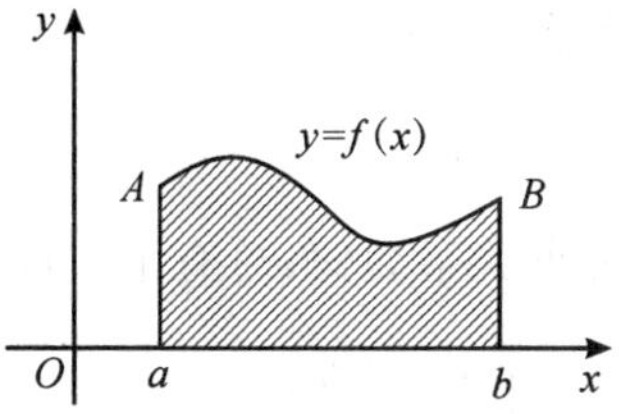

图 4-5

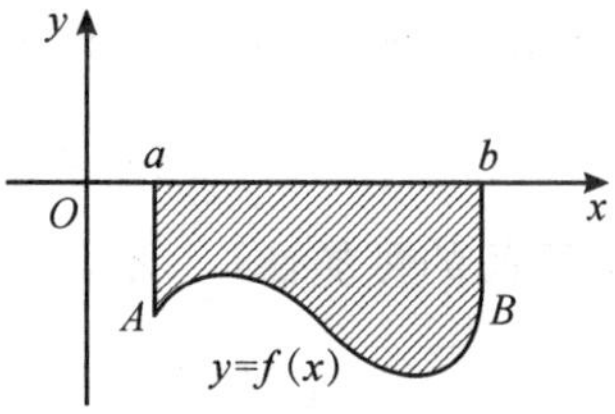

图 4-6

(2) 若在区间$[a,b]$上$f(x)\leqslant 0$,此时由曲线$y=f(x)$,直线$x=a$,$x=b$及x轴所围成的曲边梯形位于x轴的下方,则定积分$\int_a^b f(x)\mathrm{d}x$在几何上表示上述曲边梯形面积的相反数(如图 4-6 所示),即

$$\int_a^b f(x)\mathrm{d}x = -A.$$

(3) 若在$[a,b]$上$f(x)$既有正值,又有负值,则定积分$\int_a^b f(x)\mathrm{d}x$在几何上表示介于曲线$y=f(x)$,直线$x=a$,$x=b$及x轴之间各部分曲边梯形面积的代数和,且位于x轴上方部分的面积取正号,位于x轴下方部分的面积取负号(如图 4-7 所示). 即

$$\int_a^b f(x)\mathrm{d}x = A_1 - A_2 + A_3.$$

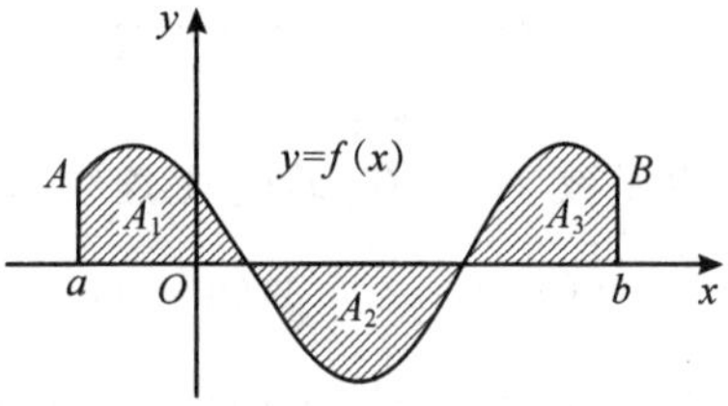

图 4-7

[例 4-28]　用定积分的几何意义求定积分$\int_0^3 \sqrt{9-x^2}\,\mathrm{d}x$.

解　由于被积函数$y=\sqrt{9-x^2}\geqslant 0$,$x\in[0,3]$,则由定积分几何意义知,定积分$\int_0^3 \sqrt{9-x^2}\,\mathrm{d}x$等于由直线$x=0$,$x=3$,曲线$y=\sqrt{9-x^2}$和$x$轴围成的曲边梯形(即半径等于 3 的四分之一圆)的面积. 所以

$$\int_0^3 \sqrt{9-x^2}\,\mathrm{d}x = \frac{1}{4}\pi\times 3^2 = \frac{9}{4}\pi.$$

4.4.4　定积分的性质

以下性质都是要求被积函数在相应的积分区间上是可积的.

性质 1　两个函数和、差的定积分等于它们定积分的和、差,即

$$\int_a^b [f(x) \pm g(x)]\mathrm{d}x = \int_a^b f(x)\mathrm{d}x \pm \int_a^b g(x)\mathrm{d}x.$$

推广　有限个可积函数的和、差等于它们定积分的和、差.

$$\int_a^b [f_1(x) \pm f_2(x) \pm \cdots \pm f_n(x)]\mathrm{d}x = \int_a^b f_1(x)\mathrm{d}x \pm \int_a^b f_2(x)\mathrm{d}x \pm \cdots \pm \int_a^b f_n(x)\mathrm{d}x.$$

性质 2　被积函数的常数因子可提到积分号的外面,即

$$\int_a^b kf(x)\mathrm{d}x = k\int_a^b f(x)\mathrm{d}x.$$

性质 3(积分区间的可加性)　不论 a,b,c 的大小关系如何,总有下式成立

$$\int_a^b f(x)\mathrm{d}x = \int_a^c f(x)\mathrm{d}x + \int_c^b f(x)\mathrm{d}x.$$

性质 4(积分的比较性质)　如果在区间$[a,b]$上有 $f(x) \leqslant g(x)$ 成立,则

$$\int_a^b f(x)\mathrm{d}x \leqslant \int_a^b g(x)\mathrm{d}x.$$

性质 5(积分的估值定理)　设函数在$[a,b]$上的最大值为 M,最小值为 m,则

$$m(b-a) \leqslant \int_a^b f(x)\mathrm{d}x \leqslant M(b-a).$$

性质 5 的几何意义:曲线 $y=f(x)$ 在$[a,b]$上曲边梯形的面积介于以区间$[a,b]$长度为底,分别以 m 和 M 为高的两个矩形的面积之间(如图 4-8 所示).

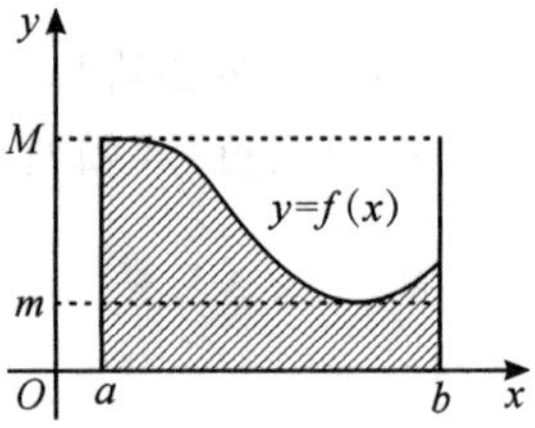

图 4-8

性质 6(积分中值定理)　设函数 $f(x)$ 在$[a,b]$上连续,则至少存在一点 $\xi \in [a,b]$,使

$$\int_a^b f(x)\mathrm{d}x = f(\xi)(b-a).$$

性质 6 的几何意义:曲线 $y=f(x)$ 在$[a,b]$上曲边梯形的面积等于同一底边而高为某一值 $f(\xi)$ 的矩形面积(如图 4-9 所示).

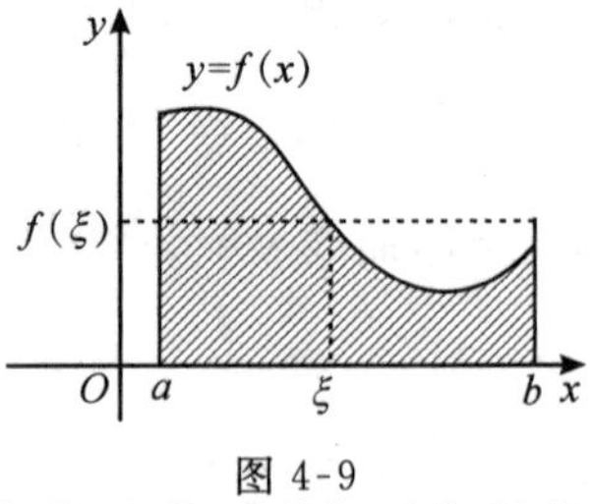

图 4-9

[例 4-29]　利用定积分的性质,比较下列各对定积分值的大小.

(1)$\int_0^1 x\mathrm{d}x$ 与$\int_0^1 x^2\mathrm{d}x$;(2)$\int_1^2 \mathrm{e}^x\mathrm{d}x$ 与$\int_1^2 \ln x\mathrm{d}x$.

解　(1) 当 $x \in [0,1]$ 时,有 $x \geqslant x^2$,所以由性质 4 得

$$\int_0^1 x\mathrm{d}x \geqslant \int_0^1 x^2\mathrm{d}x.$$

(2) 当 $x \in [1,2]$ 时，有 $\mathrm{e}^x \geqslant \mathrm{e} > 1, 0 \leqslant \ln x < 1$，故 $\mathrm{e}^x > \ln x$. 所以由性质 4 得

$$\int_1^2 \mathrm{e}^x\mathrm{d}x > \int_1^2 \ln x\mathrm{d}x.$$

[例 4-30]　估计定积分 $\int_{-1}^1 \mathrm{e}^{-x^2}\mathrm{d}x$ 的值.

解　因为 $f'(x) = -2x\mathrm{e}^{-x^2}$，令 $f'(x) = 0$，得驻点 $x = 0$. 再比较驻点 $x = 0$ 及区间端点 $x = \pm 1$ 的函数值，得

$$f(0) = \mathrm{e}^0 = 1, f(\pm 1) = \mathrm{e}^{-1}.$$

故函数 $f(x) = \mathrm{e}^{-x^2}$ 最小值 $m = \mathrm{e}^{-1}$，最大值 $M = 1$. 由估值定理得

$$\frac{2}{\mathrm{e}} \leqslant \int_{-1}^1 \mathrm{e}^{-x^2}\mathrm{d}x \leqslant 2.$$

习题 4-4

1. 利用定积分定义计算定积分：$\int_0^1 (2x+3)\mathrm{d}x$.

2. 不计算积分，比较下列各组积分值的大小

(1) $\int_0^1 x\mathrm{d}x$ 与 $\int_0^1 x^3\mathrm{d}x$；　(2) $\int_1^2 x\mathrm{d}x$ 与 $\int_1^2 x^2\mathrm{d}x$；

(3) $\int_0^{\frac{\pi}{2}} x\mathrm{d}x$ 与 $\int_0^{\frac{\pi}{2}} \sin x\mathrm{d}x$；　(4) $\int_0^1 \mathrm{e}^x\mathrm{d}x$ 与 $\int_0^1 \mathrm{e}^{x^2}\mathrm{d}x$；

(5) $\int_{-\frac{\pi}{2}}^0 \sin x\mathrm{d}x$ 与 $\int_0^{\frac{\pi}{2}} \sin x\mathrm{d}x$；　(6) $\int_0^1 x\mathrm{d}x$ 与 $\int_0^1 \ln(1+x)\mathrm{d}x$.

3. 利用定积分的几何意义，计算下列定积分

(1) $\int_0^2 (x-2)\mathrm{d}x$；　(2) $\int_0^3 \sqrt{9-x^2}\mathrm{d}x$；

(3) $\int_0^{2\pi} \sin x\mathrm{d}x$；　(4) $\int_{-2}^2 x^3\mathrm{d}x$.

4. 利用定积分性质，估计下列积分值

(1) $\int_0^1 \mathrm{e}^x\mathrm{d}x$；　(2) $\int_1^2 (2x^3 - x^4)\mathrm{d}x$；

(3) $\int_1^2 (x+1)^2\mathrm{d}x$；　(4) $\int_{\frac{\pi}{2}}^{\pi} (1+\sin^2 x)\mathrm{d}x$；

(5) $\int_{\frac{\sqrt{3}}{3}}^{\sqrt{3}} \arctan x\mathrm{d}x$.

4.5　微积分基本公式

用微积分的定义来求定积分，一般说来是很麻烦的，甚至是不可能的. 为了能使定积分更好地解决理论与实践所提出的问题，必须建立新的计算方法. 下面就来介绍微积分基本定理 —— 利用原函数来计算定积分.

4.5.1 变上限积分

首先介绍一类函数 —— 变上限定积分.

定积分$\int_a^b f(x)\mathrm{d}x$ 的结果是一个数,这个数只与被积函数 $f(x)$ 和积分区间$[a,b]$ 有关,而与积分变量 x 无关.

如果函数 $f(x)$ 在区间$[a,b]$ 上可积,根据定积分的积分区间可加性,对于任意的 $x\in[a,b]$,函数 $f(x)$ 在区间$[a,x]$ 上也可积,将积分变量 x 换成 t,定积分$\int_a^x f(t)\mathrm{d}t$ 是定义在区间$[a,b]$ 的函数(如图 4-10 所示).

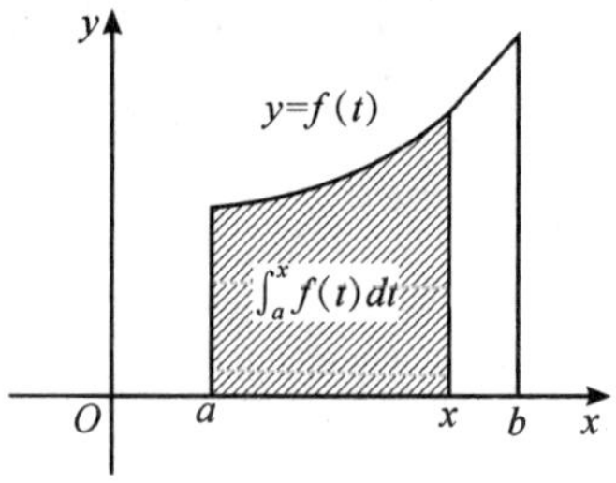

图 4-10

设 $F(x)=\int_a^x f(t)\mathrm{d}t, a\leqslant x\leqslant b$,称 $F(x)$ 为变上限积分.

定理 4.3 如果函数 $f(x)$ 在区间$[a,b]$ 上连续,则变上限积分 $F(x)=\int_a^x f(t)\mathrm{d}t$ 在$[a,b]$ 上可导,且

$$F'(x)=\left[\int_a^x f(t)\mathrm{d}t\right]'=f(x),\text{或写成}\frac{\mathrm{d}[F(x)]}{\mathrm{d}x}=\frac{\mathrm{d}}{\mathrm{d}x}\int_a^x f(t)\mathrm{d}t=f(x).$$

即变上限积分 $F(x)$ 是被积函数 $f(x)$ 的一个原函数.

[注] 由定理可知,如果函数 $f(x)$ 在$[a,b]$ 上连续,则函数 $F(x)=\int_a^x f(t)\mathrm{d}t$ 就是函数 $f(x)$ 在区间$[a,b]$ 上的一个原函数,该定理初步揭示了定积分与原函数之间的内在关系.

[例 4-31] 已知 $F(x)=\int_0^x \cos t^2\mathrm{d}t$,求 $F'(x)$ 及 $F'\left(\sqrt{\frac{\pi}{4}}\right)$.

解 $F'(x)=\left[\int_0^x \cos t^2\mathrm{d}t\right]'=\cos x^2$,

$$F'\left(\sqrt{\frac{\pi}{4}}\right)=\cos\left(\sqrt{\frac{\pi}{4}}\right)^2=\cos\frac{\pi}{4}=\frac{\sqrt{2}}{2}.$$

[例 4-32] 已知下列函数,求它的导数.

(1)$F(x)=\int_x^2\frac{\ln t}{1+t^2}\mathrm{d}t$; (2)$F(x)=\int_1^{3x}\cos(1+t^2)\mathrm{d}t$; (3)$F(x)=\int_x^{x^2}\mathrm{e}^t\mathrm{d}t$.

解 (1)$F'(x)=\left[\int_x^2\frac{\ln t}{1+t^2}\mathrm{d}t\right]'=-\left[\int_2^x\frac{\ln t}{1+t^2}\mathrm{d}t\right]'=-\frac{\ln x}{1+x^2}$;

(2)$F'(x)=\left[\int_1^{3x}\cos(1+t^2)\mathrm{d}t\right]'=\cos[1+(3x)^2]\cdot(3x)'=3\cos(1+9x^2)$;

(3) $F(x)=\int_x^{x^2}e^t\mathrm{d}t=\int_x^0 e^t\mathrm{d}t+\int_0^{x^2}e^t\mathrm{d}t=\int_0^{x^2}e^t\mathrm{d}t-\int_0^x e^t\mathrm{d}t$,

$$F'(x)=\left[\int_0^{x^2}e^t\mathrm{d}t-\int_0^x e^t\mathrm{d}t\right]'=\left[\int_0^{x^2}e^t\mathrm{d}t\right]'-\left[\int_0^x e^t\mathrm{d}t\right]'$$

$$=e^{x^2}\cdot(2x)-e^x=2xe^{x^2}-e^x.$$

［注］　一般地，如果 $f(x)$ 可积，且 $\varphi_1(x)$，$\varphi_2(x)$ 可导，则

$$\left[\int_{\varphi_1(x)}^{\varphi_2(x)}f(t)\mathrm{d}t\right]'=f[\varphi_2(x)]\cdot[\varphi_2(x)]'-f[\varphi_1(x)]\cdot[\varphi_1(x)]'.$$

［例 4-33］　计算 $\lim\limits_{x\to 0}\dfrac{\int_0^x\cos t^2\mathrm{d}t}{x}$.

解　这是一个"$\dfrac{0}{0}$"型未定式，根据洛必达法则，有

$$\lim_{x\to 0}\frac{\int_0^x\cos t^2\mathrm{d}t}{x}=\lim_{x\to 0}\frac{\left[\int_0^x\cos t^2\mathrm{d}t\right]'}{(x)'}=\lim_{x\to 0}\frac{\cos x^2}{1}=1.$$

4.5.2　牛顿 — 莱布尼茨公式

如果 $F(x)$ 是连续函数 $f(x)$ 的一个原函数，根据定理，变上限积分 $\int_a^x f(t)\mathrm{d}t$ 也是 $f(x)$ 的一个原函数，两者之间只相差一个常数，即

$$\int_a^x f(t)\mathrm{d}t=F(x)+C(C\text{ 是常数}).$$

为了确定常数 C，令 $x=a$，有

$$\int_a^a f(t)\mathrm{d}t=F(a)+C.$$

而 $\int_a^a f(t)\mathrm{d}t=0$，于是 $C=-F(a)$，所以

$$\int_a^x f(t)\mathrm{d}t=F(x)-F(a).$$

当 $x=b$ 时，有

$$\int_a^b f(t)\mathrm{d}t=F(b)-F(a).$$

于是我们有下面的微积分基本定理.

定理 4.4　如果函数 $f(x)$ 在区间 $[a,b]$ 上连续，$F(x)$ 是 $f(x)$ 的一个原函数，则

$$\int_a^b f(x)\mathrm{d}x=F(b)-F(a).$$

称此公式为**牛顿 — 莱布尼茨公式**，也称之为**微积分基本公式**. 这个公式揭示了定积分与原函数之间的内在关系，同时为我们计算定积分提供了一个简便而有效的方法.

为了书写方便，上述公式也常写为

$$\int_a^b f(x)\mathrm{d}x=F(x)\Big|_a^b=F(b)-F(a).$$

［例 4-34］　计算下列定积分：

(1) $\int_0^1 x^2 dx$； (2) $\int_0^{\pi} \cos x dx$；

(3) $\int_0^1 \left(\frac{3}{1+x^2} - e^x\right) dx$； (4) $\int_1^2 \left(x + \frac{1}{x}\right)^2 dx$.

解 (1) $\int_0^1 x^2 dx = \frac{1}{3}x^3 \Big|_0^1 = \frac{1}{3}$；

(2) $\int_0^{\pi} \cos x dx = \sin x \Big|_0^{\pi} = \sin\pi - \sin 0 = 0$；

(3) $$\begin{aligned}\int_0^1 \left(\frac{3}{1+x^2} - e^x\right) dx &= 3\int_0^1 \frac{1}{1+x^2} dx - \int_0^1 e^x dx \\ &= 3\arctan x \Big|_0^1 - e^x \Big|_0^1 \\ &= \frac{3\pi}{4} - e + 1;\end{aligned}$$

(4) $$\begin{aligned}\int_1^2 \left(x + \frac{1}{x}\right)^2 dx &= \int_1^2 \left(x^2 + 2 + \frac{1}{x^2}\right) dx \\ &= \left(\frac{1}{3}x^3 + 2x - \frac{1}{x}\right)\Big|_1^2 \\ &= \frac{29}{6}.\end{aligned}$$

[例 4-35] 计算定积分 $\int_{-1}^2 |1-x| dx$.

解 $$\begin{aligned}\int_{-1}^2 |1-x| dx &= \int_{-1}^1 |1-x| dx + \int_1^2 |1-x| dx \\ &= \int_{-1}^1 (1-x) dx + \int_1^2 (x-1) dx \\ &= \left(x - \frac{1}{2}x^2\right)\Big|_{-1}^1 + \left(\frac{1}{2}x^2 - x\right)\Big|_1^2 = \frac{5}{2}.\end{aligned}$$

[例 4-36] 计算下列定积分：

(1) $\int_0^{\frac{\pi}{2}} \sin^2 x \cos x dx$； (2) $\int_e^{e^2} \frac{1}{x\ln x} dx$.

解 (1) $$\begin{aligned}\int_0^{\frac{\pi}{2}} \sin^2 x \cos x dx &= \int_0^{\frac{\pi}{2}} \sin^2 x d(\sin x) \\ &= \frac{1}{3}\sin^3 x \Big|_0^{\frac{\pi}{2}} = \frac{1}{3};\end{aligned}$$

(2) $\int_e^{e^2} \frac{1}{x\ln x} dx = \int_e^{e^2} \frac{1}{\ln x} d(\ln x) = \ln(\ln x) \Big|_e^{e^2} = \ln 2$.

习题 4-5

1. 求下列函数的导数

(1) $F(x) = \int_0^x \sqrt{1+t^2} dt$； (2) $F(x) = \int_1^x \ln(3t^2+2) dt$；

(3) $F(x)=\int_a^{x^2}\sin t^2\,dt$；　(4) $F(x)=\int_x^{-1}te^{-t}\,dt$；

(5) $F(x)=\int_{3x}^{1}\sqrt{\arctan(1+2t^2)}\,dt$；　(6) $F(x)=\int_{\sin x}^{x^2}2t\,dt$.

2. 求下列定积分

(1) $\int_{-1}^{1}(x^3-3x^2)\,dx$；　(2) $\int_0^1\left(3e^x+\frac{2}{1+x^2}\right)dx$；

(3) $\int_{-1}^{1}(x-1)^3\,dx$；　(4) $\int_0^3 e^{\frac{x}{3}}\,dx$；

(5) $\int_{-1}^{1}\frac{x\,dx}{x^2+1}$；　(6) $\int_{-1}^{2}|2x|\,dx$；

(7) $\int_{\frac{\sqrt{3}}{3}}^{\sqrt{3}}\frac{1}{1+x^2}\,dx$；　(8) $\int_e^{e^2}\frac{\ln^2 x}{x}\,dx$；

(9) $\int_0^{\sqrt{\ln 2}}xe^{x^2}\,dx$；　(10) $\int_1^3\frac{1}{\sqrt{x}(1+x)}\,dx$；

(11) $\int_{-1}^{1}\frac{1}{2x+3}\,dx$；　(12) $\int_0^1\frac{e^x}{1+e^x}\,dx$；

(13) $\int_{\frac{1}{\pi}}^{\frac{2}{\pi}}\frac{\sin\frac{1}{x}}{x^2}\,dx$；　(14) $\int_0^1\frac{\arctan x}{1+x^2}\,dx$；

(15) $\int_0^{\ln 2}e^x(1+e^x)^2\,dx$；　(16) $\int_0^1\frac{dx}{e^x+e^{-x}}$；

(17) $\int_0^{\pi}\cos^2\left(\frac{x}{2}\right)dx$；　(18) $\int_0^{2\pi}|\sin x|\,dx$.

3. 求下列极限

(1) $\lim\limits_{x\to 0}\frac{\int_0^x\sin^2 t\,dt}{x^3}$；　(2) $\lim\limits_{x\to 0}\frac{\int_0^x\arctan t\,dt}{x^2}$；

(3) $\lim\limits_{x\to 1}\frac{\pi\cdot\int_1^x\sin\pi t\,dt}{1+\cos\pi x}$；　(4) $\lim\limits_{x\to 0}\frac{\int_0^x\cos^2 t\,dt}{x}$.

4. 设函数 $f(x)=\begin{cases}2^x, & -1\leqslant x<0\\ \sqrt{1-x}, & 0\leqslant x\leqslant 1\end{cases}$，求定积分 $\int_{-1}^{1}f(x)\,dx$.

4.6　定积分的计算

利用牛顿—莱布尼茨公式计算定积分可以使计算简化，但是在许多情况下还不能直接使用公式进行计算，为了进一步解决定积分计算问题，下面介绍定积分的换元积分法和分部积分法.

4.6.1 定积分的换元积分法

问题：像 $\int_0^4\frac{1}{1+\sqrt{x}}\,dx$ 这类定积分该如何计算？

显然,不能用直接积分法与凑微分求出原函数,必须寻求其他方法求解.若将$\sqrt{x}$看成一个整体变量t,进行变量替换,或许可以找到突破.

令$\sqrt{x}=t$,则$x=t^2$,$\mathrm{d}x=2t\mathrm{d}t$,那么被积表达式就变为

$$\frac{2t}{1+t}\mathrm{d}t=2(1-\frac{1}{1+t})\mathrm{d}t,$$

后者即可求得它的原函数,从而可以求得问题的解.这一思想就是下面的换元积分法.

定理 4.5 设函数$f(x)$在$[a,b]$上连续,作变换$x=\varphi(t)$,它满足下列条件:

(1)$\varphi(\alpha)=a$,$\varphi(\beta)=b$;

(2)$\varphi(t)$在$[\alpha,\beta]$上单调且具有连续的导数$\varphi'(t)$;

(3) 当$t\in[\alpha,\beta]$时,$x=\varphi(t)\in[a,b]$.

则

$$\int_a^b f(x)\mathrm{d}x=\int_\alpha^\beta f[\varphi(t)]\varphi'(t)\mathrm{d}t.$$

[例 4-37] 计算下列定积分:

(1)$\int_0^8\frac{1}{1+\sqrt[3]{x}}\mathrm{d}x$; (2)$\int_0^1\frac{1}{\sqrt{x}+\sqrt[3]{x}}\mathrm{d}x$.

解 (1) 令$\sqrt[3]{x}=t$,则$x=t^3$,$\mathrm{d}x=3t^2\mathrm{d}t$,

当$x=0$时,$t=0$,当$x=8$时,$t=2$.于是

$$\int_0^8\frac{1}{1+\sqrt[3]{x}}\mathrm{d}x=\int_0^2\frac{3t^2}{1+t}\mathrm{d}t=3\int_0^2(t-1+\frac{1}{1+t})\mathrm{d}t$$
$$=3[\frac{t^2}{2}-t+\ln(1+t)]\Big|_0^2=3\ln 3.$$

(2) 令$\sqrt[6]{x}=t$,则$x=t^6$,$\mathrm{d}x=6t^5\mathrm{d}t$,

$x=0$时,$t=0$,当$x=1$时,$t=1$.于是

$$\int_0^1\frac{1}{\sqrt{x}+\sqrt[3]{x}}\mathrm{d}x=\int_0^1\frac{1}{t^3+t^2}\cdot 6t^5\mathrm{d}t=6\int_0^1\frac{t^3}{t+1}\mathrm{d}t$$
$$=6\int_0^1\frac{t^3+1-1}{t+1}\mathrm{d}t=6\int_0^1(t^2-t+1-\frac{1}{1+t})\mathrm{d}t$$
$$=6\left[\frac{1}{3}t^3-\frac{1}{2}t^2+t-\ln(1+t)\right]\Big|_0^1=5-6\ln 2.$$

[例 4-38] 计算定积分$\int_0^2\sqrt{4-x^2}\mathrm{d}x$.

解 令$x=2\sin t$,则$\mathrm{d}x=2\cos t\mathrm{d}t$,

当$x=0$时,$t=0$,当$x=2$时,$t=\frac{\pi}{2}$.于是

$$\int_0^2\sqrt{4-x^2}\mathrm{d}x=\int_0^{\frac{\pi}{2}}4\cos^2 t\mathrm{d}t=\int_0^{\frac{\pi}{2}}(2+2\cos 2t)\mathrm{d}t$$
$$=(2t+\sin 2t)\Big|_0^{\frac{\pi}{2}}=\pi.$$

[注] (1) 被积函数中若含有因式$\sqrt{a^2-x^2}\,(a>0)$,可设$x=a\sin t$;

(2) 被积函数中若含有因式 $\sqrt{a^2+x^2}\,(a>0)$，可设 $x=a\tan t$；

(3) 被积函数中若含有因式 $\sqrt{x^2-a^2}\,(a>0)$，可设 $x=a\sec t$.

[例 4-39]　设 $f(x)$ 为 $[-a,a]$ 上的连续函数，证明：

$$\int_{-a}^{a} f(x)\mathrm{d}x=\int_{0}^{a} f(x)\mathrm{d}x+\int_{0}^{a} f(-x)\mathrm{d}x.$$

证明　由定积分的区间可加性得

$$\int_{-a}^{a} f(x)\mathrm{d}x=\int_{-a}^{0} f(x)\mathrm{d}x+\int_{0}^{a} f(x)\mathrm{d}x. \tag{1}$$

设 $x=-t$，则 $\mathrm{d}x=-\mathrm{d}t$. 当 $x=0$ 时，$t=0$，当 $x=-a$ 时，$t=a$. 于是

$$\int_{-a}^{0} f(x)\mathrm{d}x=-\int_{a}^{0} f(-t)\mathrm{d}t=\int_{0}^{a} f(-t)\mathrm{d}t=\int_{0}^{a} f(-x)\mathrm{d}x. \tag{2}$$

将(2)代入(1)，即得

$$\int_{-a}^{a} f(x)\mathrm{d}x=\int_{0}^{a} f(x)\mathrm{d}x+\int_{0}^{a} f(-x)\mathrm{d}x.$$

[结论]　(1) 当 $f(x)$ 为 $[-a,a]$ 上的连续奇函数时，$\int_{-a}^{a} f(x)\mathrm{d}x=0$；

(2) 当 $f(x)$ 为 $[-a,a]$ 上的连续偶函数时，$\int_{-a}^{a} f(x)\mathrm{d}x=2\int_{0}^{a} f(x)\mathrm{d}x$.

[注]　以上两个结论可直接使用.

[例 4-40]　计算下列定积分

(1) $\int_{-1}^{1} |x|\mathrm{d}x$；　(2) $\int_{-1}^{1}(x^2+2x-3)\mathrm{d}x$；　(3) $\int_{-1}^{1}\dfrac{x\cos x}{1+\sin^2 x}\mathrm{d}x$.

解　(1) 因为函数 $f(x)=|x|$ 在 $[-1,1]$ 上是偶函数，所以

$$\int_{-1}^{1}|x|\mathrm{d}x=2\int_{0}^{1}|x|\mathrm{d}x=2\int_{0}^{1}x\mathrm{d}x=x^2\Big|_{0}^{1}=1.$$

(2) 因为函数 $f(x)=x^2-3$ 在 $[-1,1]$ 上是偶函数，

$f(x)=-2x$ 在 $[-1,1]$ 上是奇函数，所以

$$\begin{aligned}\int_{-1}^{1}(x^2+2x-3)\mathrm{d}x&=\int_{-1}^{1}(x^2-3)\mathrm{d}x+\int_{-1}^{1}2x\mathrm{d}x\\&=2\int_{0}^{1}(x^2-3)\mathrm{d}x+0=2\left(\frac{1}{3}x^3-3x\right)\Big|_{0}^{1}=-\frac{16}{3}.\end{aligned}$$

(3) 因为函数 $f(x)=\dfrac{x\cos x}{1+\sin^2 x}$ 在 $[-1,1]$ 上是奇函数，所以

$$\int_{-1}^{1}\frac{x\cos x}{1+\sin^2 x}\mathrm{d}x=0.$$

4.6.2　定积分的分部积分法

问题：像 $\int_{0}^{1}x\mathrm{e}^{x}\mathrm{d}x$，$\int_{0}^{1}\arcsin x\mathrm{d}x$ 之类的定积分该如何计算？

定理 4.6　设函数 $u(x)$ 和 $v(x)$ 在 $[a,b]$ 上有连续导数 $u'(x)$，$v'(x)$，则

$$\int_{a}^{b}u(x)\mathrm{d}v(x)=u(x)v(x)\Big|_{a}^{b}-\int_{a}^{b}v(x)\mathrm{d}u(x),$$

该公式就是定积分的分部积分公式.

[例 4-41] 求$\int_0^1 x^2 e^x dx$.

解 $$\int_0^1 x^2 e^x dx = \int_0^1 x^2 de^x = (x^2 e^x)\Big|_0^1 - \int_0^1 e^x d(x^2)$$
$$= e - 2\int_0^1 xe^x dx = e - 2\left[\int_0^1 xd(e^x)\right]$$
$$= e - 2\left[(xe^x)\Big|_0^1 - \int_0^1 e^x dx\right]$$
$$= e - 2\left[e - e^x\Big|_0^1\right] = e - 2.$$

[例 4-42] 求$\int_1^e x\ln x dx$.

解 $$\int_1^e x\ln x dx = \frac{1}{2}\int_1^e \ln x d(x^2) = \frac{1}{2}\left[(x^2\ln x)\Big|_1^e - \int_1^e x^2 d(\ln x)\right]$$
$$= \frac{1}{2}\left[e^2 - \int_1^e x dx\right] = \frac{1}{2}\left[e^2 - \frac{1}{2}x^2\right]\Big|_1^e = \frac{1}{4}(e^2+1).$$

[例 4-43] 求$\int_0^\pi e^x \cos x dx$.

解 $$\int_0^\pi e^x \cos x dx = \int_0^\pi \cos x d(e^x) = e^x \cos x\Big|_0^\pi - \int_0^\pi e^x d(\cos x)$$
$$= -e^\pi - 1 + \int_0^\pi e^x \sin x dx = -e^\pi - 1 + \int_0^\pi \sin x d(e^x)$$
$$= -e^\pi - 1 + e^x \sin x\Big|_0^\pi - \int_0^\pi e^x d(\sin x)$$
$$= -e^\pi - 1 - \int_0^\pi e^x \cos x dx.$$

因为 $2\int_0^\pi e^x \cos x dx = -e^\pi - 1$,所以$\int_0^\pi e^x \cos x dx = -\frac{e^\pi + 1}{2}$.

习题 4-6

1. 计算定积分

(1)$\int_0^4 \frac{dx}{1+\sqrt{x}}$;

(2)$\int_1^5 \frac{\sqrt{u-1}}{u}du$;

(3)$\int_0^2 \sqrt{4-x^2}dx$;

(4)$\int_0^{\ln 2} \sqrt{e^x - 1}dx$.

2. 计算定积分

(1)$\int_1^e \ln x dx$;

(2)$\int_0^{\frac{\pi}{2}} x\cos x dx$;

(3)$\int_0^1 x^2 e^x dx$;

(4)$\int_0^1 xe^{-x} dx$;

(5)$\int_0^\pi x^2 \cos 2x dx$;

(6)$\int_0^1 \arctan x dx$;

(7)$\int_0^1 x\arctan x dx$;

(8)$\int_{\frac{1}{e}}^e |\ln x| dx$.

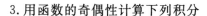

3. 用函数的奇偶性计算下列积分

(1) $\int_{-1}^{1}\cos x\sin^3 x\,\mathrm{d}x$；　　(2) $\int_{-\frac{1}{2}}^{\frac{1}{2}}\frac{1}{\sqrt{1-x^2}}\mathrm{d}x$；

(3) $\int_{-1}^{1}\frac{x+1}{1+x^2}\mathrm{d}x$；　　(4) $\int_{-3}^{3}(x^2\sin x+1)\mathrm{d}x$.

4. 证明题

证明：$\int_0^{\frac{\pi}{2}}\sin^n x\,\mathrm{d}x=\int_0^{\frac{\pi}{2}}\cos^n x\,\mathrm{d}x$.

4.7 广义积分

由前面的讨论可以知道，定积分的积分区间是有限的，而且被积函数是有界的. 但在实际问题中，往往会遇到无穷区间上的积分与被积函数在积分区间上无界的情形，我们把这两类积分叫做广义积分.

4.7.1 无穷区间上的广义积分

问题：由曲线 $y=x^{-2}$，x 轴及直线 $x=1$ 右边所构成的"开口曲边梯形"的面积(见图 4-11)如何求？

首先，在区间$[1,+\infty)$任取一点 b，考虑由曲线 $y=x^{-2}$，x 轴及直线 $x=1$，$x=b(b>1)$ 所围成的曲边梯形的面积，如图 4-12 所示.

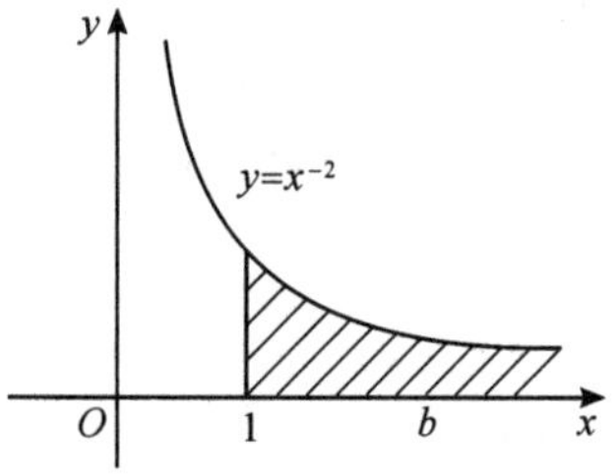

图 4-11

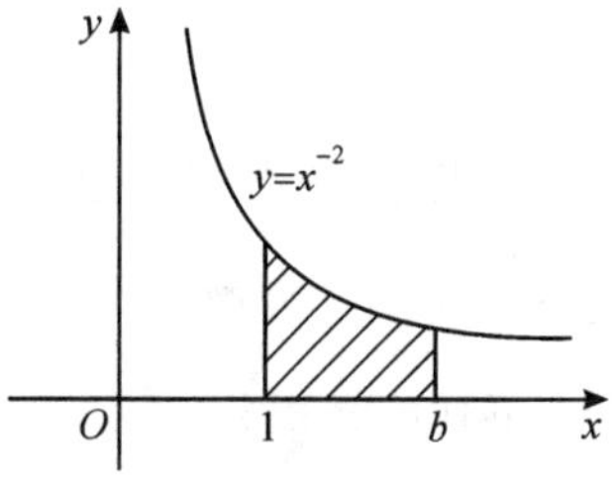

图 4-12

由定积分的几何意义知：$S^*=\int_1^b x^{-2}\mathrm{d}x=-\frac{1}{x}\Big|_1^b=1-\frac{1}{b}$.

其次，当 b 趋于正无穷时，S^* 的极限为 1. 即 $\lim\limits_{b\to+\infty}\int_1^b x^{-2}\mathrm{d}x=1$ 成了由曲线 $y=x^{-2}$，x 轴及直线 $x=1$ 右边所构成的"开口曲边梯形"的面积.

一般地，对于上述情况的积分我们给出如下定义：

定义 4.4 设函数 $f(x)$ 在区间$[a,+\infty)$上连续，任取 $b>a$，我们把极限 $\lim\limits_{b\to+\infty}\int_a^b f(x)\mathrm{d}x$ 称为函数 $f(x)$ 在区间$[a,+\infty)$上的广义积分. 记为 $\int_a^{+\infty}f(x)\mathrm{d}x$，即

$$\int_a^{+\infty}f(x)\mathrm{d}x=\lim_{b\to+\infty}\int_a^b f(x)\mathrm{d}x.$$

如果极限存在，则称广义积分 $\int_a^{+\infty}f(x)\mathrm{d}x$ 收敛；如果极限不存在，则称广义积分

$\int_a^{+\infty} f(x)\mathrm{d}x$ 发散.

类似地定义：

函数 $f(x)$ 在区间$(-\infty, b]$上的广义积分为：

$$\int_{-\infty}^{b} f(x)\mathrm{d}x = \lim_{a\to-\infty}\int_a^b f(x)\mathrm{d}x.$$

函数 $f(x)$ 在区间$(-\infty, +\infty)$上的广义积分为：

$$\int_{-\infty}^{+\infty} f(x)\mathrm{d}x = \int_{-\infty}^{c} f(x)\mathrm{d}x + \int_{c}^{+\infty} f(x)\mathrm{d}x.$$

其中 c 可为任意常数. 当上述式子右端两个广义积分均收敛时，左端的广义积分 $\int_{-\infty}^{+\infty} f(x)\mathrm{d}x$ 收敛；否则发散.

[例 4-44] 求下列广义积分

(1) $\int_1^{+\infty} \frac{1}{x^2(x^2+1)}\mathrm{d}x$； (2) $\int_{-\infty}^{0} \mathrm{e}^{-x}\mathrm{d}x$.

解 (1)

$$\begin{aligned}\int_1^{+\infty} \frac{1}{x^2(x^2+1)}\mathrm{d}x &= \lim_{b\to+\infty}\int_1^b \frac{1}{x^2(x^2+1)}\mathrm{d}x \\ &= \lim_{b\to+\infty}\int_1^b\left[\frac{1}{x^2}-\frac{1}{x^2+1}\right]\mathrm{d}x = \lim_{b\to+\infty}\left[-\frac{1}{x}-\arctan x\right]\Big|_1^b \\ &= \lim_{b\to+\infty}\left[\left(-\frac{1}{b}-\arctan b\right)-(-1-\arctan 1)\right] \\ &= 0-\frac{\pi}{2}+1+\frac{\pi}{4} = 1-\frac{\pi}{4}.\end{aligned}$$

(2) $\int_{-\infty}^{0} \mathrm{e}^{-x}\mathrm{d}x = \lim_{a\to-\infty}\int_a^0 \mathrm{e}^{-x}\mathrm{d}x = \lim_{a\to-\infty}[-\mathrm{e}^{-x}]\Big|_a^0 = \lim_{a\to-\infty}[-1+\mathrm{e}^{-a}] = +\infty.$

所以，广义积分 $\int_{-\infty}^{0} \mathrm{e}^{-x}\mathrm{d}x$ 发散.

[例 4-45] 求下列广义积分

(1) $\int_{-\infty}^{+\infty} \frac{1}{1+x^2}\mathrm{d}x$； (2) $\int_{-\infty}^{+\infty} \sin x\mathrm{d}x$.

解 (1) $\int_{-\infty}^{+\infty} \frac{1}{1+x^2}\mathrm{d}x = \int_{-\infty}^{0} \frac{1}{1+x^2}\mathrm{d}x + \int_0^{+\infty} \frac{1}{1+x^2}\mathrm{d}x$

$= \lim_{a\to-\infty}\int_a^0 \frac{1}{1+x^2}\mathrm{d}x + \lim_{b\to+\infty}\int_0^b \frac{1}{1+x^2}\mathrm{d}x$

$= \lim_{a\to-\infty}\arctan x\Big|_a^0 + \lim_{b\to+\infty}\arctan x\Big|_0^b$

$= \lim_{a\to-\infty}(0-\arctan a) + \lim_{b\to+\infty}(\arctan b - 0)$

$= [0-(-\frac{\pi}{2})]+[\frac{\pi}{2}-0] = \pi$；

(2) $\int_{-\infty}^{+\infty} \sin x\mathrm{d}x = \int_{-\infty}^{0} \sin x\mathrm{d}x + \int_0^{+\infty} \sin x\mathrm{d}x$

因为 $\int_0^{+\infty} \sin x\mathrm{d}x = \lim_{a\to+\infty}\int_0^a \sin x\mathrm{d}x = \lim_{a\to+\infty}(-\cos x)\Big|_0^a$ 不存在，所以 $\int_{-\infty}^{+\infty} \sin x\mathrm{d}x$ 发散.

4.7.2　无界函数的广义积分

问题　由曲线 $y=x^{-\frac{1}{2}}$，x 轴，y 轴及直线 $x=1$ 所“围成”的“开口曲边梯形”的面积(见图 4-13)如何求？

首先，在 $[0,1]$ 内任取一点 c，先考虑区间 $[c,1]$ 上曲边梯形的面积，如图 4-14 所示.

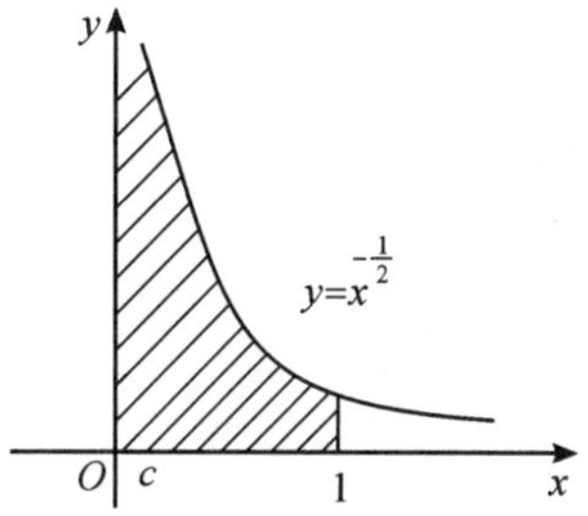

图 4-13

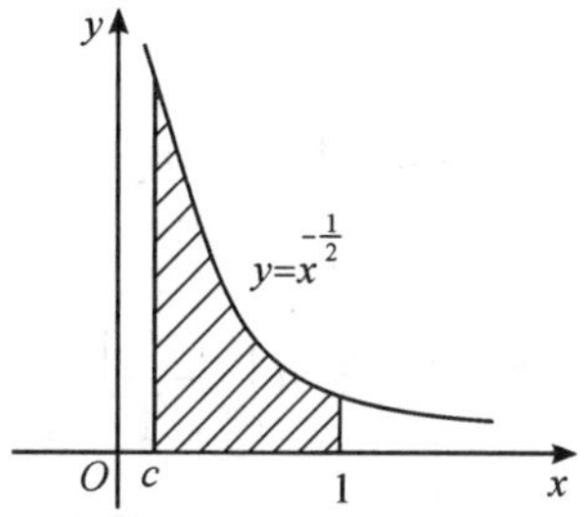

图 4-14

由定积分的几何意义知：$S^{*}=\int_c^1 x^{-\frac{1}{2}}\mathrm{d}x=2\sqrt{x}\Big|_c^1=2-2\sqrt{c}$.

其次，当 c 自 0 的右侧趋于 0 时，S^{*} 的极限为 2. 即 $\lim\limits_{c\to 0^+}\int_c^1 x^{-\frac{1}{2}}\mathrm{d}x=2$ 成了由曲线 $y=x^{-\frac{1}{2}}$，x 轴，y 轴及直线 $x=1$ 所“围成”的“开口曲边梯形”的面积.

一般地，对于上述情况的积分我们给出如下定义：

定义 4.5　设函数 $f(x)$ 在区间 $(a,b]$ 上连续，且 $\lim\limits_{x\to a^+}f(x)=\infty$，任取 $c\in(a,b]$，我们把极限 $\lim\limits_{c\to a^+}\int_c^b f(x)\mathrm{d}x$ 称为无界函数 $f(x)$ 在区间 $(a,b]$ 上的广义积分(也称瑕积分，$x=a$ 称为瑕点). 记为 $\int_a^b f(x)\mathrm{d}x$，即

$$\int_a^b f(x)\mathrm{d}x=\lim_{c\to a^+}\int_c^b f(x)\mathrm{d}x.$$

如果极限存在，称广义积分 $\int_a^b f(x)\mathrm{d}x$ **收敛**；如果极限不存在，称广义积分 $\int_a^b f(x)\mathrm{d}x$ **发散**.

类似地定义：

函数 $f(x)$ 在区间 $[a,b)$ 上连续，且 $\lim\limits_{x\to b^-}f(x)=\infty$ ($x=b$ 为瑕点) 的广义积分为：

$$\int_a^b f(x)\mathrm{d}x=\lim_{c\to b^-}\int_a^c f(x)\mathrm{d}x.$$

函数 $f(x)$ 在区间 $[a,c)\cup(c,b]$ 上连续，且 $\lim\limits_{x\to c}f(x)=\infty$ ($x=c$ 为瑕点) 的广义积分为：

$$\int_a^b f(x)\mathrm{d}x=\int_a^c f(x)\mathrm{d}x+\int_c^b f(x)\mathrm{d}x.$$

当上述式子右端两个广义积分均收敛时，左端的广义积分 $\int_a^b f(x)\mathrm{d}x$ 收敛；否则发散.

[例 4-46]　计算广义积分$\int_0^1 \ln x\mathrm{d}x$.

解　因为$\lim\limits_{x\to 0^+}\ln x=-\infty$,所以$x=0$是瑕点.故有

$$\int_0^1 \ln x\mathrm{d}x=\lim_{c\to 0^+}\int_c^1 \ln x\mathrm{d}x=\lim_{c\to 0^+}(x\ln x-x)\Big|_c^1$$
$$=\lim_{c\to 0^+}(-1-c\ln c+c)=-1.$$

[注]　$\lim\limits_{c\to 0^+}c\ln c=\lim\limits_{c\to 0^+}\dfrac{\ln c}{\dfrac{1}{c}}=\lim\limits_{c\to 0^+}\dfrac{\dfrac{1}{c}}{-\dfrac{1}{c^2}}=-\lim\limits_{c\to 0^+}c=0.$

[例 4-47]　计算广义积分$\int_0^1 \dfrac{1}{\sqrt{1-x^2}}\mathrm{d}x$.

解　因为$\lim\limits_{x\to 1^-}\dfrac{1}{\sqrt{1-x^2}}=+\infty$,所以$x=1$是瑕点.故有

$$\int_0^1 \frac{1}{\sqrt{1-x^2}}\mathrm{d}x=\lim_{c\to 1^-}\int_0^c \frac{1}{\sqrt{1-x^2}}\mathrm{d}x=\lim_{c\to 1^-}\arcsin x\Big|_0^c$$
$$=\lim_{c\to 1^-}(\arcsin c-\arcsin 0)=\frac{\pi}{2}.$$

为简便起见,上述计算过程也可改写成:

$$\int_0^1 \frac{1}{\sqrt{1-x^2}}\mathrm{d}x=\arcsin x\Big|_0^1=\frac{\pi}{2}.$$

[例 4-48]　计算广义积分$\int_{-1}^1 \dfrac{1}{x^2}\mathrm{d}x$.

解　$\int_{-1}^1 \dfrac{1}{x^2}\mathrm{d}x=\int_{-1}^0 \dfrac{1}{x^2}\mathrm{d}x+\int_0^1 \dfrac{1}{x^2}\mathrm{d}x$,而$\int_0^1 \dfrac{1}{x^2}\mathrm{d}x=-\dfrac{1}{x}\Big|_0^1=\infty$,

所以$\int_{-1}^1 \dfrac{1}{x^2}\mathrm{d}x$ 发散.

[例 4-49]　讨论广义积分$\int_0^1 \dfrac{1}{x^p}\mathrm{d}x$ 的敛散性.

解　当$p=1$时,有

$\int_0^1 \dfrac{1}{x}\mathrm{d}x=\lim\limits_{\varepsilon\to 0^+}\int_\varepsilon^1 \dfrac{1}{x}\mathrm{d}x=\lim\limits_{\varepsilon\to 0^+}\ln x\Big|_\varepsilon^1=\lim\limits_{\varepsilon\to 0^+}(0-\ln\varepsilon)=+\infty$,故广义积分发散.

当$p\neq 1$时,有

$$\int_0^1 \frac{1}{x^p}\mathrm{d}x=\lim_{\varepsilon\to 0^+}\int_0^1 \frac{1}{x^p}\mathrm{d}x=\lim_{\varepsilon\to 0^+}\frac{1}{1-p}x^{1-p}\Big|_\varepsilon^1$$

$$=\frac{1}{1-p}\lim_{\varepsilon\to 0^+}(1-\varepsilon^{1-p})=\begin{cases}\dfrac{1}{1-p}, & p<1\\ -\infty, & p>1\end{cases},$$

即当$p<1$时,广义积分收敛;当$p>1$时,广义积分发散.

综上所述,当$p<1$时,广义积分收敛于$\dfrac{1}{1-p}$;当$p\geqslant 1$时,广义积分发散.

习题 4-7

1. 求下列广义积分

(1) $\int_{1}^{+\infty} x^{-3}\mathrm{d}x$；　　(2) $\int_{-\infty}^{0} x\mathrm{e}^{-x^2}\mathrm{d}x$；

(3) $\int_{\mathrm{e}}^{+\infty} \frac{1}{x(\ln x)^2}\mathrm{d}x$；　　(4) $\int_{-\infty}^{+\infty} \frac{1}{x^2+2x+2}\mathrm{d}x$.

2. 判断下列广义积分的敛散性

(1) $\int_{1}^{+\infty} \frac{\mathrm{d}x}{\sqrt{x}}$；　　(2) $\int_{-1}^{1} \frac{\mathrm{d}x}{\sqrt{1-x^2}}$；

(3) $\int_{0}^{1} \frac{\mathrm{d}x}{\sqrt{1-x}}$；　　(4) $\int_{0}^{+\infty} x\mathrm{e}^{-x}\mathrm{d}x$；

(5) $\int_{-\infty}^{+\infty} \cos x\mathrm{d}x$；　　(6) $\int_{0}^{2} \frac{\mathrm{d}x}{(x-1)^2}$.

4.8　定积分在几何上的应用

4.8.1　定积分的微元法

设函数 $f(x)$ 在区间 $[a,b]$ 上连续，具体问题中的整体量 A 可用下面方法来求：

(1) 在区间 $[a,b]$ 上任取一点 x，作微小区间 $[x,x+\mathrm{d}x]$，求出在这个小区间上的部分量 ΔA 的近似值(称为总体量 A 的微元)，记为：$\mathrm{d}A = f(x)\mathrm{d}x$；

(2) 将微元 $\mathrm{d}A$ 在区间 $[a,b]$ 上无限"累加"，即在区间 $[a,b]$ 上积分，得

$$A = \int_a^b \mathrm{d}A = \int_a^b f(x)\mathrm{d}x.$$

上述两步解决问题的方法称为微元法.

4.8.2　平面图形的面积

1. 由曲线 $y = f(x)[f(x) \geqslant 0]$，直线 $x = a, x = b(a < b)$ 和 x 轴所围成的平面图形(如图 4-15 所示)

面积微元：$\mathrm{d}A = f(x)\mathrm{d}x$.

面积：$A = \int_a^b f(x)\mathrm{d}x$.

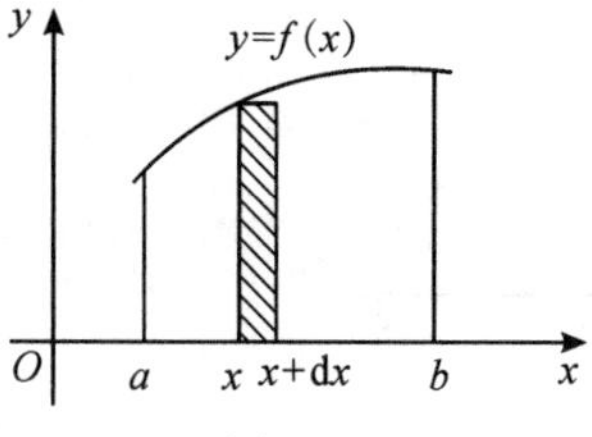

图 4-15

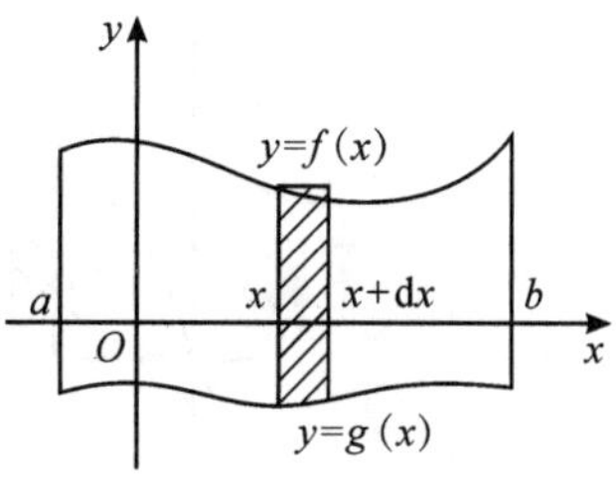

图 4-16

2. 由上、下两条曲线 $y=f(x)$，$y=g(x)[f(x)\geqslant g(x)]$，直线 $x=a$，$x=b(a<b)$ 所围成的平面图形(如图 4-16 所示)

面积微元：$\mathrm{d}A=[f(x)-g(x)]\mathrm{d}x$；

面积：$A=\int_a^b[f(x)-g(x)]\mathrm{d}x$.

3. 由左、右两条曲线 $x=\psi(y)$，$x=\varphi(y)[\varphi(y)\geqslant\psi(y)]$，直线 $y=c$，$y=d(c<d)$ 所围成的平面图形(如图 4-17 所示)

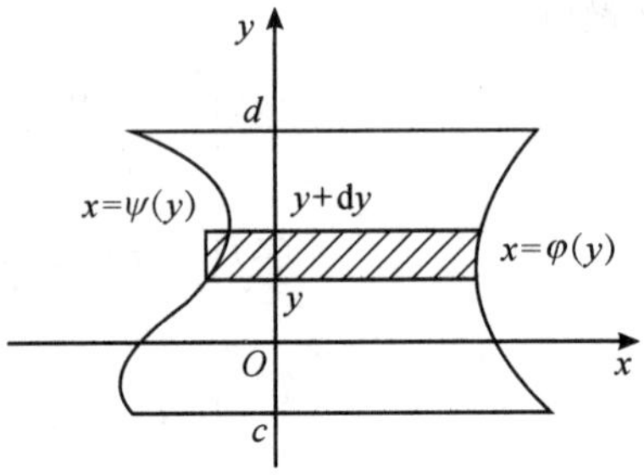

图 4-17

面积微元：$\mathrm{d}A=[\varphi(y)-\psi(y)]\mathrm{d}y$；

面积：$A=\int_c^d[\varphi(y)-\psi(y)]\mathrm{d}y$.

[例 4-50] 求由抛物线 $y=1-x^2$ 与 x 轴所围成的平面图形的面积.

解 如图 4-18 所示，抛物线 $y=1-x^2$ 与 x 轴的交点为$(-1,0)$ 与$(1,0)$. 面积微元为 $\mathrm{d}A=(1-x^2)\mathrm{d}x$，于是所求平面图形的面积为

$$A=\int_{-1}^1(1-x^2)\mathrm{d}x=2\int_0^1(1-x^2)\mathrm{d}x=2\left(x-\frac{1}{3}x^3\right)\Big|_0^1=\frac{4}{3}.$$

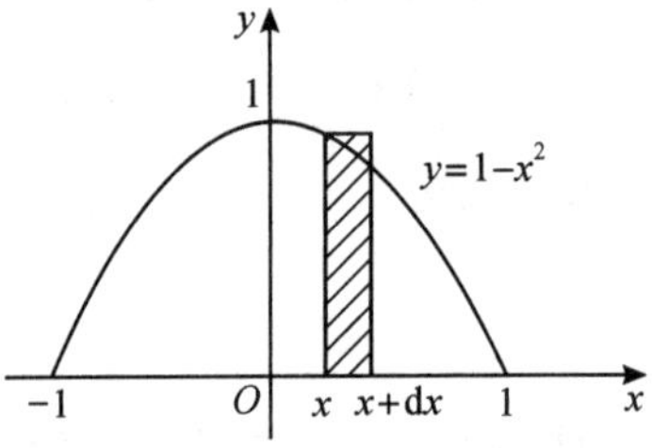

图 4-18

[例 4-51] 求由曲线 $y=x^2$ 与 $y=\sqrt{x}$ 所围成的平面图形的面积.

解 如图 4-19 所示，曲线 $y=x^2$ 与 $y=\sqrt{x}$ 的交点为$(0,0)$ 与$(1,1)$. 面积微元为

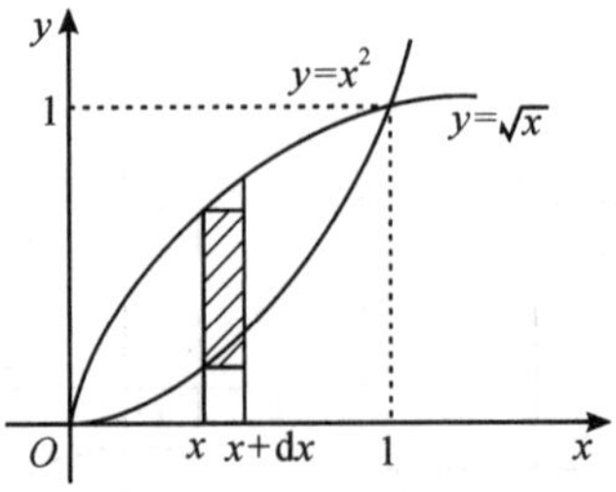

图 4-19

$\mathrm{d}A=(\sqrt{x}-x^2)\mathrm{d}x$，于是所求平面图形的面积为

$$A=\int_0^1(\sqrt{x}-x^2)\mathrm{d}x=\left(\frac{2}{3}x^{\frac{3}{2}}-\frac{1}{3}x^3\right)\Big|_0^1=\frac{1}{3}.$$

上面例题都是以 x 为变量，若以 y 为积分变量将如何计算呢？

[例 4-52]　求由抛物线 $y^2=2x$ 与直线 $y=x-4$ 所围成的平面图形的面积.

解　如图 4-20 所示，抛物线 $y^2=2x$ 与直线 $y=x-4$ 的交点为 $(2,-2)$ 和 $(8,4)$. 面积微元为：

$$\mathrm{d}A=(y+4-\frac{1}{2}y^2)\mathrm{d}y,$$

故所求平面图形的面积为

$$A=\int_{-2}^4(y+4-\frac{1}{2}y^2)\mathrm{d}y=\frac{1}{2}y^2+4y-\frac{1}{6}y^3\Big|_{-2}^4=18.$$

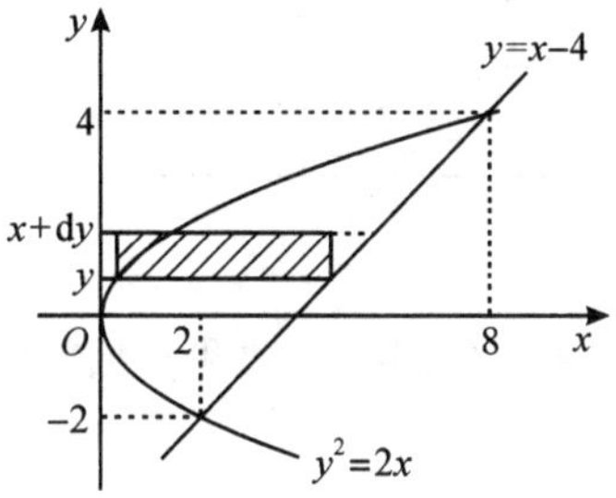

图 4-20

4.8.3　旋转体的体积

旋转体是由一个平面图形绕这个平面内的一条直线旋转一周而成的几何体，这条直线叫旋转轴. 例如，球体、圆柱体等都是旋转体.

这里只介绍求旋转轴为坐标轴的旋转体的体积.

求由连续曲线 $y=f(x)$，直线 $x=a$，$x=b(a<b)$ 及 x 轴所围成的曲边梯形（如图 4-21 所示）绕 x 轴旋转一周而成的旋转体（如图 4-22 所示）的体积.

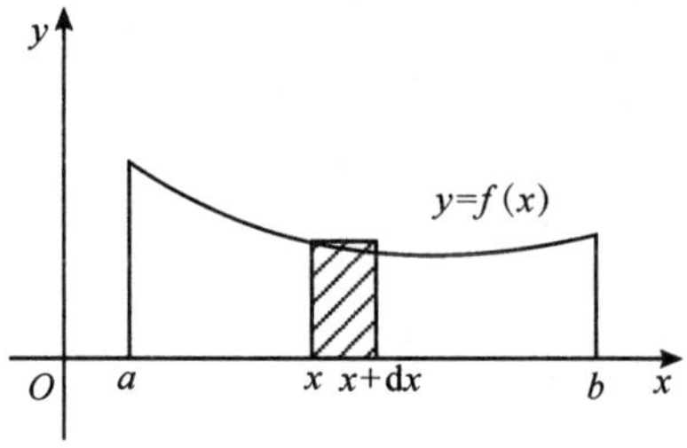

图 4-21

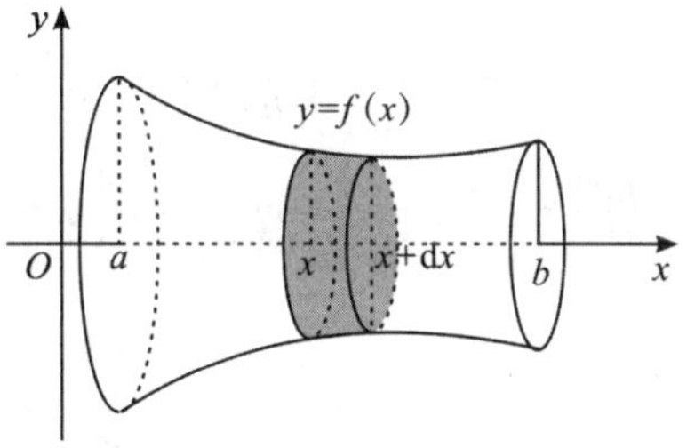

图 4-22

在区间 $[a,b]$ 上任取一微小区间 $[x,x+\mathrm{d}x]$，几何体在点 x 处被任意一个垂直于 x 轴的平面所截，得到的截面是一个以 $|f(x)|$ 为半径的圆，其面积为 $A(x)=\pi[f(x)]^2$，则在区间 $[x,x+\mathrm{d}x]$ 所得的几何体薄片的体积近似值为 $\pi[f(x)]^2\mathrm{d}x$. 即旋转体的体积微元为

$$\mathrm{d}V=\pi[f(x)]^2\mathrm{d}x.$$

于是所求旋转体的体积为

$$V=\pi\int_a^b[f(x)]^2\mathrm{d}x.$$

类似地，由连续曲线 $x=\varphi(y)$，直线 $y=c$，$y=d(c<d)$ 及 y 轴所围成的曲边梯形绕 y 轴旋转一周而成的旋转体(如图 4-23 所示) 的体积为

$$V=\pi\int_a^b[\varphi(y)]^2\mathrm{d}y.$$

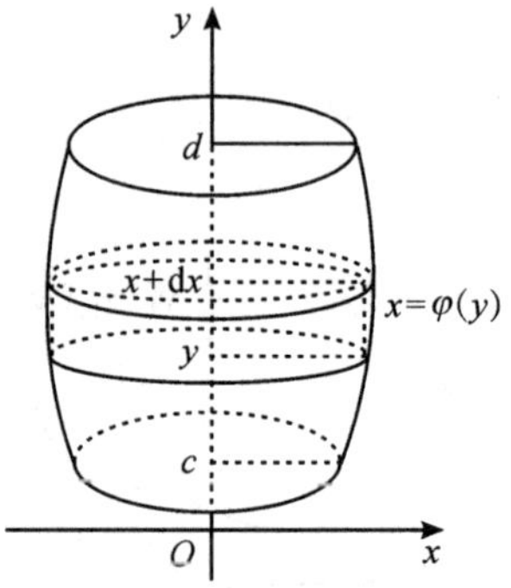

图 4-23

[例 4-53] 求椭圆 $\frac{x^2}{a^2}+\frac{y^2}{b^2}=1$ 分别绕 x 轴和 y 轴旋转而得的旋转体(旋转椭球体) 的体积.

解 旋转椭球体可以看作是由半个椭圆 $y=\frac{b}{a}\sqrt{a^2-x^2}$ 及 x 轴所围成的图形绕 x 轴旋转而成的几何体(如图 4-24 所示). 于是利用旋转体的体积计算公式可求得旋转椭球体的体积：

$$V_x=\pi\int_{-a}^{a}y^2\mathrm{d}x=\pi\int_{-a}^{a}[\frac{b}{a}\sqrt{a^2-x^2}]^2\mathrm{d}x=\frac{2\pi b^2}{a^2}\int_0^a(a^2-x^2)\mathrm{d}x$$

$$=\frac{2\pi b^2}{a^2}\cdot(a^2x-\frac{1}{3}x^3)\Big|_0^a=\frac{4}{3}\pi ab^2.$$

类似地，椭圆绕 y 轴旋转而得的旋转椭球体的体积为

$$V_y=\pi\int_{-b}^{b}x^2\mathrm{d}y=\pi\int_{-b}^{b}[\frac{a}{b}\sqrt{b^2-y^2}]^2\mathrm{d}y=\frac{2\pi a^2}{b^2}\int_0^b(b^2-y^2)\mathrm{d}y$$

$$=\frac{2\pi a^2}{b^2}\cdot(b^2y-\frac{1}{3}y^3)\Big|_0^b=\frac{4}{3}\pi a^2b.$$

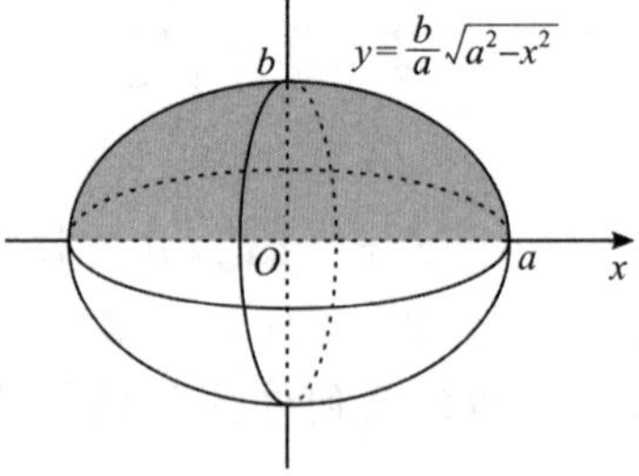

图 4-24

习题 4-8

1. 求下列平面图形的面积

(1) 求由曲线 $y=x^2$ 与直线 $y=x+2$ 所围成的平面图形的面积.

(2) 求由曲线 $y=x^3, y=0, x=-1, x=1$ 所围成的平面图形的面积.

(3) 求由曲线 $y=x^2-2x+3$ 与直线 $y=x+3$ 所围成的平面图形的面积.

(4) 在区间 $[0,\frac{\pi}{2}]$ 上,求由曲线 $y=\sin x$ 与直线 $x=0, y=1$ 所围成的平面图形的面积.

(5) 求双曲线 $xy=1$ 与直线 $y=2, y=x$ 所围成的平面图形的面积.

(6) 求由直线 $y=x, y=2x, y=2$ 所围成的平面图形的面积.

(7) 求曲线 $y=4-x^2$ 与 x 轴, y 轴以及 $x=4$ 所围成的平面图形的面积.

(8) 求抛物线 $y=x^2-1$ 与直线 $x=-2$ 及 $y=0$ 所围成的平面图形的面积.

2. 设平面图形 D 由曲线 $y=x^2$, 直线 $x=1$ 及 $y=0$ 围成.

(1) 求 D 的面积 S;

(2) 求 D 绕 x 轴旋转一周生成的旋转体体积 V_x.

3. 设曲线 $x=\sqrt{y}, y=2$ 及 $x=0$ 所围成的平面图形为 D.

(1) 求平面图形 D 的面积 S;

(2) 求平面图形 D 绕 y 轴旋转一周生成的旋转体体积 V_y.

4. 设曲线 $y=x^2$ 与直线 $x=1, x=2, y=0$ 所围成的平面图形为 D.

(1) 求平面图形 D 的面积 S;

(2) 求 D 绕 x 轴旋转一周生成的旋转体体积 V_x.

5. 求由抛物线 $y=\frac{1}{2}x^2$ 与直线 $y=x$ 所围成的封闭平面图形绕 x 轴旋转一周所生成的旋转体的体积 V_x 及绕 y 轴旋转一周所生成的旋转体的体积 V_y.

4.9　综合训练题

1. 填空题

(1) 设 $\arctan x$ 为 $f(x)$ 的一个原函数,则 $f(x)=$ ________;

(2) 不定积分 $\int 2^x \ln 2 \mathrm{d}x=$ ________;

(3) 设 e^{-x} 是 $f(x)$ 的一个原函数,则 $\int \mathrm{e}^x f(x)\mathrm{d}x=$ ________;

(4) $\int\left(\sin\frac{\pi}{4}+1\right)\mathrm{d}x=$ ________;

(5) 设 $\int f(x)\mathrm{d}x=F(x)+c$,则 $\int \cos x f(\sin x)\mathrm{d}x=$ ________;

(6) 不定积分 $\int\frac{\mathrm{d}x}{\sqrt{1-25x^2}}=$ ________;

(7) 设 $f(x)$ 的一个原函数是$\frac{\ln x}{x^2}$,则$\int xf'(x)\mathrm{d}x=$ ________;

(8) $\frac{\mathrm{d}}{\mathrm{d}x}\int_x^2 f(t)\mathrm{d}t=$ ________;

(9) $\int_{-\frac{\pi}{2}}^{\frac{\pi}{2}}\frac{(1+x^3)\cos x}{1+\sin^2 x}\mathrm{d}x=$ ________;

(10) 广义积分$\int_{-\infty}^{0}\mathrm{e}^x\mathrm{d}x=$ ________.

2. 选择题

(1) 设 $f(x)$ 为连续函数,则 $f(x)$ 等于(　　).

(A) $f(x)+C$　　(B) $f(x)$

(C) $\frac{\mathrm{d}f(x)}{\mathrm{d}x}$　　(D) $\frac{\mathrm{d}f(x)}{\mathrm{d}x}+C$

(2) 下列积分中不能直接使用牛顿－莱布尼茨公式的是(　　).

(A) $\int_0^{\frac{\pi}{4}}\cot x\mathrm{d}x$　　(B) $\int_0^1\frac{1}{1+\mathrm{e}^x}\mathrm{d}x$

(C) $\int_0^{\frac{\pi}{4}}\tan x\mathrm{d}x$　　(D) $\int_0^1\frac{x}{1+x^2}\mathrm{d}x$

(3) 广义积分$\int_0^{+\infty}\frac{x}{(1+x)^3}\mathrm{d}x$ 为(　　).

(A) -1　　(B) 0

(C) $-\frac{1}{2}$　　(D) $\frac{1}{2}$

(4) 曲线 $y=x^2$ 与直线 $y=1$ 所围成的图形的面积为(　　).

(A) $\frac{2}{3}$　　(B) $\frac{3}{4}$　　(C) $\frac{4}{3}$　　(D) 1

(5) 曲线 $y=x(x-1)(2-x)$,$(0\leqslant x\leqslant 2)$ 与 x 轴所围图形的面积可表示为(　　).

(A) $-\int_0^2 x(x-1)(2-x)\mathrm{d}x$

(B) $\int_0^1 x(x-1)(2-x)\mathrm{d}x-\int_1^2 x(x-1)(2-x)\mathrm{d}x$

(C) $-\int_0^1 x(x-1)(2-x)\mathrm{d}x+\int_1^2 x(x-1)(2-x)\mathrm{d}x$

(D) $\int_x^2 x(x-1)(2-x)\mathrm{d}x$

3. 计算不定积分

(1) $\int\frac{1}{\sin^2 x\cos^2 x}\mathrm{d}x$;　　(2) $\int\frac{\sin 2x}{1+\sin^2 x}\mathrm{d}x$;

(3) $\int\arctan x\mathrm{d}x$;　　(4) $\int\mathrm{e}^{\sqrt{x}}\mathrm{d}x$.

4. 求下列定积分

(1) $\int_{-2}^{3}(x-1)^2\mathrm{d}x$;　　(2) $\int_1^2\frac{\mathrm{e}^{\frac{1}{x}}}{x^2}\mathrm{d}x$;

(3) $\int_{-1}^{2}|2x|\mathrm{d}x$；　　(4) $\int_{0}^{1}\frac{x}{1+x^2}\mathrm{d}x$；

(5) $\int_{-1}^{1}\left(\frac{\sin x}{1+x^2}+\pi\right)\mathrm{d}x$.

5. 求极限：$\lim\limits_{x\to 0}\frac{\int_{0}^{x}\tan t\mathrm{d}t}{x^2}$.

6. 求体积：

求由曲线 $y=\ln x, x=\mathrm{e}$ 与 $y=0, x=2$ 所围成的封闭平面图形绕 y 轴旋转一周所得到的旋转体的体积 V_y.

7. 证明题

证明：$\int_{-a}^{a}f(x)\mathrm{d}x=\int_{0}^{a}[f(x)+f(-x)]\mathrm{d}x$.

第5章　常微分方程

本章对微分方程作一些初步的介绍，包括微分方程的基本概念，一阶微分方程及其某些可降阶的微分方程的初等积分法，二阶线性微分方程解的结构，以及二阶常系数线性微分方程的解法.

5.1　微分方程的基本概念

一般地，含有未知函数的导数或微分的方程，被称为微分方程. 未知函数为一元函数的微分方程，被称为常微分方程. 本教材只讨论常微分方程，为叙述方便，以下简称微分方程. 微分方程中未知函数导数的最高阶数，称为方程的阶.

如果微分方程是关于未知函数和各阶导数的一次方程，则称它为线性微分方程.

能使微分方程两端成为恒等式的函数，称为微分方程的解；若解中含有个数与阶数相同的独立的任意常数，称为通解；不含任意常数的解称为特解.

例如，利用积分的方法易知，方程$\frac{dy}{dx}=2x$的通解为$y=x^2+C$，而过点(0,1)的特解为$y=x^2+1$.

从通解中确定特解的条件称为定解条件. 因为二阶微分方程的通解中含有2个任意常数，所以需要2个条件，即定解条件有2个. 若定解条件都是在自变量的同一个点上给定的，则称其为初始条件. 一个二阶微分方程的初始条件即为

$$y(x_0)=y_0,y'(x_0)=y_1.$$

［**例5-1**］　求方程$y''=x+\sin x$的一条积分曲线，使其与直线$y=x$在原点相切.

解　直接积分可得，$y=\frac{1}{6}x^3-\sin x+C_1x+C_2$. 根据题意可知，

所求为方程$y''=x+\sin x$满足初始条件$y|_{x=0}=0,y'|_{x=0}=1$的特解.

故所求积分曲线的方程为$y=\frac{1}{6}x^3-\sin x+2x$.

习题5-1

1. 给定一阶微分方程$\frac{dy}{dx}=2x$，

(1) 求出它的通解；

(2) 求通过点(1,4)的积分曲线方程；

(3) 求出与直线$y=2x+3$相切的积分曲线方程；

(4) 求满足条件$\int_0^1 y\,dx=2$的解.

2. 写出由下列条件确定的曲线所满足的微分方程.

(1) 曲线在点 (x,y) 处的切线斜率等于该点横坐标的平方；

(2) 一条曲线通过点 $(1,2)$，且曲线上任意一点 (x,y) 处的切线斜率为 $\frac{y}{x}$；

(3) 曲线上点 $P(x,y)$ 处的法线与 x 轴的交点为 Q，且线段 PQ 被 y 轴平分.

5.2　一阶微分方程

本节给出几类常见的一阶微分方程相应的求解方法，应识别每种类型的特征，熟记相应的解法.

5.2.1　一阶可分离变量微分方程

形如

$$\frac{\mathrm{d}y}{\mathrm{d}x} = f_1(x)f_2(y)$$

的微分方程称为一阶可分离变量微分方程.

其解法是先分离变量

$$\frac{\mathrm{d}y}{f_2(y)} = f_1(x)\mathrm{d}x \quad (f_2(y) \neq 0),$$

然后再两边积分

$$\int \frac{\mathrm{d}y}{f_2(y)} = \int f_1(x)\mathrm{d}x.$$

[例 5-2]　求方程 $y' - y = 0$ 的通解.

解　将微分方程 $y' - y = 0$ 转换为 $y' = y$，即 $\frac{\mathrm{d}y}{\mathrm{d}x} = y$，可得 $\frac{\mathrm{d}y}{y} = \mathrm{d}x$，

两边积分

$$\int \frac{\mathrm{d}y}{y} = \int \mathrm{d}x,$$

得

$$\ln y = x + \ln C,$$

移项，去对数，即得方程的通解

$$y = C\mathrm{e}^x.$$

[例 5-3]　求微分方程 $\frac{\mathrm{d}y}{\mathrm{d}x} = (2x+1)\mathrm{e}^{x^2+x-y}$ 的通解.

解　先分离变量

$$\mathrm{e}^y\mathrm{d}y = (2x+1)\mathrm{e}^{x^2+x}\mathrm{d}x,$$

再两边积分

$$\int \mathrm{e}^y\mathrm{d}y = \int (2x+1)\mathrm{e}^{x^2+x}\mathrm{d}x,$$

求出积分，便得

$$e^y = e^{x^2+x} + C.$$

[例 5-4]　计算微分方程 $\frac{dy}{dx} = \frac{x(1+y^2)}{y(1+x^2)}$ 满足初始条件 $y(0)=1$ 的特解.

解　先分离变量

$$\frac{y}{1+y^2}dy = \frac{x}{1+x^2}dx,$$

再两边积分

$$\int \frac{y}{1+y^2}dy = \int \frac{x}{1+x^2}dx,$$

解得

$$\ln(1+y^2) = \ln(1+x^2) + \ln C,$$

整理得通解为

$$1+y^2 = C(1+x^2),$$

由初始条件 $y(0)=1$，得 $C=2$，
故方程的特解为

$$1+y^2 = 2(1+x^2),\text{或 } 2x^2 - y^2 + 1 = 0.$$

5.2.2　齐次微分方程

形如 $\frac{dy}{dx} = f\left(\frac{y}{x}\right)$ 的一阶微分方程称为齐次微分方程. 对于齐次微分方程，只要作代换，令 $u=\frac{y}{x}$，即得 $\frac{dy}{dx} = u + x\frac{du}{dx}$，代入原方程，有

$$u + x\frac{du}{dx} = f(u),$$

分离变量，得

$$\frac{1}{f(u)-u}du = \frac{1}{x}dx,$$

求解后再把 $u=\frac{y}{x}$ 代回即得齐次微分方程的通解.

[例 5-5]　求方程 $y(x^2-xy+y^2)dx + x(x^2+xy+y^2)dy = 0$ 的通解.

[分析]　齐次方程的解法是固定的，将方程变形为 $\frac{dy}{dx} = f\left(\frac{y}{x}\right)$，再作变量代换 $u=\frac{y}{x}$，即可化为变量可分离方程.

解　方程可化为

$$\frac{dy}{dx} = -\frac{y(x^2-xy+y^2)}{x(x^2+xy+y^2)} = -\frac{y}{x}\cdot\frac{1-\frac{y}{x}+\left(\frac{y}{x}\right)^2}{1+\frac{y}{x}+\left(\frac{y}{x}\right)^2},$$

令 $u=\frac{y}{x}$，则 $\frac{dy}{dx} = u + x\cdot\frac{du}{dx}$，方程化为

$$\frac{1+u+u^2}{u(1+u^2)}du = -\frac{2}{x}dx \text{ 或 } \left(\frac{1}{u}+\frac{1}{1+u^2}\right)du = -\frac{2}{x}dx,$$

两边积分得

$$\ln u+\arctan u=-2\ln x+C,$$

将 $u=\frac{y}{x}$ 代入得原方程的通解

$$\ln\frac{y}{x}+\arctan\frac{y}{x}=-2\ln x+C,$$

即

$$\ln xy+\arctan\frac{y}{x}=C.$$

5.2.3　一阶线性微分方程

形如

$$\frac{dy}{dx}+P(x)y=Q(x), \tag{1}$$

的方程称为**一阶线性微分方程**.

若 $Q(x)\neq 0$,称方程(1) 为**一阶非齐次线性微分方程**. 若 $Q(x)=0$,则方程(1) 变为

$$\frac{dy}{dx}+P(x)y=0. \tag{2}$$

称为一阶齐次线性微分方程. 有时也称方程(2) 为方程(1) 对应的齐次方程.

下面首先求对应的齐次线性方程 $\frac{dy}{dx}+P(x)y=0$ 的通解.

分离变量,得

$$\frac{dy}{y}=-P(x)dx,$$

两边积分,得

$$\ln y=-\int P(x)dx+\ln C,$$

方程(2) 的通解为

$$y=Ce^{-\int P(x)dx}. \tag{3}$$

再求解非齐次方程(1),既然方程(2) 是与方程(1) 对应的齐次方程,那么两个方程的解一定有着内在的联系,可以猜想方程(1) 的解为

$$y=C(x)e^{-\int P(x)dx}. \tag{4}$$

将(4) 代入方程(1),并整理得

$$C'(x)e^{-\int P(x)dx}=Q(x),$$

即

$$C'(x)=Q(x)e^{\int P(x)dx},$$

两边积分,得

$$C(x)=\int Q(x)e^{\int P(x)dx}dx+C,$$

故方程(1) 的通解为

$$y = e^{-\int P(x)dx}\left(\int Q(x)e^{\int P(x)dx}dx + C\right). \tag{5}$$

上面这种将常数变易为待定函数的方法称为常数变易法.

[注] 上述公式中积分结果都不带任意常数.

现在我们来讨论通解式(5) 的结构，容易看出，它是由两项叠加而成的，其中，$Ce^{-\int P(x)dx}$ 是对应的齐次线性方程(2) 的通解；另一项 $e^{-\int P(x)dx}\int Q(x)e^{\int P(x)dx}$ 是非齐次线性方程(1) 的一个特解. 由此可得出结论：

非齐次线性微分方程的通解等于它对应的齐次线性方程的通解加上原非齐次线性方程的一个特解.

以后将会看到，这个结论是所有线性微分方程的共同特征.

通过以上分析，对于解一阶非齐次线性微分方程，有两种方法选择：

方法 1：常数变易法；

方法 2：公式法 $y = e^{-\int P(x)dx}\left(\int Q(x)e^{\int P(x)dx}dx + C\right)$.

[例 5-6] 设 y_1, y_2 是一阶线性非齐次微分方程 $y' + p(x)y = q(x)$ 的两个特解，若常数 λ, μ 使 $\lambda y_1 + \mu y_2$ 是该方程的解，$\lambda y_1 - \mu y_2$ 是该方程对应的齐次方程的解，则(　　).

(A) $\lambda = \frac{1}{2}, \mu = \frac{1}{2}$　　(B) $\lambda = -\frac{1}{2}, \mu = -\frac{1}{2}$

(C) $\lambda = \frac{2}{3}, \mu = \frac{1}{3}$　　(D) $\lambda = \frac{2}{3}, \mu = \frac{2}{3}$

解 将解 $\lambda y_1 + \mu y_2$ 代入方程 $y' + p(x)y = q(x)$，得

$$\lambda[y'_1 + p(x)y_1] + \mu[y'_2 + p(x)y_2] = q(x),$$

又因为 $y'_1 + p(x)y_1 = q(x), y'_2 + p(x)y_2 = q(x)$，故 $\lambda + \mu = 1$，　(1)

将解 $\lambda y_1 - \mu y_2$ 代入方程 $y' + p(x)y = 0$，得

$$\lambda[y'_1 + p(x)y_1] - \mu[y'_2 + p(x)y_2] = 0,$$

又因为 $y'_1 + p(x)y_1 = q(x), y'_2 + p(x)y_2 = q(x)$，故 $\lambda - \mu = 0$.　(2)

联立(1),(2) 两式，得 $\lambda = \frac{1}{2}, \mu = \frac{1}{2}$，所以选择(A).

[例 5-7] 求微分方程 $\frac{dy}{dx} + y\cos x = e^{-\sin x}$ 的通解.

[分析] 一阶线性微分方程的解法大致有 2 种：(1) 利用公式；(2) 先求对应的齐次方程的通解，再用常数变易法求原方程的通解.

方法 1：利用公式

$P(x) = \cos x, Q(x) = e^{-\sin x}$ 代入求解公式

$$y = e^{-\int P(x)dx}\left[\int Q(x)e^{\int P(x)dx}dx + C\right],$$

得

$$y = e^{-\int \cos x dx}\left[\int e^{-\sin x}e^{\int \cos x dx}dx + C\right],$$

即

$$y = e^{-\sin x}(x + C).$$

方法 2:先求对应齐次方程的通解

不难求得方程

$$\frac{dy}{dx} + y\cos x = 0$$

的通解

$$y = Ce^{-\sin x}.$$

用常数变量法,令 $C = u(x)$,将 $y = u(x) \cdot e^{-\sin x}$ 代入原方程化简得

$u'(x) = 1$,故 $u(x) = x + C$,

因此,原方程的通解为

$$y = (x + C) \cdot e^{-\sin x}.$$

[例 5-8]　求微分方程 $xy' = 3x + 2y$ 的通解.

[分析]　所给方程可化为 $y' - \frac{2y}{x} = 3$,它既是齐次方程,也是一阶线性非齐次方程.可以分别按照不同类型微分方程的解法求得.

解　方法 1:利用齐次方程的解法

令 $u = \frac{y}{x}$,则 $y = ux$,$y' = u + xu'$,代入原方程,得

$$u + xu' - 2u = 3,$$

即

$$xu' = u + 3,$$

分离变量,得

$$\frac{1}{u+3}du = \frac{1}{x}dx,$$

两边积分

$$\int \frac{1}{u+3}du = \int \frac{1}{x}dx,$$

求积分,得

$$\ln(u + 3) = \ln x + \ln C,$$

于是 $u + 3 = Cx$,将 $u = \frac{y}{x}$ 代回,得原方程的通解为 $y = Cx^2 - 3x$.

方法 2:利用常数变易法

对应一阶线性齐次方程 $y' - \frac{2y}{x} = 0$ 的通解为 $y = Cx^2$,

用常数变易法,把 C 换成新的未知数 $C(x)$,即令 $y = C(x)x^2$,则

$y' = C'(x)x^2 + 2xC(x)$,

代入原非齐次方程,得 $C'(x)x^2 + 2xC(x) - \frac{2C(x)x^2}{x} = 3$,

化简,得

$$C'(x) = \frac{3}{x^2},$$

两边积分，得

$$C(x)=\int\frac{3}{x^2}\mathrm{d}x+C=-\frac{3}{x}+C,$$

于是得原方程的通解为 $y=\left(-\frac{3}{x}+C\right)x^2=Cx^2-3x$.

方法 3：利用求一阶线性非齐次方程通解的公式法（学生自主完成）

[例 5-9] 求方程 $y'=\dfrac{1}{x\cos y+\sin 2y}$ 的通解.

[分析] 注意到方程仅含 x 的一次幂，可将 x 视为因变量，y 为自变量.

解 方程可化成 $\dfrac{\mathrm{d}x}{\mathrm{d}y}-x\cos x=\sin 2x$（由公式法可得），

通解为

$$x=\mathrm{e}^{\int\cos y\mathrm{d}y}\left(\int\sin 2y\,\mathrm{e}^{-\int\cos y\mathrm{d}y}\mathrm{d}y+C\right),$$

即

$$x=C\mathrm{e}^{\sin y}-2\sin y-2.$$

[例 5-10] 求一曲线的方程，这条曲线通过原点，并且它在点 (x,y) 处的切线斜率等于 $2x+y$.

解 设所求曲线为 $y(x)$，由题意可知，$y(x)$ 满足下面初值问题

$$\begin{cases}\dfrac{\mathrm{d}y}{\mathrm{d}x}=2x+y\\ y(0)=0\end{cases},$$

这是一阶非齐次线性方程. 这里将 $P(x)=-1$，$Q(x)=2x$ 代入之前的求解公式(5)，得通解为

$$y=\mathrm{e}^{\int\mathrm{d}x}\left[\int 2x\mathrm{e}^{-\int\mathrm{d}x}\mathrm{d}x+C\right]=\mathrm{e}^{x}(-2x\mathrm{e}^{-x}-2\mathrm{e}^{-x}+C),$$

由初始条件 $y(0)=0$，得

$$C=2,$$

所求曲线方程为

$$y=2(\mathrm{e}^{x}-1-x).$$

5.2.4 伯努利方程

形如 $\dfrac{\mathrm{d}y}{\mathrm{d}x}+P(x)y=Q(x)y^n\ (n\neq 0,1)$ 的微分方程称为伯努利方程.

我们可以先将方程两边除以 y^n，得

$$y^{-n}\frac{\mathrm{d}y}{\mathrm{d}x}+P(x)y^{1-n}=Q(x),$$

容易看出，若令 $z=y^{1-n}$，则

$$\frac{\mathrm{d}z}{\mathrm{d}x}=(1-n)y^{-n}\frac{\mathrm{d}y}{\mathrm{d}x},$$

代入原方程得

$$\frac{\mathrm{d}z}{\mathrm{d}x}+(1-n)P(x)z=(1-n)Q(x),$$

这是关于 z 的一阶线性微分方程，求出该方程的通解后，再将 z 换成 y^{1-n}，便得到原方程的通解.

[例 5-11]　求微分方程 $y'+p(x)y=q(x)y^2$ 的通解.

解　这是伯努利方程，将方程两边除以 y^2，得

$$\frac{1}{y^2}y'+p(x)\frac{1}{y}=q(x),$$

令 $z=\frac{1}{y}$，则 $z'=-\frac{1}{y^2}\cdot y'$，于是原方程变为

$$-z'+p(x)z=q(x),$$

这是关于 z 的一阶线性微分方程，求解得

$$z=\mathrm{e}^{\int p(x)\mathrm{d}x}\left(-\int q(x)\mathrm{e}^{-\int p(x)\mathrm{d}x}\mathrm{d}x+C\right),$$

代回原变量，得原方程通解为

$$\frac{1}{y}=\mathrm{e}^{\int p(x)\mathrm{d}x}\left(-\int q(x)\mathrm{e}^{-\int p(x)\mathrm{d}x}\mathrm{d}x+C\right).$$

[例 5-12]　求微分方程 $xy'+y=\sqrt{xy}$ 的通解.

解　方法 1：微分方程 $y'+\frac{1}{x}y=\frac{1}{\sqrt{x}}\sqrt{y}$，$\lambda=\frac{1}{2}$ 是伯努利方程.

令 $z=y^{1-\lambda}=\sqrt{y}$，微分方程可化为 $z'+\frac{1}{2x}z=\frac{1}{2\sqrt{x}}$.

由一阶线性微分方程的通解公式得

$$z=\mathrm{e}^{-\int\frac{1}{2x}\mathrm{d}x}\left(\int\frac{1}{2\sqrt{x}}\mathrm{e}^{\int\frac{1}{2x}\mathrm{d}x}\mathrm{d}x+C\right)=\frac{1}{\sqrt{x}}\left(\frac{1}{2}x+C\right).$$

原方程的通解为 $\sqrt{y}=\frac{1}{\sqrt{x}}\left(\frac{1}{2}x+C\right)$.

方法 2：微分方程 $y'=-\frac{y}{x}+\sqrt{\frac{y}{x}}$ 是齐次方程.

令 $u=\frac{y}{x}$，$y'=u+x\frac{\mathrm{d}u}{\mathrm{d}x}$，微分方程可化为 $u+x\frac{\mathrm{d}u}{\mathrm{d}x}=-u+\sqrt{u}$，分离变量得

$$\frac{\mathrm{d}u}{\sqrt{u}-2u}=\frac{\mathrm{d}x}{x},$$

两边积分得 $1-2\sqrt{u}=\frac{C}{x}$，即 $1-2\sqrt{\frac{y}{x}}=\frac{C}{x}$.

方法 3：注意到 $xy'+y=(xy)'$，令 $u=xy$，则微分方程可化为 $u'=\sqrt{u}$，分离变量 $\frac{\mathrm{d}u}{\sqrt{u}}=\mathrm{d}x$，所以 $2\sqrt{u}=x+C$，原方程的通解为 $2\sqrt{xy}=x+C$.

[例 5-13]　曲线过点 $(1,1)$ 且其上任一点处的切线在 y 轴上的截距等于在同一点处法线在 x 轴上的截距，求曲线的方程.

解 (1) **列方程** 设所求曲线的方程为 $y=y(x)$，则曲线在点 (x,y) 处的切线方程为

$$Y-y=y'(X-x),$$

切线在 y 轴上的截距为 $y-xy'$，

曲线在点 (x,y) 处的法线方程为 $Y-y=-\frac{1}{y'}(X-x)$，

法线在 x 轴上的截距为 $x+yy'$，故所求微分方程为

$y-xy'=x+yy'$ 或 $y'=\frac{y-x}{y+x}$，

由曲线过点 $(1,1)$ 得初值条件 $y|_{x=1}=1$，所以初值问题为

$$\begin{cases} y'=\dfrac{y-x}{y+x}; \\ y|_{x=1}=1 \end{cases}$$

(2) **解方程** $y'=\frac{y-x}{y+x}$ 为齐次微分方程，令 $y=ux$，得

$$\frac{u+1}{u^2+1}\mathrm{d}u=-\frac{\mathrm{d}x}{x},$$

积分并代回 $y=ux$，得方程的通解

$$\arctan\frac{y}{x}+\ln\sqrt{x^2+y^2}=C,$$

由初值条件 $y|_{x=1}=1$，得 $C=\frac{\pi}{4}+\frac{\ln 2}{2}$，故所求曲线为

$$\arctan\frac{y}{x}+\ln\sqrt{x^2+y^2}=\frac{\pi}{4}+\frac{\ln 2}{2}.$$

[小结] 关于一阶微分方程的求解：

(1) 先判定微分方程是否为可分离变量的微分方程，若确定是，则分离变量两边积分即可.

(2) 当微分方程不是可分离变量的微分方程时，考虑是否为齐次方程，若确定是，则利用变量代换 $u=\frac{y}{x}$(或 $u=\frac{x}{y}$) 化为可分离变量的微分方程.

(3) 当微分方程不是可分离变量的微分方程，也不是齐次方程时，考虑是否为一阶线性微分方程，若确定是，则先标准化再利用通解公式求解(或常数变异法). 注意一阶线性微分方程通解公式中的不定积分不需要考虑常数.

(4) 当微分方程不是可分离变量的微分方程，不是齐次方程且不是一阶线性微分方程时，考虑是否为伯努利方程，若确定是，则利用变量代换 $z=y^{1-\lambda}$ 化为一阶线性微分方程再利用通解公式求解.

(5) 如果遇到非标准形式的一阶微分方程，即直接判定不是一阶微分方程的四种类型时，就考虑两种变化：变化一，把变量的位置调换改变为 $\frac{\mathrm{d}x}{\mathrm{d}y}$；变化二，作适当的变量代换.

习题 5-2

1. 填空题

(1) 微分方程 $(1+x)y\mathrm{d}x+(1-y)x\mathrm{d}y=0$ 的通解为________.

(2) 一阶线性微分方程 $y' + P(x)y = Q(x)$ 的通解为________.

(3) 微分方程 $y' - y\cot x = 2x\sin x$ 的通解为________.

(4) 过点 $\left(\frac{1}{2},0\right)$ 且满足关系是 $y'\arcsin x + \frac{y}{\sqrt{1-x^2}} = 1$ 的曲线方程为________.

(5) 微分方程 $xy' + 2y = x\ln x$ 满足 $y(1) = -\frac{1}{9}$ 的解为________.

2. 选择题

(1) 微分方程 $y' + \frac{1}{x}y = \frac{1}{x(x^2+1)}$ 的通解是(　　).

(A) $\arctan x + C$　　(B) $\frac{1}{x}(\arctan x + C)$

(C) $\frac{1}{x}\arctan x + C$　　(D) $\frac{1}{x} + \arctan x + C$

(2) 微分方程 $xy' = y + x^3$ 的通解为(　　).

(A) $\frac{x^3}{2} + Cx$　　(B) $\frac{x^3}{3} + C$　　(C) $\frac{x^3}{4} + Cx$　　(D) $\frac{x^3}{4} + \frac{C}{x}$

(3) 已知函数 $f(x)$ 在点 x 处的增量为 $\Delta y = \frac{y\Delta x}{1+x^2} + \alpha$，且当 $\Delta x \to 0$ 时，α 是 Δx 的高阶无穷小，$y(0) = \pi$，则 $y(1)$ 等于(　　).

(A) 2π　　(B) π　　(C) $e^{\frac{\pi}{4}}$　　(D) $\pi e^{\frac{\pi}{4}}$

3. 求微分方程 $\begin{cases}(y + \sqrt{x^2+y^2})dx - xdy = 0\ (x > 0) \\ y\big|_{x=1} = 0\end{cases}$ 的解.

4. 求方程 $y' = \frac{x}{y} + 2\frac{y}{x}$ 满足 $y\big|_{x=1} = 2$ 的特解.

5. 求微分方程 $\frac{dy}{dx} = \frac{y^2+1}{y(x^2-1)}$ 的通解.

6. 求解微分方程 $y' + y\cos x = e^{-\sin x}$.

7. 求微分方程 $y'\tan x + y = -3$ 满足初始条件 $y\left(\frac{\pi}{2}\right) = 0$ 的特解.

8. 求微分方程 $\cos x\frac{dy}{dx} + (\sin x)y = \sin x$ 的通解.

9. 求微分方程 $y^2dx + (x - 2xy - y^2)dy = 0$ 的通解.

10. 设 $f(x)$ 在 $[1, +\infty)$ 具有连续导数，且满足方程 $x^2f(x) - \int_1^x (1+t^2)f(t)dt = 1$，求 $f(x)$.

5.3　二阶线性微分方程

本节讨论二阶常系数线性微分方程解的结构、齐次的通解以及非齐次的通解.

5.3.1　二阶常系数线性微分方程解的结构

形如

$$y''+py'+qy=f(x) \tag{1}$$

的微分方程称为**二阶常系数线性微分方程**，其中 p,q 为已知常数.

若 $f(x)\neq 0$，则称式(1) 为**二阶常系数非齐次线性微分方程**，若 $f(x)=0$，则式(1) 变为

$$y''+py'+qy=0. \tag{2}$$

称式(2) 为**二阶常系数齐次线性微分方程**，或称式(2) 为方程(1) 所对应的齐次线性方程.

下面给出二阶常系数线性微分方程的一些性质.

定理 5.1

设 y_1,y_2 是二阶齐次线性方程(2) 的两个解，则 y_1,y_2 的线性组合 $y=C_1y_1+C_2y_2$ 也是方程(2) 的解，其中 C_1,C_2 是任意常数.

那么它是不是方程(2) 的通解呢？为此，我们引入两个与函数线性无关的概念.

定义 5.1 设 $y_1(x),y_2(x)$ 是定义在区间 I 上的两个函数，如果 $\dfrac{y_1(x)}{y_2(x)}=$ 常数，则称函数 $y_1(x),y_2(x)$ 在区间 I 上线性相关；若 $\dfrac{y_1(x)}{y_2(x)}\neq$ 常数，则称 $y_1(x),y_2(x)$ 在区间 I 上线性无关.

例如，$y_1=e^x,y_2=2e^x$ 都是微分方程 $y''-y=0$ 的解，但

$$y=C_1y_1+C_2y_2=C_1e^x+2C_2e^x=(C_1+2C_2)e^x,$$

实际上只含一个任意常数 $C=C_1+2C_2$，所以 $y=(C_1+2C_2)e^x$ 不是方程的通解. 那么，方程(2) 的两个解必须满足什么条件，其线性组合才是方程(2) 的通解呢？

定理 5.2(二阶常系数齐次线性微分方程通解结构)

设 $y_1(x),y_2(x)$ 是方程(2) 的两个线性无关的特解，那么

$$y=C_1y_1(x)+C_2y_2(x)(C_1,C_2\text{ 是任意常数})$$

是方程(2) 的通解.

例如，方程 $y''-2y'+y=0$ 是二阶齐次线性微分方程，容易验证，$y_1(x)=e^x$ 和 $y_2(x)=xe^x$ 是方程的两个解，且 $\dfrac{y_1(x)}{y_2(x)}=x\neq$ 常数，故 $y_1(x)$ 与 $y_2(x)$ 线性无关，因此方程 $y''-2y'+y=0$ 的通解为 $y=C_1e^x+C_2xe^x$.

[例 5-14] 判断下列函数组在其定义区间内的线性相关性：

(1)x,x^3； (2)$6x,x^2$； (3)e^{2x},e^{-x}； (4)$\sin 2x,\sin x\cos x$.

[分析] 根据定义，若 $\dfrac{y_1(x)}{y_2(x)}\equiv$ 常数，则 $y_1(x)$、$y_2(x)$ 线性相关. 否则线性无关.

解 (1) 因为 $\dfrac{x}{x^3}=\dfrac{1}{x^2}\neq C$，所以 x,x^3 线性无关.

(2) 因为 $\dfrac{6x}{x^2}=\dfrac{6}{x}\neq C$，所以 $6x,x^2$ 线性无关.

(3) 因为 $\dfrac{e^{2x}}{e^{-x}}=e^{3x}\neq C$，所以 e^{2x},e^{-x} 线性无关.

(4) 因为 $\dfrac{\sin 2x}{\sin x\cos x}=2$，所以 $\sin 2x,\sin x\cos x$ 线性相关.

定理 5.3(二阶常系数非齐次线性微分方程通解结构)

设 $y^*(x)$ 是方程(1) 的一个特解，$y_1(x)$ 和 $y_2(x)$ 是与方程(1) 对应的齐次线性方程(2) 的两个线性无关解，则

$$y = C_1 y_1(x) + C_2 y_2(x) + y^*(x)(C_1, C_2 \text{ 是任意常数}) \tag{3}$$

是方程(1) 的通解.

［例 5-15］　若 $y_1 = x\sin x$，$y_2 = \sin x$ 分别为非齐次线性方程 $y'' + py' + qy = f(x)$ 的解，则 $y = (x+1)\sin x$ 为下列方程中(　　) 的解.

(A) $y'' + py' + qy = 0$　　(B) $y'' + py' + qy = 2f(x)$

(C) $y'' + py' + qy = f(x)$　　(D) $y'' + py' + qy = xf(x)$

解　由已知 y_1，y_2 分别为非齐次线性方程 $y'' + py' + qy = f(x)$ 的解，而 $y = (x+1)\sin x = y_1 + y_2$ 为方程 $y'' + py' + qy = 2f(x)$ 的解. 故，答案选 B.

定理 5.4(二阶常系数非齐次线性微分方程通解的叠加原理)

设 $y_1^*(x)$，$y_2^*(x)$ 分别是方程 $y'' + py' + qy = f_1(x)$，$y'' + py' + qy = f_2(x)$ 的特解，则 $y_1^*(x) + y_2^*(x)$ 是方程 $y'' + py' + qy = f_1(x) + f_2(x)$ 的特解.

5.3.2　二阶常系数齐次线性微分方程的解法

对于二阶常系数齐次线性微分方程

$$y'' + py' + qy = 0, \tag{1}$$

根据方程(1) 常系数的特点，猜想此方程应有形如 $y = e^{\lambda x}$ 的解，将它代入方程(1) 并整理得到

$$e^{\lambda x}(\lambda^2 + p\lambda + q) = 0,$$

因 $e^{\lambda x} \neq 0$，所以上式化为

$$\lambda^2 + p\lambda + q = 0, \tag{2}$$

这说明只要 λ 是多项式方程(2) 的根，则函数 $y = e^{\lambda x}$ 就是微分方程(1) 的解，因而称方程(2) 为微分方程(1) 的**特征方程**，它的根称为**特征根**.

这样，求方程(1) 的解就归结为求特征方程(2) 的根，而特征根有以下三种情况.

(1) 当 $\Delta = p^2 - 4q > 0$ 时，特征方程有两个不同的实根 λ_1 和 λ_2，方程(1) 有两个特解 $y_1 = e^{\lambda_1 x}$ 和 $y_2 = e^{\lambda_2 x}$，因为 $\dfrac{y_1}{y_2} = e^{(\lambda_1 - \lambda_2)x} \neq$ 常数，所以 y_1 与 y_2 线性无关，从而得到方程(1) 的通解为

$y = C_1 e^{\lambda_1 x} + C_2 e^{\lambda_2 x}$.

(2) 当 $\Delta = p^2 - 4q = 0$ 时，特征方程有两个相等的实根 $\lambda_1 = \lambda_2 = \lambda$，此时仅能得到方程(1) 的一个特解 $y_1 = e^{\lambda x}$，要求通解，还需找一个与 $y_1 = e^{\lambda x}$ 线性无关的特解 y_2，通过检验 $y_2 = xe^{\lambda x}$ 也是方程(1) 的特解，且 y_1 与 y_2 线性无关，从而得到方程(1) 的通解为

$y = (C_1 + C_2 x)e^{\lambda x}$.

(3) 当 $\Delta = p^2 - 4q < 0$ 时，特征方程有一对共轭复根 $\lambda_1 = \alpha + i\beta$，$\lambda_2 = \alpha - i\beta$，不难验证 $y_1 = e^{\alpha x}\cos\beta x$ 和 $y_2 = e^{\alpha x}\sin\beta x$ 是方程(1) 的解，并且 y_1 与 y_2 线性无关. 由此得到方程(1) 的通解为

$$y = e^{\alpha x}(C_1\cos\beta x + C_2\sin\beta x).$$

综上所述,可得表 5-1.

表 5-1　二阶常系数齐次线性微分方程的通解

特征方程 $r^2 + pr + q = 0$ 的两个根 r_1, r_2	微分方程 $y'' + py' + qy = 0$ 的通解形式
两个不等的实根 $r_1 \neq r_2$	$y = C_1 e^{r_1 x} + C_2 e^{r_2 x}$
两个相等的实根 $r_1 = r_2 = r$	$y = (C_1 + C_2 x)e^{rx}$
一对共轭复根 $r_{1,2} = \alpha \pm \beta i$	$y = e^{\alpha x}(C_1\cos\beta x + C_2\sin\beta x)$

[例 5-16]　求解下列二阶常系数齐次线性微分方程的通解.

(1)$y'' - 4y' + 5y = 0$;(2)$y'' + y' = 0$;(3)$y'' - 4y' + 4y = 0$.

解　(1) 特征方程为

$$\lambda^2 - 4\lambda + 5 = 0,$$

特征根为

$$\lambda_1 = 2 + i, \lambda_2 = 2 - i,$$

所以方程的通解为

$$y = e^{2x}(C_1\cos x + C_2\sin x).$$

(2) 特征方程为

$$\lambda^2 + \lambda = 0,$$

特征根为

$$\lambda_1 = 0, \lambda_2 = -1,$$

所以方程的通解为

$$y = C_1 + C_2 e^{-x}.$$

(3) 特征方程为

$$\lambda^2 - 4\lambda + 4 = 0,$$

特征根为

$$\lambda_1 = \lambda_2 = 2,$$

所以方程的通解为

$$y = (C_1 + C_2 x)e^{2x}.$$

[例 5-17]　方程 $y'' + 9y = 0$ 的一条积分曲线通过点$(\pi, -1)$,且在该点和直线 $x - y - 1 - \pi = 0$ 相切,求这条曲线的方程.

解　由题意,所求曲线方程为

$$y'' + 9y = 0,$$

且满足初值条件 $y(\pi) = -1, y'(\pi) = 1$ 的特解.

由于方程的特征方程为 $r^2 + 9 = 0$,得特征根为 $r_{1,2} = \pm 3i$,方程通解为

$$y = C_1\cos 3x + C_2\sin 3x,$$

考虑初值条件,得 $C_1 = 1, C_2 = -\dfrac{1}{3}$,故所求积分曲线的方程为

$$y = \cos 3x - \frac{1}{3}\sin 3x.$$

5.3.3　二阶常系数非齐次线性微分方程的解法

下面讨论二阶常系数非齐次线性微分方程的求解问题. 二阶常系数非齐次线性微分方程的一般形式为

$$y'' + py' + qy = f(x), \tag{1}$$

其中 p, q 为常数，$f(x)$ 是连续函数.

根据非齐次线性微分方程通解的结构，要求该方程的通解，只需求它的一个特解和它相应的齐次微分方程的通解，而齐次微分方程通解的问题前面已经解决，因此这里只需要求非齐次微分方程的一个特解. 显然特解与方程右端的非齐次函数 $f(x)$ 有关. 在工程技术中，$f(x)$ 常以多项式、指数函数和三角函数，或它们之间的某种组合形式出现，对于这些函数可以用所谓待定系数法求出特解. 下面介绍当 $f(x)$ 取以下两种常见形式时特解的求法.

第一种形式：$f(x) = P_n(x)e^{\lambda x}$.

这里 λ 是常数，$P_n(x)$ 是 n 次多项式. 根据方程具有常系数和 $f(x)$ 的形式特点，考虑到多项式与指数函数的乘积的导数仍然是多项式和指数函数的乘积，因而可设方程 $y'' + py' + qy = P_n(x)e^{\lambda x}$ 的特解形式为 $y^* = Q(x)e^{\lambda x}$，其中 $Q(x)$ 为多项式.

将其代入方程(1)，比较可得如下结论，如表 5-2 所示。

表 5-2　二阶常系数非齐次线性微分方程的特解形式(1)

$f(x)$ 的类型	微分方程的特解(用待定系数法求解)
$e^{\lambda x}P_n(x)$ 型	$y^* = x^k Q_n(x)e^{\lambda x}$ 其中 $k = \begin{cases} 0, \\ 1, \text{分 } \lambda \text{ 不是特征根、单根、重根的情况} \\ 2, \end{cases}$ $Q_n(x)$ 是与 $P_n(x)$ 同次的多项式

［例 5-18］　微分方程 $y'' + 2y' + y = 3xe^{-x}$ 的特解 y^* 形式可设为________.(不必求出这个特解).

解　先求出其对应的齐次微分方程的特征根，

由微分方程可得其对应的特征方程为 $r^2 + 2r + 1 = 0$，

特征根为

$$r_1 = r_2 = -1,$$

注意到 $f(x) = 3xe^{-x}$，其中 $P_n(x) = 3x$，$\lambda = -1$ 与特征根相同.

故可设微分方程的特解 $y^* = x^2(ax + b)e^{-x}$.

二阶线性微分方程解的结构和通解的求法可归纳为表 5-3。

表 5-3　二阶线性微分方程解的结构和通解的求法

类型	解的结构	通解的求法
二阶齐次线性微分方程	方程：$y'' + py' + qy = 0$ 通解：$y = C_1y_1 + C_2y_2$ (其中 C_1, C_2 是两个任意常数；y_1, y_2 是方程的两个线性无关的解)	(1) 写出特征方程 $r^2 + pr + q = 0$ (2) 求出特征根 r_1, r_2 (3) 按特征根的三种不同情况写出方程的通解

续表

类型	解的结构	通解的求法
二阶非齐次线性微分方程	方程：$y''+py'+qy=f(x)$ 通解：$y=Y+y^*$ （其中 Y 是对应齐次微分方程的通解；y^* 是非齐次微分方程的一个特解）	(1) 求出对应齐次方程的通解 Y (2) 按 $f(x)$ 的不同形式解出非齐次微分方程的特解 y^* (3) 写出非齐次微分方程的通解 $y=Y+y^*$

[例 5-19] 设二阶常系数齐次线性微分方程 $y''+ay'+by=0$ 的通解为 $Y=C_1\mathrm{e}^x+C_2\mathrm{e}^{2x}$，那么，非齐次方程 $y''+ay'+by=1$ 满足条件 $y(0)=2,y'(0)=-1$ 的解为________.

解 由 $y''+ay'+by=0$ 的通解为 $Y=C_1\mathrm{e}^x+C_2\mathrm{e}^{2x}$，可知，其特征方程有两个不相等的实根，$\lambda_1=1,\lambda_2=2$. 即齐次方程对应的特征方程为

$$\lambda^2+a\lambda+b=(\lambda-1)(\lambda-2)=0,$$

解得 $a=-3,b=2$.

由此，题目就是要求 $y''-3y'+2y=1$，且满足初始条件 $y(0)-2,y'(0)=\ 1$ 的特解.

由 $f(x)=1$，可以假设非齐次特解 $y^*=a$，将其代入方程 $y''-3y'+2y=1$，得 $a=\frac{1}{2}$.

因此方程 $y''-3y'+2y=1$ 的通解为：$y=C_1\mathrm{e}^x+C_2\mathrm{e}^{2x}+\frac{1}{2}$，

将初始条件 $y(0)=2,y'(0)=-1$ 代入上式通解可得 $\begin{cases}C_1+C_2+\frac{1}{2}=2\\C_1+2C_2=-1\end{cases}$，

解得 $C_1=4,C_2=-\frac{5}{2}$，

因此，方程满足条件的特解为：$y=4\mathrm{e}^x-\frac{5}{2}\mathrm{e}^{2x}+\frac{1}{2}$.

[例 5-20] 求微分方程 $\frac{\mathrm{d}^2y}{\mathrm{d}x^2}+\frac{\mathrm{d}y}{\mathrm{d}x}=\mathrm{e}^x$ 的通解.

解 这是二阶常系数非齐次线性微分方程，且函数 $f(x)$ 是 $P_n(x)\mathrm{e}^{\lambda x}$ 型，其中 $P_n(x)=1,\lambda=1$. 所给方程对应的齐次方程为 $y''+y'=0$，

它的特征方程为

$$r^2+r=0,$$

特征根

$$r_1=-1,r_2=0.$$

因此方程所对应的齐次的通解为

$$Y=C_1+C_2\mathrm{e}^{-x}.$$

又由 $f(x)=\mathrm{e}^x$，可设 $y^*=a\mathrm{e}^x$，

将它代入所给方程，得

$$2a=1,\text{即 } a=\frac{1}{2},$$

所以，特解为

$$y^* = \frac{1}{2}e^x.$$

从而所求微分方程的通解为

$$y = Y + y^* = C_1 + C_2 e^{-x} + \frac{1}{2}e^x.$$

［例 5-21］　求二阶微分方程$\frac{d^2 y}{dx^2} - 2\frac{dy}{dx} + y = x$ 的通解.

解　微分方程所对应的特征方程为 $r^2 - 2r + 1 = 0$,特征根为 $r_1 = r_2 = 1$.
故对应的齐次微分方程的通解为 $Y = (C_1 + C_2 x)e^x$.
又由 $f(x) = x$,可设

$$y^* = ax + b,$$

将它代入所给方程,得

$$ax + b - 2a = x,$$

比较两端 x 同次幂的系数,得

$$\begin{cases} a = 1 \\ b - 2a = 0 \end{cases},$$

因此求得 $a = 1, b = 2$,于是求得一个特解为

$$y^* = x + 2.$$

从而所求微分方程的通解为

$$y = Y + y^* = Y = (C_1 + C_2 x)e^x + x + 2.$$

［例 5-22］　求微分方程 $y'' - y' - 2y = 3e^{-x}$ 满足初始条件 $y\big|_{x=0} = 0, y'\big|_{x=0} = 2$ 的特解.

解　(1) 求对应的线性齐次方程 $y'' - y' - 2y = 0$ 的通解 Y. 其特征方程为 $r^2 - r - 2 = 0$,即 $(r-2)(r+1) = 0$,它有两个不相等的实根 $r_1 = 2, r_2 = -1$. 故得对应的齐次线性方程的通解为 $Y = C_1 e^{2x} + C_2 e^{-x}$($C_1, C_2$ 为任意常数).

(2) 求非齐次线性方程的一个特解 y^*. 因为方程右端 $f(x) = 3e^{-x}$ 属于 $f(x) = P_m(x)e^{\lambda x}$ 型. $P_m(x) = 3$ 是 x 的零次多项式,$\lambda = -1$ 是特征单根,所以假设特解 y^* 的形式为 $y^* = Axe^{-x}$,则 $y^* = Ae^{-x} - Axe^{-x}, y^{*\prime} = -2Ae^{-x} + Axe^{-x}$.

把它们代入原方程并化简,得

$$-3Ae^{-x} = 3e^{-x},$$

解得

$$A = -1,$$

故得特解

$$y^* = -xe^{-x}.$$

(3) 写出给定的非齐次线性微分方程的通解.

$$y = Y + y^* = C_1 e^{2x} + C_2 e^{-x} - xe^{-x} (C_1, C_2 \text{ 为任意常数}).$$

(4) 求满足初始条件的特解.

由于

$$y = C_1 e^{2x} + C_2 e^{-x} - xe^{-x},$$

求导,得

$$y' = 2C_1 e^{2x} - C_2 e^{-x} - e^{-x} + xe^{-x},$$

将初始条件 $y|_{x=0} = 0, y'|_{x=0} = 2$ 分别代入上面二式中,得

$$\begin{cases} C_1 + C_2 = 0 \\ 2C_1 - C_2 = 3 \end{cases}, \text{解得 } C_1 = 1, C_2 = -1,$$

于是,所求方程满足初始条件的特解为

$$y = e^{2x} - e^{-x} - xe^{-x} = e^{2x} - (x+1)e^{-x}.$$

[例 5-23] 求微分方程 $\frac{d^2 y}{dx^2} - 3\frac{dy}{dx} + 2y = 2e^x$ 满足 $y|_{x=0} = 1, \left.\frac{dy}{dx}\right|_{x=0} = 0$ 的特解.

解 微分方程所对应的特征方程为 $r^2 - 3r + 2 = 0$,特征根为 $r_1 = 1, r_2 = 2$.

故对应的齐次微分方程的通解为 $Y = C_1 e^x + C_2 e^{2x}$.

又由 $f(x) = e^x$,可设

$$y^* = x \cdot ae^x,$$

将它代入所给方程,得

$$a = -1,$$

于是求得一个特解为

$$y^* = -xe^x.$$

从而所求微分方程的通解为

$$y = Y + y^* = Y = C_1 e^x + C_2 e^{2x} - xe^x.$$

再由已知的初始条件,可得 $\begin{cases} C_1 + C_2 = 1 \\ C_1 + 2C_2 = 1 \end{cases}$,解得 $C_1 = 1, C_2 = 0$.

因此微分方程的特解为

$$y = C_1 e^x - xe^x.$$

[例 5-24] 设 $y_1 = x, y_2 = x + e^{2x}, y_3 = x(1 + e^{2x})$ 是二阶常系数非齐次微分方程的特解,求微分方程的通解及微分方程.

解 由于 $y_2 - y_1 = e^{2x}, y_3 - y_1 = xe^{2x}$ 为对应齐次方程的解,且线性无关,得对应齐次方程的特征方程为

$$(r-2)^2 = r^2 - 4r + 4 = 0,$$

故对应齐次方程为

$$y'' - 4y' + 4y = 0,$$

令非齐次方程为

$$y'' - 4y' + 4y = f(x),$$

又由于 $y_1 = x$ 为非齐次方程的一个特解,代入得 $f(x) = -4 + 4x$,即微分方程为

$$y'' - 4y' + 4y = 4(x-1),$$

其通解为

$$y = (C_1 + C_2 x)e^{2x} + x.$$

第二种形式:$f(x) = e^{\lambda x}[A_l(x)\cos\omega x + B_n(x)\sin\omega x]$.

其中 λ、ω 为常数,$A_l(x)$ 和 $B_n(x)$ 分别为 l 次和 n 次多项式,此时方程

$$y''+py'+qy=e^{\lambda x}[A_l(x)\cos\omega x+B_n(x)\sin\omega x],$$

有如下形式的特解

$$y^*=x^k e^{\lambda x}[R_m^1(x)\cos\omega x+R_m^2(x)\sin\omega x],$$

其中 $k=\begin{cases}0\\1\end{cases}$,分 $\lambda+i\omega$ 不是特征根与是特征根两种情况. 当 $\lambda+i\omega$ 不是特征根时,$k=0$;是特征根时 $k=1$. $R_m^1(x)$,$R_m^2(x)$ 是 m 次多项式,$m=\max\{l,n\}$,具体见表 5-4.

表 5-4　二阶常系数非齐次线性微分方程的特解形式(2)

$f(x)$ 的类型	微分方程的特解(用待定系数法求解)
$e^{\lambda x}[P_l(x)\cos\omega x+P_n(x)\sin\omega x]$ 型	$y^*=x^k e^{\lambda x}[R_m^1(x)\cos\omega x+R_m^2(x)\sin\omega x]$ 其中 $k=\begin{cases}0\\1\end{cases}$,分 $\lambda+i\omega$ 不是特征根与是特征根的情况 $R_m^1(x)$,$R_m^2(x)$ 是 m 次多项式,$m=\max\{l,n\}$

[例 5-25]　对于 $y''(x)+2y'(x)+2y(x)=xe^x\sin x$,其特解可以假设为________.

解　该方程对应的齐次线性方程的特征方程为 $r^2+2r+2=0$,

特征根为

$$r_1=-1+i,r_2=-1-i.$$

由 $f(x)=xe^x\sin x$,可以发现 $1+i$ 不是特征根,

所以,其特解可设为 $y^*=e^x[(ax+b)\cos x+(Ax+B)\sin x]$.

[例 5-26]　已知二阶微分方程 $y''+y'+y=x\sin x$,则其特解形式为(　　)

(A)$x(a\cos x+b\sin x)$　　(B)$(ax+b)\sin x$

(C)$(ax+b)\cos x+(cx+d)\sin x$　　(D)$(ax+b)(c\sin x+d\cos x)$

解　该方程对应的齐次线性方程的特征方程为

$$r^2+r+1=0,$$

特征根为
$$r_1=-\frac{1}{2}+\frac{\sqrt{3}}{2}i,r_2=-\frac{1}{2}-\frac{\sqrt{3}}{2}i.$$

由 $f(x)=x\sin x$,可以发现 $0+i$ 不是特征根,

所以,其特解可设为 $y^*=(ax+b)\cos x+(cx+d)\sin x$.

故答案选 C.

[例 5-27]　已知二阶微分方程 $y''+2y'+2y=e^{-x}\sin x$,则其特解形式为(　　).

(A)$e^{-x}(a\cos x+b\sin x)$　　(B)$ae^{-x}\cos x+bxe^{-x}\sin x$

(C)$xe^{-x}(a\cos x+b\sin x)$　　(D)$axe^{-x}\cos x+be^{-x}\sin x$

解　该方程对应的齐次线性方程的特征方程为

$$r^2+2r+2=0,$$

特征根为

$$r_1=-1+i,r_2=-1-i.$$

由 $f(x)=e^{-x}\sin x$,可以发现 $-1+i$ 是特征根,

所以,其特解可设为 $y^*=xe^{-x}(a\cos x+b\sin x)$.

故答案选 C.

[例 5-28]　已知二阶微分方程 $y''+y'-6y=3e^{2x}\sin x\cos x$，则其特解形式为(　　).

(A)$e^{2x}(a\cos x+b\sin x)$　　(B)$e^{2x}(a\cos 2x+b\sin 2x)$

(C)$xe^{2x}(a\cos x+b\sin x)$　　(D)$xe^{2x}(a\cos 2x+b\sin 2x)$

解　该方程对应的齐次线性方程的特征方程为

$$r^2+r-6=0,$$

特征根为

$$r_1=-3, r_2=2.$$

由 $f(x)=3e^{2x}\sin x\cos x=\frac{3}{2}e^{2x}\sin 2x$，可以发现 $2+2i$ 不是特征根.

所以，其特解可设为 $y^*=e^{2x}(a\cos 2x+b\sin 2x)$.

故答案选 B.

[例 5-29]　求微分方程 $y''+4y'+4y=\cos 2x$ 的通解.

解　对应齐次方程的特征方程为 $r^2+4r+4=0$，特征根为 $r_1=r_2=-2$. 故齐次方程的通解为：$Y=(C_1+C_2x)e^{-2x}$(C_1, C_2 为任意常数).

由于 $\pm 2i$ 不是特征根，按待定系数法设原方程的一个特解为 $y^*=A\cos 2x+B\sin 2x$.

代入原方程，得

$$8B\cos 2x-8A\sin 2x=\cos 2x,$$

解得

$$A=0, B=\frac{1}{8},$$

则

$$y^*=\frac{1}{8}\sin 2x.$$

故原方程的通解为 $y=Y+y^*=(C_1+C_2x)e^{-2x}+\frac{1}{8}\sin 2x$.

[例 5-30]　求微分方程 $y''+2y'+2y=e^{-x}\sin x$ 的通解.

解　对应齐次方程的特征方程为 $r^2+2r+2=0$，特征根为一对共轭复数 $r_{1,2}=-1\pm i$，故齐次方程的通解为

$$Y=e^{-x}(C_1\cos x+C_2\sin x)(C_1, C_2 \text{ 为任意常数}).$$

由于 $-1+i$ 是特征单根，按待定系数法设原方程的一个特解为 $y^*=xe^{-x}(A\cos x+B\sin x)$.

代入原微分方程，得

$$A=-\frac{1}{2}, B=0,$$

则

$$y^*=-\frac{1}{2}xe^{-x}\cos x,$$

故原方程通解为 $y=Y+y^*=e^{-x}(C_1\cos x+C_2\sin x)-\frac{1}{2}xe^{-x}\cos x$.

[例 5-31]　求方程 $y''+a^2y=\sin x$ 的通解，其中常数 $a>0$.

解　齐次方程特征方程为 $r^2+a^2=0$，特征根为 $r=\pm ai$.

(1) 若 $a \neq 1$,则非齐次方程待定特解为 $y^* = A\cos x + B\sin x$,代入原方程得

$$A = 0, B = \frac{1}{a^2 - 1},$$

则原方程通解为 $y = C_1\cos ax + C_2\sin ax + \frac{1}{a^2-1}\sin x$.

(2) 若 $a = 1$,则非齐次方程待定特解为 $y^* = x(A\cos x + B\sin x)$,

代入原方程得 $A = -\frac{1}{2}, B = 0$,

则原方程通解为 $y = C_1\cos x + C_2\sin x - \frac{1}{2}x\cos x$.

[例 5-32]　设 $f(x)$ 为一连续函数,且满足方程 $f(x) = \sin x - \int_0^x (x-t)f(t)\mathrm{d}t$,求 $f(x)$.

解　将方程的右边写成 $\sin x - x\int_0^x f(t)\mathrm{d}t + \int_0^x tf(t)\mathrm{d}t$,求解一个积分方程,往往可以把它转化为求解一个微分方程,对原方程两边求导,得

$$f'(x) = \cos x - \int_0^x f(t)\mathrm{d}t,$$

两边再对 x 求导,得 $f''(x) + f(x) = -\sin x$,这是一个二阶常系数非齐次线性微分方程.考虑到 $f(0) = 0, f'(0) = 1$.所以要求 $f(x)$,就是要解下列初值问题

$$\begin{cases} y'' + y = -\sin x \\ y(0) = 0, \\ y'(0) = 1 \end{cases}$$

这个方程对应的齐次方程的通解为 $Y = C_1\cos x + C_2\sin x$,

设非齐次方程的一个特解为 $y^* = x(A\cos x + B\sin x)$,将之代入原非齐次方程,解出 $A = \frac{1}{2}, B = 0$,所以 $y^* = \frac{1}{2}x\cos x$,于是所求非齐次方程的通解为

$$y = C_1\cos x + C_2\sin x + \frac{1}{2}x\cos x.$$

再考虑初始条件 $y(0) = 0, y'(0) = 1$,可解出 $C_1 = 0, C_2 = \frac{1}{2}$,从而所求函数为

$$y = \frac{1}{2}(\sin x + x\cos x).$$

[例 5-33]　求微分方程 $y'' - y' - 2y = x + \cos 2x$ 的通解.

分析:当非齐次部分是不同类型时必须分别求特解.

解　根据定理,它的特解是下面两个方程的特解之和.

$$y''_1 - y'_1 - 2y_1 = x \tag{1}$$

$$y''_2 - y'_2 - 2y_2 = \cos 2x \tag{2}$$

特征方程为:$r^2 - r - 2 = 0, (r-2)(r+1) = 0$,特征根为 $r_1 = 2, r_2 = -1$,

对应齐次方程的通解为:$Y = C_1\mathrm{e}^{2x} + C_2\mathrm{e}^{-x}$.

对于非齐次项 $f(x) = x = P_m(x)\mathrm{e}^{\lambda x}, m = 1, P_1(x) = x, \lambda = 0$.

设其特解为 $y^* = Q_m(x)x^k e^{\lambda x}$，因为 $\lambda = 0$ 不是特征方程的根，所以 $y_1^* = ax + b$ 代入(1)，得 $-a - 2ax - 2b = x$，比较系数得：$a = -\frac{1}{2}, b = \frac{1}{4}$. 式(1) 的特解为 $y_1^* = -\frac{1}{2}x + \frac{1}{4}$.

对于非齐次项 $f(x) = \cos 2x = e^{\lambda x}P_m(x)\sin\omega x, \lambda = 0, P_0(x) = 1, \omega = 2$.

设其特解为 $y^* = x^k e^{\lambda x}[Q_m(x)\sin\omega x + R_m(x)\cos\omega x]$，

现在 $\lambda + i\omega = 2i$ 不是特征方程的根，所以 $y_2^* = a\sin 2x + b\cos 2x$. 代入(2)，得 $a = -\frac{1}{20}, b = -\frac{3}{20}$. 式(2) 的特解为 $y_2^* = -\frac{1}{20}\sin 2x - \frac{3}{20}\cos 2x$.

原微分方程的特解为 $y^* = -\frac{1}{2}x + \frac{1}{4} - \frac{1}{20}\sin 2x - \frac{3}{20}\cos 2x$，

通解为 $y = -\frac{1}{2}x + \frac{1}{4} - \frac{1}{20}\sin 2x - \frac{3}{20}\cos 2x + C_1 e^{2x} + C_2 e^{-x}$.

习题 5-3

1. 选择题

(1) $y'' - 2y' + y = xe^x$ 的特解形式为(　　).

(A) Axe^x　　(B) $(Ax + B)e^x$

(C) $x(Ax + B)e^x$　　(D) $x^2(Ax + B)e^x$

(2) $y'' - 2y' + 5y = e^x\cos 2x$ 的特解形式为(　　).

(A) $Ae^x\cos 2x$　　(B) $xAe^x\cos 2x$

(C) $e^x(A\cos 2x + B\sin 2x)$　　(D) $xe^x(A\cos 2x + B\sin 2x)$

(3) $y'' - y = e^x + 1$ 的特解形式为(　　).

(A) $ae^x + b$　　(B) $axe^x + b$

(C) $ae^x + bx$　　(D) $axe^x + bx$

(4) 微分方程 $y'' + y = x^2 + 1 + \sin x$ 的特解形式可设为(　　).

(A) $y^* = ax^2 + bx + c + x(A\sin x + B\cos x)$

(B) $y^* = x(ax^2 + bx + c + A\sin x + B\cos x)$

(C) $y^* = ax^2 + bx + c + A\sin x$

(D) $y^* = ax^2 + bx + c + A\cos x$

(5) 微分方程 $y'' + y' = e^{-x} + x$ 的一个特解应具有形式(式中 A, B, C 为常数)(　　).

(A) $Axe^{-x} + x(Bx + C)$　　(B) $Ae^{-x} + x(Bx + C)$

(C) $Axe^{-x} + Bx + C$　　(D) $Ae^{-x} + Bx + C$

(6) 若 $y_1 = x, y_2 = \sin x, y_3 = 2\sin x$ 都是方程 $y'' + py' + qy = 0$ 的解，则该方程的通解为(　　).

(A) $C_1 y_1 + C_2 y_2$　　(B) $C_1 y_2 + C_2 y_3$

(C) (A) 或(B)　　(D) 既不是(A) 也不是(B)

(7) 设 $y_1^* = e^x, y_2^* = e^{-x}, y_3^* = x + e^x$ 是某个非齐次二阶线性微分方程的解，则此方程的通解为(　　).

(A)$y = x + C_1 e^x + C_2 e^{-x}$；　　(B)$y = C_1(x + e^x) + C_2 e^{-x} + e^{-x}$；

(C)$y = C_1 x + e^x + C_2 e^{-x}$；　　(D)$y = C_1 x + C_2(e^x - e^{-x}) + e^x$

2. 填空题

(1) 设 $y = e^x(C_1 \sin x + C_2 \cos x)$（$C_1, C_2$ 为任意常数）为某二阶常系数齐次线性微分方程的通解，则该方程为________.

(2) $y'' - 4y = e^{2x}$ 的通解为________.

(3) 给出微分方程 $y'' - 2y' - 3y = x + xe^{-x} + e^{3x}\sin x$ 的一个特解形式________.

(4) 微分方程 $y'' - 3y' + 2y = 5$ 满足初始条件 $y|_{x=0} = 1, y'|_{x=0} = 2$ 的特解为________.

3. 求微分方程 $y'' + 2y' + 5y = 2e^x$ 的通解.

4. 设连续函数 $f(x)$ 满足方程 $\int_0^x (t - x) f(t) dt = f(x) + \cos 2x$，求 $f(x)$.

5. 解方程 $y'' - 3y' + 2y = 2e^{-x}\cos x + e^{2x}(4x + 5)$.

6. 已知二阶常系数齐次线性微分方程有特解 $y_1 = 2e^{3x}$ 与 $y_2 = e^{-x}$，试确定方程.

5.4　综合训练题

基础篇

1. 选择题

(1) 微分方程 $y'' = x^2$ 的解是(　　).

(A)$y = \dfrac{1}{x}$　　(B)$y = \dfrac{x^3}{3} + C$　　(C)$y = \dfrac{x^4}{12}$　　(D)$y = \dfrac{x^4}{6}$

(2) 微分方程 $(x + y)dx + xdy = 0$ 的通解是(　　).

(A)$y = \dfrac{2C - x^2}{2x}$　　(B)$y = -\dfrac{x}{2} + C$　　(C)$y = \dfrac{x}{2} + C$　　(D)$y = \dfrac{2C + x^2}{2x}$

(3) 微分方程 $y'' - 2y' + y'(y'')^2 + x^2 y^2 = 0$ 的阶数是(　　).

(A)1　　(B)2　　(C)3　　(D)4

(4) 通解是函数 $y = C_1 e^{2x} + C_2 e^{-2x}$ 的方程是(　　).

(A)$y'' - 4y = 0$　　(B)$y'' - 4y' = 0$　　(C)$y'' - y = 0$　　(D)$y'' - y = x$

(5) 过点(1,2)且切线斜率为 $4x^3$ 的曲线方程为(　　).

(A)$y = x^4$　　(B)$y = x^4 + C$　　(C)$y = x^4 + 1$　　(D)$y = x^4 - 1$

(6) 微分方程 $y'' - 2y' + y = 0$ 的解是(　　).

(A)$y = x^2 e^x$　　(B)$y = e^x$　　(C)$y = x^3 e^x$　　(D)$y = e^{-x}$

(7) 微分方程 $(x - 2y)y' = 2x - y$ 的通解是(　　).

(A)$x^2 + y^2 = C$　　(B)$x + y = C$　　(C)$y = x + 1$　　(D)$x^2 - xy + y^2 = C$

(8) 方程 $xdy + dx = e^x dx$ 的通解是(　　).

(A)$y = Cxe^x$　　(B)$y = xe^x + C$

(C)$y = -\ln(1 - Cx)$　　(D)$y = -\ln(1 + x) + C$

2. 求下列微分方程的通解或满足初始条件的特解

(1) $2(xy + x)y' = y$；

(2) $2xy\,dx-(x^2+1)dy=0, y|_{x=1}=4$.

3. 解方程 $y''+2y'+y=3e^{-x}2^x$.

4. 解方程 $y''+2y'+y=xe^x+3e^{-x}$.

5. 求通解为 $y=C_1\cos 2x+C_2\sin 2x+x$ 的二阶常系数线性微分方程.

拓展篇

1. 设可导函数 $f(x)$ 满足方程

$\int_0^x f(t)dt=x+\int_0^x tf(x-t)dt$，求 $f(x)$.

2. 函数 $f(x)$ 在 $[0,+\infty)$ 上可导，$f(0)=1$，且满足等式

$$f'(x)+f(x)-\frac{1}{x+1}\int_0^x f(t)dt=0,$$

(1) 求导数 $f'(x)$；

(2) 证明：当 $x\geqslant 0$ 时，不等式 $e^{-x}\leqslant f(x)\leqslant 1$ 成立.

3. 求微分方程 $x^2y'+xy=y^2$ 满足初始条件 $y(1)=1$ 的特解.

4. 任给有理数 a，函数 $f(x)$ 满足 $f(x)=\int_0^x f(a-t)dt+1$，求 $f(x)$.

5. 若函数 $f(x)=\int_0^x (x-t)f(t)dt+e^x$，求 $f(x)$.

6. 求解微分方程 $x^2y''+3xy'+y=0$.

7. 求微分方程 $y''+y=x+\cos x$ 的通解.

8. 已知 $y_1=xe^x+e^{2x}, y_2=xe^x+e^{-x}, y_3=xe^x+e^{2x}-e^{-x}$ 是某二阶非齐次线性微分方程的三个解，求此微分方程.

9. 函数 $f(x)$ 对于一切实数 x 满足微分方程 $xf''(x)+3x[f'(x)]=1-e^{-x}$，若 $f(x)$ 在 $x=C(C\neq 0)$ 有极值，试证它是极小值.

第6章 无穷级数

级数是研究函数和进行数值计算的重要工具，它在数学和工程技术中有着广泛的应用.本章将在极限理论的基础上，主要介绍数项级数的基本知识、数项级数敛散性的判定、幂级数的收敛区间以及函数展开成幂级数的方法.

6.1 数项级数的概念和性质

6.1.1 数项级数及其敛散性

1. 数项级数的概念

定义 6.1 设给定一个无穷数列 $u_1, u_2, \cdots, u_n, \cdots$，则表达式

$$\sum_{n=1}^{\infty} u_n = u_1 + u_2 + \cdots + u_n + \cdots, \tag{1}$$

称为**无穷级数**，其中 u_n 称为**一般项或通项**，由于式中的每一项都是常数，所以又叫**数项级数**，简称**级数**.

对于级数(1)来说，首要的问题是：是否存在一个常数 S，使得 $\sum\limits_{n=1}^{\infty} u_n = S$.对于这样的常数 S 是否存在，我们可以转化为探讨级数的部分和数列极限是否存在.

$$S_1 = u_1, S_2 = u_1 + u_2, \cdots, S_n = u_1 + u_2 + \cdots + u_n, \cdots$$

定义 6.2 对于级数 $\sum\limits_{n=1}^{\infty} u_n$ 的部分和 $S_n = \sum\limits_{k=1}^{n} u_k$，若 $S = \lim\limits_{n\to\infty} S_n$ 存在，则称**级数收敛**，S 称为级数的和，并记为 $\sum\limits_{n=1}^{\infty} u_n = S$，这时也称该级数收敛于 S；若部分和数列的极限不存在，就称**级数发散**.

[**例 6-1**] 判别级数 $\sum\limits_{n=1}^{\infty} \dfrac{1}{n(n+1)}$ 的敛散性.

解 因为 $u_n = \dfrac{1}{n(n+1)} = \dfrac{1}{n} - \dfrac{1}{n+1}$，

所以级数的前 n 项部分和

$$S_n = \frac{1}{1\times 2} + \frac{1}{2\times 3} + \cdots + \frac{1}{n(n+1)} = \left(1 - \frac{1}{2}\right) + \left(\frac{1}{2} - \frac{1}{3}\right) + \cdots + \left(\frac{1}{n} - \frac{1}{n+1}\right)$$

$$= 1 - \frac{1}{n+1}.$$

$$\lim_{n\to\infty}S_n=\lim_{n\to\infty}\left(1-\frac{1}{n+1}\right)=1.$$

由定义 6.2 可知级数 $\sum_{n=1}^{\infty}\frac{1}{n(n+1)}$ 收敛,其和为 1.

[例 6-2] 试讨论**等比级数**(也称**几何级数**) $a+aq+aq^2+\cdots+aq^{n-1}+\cdots(a\neq 0)$ 的敛散性.

解 根据等比数列前 n 项求和公式可知,

当 $q\neq 1$ 时,所给级数的部分和 $S_n=\frac{a(1-q^n)}{1-q}$.

于是,当 $|q|<1$ 时,$\lim_{n\to\infty}S_n=\lim_{n\to\infty}\frac{a(1-q^n)}{1-q}=\frac{a}{1-q}$.

由定义 6.2 知,该等比级数收敛,其和 $S=\frac{a}{1-q}$.

当 $|q|>1$ 时,$\lim_{n\to\infty}S_n=\lim_{n\to\infty}\frac{a(1-q^n)}{1-q}=\infty$.

所以此时该级数发散.

当 $q=1$ 时,$S_n=na$,$\lim_{n\to\infty}S_n=\lim_{n\to\infty}na=\infty$,该级数发散.

当 $q=-1$ 时,$S_n=a-a+a-\cdots+(-1)^{n-1}a=\begin{cases}a, n\text{ 为奇数}\\0, n\text{ 为偶数}\end{cases}$,

部分和数列的极限不存在,故该等比级数发散.

综上所述可知:**几何级数(等比级数)** $\sum_{n=1}^{\infty}aq^{n-1}$,当 $|q|<1$ 时,级数收敛,其和为 $\frac{a}{1-q}$;当 $|q|\geqslant 1$ 时,级数发散.

[例 6-3] 求级数 $\frac{1}{2}+\frac{1}{3}+\frac{1}{2^2}+\frac{1}{3^2}+\cdots+\frac{1}{2^n}+\frac{1}{3^n}+\cdots$ 的和.

解 由几何级数可知,$S=\lim_{n\to\infty}S_n=\frac{\frac{1}{2}}{1-\frac{1}{2}}+\frac{\frac{1}{3}}{1-\frac{1}{3}}=\frac{3}{2}$.

[例 6-4] 级数 $1+\frac{1}{2}+\frac{1}{3}+\cdots+\frac{1}{n}+\cdots$ 称为**调和级数**,证明**调和级数是发散的**.

证明 由拉格朗日中值定理可得

$\ln(n+1)-\ln n=\frac{1}{\xi}<\frac{1}{n}(n<\xi<n+1)$,

故

$$S_n=1+\frac{1}{2}+\frac{1}{3}+\cdots+\frac{1}{n}>(\ln 2-\ln 1)+(\ln 3-\ln 2)+\cdots+[\ln(n+1)-\ln n]$$
$$=\ln(n+1).$$

从而有 $\lim_{n\to\infty}S_n=\lim_{n\to\infty}\ln(n+1)=+\infty$,即证得调和级数 $\sum_{n=1}^{\infty}\frac{1}{n}$ 是发散的.

[例 6-5] 讨论级数 $\sum_{n=1}^{\infty}\frac{1}{n^2}$ 的敛散性.

解 $S_n = 1+\frac{1}{2^2}+\frac{1}{3^2}+\cdots+\frac{1}{n^2} < 1+\frac{1}{1\times 2}+\frac{1}{2\times 3}+\cdots+\frac{1}{(n-1)\times n}$

$$= 1+\left(1-\frac{1}{2}\right)+\left(\frac{1}{2}-\frac{1}{3}\right)+\cdots+\left(\frac{1}{n-1}-\frac{1}{n}\right)=2-\frac{1}{n}<2.$$

又因为$\{S_n\}$是单调增加的，根据单调有界极限存在准则可知$\lim\limits_{n\to\infty}S_n$存在，即$\sum\limits_{n=1}^{\infty}\frac{1}{n^2}$收敛.

2. 数项级数的基本性质

性质1 级数$\sum\limits_{n=1}^{\infty}u_n$与级数$\sum\limits_{n=1}^{\infty}ku_n(k\neq 0)$收敛性相同.

性质2 级数$\sum\limits_{n=1}^{\infty}u_n=S$，级数$\sum\limits_{n=1}^{\infty}v_n=\sigma$，则级数$\sum\limits_{n=1}^{\infty}(u_n\pm v_n)=S\pm\sigma$.

利用反证法可以得到另一个很有用的结论：

若级数$\sum\limits_{n=1}^{\infty}u_n$收敛，级数$\sum\limits_{n=1}^{\infty}v_n$发散，则级数$\sum\limits_{n=1}^{\infty}(u_n\pm v_n)$一定发散.

性质3 收敛级数加上或去掉有限项不改变其收敛性.

例如，级数$\sum\limits_{n=1}^{\infty}\frac{1}{n+1}$可以看作级数$\sum\limits_{n=1}^{\infty}\frac{1}{n}$去掉第一项，由性质3可知级数$\sum\limits_{n=1}^{\infty}\frac{1}{n+1}$发散.

性质4 收敛级数任意加上括号后得到的新级数仍收敛，且其和不变.

性质5 （级数收敛的必要条件） 级数$\sum\limits_{n=1}^{\infty}u_n$收敛$\Rightarrow\lim\limits_{n\to\infty}u_n=0$，反之则不一定成立.

[例6-6] 判别下列级数的敛散性：

(1) $\sum\limits_{n=1}^{\infty}\frac{2+(-1)^n}{3^n}$； (2) $\sum\limits_{n=1}^{\infty}\frac{n+10}{n(n+1)}$.

解 (1) 因为$\sum\limits_{n=1}^{\infty}\frac{2}{3^n}=2\sum\limits_{n=1}^{\infty}\frac{1}{3^n}$收敛，$\sum\limits_{n=1}^{\infty}\frac{(-1)^n}{3^n}=\sum\limits_{n=1}^{\infty}\left(-\frac{1}{3}\right)^n$收敛，由性质2知道级数$\sum\limits_{n=1}^{\infty}\frac{2+(-1)^n}{3^n}$收敛，且

$$\sum_{n=1}^{\infty}\frac{2+(-1)^n}{3^n}=2\sum_{n=1}^{\infty}\frac{1}{3^n}+\sum_{n=1}^{\infty}\left(-\frac{1}{3}\right)^n=2\cdot\frac{\frac{1}{3}}{1-\frac{1}{3}}+\frac{-\frac{1}{3}}{1-\left(-\frac{1}{3}\right)}=\frac{3}{4}.$$

(2) 因为$\frac{n+10}{n(n+1)}=\frac{1}{n+1}+\frac{10}{n(n+1)}$，

所以$\sum\limits_{n=1}^{\infty}\frac{n+10}{n(n+1)}=\sum\limits_{n=1}^{\infty}\left[\frac{1}{n+1}+\frac{10}{n(n+1)}\right]=\sum\limits_{n=1}^{\infty}\frac{1}{n+1}+\sum\limits_{n=1}^{\infty}\frac{10}{n(n+1)}$，

因为$\sum\limits_{n=1}^{\infty}\frac{10}{n(n+1)}$收敛，$\sum\limits_{n=1}^{\infty}\frac{1}{n+1}$发散，所以原级数发散.

[例6-7] 考察下列级数的敛散性：

(1) $\sum\limits_{n=1}^{\infty}\left(\frac{n-1}{n}\right)^n$； (2) $\sum\limits_{n=1}^{\infty}\frac{n}{2n+1}$.

解 (1) 因为级数 $\sum_{n=1}^{\infty}\left(\frac{n-1}{n}\right)^n$ 的通项 $u_n=\left(\frac{n-1}{n}\right)^n=\left(1-\frac{1}{n}\right)^n$,

$$\lim_{n\to\infty}u_n=\lim_{n\to\infty}\left(1-\frac{1}{n}\right)^n=\frac{1}{\mathrm{e}}\neq 0,$$

由级数收敛的必要条件可知,级数 $\sum_{n=1}^{\infty}\left(\frac{n-1}{n}\right)^n$ 发散.

(2) 级数通项 $u_n=\frac{n}{2n+1}$,因为 $\lim_{n\to\infty}u_n=\lim_{n\to\infty}\frac{n}{2n+1}=\frac{1}{2}\neq 0$,所以原级数发散.

[**小结**] 判定级数的敛散性,首先考察一般项 u_n 的极限,若 $\lim_{n\to\infty}u_n\neq 0$ 或 $\lim_{n\to\infty}u_n$ 不存在,则级数 $\sum_{n=1}^{\infty}u_n$ 发散.

习题 6-1

1. 选择题

(1) 已知 $\lim_{n\to\infty}u_n=0$,则数项级数 $\sum_{n=1}^{\infty}u_n$(　　).

(A) 一定收敛　　(B) 一定收敛,和可能为零

(C) 一定发散　　(D) 可能收敛,也可能发散

(2) 如果级数 $\sum_{n=1}^{\infty}u_n$ 收敛,下列级数发散的是(　　).

(A) $\sum_{n=1}^{\infty}(u_n+10)$　　(B) $\sum_{n=1}^{\infty}u_{n+10}$

(C) $\sum_{n=1}^{\infty}10u_n$　　(D) $10+\sum_{n=1}^{\infty}u_n$

(3) 判别级数 $1-\frac{1}{3}+\frac{1}{2}-\frac{1}{3^3}+\frac{1}{2^2}-\frac{1}{3^5}+\cdots+\frac{1}{2^{n-1}}-\frac{1}{3^{2n-1}}+\cdots$ 敛散性的正确方法是(　　).

(A) 根据交错级数审敛法,这级数收敛

(B) 因为关系式 $u_n>u_{n+1}$,对于 n 并不成立,所以这级数发散

(C) 因为是两个收敛级数逐项相减,所以这级数收敛

(D) 因为 $\lim_{n\to\infty}\left(\frac{1}{2^{n-1}}-\frac{1}{3^{2n-1}}\right)=0$,所以这级数收敛

(4) 设级数 $\sum_{n=1}^{\infty}a_n$ 和级数 $\sum_{n=1}^{\infty}b_n$ 都发散,则级数 $\sum_{n=1}^{\infty}(a_n+b_n)$ 是(　　).

(A) 发散　　(B) 条件收敛

(C) 绝对收敛　　(D) 可能发散或者可能收敛

2. 填空题

(1) 已知级数 $\sum_{n=1}^{\infty}u_n$ 的部分和 $S_n=\frac{n}{2n+1}$,则 $u_n=$ ________;$\sum_{n=1}^{\infty}u_n=$ ________.

(2) 级数 $\sum_{n=1}^{\infty}u_n$ 收敛的必要条件为________.

(3) 若 $\sum_{n=1}^{\infty} a_n = S$,则 $\sum_{n=1}^{\infty} (a_n - 2a_{n+1}) =$ ________.

(4) 判断级数 $\sum_{n=1}^{\infty} (\sqrt{n+1} - \sqrt{n})$ 发散的方法与理由是________.

(5) 判断级数 $\sum_{n=1}^{\infty} \sin \frac{n\pi}{2}$ 发散的理由是________.

3. 判断下列级数的敛散性,若收敛求出其和.

(1) $\sum_{n=1}^{\infty} \frac{1}{4n^2 - 1}$;(2) $\sum_{n=1}^{\infty} \frac{3 \times 2^n - 2 \times 3^n}{6^n}$.

4. 用定义判断级数 $\frac{1}{1 \cdot 6} + \frac{1}{6 \cdot 11} + \cdots + \frac{1}{(5n-4) \cdot (5n+1)} + \cdots$ 是否收敛.

5. 判断级数 $\sum_{n=1}^{\infty} \frac{3n^n}{(1+n)^n}$ 的敛散性.

6.1.2　数项级数及其敛散性

1. 正项级数及其审敛法

定义 6.3　若级数 $\sum_{n=1}^{\infty} u_n$ 满足 $u_n \geqslant 0 (n = 1, 2, \cdots)$,则称该级数为**正项级数**.

定理 6.1(正项级数的收敛原理)

正项级数 $\sum_{n=1}^{\infty} u_n$ 收敛的充分必要条件是:它的部分和数列 $\{S_n\}$ 有上界.

直接应用定理 6.1 来判定正项级数是否收敛,往往不太方便.但由定理 6.1 可以得到常用正项级数的比较审敛法.

定理 6.2(比较审敛法)

对于正项级数通项有 $a_n \leqslant u_n \leqslant b_n$,若 $\sum_{n=1}^{\infty} b_n$ 收敛,则 $\sum_{n=1}^{\infty} u_n$ 收敛;若 $\sum_{n=1}^{\infty} a_n$ 发散,则 $\sum_{n=1}^{\infty} u_n$ 发散.

[例 6-8]　讨论 p^- 级数 $\sum_{n=1}^{\infty} \frac{1}{n^p} (p > 0)$ 的敛散性.

解　设 $0 < p \leqslant 1$,因为 $\frac{1}{n^p} \geqslant \frac{1}{n} (n = 1, 2, \cdots)$,而已知调和级数 $\sum_{n=1}^{\infty} \frac{1}{n}$ 发散,由比较审敛法知此时 p^- 级数也发散.

设 $p > 1$,因为当 $k - 1 \leqslant x \leqslant k$ 时,有 $\frac{1}{k^p} \leqslant \frac{1}{x^p}$,所以

$$\frac{1}{k^p} = \int_{k-1}^{k} \frac{1}{k^p} \mathrm{d}x \leqslant \int_{k-1}^{k} \frac{1}{x^p} \mathrm{d}x \ (k = 2, 3, \cdots),$$

从而得出级数 $\sum_{n=1}^{\infty} \frac{1}{n^k}$ 的部分和

$$S_n = 1 + \sum_{k=2}^{\infty} \frac{1}{k^p} \leqslant 1 + \sum_{k=2}^{\infty} \int_{k-1}^{k} \frac{1}{x^p} \mathrm{d}x = 1 + \int_{1}^{n} \frac{1}{x^p} \mathrm{d}x$$

$$= 1 + \frac{1}{p-1}\left(1 - \frac{1}{n^{p-1}}\right) < 1 + \frac{1}{p-1}(n = 2,3,\cdots),$$

这表明数列$\{S_n\}$有界，所以级数$\sum_{n=1}^{\infty}\frac{1}{n^p}$收敛.

综合上述结果，$p-$级数$\sum_{n=1}^{\infty}\frac{1}{n^p}$当$p>1$时收敛；当$p\leqslant 1$时发散.

［例 6-9］ 判断下列正项级数的敛散性.

(1) $\sum_{n=1}^{\infty}\frac{1}{3^n+100}$；　(2) $\sum_{n=2}^{\infty}\frac{1}{\sqrt[3]{n^2-1}}$.

解 (1) 因为

$$0 < \frac{1}{3^n+100} < \frac{1}{3^n} = \left(\frac{1}{3}\right)^n,$$

而级数$\sum_{n=1}^{\infty}\left(\frac{1}{3}\right)^n$是公比为$\frac{1}{3}$的等比级数，是收敛的，由比较审敛法知所给级数收敛.

(2) 因为$\frac{1}{\sqrt[3]{n^2-1}} > \frac{1}{\sqrt[3]{n^2}} = \frac{1}{n^{\frac{2}{3}}}$，

而$p-$级数$\sum_{n=1}^{\infty}\frac{1}{n^{\frac{2}{3}}}\left(p=\frac{2}{3}<1\right)$发散，由比较审敛法知所给级数发散.

定理 6.2 给出的是比较审敛法的不等式形式. 比较审敛法还有一种极限形式，它在实际应用中往往更为方便、实用.

定理 6.3(比较审敛法的极限形式)

正项级数$\sum_{n=1}^{\infty}u_n$，$\sum_{n=1}^{\infty}v_n$，若$\lim_{n\to\infty}\frac{u_n}{v_n}=\rho$，$0<\rho<+\infty$，则两级数收敛性相同. 特别地，若两个正项级数的通项当$n\to\infty$时是同阶无穷小或等价无穷小，则这两级数具有相同的敛散性.

［例 6-10］ 判别下列级数的敛散性.

(1) $\sum_{n=1}^{\infty}\sin\frac{1}{n}$；　(2) $\sum_{n=1}^{\infty}\frac{\sqrt{n}}{(n+1)(2n-5)}$.

解 (1) 因为$\sin\frac{1}{n}\sim\frac{1}{n}(n\to\infty)$，而级数$\sum_{n=1}^{\infty}\frac{1}{n}$发散，所以原级数发散.

(2) 因为

$$\frac{\sqrt{n}}{(n+1)(2n-5)} \sim \frac{1}{2n^{\frac{3}{2}}}(n\to\infty),$$

而级数$\sum_{n=1}^{\infty}\frac{1}{n^{\frac{3}{2}}}$收敛，所以原级数收敛.

用比较审敛法判别级数的敛散性时，需要找到一个已知敛散性的级数$\sum_{n=1}^{\infty}v_n$，通常用来做比较的级数有以下两种：

(1) $p-$级数$\sum_{n=0}^{\infty}\frac{1}{n^p}$，当$p>1$时，级数收敛；当$p\leqslant 1$时，级数发散.

(2) 等比(几何)级数 $\sum_{n=1}^{\infty} aq^n$，当 $|q|<1$ 时，级数收敛；当 $|q|\geqslant 1$ 时，级数发散.

定理 6.4(比值审敛法)

正项级数 $\sum_{n=1}^{\infty} u_n$，若 $\lim_{n\to\infty}\frac{u_{n+1}}{u_n}=\rho$，则有 $\rho<1$ 时，级数收敛；$\rho>1$ 时，级数发散；$\rho=1$ 时，敛散性不定.

比值审敛法是以级数相邻通项之比的极限作为判断依据的，因此它特别适用于通项中含有 $n!$ 或 a^n(a 是正常数)的级数.

[**例 6-11**]　判断下列级数的敛散性.

(1) $\sum_{n=1}^{\infty}\frac{n!}{10^n}$；　(2) $\sum_{n=1}^{\infty}\frac{n^k}{2^n}(k>0)$；　(3) $\sum_{n=1}^{\infty}\frac{2^n n!}{n^n}$.

解　(1) 因为

$$\lim_{n\to\infty}\frac{u_{n+1}}{u_n}=\lim_{n\to\infty}\left[\frac{(n+1)!}{10^{n+1}}\cdot\frac{10^n}{n!}\right]=\lim_{n\to\infty}\frac{n+1}{10}=+\infty,$$

由比值审敛法知，所给级数发散.

(2) 因为

$$\lim_{n\to\infty}\frac{u_{n+1}}{u_n}=\lim_{n\to\infty}\left[\frac{(n+1)^k}{2^{n+1}}\cdot\frac{2^n}{n^k}\right]=\lim_{n\to\infty}\frac{1}{2}\left(1+\frac{1}{n}\right)^k=\frac{1}{2}<1,$$

由比值审敛法知，所给级数收敛.

(3) 因为

$$\lim_{n\to\infty}\frac{u_{n+1}}{u_n}=\lim_{n\to\infty}\left[\frac{2^{n+1}(n+1)!}{(n+1)^{n+1}}\cdot\frac{n^n}{2^n n!}\right]=2\lim_{n\to\infty}\left(\frac{n}{n+1}\right)^n=\frac{2}{\mathrm{e}}<1,$$

由比值审敛法知，所给级数收敛.

[**例 6-12**]　判断级数 $\sum_{n=1}^{\infty}\frac{1}{2n(2n-1)}$ 的敛散性.

解　因为 $\lim_{n\to\infty}\frac{u_{n+1}}{u_n}=\lim_{n\to\infty}\left[\frac{2n(2n-1)}{(2n+2)(2n+1)}\right]=1$，比值审敛法失效.

事实上，因为 $\frac{1}{2n(2n-1)}\sim\frac{1}{4n^2}(n\to\infty)$，而级数 $\sum_{n=1}^{\infty}\frac{1}{4n^2}$ 收敛，因此由比较审敛法可知所给级数收敛.

[**小结**]　判定正项级数 $\sum_{n=1}^{\infty}u_n$ 敛散性的一般步骤：

(1) 看 $\lim_{n\to\infty}u_n$ 是否为零，若不为零，则级数发散；若 $u_n\to 0$，则进行下一步(此时，$\sum_{n=1}^{\infty}u_n$ 是否收敛还不一定).

(2) 用正项级数的比值审敛法、比较审敛法(极限形式)，来判定级数的敛散性.

若 u_n 中含 $n!$ 或 n 的乘积或多个因子连乘除，通常选用比值审敛法；

若 u_n 含形如 n^a 因子，通常用比较审敛法.

若仍无法判定，则进行下一步.

(3) 利用级数性质判别其敛散性.

(4) 用定义求$\lim\limits_{n\to\infty}S_n$，若$\lim\limits_{n\to\infty}S_n$ 存在，则$\sum\limits_{n=1}^{\infty}u_n$ 收敛；若$\lim\limits_{n\to\infty}S_n$ 不存在，则$\sum\limits_{n=1}^{\infty}u_n$ 发散.

2. 交错级数及莱布尼茨定理

定义 6.4 如果级数的各项是正负交错的，即形如

$$\sum_{n=1}^{\infty}(-1)^n u_n\ (u_n>0)\text{或}\sum_{n=1}^{\infty}(-1)^{n-1}u_n\ (u_n>0),$$

那么称其为交错级数.

关于交错级数的敛散性，有一个非常简便的审敛法.

定理 6.5(莱布尼茨定理)

如果交错级数$\sum\limits_{n=1}^{\infty}(-1)^{n-1}u_n\ (u_n>0)$满足条件：

(1)$u_n\geqslant u_{n+1}\ (n=1,2,3,\cdots)$；

(2) $\lim\limits_{n\to\infty}u_n=0$，

那么交错级数$\sum\limits_{n=1}^{\infty}(-1)^{n-1}u_n$ 收敛，且其和 $S\leqslant u_1$.

[注] 对于交错级数$\sum\limits_{n=1}^{\infty}(-1)^{n-1}u_n(u_n>0)$，可由莱布尼茨定理判定其收敛性. 注意，该审敛法是交错级数收敛的充分而不必要条件.

比较大小的方法一般有三种：

(1) 比值法，即考察$\dfrac{u_{n+1}}{u_n}$是否小于 1；

(2) 差值法，即考察 u_n-u_{n+1} 是否大于 0；

(3) 从 u_n 出发找一个连续可导函数 $f(x)$，使得 $u_n=f(n)$，考察 $f'(x)$ 是否小于 0，若 $f'(x)<0$，则 $f(x)$ 单调递减，从而 $u_n\geqslant u_{n+1}$.

[例 6-13] 讨论下列交错级数的敛散性.

(1) $\sum\limits_{n=1}^{\infty}(-1)^n\dfrac{1}{n}$；　(2) $\sum\limits_{n=1}^{\infty}(-1)^{n-1}\dfrac{n}{3^{n-1}}$；

(3) $\sum\limits_{n=1}^{\infty}\left(\dfrac{\pi}{2}-\arctan n\right)\cos n\pi$；　(4) $\sum\limits_{n=1}^{\infty}(-1)^{n-1}\dfrac{\ln n}{\sqrt{n}}$.

解 (1) 此级数为交错级数，因为

$$u_n=\frac{1}{n}>\frac{1}{n+1}=u_{n+1},\lim_{n\to\infty}u_n=\lim_{n\to\infty}\frac{1}{n}=0.$$

由定理 6.5 知，级数收敛.

(2) 此级数为交错级数，因为

$$\frac{u_n}{u_{n+1}}=\frac{n}{3^{n-1}}\cdot\frac{3^n}{n+1}=\frac{3n}{n+1}>1,\text{即 }u_n\geqslant u_{n+1},$$

$$\lim_{n\to\infty}u_n=\lim_{n\to\infty}\frac{n}{3^{n-1}}=0.$$

由定理 6.5 知，级数收敛.

(3) $\cos n\pi = (-1)^n, u_n = \frac{\pi}{2} - \arctan n > 0$，所以该级数是交错级数；又因为 u_n 单调减少且 $\lim\limits_{n\to\infty} u_n = 0$，由定理 6.5 知，级数收敛.

(4) 令 $f(x) = \frac{\ln x}{\sqrt{x}}$，得 $f'(x) = \frac{2-\ln x}{2x\sqrt{x}}$

当 $x > e^2$ 时，$f'(x) < 0$，$f(x)$ 单调递减，即数列 $u_n = \frac{\ln n}{\sqrt{n}}$ 当 $n \geqslant 9$ 后开始单调递减，且 $\lim\limits_{n\to\infty} \frac{\ln n}{\sqrt{n}} = 0$.

由莱布尼茨定理，得交错级数 $\sum\limits_{n=1}^{\infty} (-1)^{n-1} \frac{\ln n}{\sqrt{n}}$ 收敛.

3. 级数的绝对收敛与条件收敛

交错级数是非正项级数中的特殊类型，对于一般的非正项级数(**任意项级数**)，有如下概念和结论.

定义 6.5　对于任意项级数 $\sum\limits_{n=1}^{\infty} u_n$，若 $\sum\limits_{n=1}^{\infty} |u_n|$ 收敛，则称级数 $\sum\limits_{n=1}^{\infty} u_n$ **绝对收敛**. 若 $\sum\limits_{n=1}^{\infty} |u_n|$ 不收敛，而 $\sum\limits_{n=1}^{\infty} u_n$ 收敛，则称级数 $\sum\limits_{n=1}^{\infty} u_n$ **条件收敛**.

例如，$\sum\limits_{n=1}^{\infty} (-1)^n \frac{1}{n^2}$ 是绝对收敛，而 $\sum\limits_{n=1}^{\infty} (-1)^n \frac{1}{n}$ 则是条件收敛级数.

定理 6.6(绝对收敛定理)

级数 $\sum\limits_{n=1}^{\infty} u_n$ 绝对收敛 $\Rightarrow$ 级数 $\sum\limits_{n=1}^{\infty} u_n$ 收敛，反之不一定成立.

注意：当级数 $\sum\limits_{n=1}^{\infty} |u_n|$ 发散时，一般不能推出原级数 $\sum\limits_{n=1}^{\infty} u_n$ 的敛散性. 但是，当运用比值审敛法来判断正项级数 $\sum\limits_{n=1}^{\infty} |u_n|$ 的敛散性，并且知其为发散时，就可以断言级数 $\sum\limits_{n=1}^{\infty} u_n$ 亦发散. 这是因为利用比值审敛法来判定一个正项级数 $\sum\limits_{n=1}^{\infty} |u_n|$ 发散时，是根据 $\lim\limits_{n\to\infty} |u_n| \neq 0$ 得到的，从而可知 $\lim\limits_{n\to\infty} u_n \neq 0$. 由收敛级数的必要条件知级数 $\sum\limits_{n=1}^{\infty} u_n$ 发散.

推论　设有级数 $\sum\limits_{n=1}^{\infty} u_n$，如果

$$\lim_{n\to\infty} \left| \frac{u_{n+1}}{u_n} \right| = \rho,$$

那么当 $\rho < 1$ 时，级数 $\sum\limits_{n=1}^{\infty} u_n$ 绝对收敛；当 $\rho \geqslant 1$ 或为 $+\infty$ 时，级数 $\sum\limits_{n=1}^{\infty} u_n$ 发散.

[例 6-14]　对于级数 $\sum\limits_{n=1}^{\infty} (-1)^n \frac{1}{n^p}$，下列说法中正确的为(　　).

(A) 当 $p<1$ 时,发散　　(B) 当 $p<1$ 时,条件收敛

(C) 当 $p>1$ 时,条件收敛　　(D) 当 $p>1$ 时,绝对收敛

解　对于级数 $\sum_{n=1}^{\infty}(-1)^n\frac{1}{n^p}$,$\sum_{n=1}^{\infty}\left|(-1)^n\frac{1}{n^p}\right|=\sum_{n=1}^{\infty}\frac{1}{n^p}$,可知当 $p>1$ 时,绝对收敛.

故答案选 D.

[例 6-15]　下列级数中发散的是(　　).

(A) $\sum_{n=1}^{\infty}(-1)^{n-1}\frac{1}{n}$　　(B) $\sum_{n=1}^{\infty}(-1)^{n-1}\left(\frac{1}{n}+\frac{1}{n+1}\right)$

(C) $\sum_{n=1}^{\infty}(-1)^{n-1}\frac{1}{\sqrt{n}}$　　(D) $\sum_{n=1}^{\infty}\left(-\frac{1}{n}\right)$

解　由交错级数的莱布尼茨审敛法可知 A,B,C 都收敛,而对于级数 $\sum_{n=1}^{\infty}\left(-\frac{1}{n}\right)=-\sum_{n=1}^{\infty}\frac{1}{n}$,由调和级数发散,可知 $\sum_{n=1}^{\infty}\left(-\frac{1}{n}\right)$ 发散.

故答案选 D.

[例 6-16]　在下列级数中,发散的是(　　)

(A) $\sum_{n=1}^{\infty}(-1)^{n-1}\frac{1}{\ln(n+1)}$　　(B) $\sum_{n=1}^{\infty}\frac{n}{3^{\frac{n}{2}}}$

(C) $\sum_{n=1}^{\infty}(-1)^{n-1}\frac{1}{3^n}$　　(D) $\sum_{n=1}^{\infty}\frac{n}{3n-1}$

解　由交错级数的莱布尼茨审敛法可知 A 收敛;由正项级数的比值审敛法可知 B 收敛;由绝对收敛定理可知 C 绝对收敛.

而对于级数 $\sum_{n=1}^{\infty}\frac{n}{3n-1}$,其通项 $\lim_{n\to\infty}\frac{n}{3n-1}=\frac{1}{3}\neq 0$,可知级数发散.

故答案选 D.

[例 6-17]　级数 $\sum_{n=0}^{\infty}\frac{\cos n\pi}{\sqrt{n}+1}$ 为(　　).

(A) 绝对收敛　　(B) 条件收敛　　(C) 发散　　(D) 无法判断

解　因为 $\sum_{n=1}^{\infty}\frac{\cos n\pi}{\sqrt{n}+1}=\sum_{n=1}^{\infty}\frac{(-1)^n}{\sqrt{n}+1}$,而级数 $\sum_{n=1}^{\infty}\left|\frac{(-1)^n}{\sqrt{n}+1}\right|=\sum_{n=1}^{\infty}\frac{1}{\sqrt{n}+1}$ 发散,所以不绝对收敛;又因为级数 $\sum_{n=1}^{\infty}\frac{(-1)^n}{\sqrt{n}+1}$ 满足莱布尼茨审敛法,所以级数条件收敛.

故答案选 B.

[例 6-18]　确定级数 $\sum_{n=1}^{\infty}\frac{n^3\sin n}{n!}$ 的收敛性.

解　此级数为任意项级数,因为 $\left|\frac{n^3\sin n}{n!}\right|\leqslant\frac{n^3}{n!}$,而对于级数 $\sum_{n=1}^{\infty}\frac{n^3}{n!}$,

因为 $\lim_{n\to\infty}\frac{u_{n+1}}{u_n}=\lim_{n\to\infty}\frac{(n+1)^3}{(n+1)!}\cdot\frac{n!}{n^3}=\lim_{n\to\infty}\frac{1}{n+1}\cdot\frac{(n+1)^3}{n^3}=0<1$.

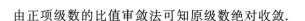

由正项级数的比值审敛法可知原级数绝对收敛.

[**总结**]　判别级数 $\sum_{n=1}^{\infty} u_n$ 的敛散性，通常按以下步骤考虑：先观察 $\lim_{n\to\infty} u_n = 0$ 是否满足，若不满足，则级数发散；若满足，再分辨级数类型，是正项级数、交错级数还是任意项级数. 若是正项级数，先试用比值审敛法进行判别，因为比值审敛法比比较审敛法更方便，如果比值审敛法失败，则再用比较审敛法，要熟悉几何级数、调和级数和 p^- 级数的敛散性，因为经常用这三种级数作为比较标准；若是交错级数，则用莱布尼茨审敛法；若是任意项级数，则用绝对收敛审敛法.

掌握以下 2 个结论

(1) 若 $\sum_{n=1}^{\infty} u_n$ 发散，$\sum_{n=1}^{\infty} v_n$ 收敛，则级数 $\sum_{n=1}^{\infty} (u_n + v_n)$ 必发散；

(2) 熟记下列重要的常数项级数的敛散性，见表 6-1.

表 6-1　几个重要的常数项级数的敛散性

级数	收敛	发散
几何级数(等比级数) $\sum_{n=1}^{\infty} aq^{n-1}\ (a \neq 0)$	当 $\lvert q \rvert < 1$ 时，$\sum_{n=1}^{\infty} aq^{n-1}$ 收敛于 $\frac{a}{1-q}$	当 $\lvert q \rvert \geqslant 1$ 时，$\sum_{n=1}^{\infty} aq^{n-1}$ 发散
调和级数 $\sum_{n=1}^{\infty} \frac{1}{n}$	—	发散
级数 $\sum_{n=1}^{\infty} (-1)^n \frac{1}{n}$	收敛	—
p- 级数 $\sum_{n=1}^{\infty} \frac{1}{n^p}$	当 $p > 1$ 时，收敛	当 $0 < p \leqslant 1$ 时，发散

习题 6-2

1. 选择题

(1) 设 $\sum_{n=1}^{\infty} a_n$ 为正项级数，下列结论正确的是(　　).

(A) 若 $\lim_{n\to\infty} na_n = 0$，则级数 $\sum_{n=1}^{\infty} a_n$ 收敛

(B) 若存在非零常数 λ，使得 $\lim_{n\to\infty} na_n = \lambda$，则级数 $\sum_{n=1}^{\infty} a_n$ 发散

(C) 若级数 $\sum_{n=1}^{\infty} a_n$ 收敛，则 $\lim_{n\to\infty} n^2 a_n = 0$

(D) 若级数 $\sum_{n=1}^{\infty} a_n$ 发散，则存在非零常数 λ，使得 $\lim_{n\to\infty} na_n = \lambda$

(2) 设有以下命题：

① 若 $\sum_{n=1}^{\infty} (u_{2n-1} + u_{2n})$ 收敛，则 $\sum_{n=1}^{\infty} u_n$ 收敛；

② 若$\sum\limits_{n=1}^{\infty}u_n$收敛，则$\sum\limits_{n=1}^{\infty}u_{n+1000}$收敛；

③ 若$\lim\limits_{n\to\infty}\dfrac{u_{n+1}}{u_n}>1$，则$\sum\limits_{n=1}^{\infty}u_n$发散；

④ 若$\sum\limits_{n=1}^{\infty}(u_n+v_n)$收敛，则$\sum\limits_{n=1}^{\infty}u_n$，$\sum\limits_{n=1}^{\infty}v_n$都收敛.

则以上命题正确的是(　　).

(A)①②　　(B)②③　　(C)③④　　(D)①④

(3) 设$a_n>0, n=1,2,\cdots$，若$\sum\limits_{n=1}^{\infty}a_n$发散，$\sum\limits_{n=1}^{\infty}(-1)^{n-1}a_n$收敛，下列结论正确的是(　　).

(A) $\sum\limits_{n=1}^{\infty}a_{2n-1}$收敛，$\sum\limits_{n=1}^{\infty}a_{2n}$发散　　(B) $\sum\limits_{n=1}^{\infty}a_{2n}$收敛，$\sum\limits_{n=1}^{\infty}a_{2n-1}$发散

(C) $\sum\limits_{n=1}^{\infty}(a_{2n-1}+a_{2n})$收敛　　(D) $\sum\limits_{n=1}^{\infty}(a_{2n-1}-a_{2n})$收敛

(4) 设$u_n\neq 0\ (n=1,2,3,\cdots)$，且$\lim\limits_{n\to\infty}\dfrac{n}{u_n}=1$，则级数$\sum\limits_{n=1}^{\infty}(-1)^{n+1}\left(\dfrac{1}{u_n}+\dfrac{1}{u_{n+1}}\right)$(　　).

(A) 发散　　(B) 绝对收敛

(C) 条件收敛　　(D) 收敛性根据所给条件不能判定

(5) 级数$\sum\limits_{n=1}^{\infty}\dfrac{(-1)^n}{n^p}\ (p>0)$的收敛性是(　　).

(A) 对任何$p>0$，均绝对收敛

(B) $p\leqslant 1$时发散，$p>1$时收敛

(C) $p\leqslant 1$时条件收敛，$p>1$时绝对收敛

(D) $p<1$时绝对收敛，$p\geqslant 1$时条件收敛

(6) 级数$\sum\limits_{n=1}^{\infty}u_n$收敛的充要条件是(　　).

(A) $\lim\limits_{n\to\infty}u_n=0$　　(B) $\lim\limits_{n\to\infty}\dfrac{u_{n+1}}{u_n}=\rho<1$

(C) $u_n\leqslant\dfrac{1}{n^2}$　　(D) $\lim\limits_{n\to\infty}S_n$存在

(7) 已知$\sum\limits_{n=1}^{\infty}a_n$与$\sum\limits_{n=1}^{\infty}b_n$都发散，则(　　).

(A) $\sum\limits_{n=1}^{\infty}(a_n+b_n)$必发散　　(B) $\sum\limits_{n=1}^{\infty}a_nb_n$必发散

(C) $\sum\limits_{n=1}^{\infty}(|a_n|+|b_n|)$必发散　　(D) $\sum\limits_{n=1}^{\infty}(a_n^2+b_n^2)$必发散

(8) 设常数$k>0$，则级数$\sum\limits_{n=1}^{\infty}(-1)^n\dfrac{k+n}{n^2}$(　　).

(A) 发散　　(B) 绝对收敛

(C) 条件收敛　　(D) 收敛与发散与k取值有关

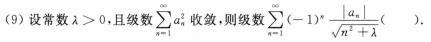

(9) 设常数 $\lambda>0$，且级数 $\sum\limits_{n=1}^{\infty}a_n^2$ 收敛，则级数 $\sum\limits_{n=1}^{\infty}(-1)^n\dfrac{|a_n|}{\sqrt{n^2+\lambda}}$(　　).

(A) 发散　　(B) 条件收敛　　(C) 绝对收敛　　(D) 敛散性与 λ 有关

(10) 设 a 为常数，则级数 $\sum\limits_{n=1}^{\infty}\left[\dfrac{\sin(na)}{n^2}-\dfrac{1}{\sqrt{n}}\right]$(　　).

(A) 绝对收敛　　(B) 条件收敛

(C) 发散　　(D) 敛散性与 a 的取值有关

(11) 设 $u_n=(-1)^n\ln\left(1+\dfrac{1}{\sqrt{n}}\right)$，则级数(　　).

(A) $\sum\limits_{n=1}^{\infty}u_n$ 与 $\sum\limits_{n=1}^{\infty}u_n^2$ 都收敛　　(B) $\sum\limits_{n=1}^{\infty}u_n$ 与 $\sum\limits_{n=1}^{\infty}u_n^2$ 都发散

(C) $\sum\limits_{n=1}^{\infty}u_n$ 收敛而 $\sum\limits_{n=1}^{\infty}u_n^2$ 发散　　(D) $\sum\limits_{n=1}^{\infty}u_n$ 发散而 $\sum\limits_{n=1}^{\infty}u_n^2$ 收敛

2. 填空题

(1) 级数 $\sum\limits_{n=1}^{\infty}\dfrac{(-1)^n}{n^p}$，当________时，级数条件收敛；当________时，级数绝对收敛；当________时，级数发散.

(2) 若级数 $\sum\limits_{n=1}^{\infty}\dfrac{1}{n^{3a-1}}$ 收敛，则 a 的取值范围是________.

(3) 已知级数 $\sum\limits_{n=1}^{\infty}\dfrac{1}{n^2}=\dfrac{\pi^2}{6}$，则级数 $\sum\limits_{n=1}^{\infty}\dfrac{1}{(2n-1)^2}$ 的和等于________.

3. 判别以下级数的敛散性

(1) $\sum\limits_{n=1}^{\infty}\dfrac{1}{n\sqrt{n+1}}$；　(2) $\sum\limits_{n=1}^{\infty}\sqrt{n}\ln(1+\dfrac{1}{n^2})$；　(3) $\sum\limits_{n=1}^{\infty}\dfrac{2^n\cdot n!}{n^n}$；

(4) $\sum\limits_{n=1}^{\infty}\left(\dfrac{1}{n}-\sin\dfrac{1}{n}\right)$；　(5) $\sum\limits_{n=1}^{\infty}n!\left(\dfrac{x}{n}\right)^n(x\geqslant 0)$；

(6) $\sum\limits_{n=1}^{\infty}\dfrac{x^n}{(1+x)(1+x^2)\cdots(1+x^n)}(x>0)$.

4. 根据 a 的取值情况，讨论级数 $\sum\limits_{n=2}^{\infty}\dfrac{\sqrt{n+2}-\sqrt{n-2}}{n^a}$ 的敛散性.

5. 试证 $\lim\limits_{n\to\infty}\dfrac{n!}{n^n}=0$.

6. 判断级数 $\sum\limits_{n=1}^{\infty}\dfrac{a^n}{1+a^{2n}}(a>0)$ 的敛散性.

7. 判断级数 $\sum\limits_{n=1}^{\infty}(-1)^n\dfrac{1}{n-\ln n}$ 的敛散性.

8. 证明级数 $\dfrac{1\cdot 2}{3^2\cdot 4^2}+\dfrac{3\cdot 4}{5^2\cdot 6^2}+\dfrac{5\cdot 6}{7^2\cdot 8^2}+\cdots$ 收敛.

9. 判别级数 $\sum\limits_{n=1}^{\infty}\dfrac{n^{n+1}}{(1+n)^{2+n}}$ 的敛散性.

6.2 幂级数

对于幂级数，主要介绍两块内容：① 幂级数的收敛域；② 将函数表示成幂级数.

6.2.1 函数项级数的概念

定义 6.6 设 $u_n(x)(n=1,2,3,\cdots)$ 是定义在区间 I 上的函数，称和式

$$u_1(x)+u_2(x)+\cdots+u_n(x)+\cdots \tag{1}$$

为定义在区间 I 上的**(函数项)无穷级数**，简称为(函数项)级数，记为 $\sum\limits_{n=1}^{\infty}u_n(x),x\in I$.

对于每一个确定的值 $x_0\in I$，级数 $\sum\limits_{n=1}^{\infty}u_n(x_0)$ 就是一个数项级数. 由此可见，函数项级数(1)在点 x_0 处的敛散性由数项级数 $\sum\limits_{n=1}^{\infty}u_n(x_0)$ 完全确定.

定义 6.7 如果数项级数 $\sum\limits_{n=1}^{\infty}u_n(x_0)$ 收敛(发散)，那么称函数项级数 $\sum\limits_{n=1}^{\infty}u_n(x)$ 在点 x_0 收敛(发散)，或称点 x_0 是函数项级数 $\sum\limits_{n=1}^{\infty}u_n(x)$ 的收敛点(发散点). 函数项级数 $\sum\limits_{n=1}^{\infty}u_n(x)$ 的收敛点的全体称为它的**收敛域**，发散点的全体称为它的**发散域**.

对应于收敛域内的任意一个数 x，函数项级数称为一个收敛的数项级数，因而有一个确定的和 S. 这样，在收敛域上，函数项级数的和是 $S(x)$，通常称 $S(x)$ 为函数项级数的和函数，此函数的定义域就是级数的收敛域，并写成

$$S(x)=u_1(x)+u_2(x)+\cdots+u_n(x)+\cdots.$$

把函数项级数 $\sum\limits_{n=1}^{\infty}u_n(x)$ 的前 n 项的部分和记作 $S_n(x)$，则在收敛域上有

$$\lim_{n\to\infty}S_n(x)=S(x).$$

6.2.2 幂级数及其收敛区间

在函数项级数中简单而常用的一类级数就是各项都是幂函数的函数项级数.

定义 6.8 形如

$$\sum_{n=0}^{\infty}a_nx^n=a_0+a_1x+a_2x^2+\cdots+a_nx^n+\cdots \tag{2}$$

的函数项级数，称为**幂级数**，其中 $a_0,a_1,a_2,\cdots,a_n,\cdots$ 称为**幂级数的系数**.

为了讨论幂级数(2)的收敛域，将(2)各项取绝对值，根据正项级数的比值判别法，

$$\lim_{n\to\infty}\left|\frac{u_{n+1}}{u_n}\right|=\lim_{n\to\infty}\left|\frac{a_{n+1}x^{n+1}}{a_nx^n}\right|=\lim_{n\to\infty}\left|\frac{a_{n+1}}{a_n}\cdot x\right|=\rho.$$

当 $\rho<1$ 时，幂级数绝对收敛，求出相应的区间，即为该幂级数的收敛区间 $(-R,R)$.

当 $\rho=1$ 时，求出相应的 x_0，讨论数项级数 $\sum\limits_{n=0}^{\infty}a_n(x_0)$ 的敛散性，可以确定幂级数的收敛

域是$(-R,R)$，$[-R,R)$，$(-R,R]$或$[-R,R]$这四个区间中的哪一个.

也就是说，一般求收敛区间不需要判定区间端点的敛散性，而求收敛域必须利用常数项级数的审敛法讨论端点的敛散性.

收敛域 $=\{(-R,R)\cup$ 收敛的端点 $x=\pm R\}$.

我们定义收敛区间长度的一半为**收敛半径**.

［例 6-19］　求幂级数$\sum\limits_{n=1}^{\infty}\dfrac{2n-1}{2^n}x^{2n}$的收敛半径和收敛区间.

解　直接应用比值审敛法，因为

$$\lim_{n\to\infty}\left|\frac{u_{n+1}}{u_n}\right|=\lim_{n\to\infty}\left|\frac{\dfrac{2(n+1)-1}{2^{n+1}}x^{2(n+1)}}{\dfrac{2n-1}{2^n}x^{2n}}\right|=\frac{1}{2}\lim_{n\to\infty}\frac{2n+1}{2n-1}|x|^2=\frac{1}{2}|x|^2.$$

当$\dfrac{1}{2}|x|^2<1$，即$|x|<\sqrt{2}$时，级数收敛；当$\dfrac{1}{2}|x|^2>1$，即$|x|>\sqrt{2}$时，级数发散.

因此，级数收敛区间为$(-\sqrt{2},\sqrt{2})$，收敛半径$R=\sqrt{2}$.

［例 6-20］　求幂级数$\sum\limits_{n=1}^{\infty}\dfrac{(x-1)^n}{2^n n}$的收敛半径、收敛区间及收敛域.

解　由比值审敛法，得

$$\lim_{n\to\infty}\left|\frac{u_{n+1}}{u_n}\right|=\lim_{n\to\infty}\left|\frac{\dfrac{(x-1)^{n+1}}{2^{n+1}(n+1)}}{\dfrac{(x-1)^n}{2^n n}}\right|=\frac{1}{2}\lim_{n\to\infty}\frac{n}{n+1}|x-1|=\frac{1}{2}|x-1|.$$

当$\dfrac{1}{2}|x-1|<1$，即$-1<x<3$时，级数收敛，所以级数收敛区间为$(-1,3)$，收敛半径为区间长度的一半，所以收敛半径为$R=2$.

当$x=-1$时，级数成为$\sum\limits_{n=1}^{\infty}\dfrac{(-2)^n}{2^n n}=\sum\limits_{n=1}^{\infty}\dfrac{(-1)^n}{n}$，由交错级数的莱布尼茨审敛法可知，级数收敛.

当$x=3$时，级数成为$\sum\limits_{n=1}^{\infty}\dfrac{1}{n}$，它是调和级数，此级数发散.

所以原级数的收敛域为$[-1,3)$.

6.2.3　幂级数的运算及其性质

设幂级数$\sum\limits_{n=0}^{\infty}a_nx^n$与$\sum\limits_{n=0}^{\infty}b_nx^n$的收敛半径分别为$R_1$与$R_2$，它们的和函数分别为$S_1(x)$与$S_2(x)$，记$R=\{R_1,R_2\}$，那么对于幂级数可以进行如下的运算：

1. 加法和减法

$$\sum_{n=0}^{\infty}a_nx^n\pm\sum_{n=0}^{\infty}b_nx^n=\sum_{n=0}^{\infty}(a_n\pm b_n)x^n=S_1(x)\pm S_2(x),$$

此时所得幂级数 $\sum_{n=0}^{\infty}(a_n \pm b_n)x^n$ 的收敛半径是 R.

2. 逐项求导数

若幂级数 $\sum_{n=0}^{\infty}a_nx^n$ 的收敛半径为 R，则在 $(-R,R)$ 内和函数 $S(x)$ 可导，且有

$$S'(x) = \left(\sum_{n=0}^{\infty}a_nx^n\right)' = \sum_{n=0}^{\infty}(a_nx^n)' = \sum_{n=1}^{\infty}na_nx^{n-1},$$

所得幂级数的收敛半径仍为 R，但其在收敛区间端点处的敛散性可能改变.

3. 逐项积分

若幂级数 $\sum_{n=0}^{\infty}a_nx^n$ 的收敛半径为 R，则在 $(-R,R)$ 内和函数 $S(x)$ 可积，且有

$$\int_0^x S(x)\mathrm{d}x = \int_0^x \sum_{n=0}^{\infty}a_nx^n\mathrm{d}x = \sum_{n=0}^{\infty}\left(\int_0^x a_nx^n\mathrm{d}x\right) = \sum_{n=0}^{\infty}\frac{a_n}{n+1}x^{n+1},$$

所得幂级数的收敛半径仍为 R，但其在收敛区间端点处的敛散性可能改变.

以上结论证明从略.

[例 6-21] 讨论幂级数 $\sum_{n=0}^{\infty}x^n$ 逐项积分后所得幂级数的收敛域.

解 幂级数 $\sum_{n=0}^{\infty}x^n = 1 + x + x^2 + \cdots + x^n + \cdots$，

收敛半径 $R = 1$，收敛域为 $(-1,1)$.

逐项积分后得 $\sum_{n=0}^{\infty}\frac{x^{n+1}}{n+1} = x + \frac{x^2}{2} + \cdots + \frac{x^{n+1}}{n+1} + \cdots$，

它的收敛半径仍为 $R = 1$，当 $x = -1$ 时，幂级数为交错级数 $\sum_{n=0}^{\infty}\frac{(-1)^{n+1}}{n+1}$，是收敛的；当 $x = 1$ 时，幂级数为调和级数，此级数发散.

故幂级数 $\sum_{n=0}^{\infty}\frac{(-1)^{n+1}}{n+1}$ 的收敛域为 $[-1,1)$.

[例 6-22] 求幂级数 $\sum_{n=0}^{\infty}(n+1)x^n$ 的和函数.

解 容易求出所给幂级数的收敛区间为 $(-1,1)$. 因为 $(n+1)x^n = (x^{n+1})'$，所以有

$$\sum_{n=0}^{\infty}(n+1)x^n = \left(\sum_{n=0}^{\infty}x^{n+1}\right)' = \sum_{n=0}^{\infty}(x^{n+1})' = \left(\frac{x}{1-x}\right)' = \frac{1}{(1-x)^2}, x \in (-1,1).$$

因此，幂级数 $\sum_{n=0}^{\infty}(n+1)x^n = \frac{1}{(1-x)^2}, x \in (-1,1)$.

[总结]

(1) 运用 $S(x) = S(x) - S(0) = \int_0^x S'(t)\mathrm{d}t$ 求函数 $S(x)$ 时，$S(0)$ 的值不可忽视.

(2) 熟知的结论 $\sum_{n=0}^{\infty}x^n = \frac{1}{1-x}(|x| < 1)$，常用来求幂级数的和函数.

(3) 基本做法是先分析幂级数的性质，然后将原级数化为等比级数.

(4) 常用逐项求导的方法约去幂级数的系数中分母里含 n 的项；而用逐项积分的方法约去幂级数的系数中分子里含 n 的项.

(5) 切记，和函数只有在级数的收敛区间内才有意义，因此，在求出幂级数的和函数的同时，还应确定其收敛区间.

重点掌握如下基本问题：

(1) $\dfrac{1}{1-x}=\sum\limits_{n=0}^{\infty}x^n, x\in(-1,1)$.

(2) $\sum\limits_{n=1}^{\infty}\dfrac{x^{n+1}}{n}=x\sum\limits_{n=1}^{\infty}\dfrac{x^n}{n}=-x\ln(1-x)=S(x), x\in[-1,1)$.

(3) $\sum\limits_{n=1}^{\infty}nx^n$ 的和函数 $S(x)=\dfrac{x}{(1-x)^2}, x\in(-1,1)$.

(4) $\sum\limits_{n=0}^{\infty}\dfrac{(-1)^n}{2n+1}x^{2n+1}=S(x)=\arctan x$.

(5) $e^x=\sum\limits_{n=0}^{\infty}\dfrac{x^n}{n!}, x\in(-\infty,+\infty)$；$e=\sum\limits_{n=0}^{\infty}\dfrac{1}{n!}$；$e^{-1}=\sum\limits_{n=0}^{\infty}\dfrac{1}{n!}(-1)^n$.

[例 6-23]　(1) 求级数 $\sum\limits_{n=1}^{\infty}\dfrac{x^{2n-1}}{2n-1}$ 的和函数，并计算 $\sum\limits_{n=1}^{\infty}\dfrac{-1}{(2n-1)2^n}$ 的和；

(2) 求级数 $\sum\limits_{n=1}^{\infty}nx^n$ 的和函数.

解　求幂级数的和函数，主要是利用等比级数的和函数来求解. 因此对一个级数，首先观察是否为等比级数，若不是，则利用和函数在收敛域内的性质转化为等比级数，然后再求解. 当然，求和函数，第一步需求出和函数的定义域，即级数的收敛域.

(1) 先求收敛域，由

$$\lim_{n\to\infty}\left|\frac{u_{n+1}}{u_n}\right|=\lim_{n\to\infty}\left|\frac{\dfrac{x^{2n+1}}{2n+1}}{\dfrac{x^{2n-1}}{2n-1}}\right|=x^2<1\text{ 时绝对收敛}, x^2>1\text{ 时发散，得收敛区间为}(-1,1).$$

又因为 $x=-1$ 时，幂级数为 $\sum\limits_{n=1}^{\infty}\dfrac{-1}{2n-1}$，是发散的；$x=1$ 时，幂级数为 $\sum\limits_{n=1}^{\infty}\dfrac{1}{2n-1}$，是发散的.

所以幂级数 $\sum\limits_{n=1}^{\infty}\dfrac{x^{2n-1}}{2n-1}$ 的收敛域为 $(-1,1)$.

设幂级数 $\sum\limits_{n=1}^{\infty}\dfrac{x^{2n-1}}{2n-1}$ 的和函数为 $S(x)$，即 $S(x)=\sum\limits_{n=1}^{\infty}\dfrac{x^{2n-1}}{2n-1}, x\in(-1,1)$.

$$S'(x)=\sum_{n=1}^{\infty}\left(\frac{x^{2n-1}}{2n-1}\right)'=\sum_{n=1}^{\infty}x^{2n-2}=\frac{1}{1-x^2}, x\in(-1,1),$$

所以 $\int_0^x S'(x)dx=\int_0^x\dfrac{1}{1-x^2}dx=\dfrac{1}{2}\ln\left|\dfrac{1+x}{1-x}\right|, x\in(-1,1)$.

又因为 $\int_0^x S'(x)dx=S(x)-S(0)=S(x)$，

故 $S(x)=\frac{1}{2}\ln\left|\frac{1+x}{1-x}\right|, x\in(-1,1)$.

注意到当 $x=\frac{-1}{\sqrt{2}}$ 时，$\sum\limits_{n=1}^{\infty}\frac{x^{2n-1}}{2n-1}\Big|_{x=\frac{-1}{\sqrt{2}}}=\sqrt{2}\sum\limits_{n=1}^{\infty}\frac{-1}{(2n-1)2^n}$.

故 $\sum\limits_{n=1}^{\infty}\frac{-1}{(2n-1)2^n}=\frac{\sqrt{2}}{2}\ln\left|\sqrt{2}-1\right|$.

(2) 先求收敛域，由 $\lim\limits_{n\to\infty}\left|\frac{u_{n+1}}{u_n}\right|=\lim\limits_{n\to\infty}\left|\frac{(n+1)x^{n+1}}{nx^n}\right|=|x|<1$ 时收敛，$|x|>1$ 时发散，得收敛区间为 $(-1,1)$.

又因为 $x=-1$ 或 $x=1$ 时，幂级数均是发散的，所以幂级数 $\sum\limits_{n=1}^{\infty}nx^n$ 的收敛域为 $(-1,1)$.

设幂级数 $\sum\limits_{n=1}^{\infty}nx^n$ 的和函数为 $S(x)$，即 $S(x)=\sum\limits_{n=1}^{\infty}nx^n, x\in(-1,1)$.

设幂级数 $\sum\limits_{n=1}^{\infty}nx^{n-1}$ 的和函数为 $S_1(x)$，即 $S_1(x)=\sum\limits_{n=1}^{\infty}nx^{n-1}, x\in(-1,1)$.

显然，$S(x)=xS_1(x)$. 由和函数的性质，

$$\int_0^x S_1(x)\mathrm{d}x=\sum_{n=1}^{\infty}\int_0^x nx^{n-1}\mathrm{d}x=\sum_{n=1}^{\infty}x^n=\frac{x}{1-x}, x\in(-1,1).$$

$$S_1(x)=\left[\int_0^x S_1(x)\mathrm{d}x\right]'=\left(\frac{x}{1-x}\right)'=\frac{1}{(1-x)^2}, x\in(-1,1).$$

故幂级数 $\sum\limits_{n=1}^{\infty}nx^n$ 的和函数为 $S(x)=\frac{x}{(1-x)^2}, x\in(-1,1)$.

4. 阿贝尔定理

定理 6.7(阿贝尔定理)

当幂级数 $\sum\limits_{n=1}^{\infty}a_nx^n$ 在 $x=x_1(x_1\neq 0)$ 处收敛时，对于满足 $|x|<|x_1|$ 的一切 x，幂级数绝对收敛；当幂级数 $\sum\limits_{n=1}^{\infty}a_nx^n$ 在 $x=x_2(x_2\neq 0)$ 处发散时，对于满足 $|x|>|x_2|$ 的一切 x，幂级数发散.

结论 1 根据阿贝尔定理，已知 $\sum\limits_{n=1}^{\infty}a_n(x-x_0)^n$ 在某点 $x_1(x_1\neq x_0)$ 的敛散性，确定该幂级数的收敛半径可分为以下三种情况：

(1) 若在 x_1 处收敛，则收敛半径 $R\geqslant|x_1-x_0|$；

(2) 若在 x_1 处发散，则收敛半径 $R\leqslant|x_1-x_0|$；

(3) 若在 x_1 处发散，则收敛半径 $R=|x_1-x_0|$.

结论 2 已知 $\sum\limits_{n=1}^{\infty}a_n(x-x_1)^n$ 的敛散性信息，要求讨论 $\sum\limits_{n=1}^{\infty}b_n(x-x_2)^m$ 的敛散性.

对于以下三种情况，级数的收敛半径不变，对其收敛域要具体问题具体分析：

(1) 对级数提出或者乘以因式 $(x-x_0)^k$，或者作平移等，收敛半径不变；

(2) 对级数逐项求导，收敛半径不变，收敛域可能缩小；

(3) 对级数逐项积分，收敛半径不变，收敛域可能扩大.

[例 6-24]　设幂级数 $\sum_{n=1}^{\infty} a_n (x-1)^n$ 在 $x=0$ 处收敛，在 $x=2$ 处发散，则该幂级数收敛域为________.

解　由于幂级数 $\sum_{n=1}^{\infty} a_n (x-1)^n$ 在 $x=0$ 处收敛，在 $x=2$ 处发散，由阿贝尔定理可知：

当 $|x-1| < |0-1|$，即 $|x-1| < 1$，原级数收敛；

当 $|x-1| > |2-1|$，即 $|x-1| > 1$，原级数发散.

则该幂级数收敛域为 $[0,2)$.

[例 6-25]　设 $\sum_{n=1}^{\infty} a_n (x+1)^n$ 在 $x=1$ 处条件收敛，则幂级数 $\sum_{n=1}^{\infty} na_n (x-1)^n$ 在 $x=2$ 处(　　).

(A) 绝对收敛　　(B) 条件收敛　　(C) 发散　　(D) 敛散性不确定

解　(1) 已知 $\sum_{n=1}^{\infty} a_n (x+1)^n$ 在 $x=1$ 处条件收敛，则 $R = |x_1 - x_0| = |1-(-1)| = 2$，且收敛区间为 $(-3,1)$.

(2) 将 $(x+1)^n$ 转化为 $(x-1)^n$，也就是把级数的中心点由 -1 转移到 1，即将收敛区间平移到 $(-1,3)$，得 $\sum_{n=1}^{\infty} a_n (x-1)^n$，收敛半径不变.

(3) 对 $\sum_{n=1}^{\infty} a_n (x-1)^n$ 逐项求导，得 $\sum_{n=1}^{\infty} na_n (x-1)^{n-1}$，再逐项乘以 $x-1$，得 $\sum_{n=1}^{\infty} na_n (x-1)^n$，收敛半径不变.

故 $\sum_{n=1}^{\infty} na_n (x-1)^n$ 的收敛区间为 $(-1,3)$，$x=2$ 在收敛区间内部，所以在该点级数绝对收敛，答案选择 A.

习题 6-3

1. 选择题

(1) 幂级数 $\sum_{n=1}^{\infty} \frac{(x-3)^n}{\sqrt{n}}$ 的收敛域为(　　).

(A) $[-1,1)$　　(B) $(2,4)$　　(C) $[2,4)$　　(D) $(2,4]$

(2) 幂级数 $\sum_{n=1}^{\infty} \frac{nx^{2n}}{2^n}$ 的收敛区间为(　　).

(A) $\left(-\frac{1}{2},\frac{1}{2}\right)$　　(B) $(-2,2)$　　(C) $\left(-\frac{1}{\sqrt{2}},\frac{1}{\sqrt{2}}\right)$　　(D) $(-\sqrt{2},\sqrt{2})$

(3) $\sum_{n=1}^{\infty} \frac{(-1)^n}{n+1}\left(\frac{1}{3}\right)^{n+1} = $(　　).

(A) 0　　(B) $\frac{1}{3}$　　(C) $\ln\frac{4}{3}$　　(D) $\ln\frac{3}{4}$

(4) 若$\lim\limits_{n\to\infty}\left|\dfrac{a_n}{a_{n+1}}\right|=2$,则$\sum\limits_{n=1}^{\infty}a_nx^{2n}$的收敛半径是(　　).

(A)2　　(B)$\sqrt{2}$　　(C)1　　(D)4

(5) 设幂级数$\sum\limits_{n=0}^{\infty}a_nx^n$在$x=2$处收敛,则该级数在$x=-1$处必(　　).

(A) 绝对收敛　　(B) 条件收敛　　(C) 发散　　(D) 收敛性不能确定

(6) 幂级数$\sum\limits_{n=0}^{\infty}(-1)^n\dfrac{x^{2n}}{n!}$在$(-\infty,+\infty)$内的和函数为(　　).

(A)$-e^{-x^2}$　　(B)e^{-x^2}　　(C)e^{x^2}　　(D)$-e^{x^2}$

(7) 设$\lim\limits_{n\to\infty}\left|\dfrac{a_{n+1}}{a_n}\right|=2$,则级数$\sum\limits_{n=1}^{\infty}a_nx^{2n+1}$的收敛半径$R$为(　　).

(A)1　　(B)2　　(C)$\sqrt{2}$　　(D)$\dfrac{1}{\sqrt{2}}$

(8) 将函数$\sin x\cos x$展开成x的幂级数时,x^3的系数为(　　).

(A)$\dfrac{2}{3}$　　(B)$-\dfrac{2}{3}$　　(C)$\dfrac{1}{3}$　　(D)$-\dfrac{1}{3}$

(9) 已知实数$0<b<a$,级数$\sum\limits_{n=1}^{\infty}\dfrac{x^n}{a^n+b^n}$的收敛半径是(　　).

(A)a　　(B)b　　(C)$a+b$　　(D)$a-b$

(10) 设幂级数$\sum\limits_{n=0}^{\infty}a_nx^n$与$\sum\limits_{n=0}^{\infty}b_nx^n$的收敛半径分别为$\dfrac{\sqrt{5}}{3}$与$\dfrac{1}{3}$,并设$\lim\limits_{n\to\infty}\left|\dfrac{a_{n+1}}{a_n}\right|$与$\lim\limits_{n\to\infty}\left|\dfrac{b_{n+1}}{b_n}\right|$都存在,则幂级数$\sum\limits_{n=0}^{\infty}\dfrac{a_n^2}{b_n^2}x^n$的收敛半径为(　　).

(A)5　　(B)$\dfrac{\sqrt{5}}{3}$　　(C)$\dfrac{1}{3}$　　(D)$\dfrac{1}{5}$

(11) 设幂级数$\sum\limits_{n=0}^{\infty}a_n(x+1)^n$在$x=-2$时条件收敛,则其在$x=2$处(　　).

(A) 发散　　(B) 条件收敛　　(C) 绝对收敛　　(D) 敛散性无法确定

(12) 设幂级数$\sum\limits_{n=1}^{\infty}a_n(x-1)^n$在$x=-1$处收敛,则此级数在$x=2$处(　　).

(A) 条件收敛　　(B) 绝对收敛　　(C) 发散　　(D) 收敛性不能确定

2. 填空题

(1) 级数$\sum\limits_{n=1}^{\infty}\dfrac{3^n}{n+3}x^n$的收敛半径为________.

(2) 幂级数$\sum\limits_{n=0}^{\infty}\dfrac{(x-2)^n}{n^2}$的收敛半径为________.

(3) 级数$\sum\limits_{n=1}^{\infty}\dfrac{(-1)^nx^{2n+1}}{n}$的收敛区间是________.

(4) 级数$\sum\limits_{n=0}^{\infty}\dfrac{x^n}{3\sqrt{n}}$的收敛区间是________.

(5) 若幂级数 $\sum_{n=1}^{\infty} a_n x^n$ 在 $x=-3$ 处条件收敛,则幂级数 $\sum_{n=1}^{\infty} a_n (x-1)^n$ 的收敛半径为________.

(6) 设幂级数 $\sum_{n=0}^{\infty} a_n x^n$ 收敛半径为 3,则幂级数 $\sum_{n=0}^{\infty} n a_n (x-1)^{n-1}$ 的收敛区间为________.

3. 求下列幂级数的收敛域

(1) $\sum_{n=1}^{\infty} (-1)^n \frac{x^n}{n^n}$;　(2) $\sum_{n=0}^{\infty} 3^n x^{2n}$;　(3) $\sum_{n=1}^{\infty} \frac{1}{3^n} x^{2n-1}$;

(4) $\sum_{n=1}^{\infty} \frac{(x-2)^{2n}}{n 4^n}$;　(5) $\sum_{n=1}^{\infty} \frac{n}{2^n+(-3)^n} x^{2n-1}$;

(6) $\sum_{n=1}^{\infty} \frac{1}{n a^n} x^{n-1}$(其中 a 为正常数);　(7) $\sum_{n=1}^{\infty} \frac{\ln(1+n)}{n} x^{n-1}$.

4. 求和函数

(1) 求 $\sum_{n=1}^{\infty} n x^{n-1}(-1<x<1)$ 的和.

(2) 求 $\sum_{n=1}^{\infty} \frac{x^{2n-1}}{2n-1}(-1<x<1)$ 的和,并求级数 $\sum_{n=1}^{\infty} \frac{1}{(2n-1)2^n}$ 的和.

(3) 求 $\sum_{n=1}^{\infty} \frac{n}{2^n}$ 的和.

(4) 求幂级数 $\sum_{n=1}^{\infty} \left(\frac{1}{2n+1}-1\right) x^{2n}$ 在区间 $(-1,1)$ 内的和函数 $S(x)$.

(5) 求级数 $\sum_{n=1}^{\infty} \frac{1}{n 4^n} x^{n-1}$ 的收敛域,并求和函数.

(6) 求级数 $\sum_{n=2}^{\infty} \frac{1}{(n^2-1)2^n}$ 的和.

6.3　函数的幂级数展开式

在上一节,我们讨论了幂级数的收敛性,以及在其收敛域内幂级数收敛于一个和函数,本节将要讨论另外一个问题:对于任意一个函数 $f(x)$ 而言,能否将其展开成一个幂级数?如何用幂级数来表示这个函数?幂级数求和函数与函数展开成幂级数是相反的两个过程.

$$\sum_{n=0}^{\infty} a_n x^n \to (\text{求和}) f(x);\ f(x) \to (\text{展开}) \sum_{n=0}^{\infty} a_n x^n.$$

6.3.1　泰勒(Taylor)级数与泰勒公式

如果函数 $f(x)$ 在点 $x=x_0$ 处存在任何阶导数,我们称该形式为

$$f(x_0)+f'(x_0)(x-x_0)+\frac{f''(x_0)}{2!}(x-x_0)^2+\cdots+\frac{f^{(n)}(x_0)}{n!}(x-x_0)^n+\cdots$$

的级数,即 $\sum_{n=0}^{\infty} \frac{f^{(n)}(x_0)}{n!}(x-x_0)^n$ 为**泰勒级数**.

同时也称 $f(x)=\sum_{n=0}^{\infty}\frac{f^{(n)}(x_0)}{n!}(x-x_0)^n$ 为函数 $f(x)$ 在点 $x=x_0$ 处的**泰勒展开式**.

特别地，当 $x_0=0$ 时，

$$f(x)=f(0)+f'(0)x+\frac{f''(0)}{2!}x^2+\cdots+\frac{f^{(n)}(0)}{n!}x^n+\cdots$$

为函数 $f(x)$ 的**麦克劳林级数**.

下面给出泰勒展开式成立的条件.

定理 6.8(泰勒定理)

设函数 $f(x)$ 在 x_0 的某邻域内有直至 $n+1$ 阶导数，则对此邻域内的任意 x，$f(x)$ 可表示为

$$f(x)=f(x_0)+f'(x_0)(x-x_0)+\frac{f''(x_0)}{2!}(x-x_0)^2+\cdots+\frac{f^{(n)}(x_0)}{n!}(x-x_0)^n+\cdots+$$

$R_n(x)$，其中 $R_n(x)=\frac{f^{(n+1)}(\xi)}{(n+1)!}(x-x_0)^{n+1}$（$\xi$ 是 x_0 与 x 之间的某个值）. 此式称为 $f(x)$ 在 x_0 处的泰勒公式，$R_n(x)$ 称为 $f(x)$ 在 x_0 处的泰勒公式余项.

一个函数如能展开成幂级数，则必定能展开为泰勒级数或麦克劳林级数，所以函数的幂级数展开式又称为函数的泰勒展开式或麦克劳林展开式.

我们可以得到下面的定理：

定理 6.9 设函数 $f(x)$ 在 x_0 的某一邻域内具有各阶导数，则 $f(x)$ 在该邻域内能展开成泰勒级数的充分必要条件是：在该邻域内 $f(x)$ 的泰勒公式中的余项 $R_n(x)$ 当 $n\to\infty$ 时的极限为零.

6.3.2 将函数展开成幂级数的方法

下面重点介绍函数展开为麦克劳林级数的方法，函数展开为 x_0 处泰勒级数的方法完全与其类似.

1. 直接展开法

用直接展开法把函数 $f(x)$ 展开成 x 的幂级数，也就是 $f(x)$ 的麦克劳林级数，可按下列步骤进行.

第一步，求出 $f(x)$ 的各阶导数 $f'(x),f''(x),\cdots,f^{(n)}(x),\cdots$，如果在 $x=0$ 处某阶导数不存在，就停止进行. 例如在 $x=0$ 处，函数 $f(x)=x^{\frac{7}{3}}$ 的三阶导数不存在，它就不能展开为 x 的幂级数.

第二步，求出函数及其各阶导数在 $x=0$ 处的导数值：

$$f(0),f'(0),f''(0),\cdots,f^{(n)}(0),\cdots.$$

第三步，写出幂级数

$$\sum_{n=0}^{\infty}\frac{f^{(n)}(0)}{n!}x^n=f(0)+f'(0)x+\frac{f''(0)}{2!}x^2+\cdots+\frac{f^{(n)}(0)}{n!}x^n+\cdots,$$

并求其收敛半径 R.

第四步，考察 $\lim\limits_{n\to\infty}R_n(x)=\lim\limits_{n\to\infty}\frac{f^{(n+1)}(\xi)}{(n+1)!}x^{n+1}$ 是否为零. 如果为零，那么函数 $f(x)$ 在区间

$(-R,R)$ 内的幂级数展开式为

$$f(x)=f(0)+f'(0)x+\frac{f''(0)}{2!}x^2+\cdots+\frac{f^{(n)}(0)}{n!}x^n+\cdots(-R<x<R).$$

[例 6-26]　求 $f(x)=e^x$ 的麦克劳林展开式.

解　$f^{(n)}(x)=e^x,f^{(n)}(0)=1(n=0,1,2,\cdots)$,于是得级数

$$1+x+\frac{1}{2!}x^2+\frac{1}{3!}x^3+\cdots+\frac{1}{n!}x^n+\cdots,$$

易求得其收敛半径为 $R=+\infty$.

对于任意取定的 $x\in(-\infty,+\infty)$,

$$|R_n(x)|=\left|\frac{f^{(n+1)}(\xi)}{(n+1)!}\right||x|^{n+1}=\frac{e^{\xi}}{(n+1)!}|x|^{n+1},$$

因为 ξ 位于 0 与 x 之间,所以 $e^{\xi}\leqslant e^{|x|}$,因 $e^{|x|}$ 有限,而 $\frac{1}{(n+1)!}|x|^{n+1}$ 是收敛级数 $\sum\limits_{n=0}^{\infty}\frac{|x|^{n+1}}{(n+1)!}$ 的一般项,所以当 $n\to\infty$ 时,$|R_n(x)|\to 0$.

故 e^x 在$(-\infty,+\infty)$上的麦克劳林展开式为

$$e^x=1+x+\frac{1}{2!}x^2+\frac{1}{3!}x^3+\cdots+\frac{1}{n!}x^n+\cdots=\sum_{n=0}^{\infty}\frac{x^n}{n!},x\in(-\infty,+\infty).$$

[例 6-27]　求 $f(x)=\sin x$ 的麦克劳林展开式.

解　$f^{(n)}(x)=\sin\left(x+n\cdot\frac{\pi}{2}\right)(n=1,2,\cdots)$,$f^{(n)}(0)$ 的值按顺序循环地取 $0,1,0,-1,\cdots(n=0,1,2,\cdots)$,于是得级数

$$x-\frac{1}{3!}x^3+\frac{1}{5!}x^5-\cdots+(-1)^n\frac{1}{(2n+1)!}x^{2n+1}+\cdots,$$

易求得其收敛半径为 $R=+\infty$.

对于任意取定的 $x\in(-\infty,+\infty)$,

$$|R_n(x)|=\left|\frac{\sin\left[\xi+\frac{(n+1)\pi}{2}\right]}{(n+1)!}\right||x|^{n+1}=\frac{|x|^{n+1}}{(n+1)!}\to 0(n\to\infty).$$

因此 $\sin x$ 在$(-\infty,+\infty)$上的麦克劳林展开式为

$$\sin x=x-\frac{1}{3!}x^3+\frac{1}{5!}x^5-\cdots+(-1)^n\frac{1}{(2n+1)!}x^{2n+1}+\cdots=\sum_{n=0}^{\infty}\frac{(-1)^n}{(2n+1)!}x^{2n+1}.$$

2. 间接展开法

因为函数的幂级数展开式是唯一的,所以可以从已知展开式出发,利用幂级数的加、减运算以及幂级数在收敛区间内可逐项求导、逐项积分等性质,把函数展开成幂级数,这就是**间接展开法**.

为了运用间接展开法,必须熟记以下几个常用的幂级数展开式:

$$e^x=1+x+\frac{x^2}{2!}+\frac{x^3}{3!}+\cdots+\frac{x^n}{n!}+\cdots(-\infty<x<+\infty);\tag{1}$$

$$\sin x=x-\frac{x^3}{3!}+\frac{x^5}{5!}-\cdots+(-1)^n\frac{x^{2n+1}}{(2n+1)!}+\cdots(-\infty<x<+\infty);\tag{2}$$

$$\frac{1}{1+x}=1-x+x^2-x^3+\cdots+(-1)^n x^n+\cdots(-1<x<1). \quad (3)$$

通过对(2)两边求导,可得

$$\cos x=1-\frac{x^2}{2!}+\frac{x^4}{4!}-\cdots+(-1)^n\frac{x^{2n}}{(2n)!}+\cdots(-\infty<x<+\infty). \quad (4)$$

通过对(3)两边积分,可得

$$\ln(1+x)=x-\frac{x^2}{2}+\frac{x^3}{3}-\cdots+(-1)^{n-1}\frac{x^n}{n}+\cdots(-1<x\leqslant 1). \quad (5)$$

偶函数的幂级数展开式仅含偶次幂;奇函数的幂级数展开式仅含奇次幂.

[例 6-28] 求下列函数的麦克劳林级数:

(1)e^{-x^2}; (2)$\frac{1}{1+x^2}$; (3)$\arctan x$.

解 (1) 已知 $e^x=\sum_{n=0}^{\infty}\frac{x^n}{n!}, x\in(-\infty,+\infty)$,所以

$$e^{-x^2}=\sum_{n=0}^{\infty}\frac{1}{n!}(-x^2)^n=\sum_{n=0}^{\infty}\frac{(-1)^n}{n!}x^{2n}, x\in(-\infty,+\infty).$$

(2) 已知$\frac{1}{1+x}=\sum_{n=0}^{\infty}(-1)^n x^n, x\in(-1,1)$,所以

$$\frac{1}{1+x^2}=\sum_{n=0}^{\infty}(-1)^n(x^2)^n=\sum_{n=0}^{\infty}(-1)^n x^{2n}, x\in(-1,1).$$

(3) 因为$(\arctan x)'=\frac{1}{1+x^2}=\sum_{n=0}^{\infty}(-1)^n x^{2n}, x\in(-1,1)$.

所以 $\arctan x=\int_0^x(\arctan t)'\mathrm{d}t=\int_0^x\left[\sum_{n=0}^{\infty}(-1)^n t^{2n}\right]\mathrm{d}t$

$$=\sum_{n=0}^{\infty}\int_0^x(-1)^n t^{2n}\mathrm{d}t=\sum_{n=0}^{\infty}\frac{(-1)^n}{2n+1}x^{2n+1}, x\in[-1,1].$$

[例 6-29] 将函数 $f(x)=\ln(1-x-2x^2)$展开成 x 的幂级数.

解 $f(x)=\ln(1-x-2x^2)=\ln[(1+x)(1-2x)]=\ln(1+x)+\ln(1-2x)$.

因为

$$\ln(1+x)=\sum_{n=0}^{\infty}(-1)^n\frac{x^{n+1}}{n+1}, x\in(-1,1],$$

用 $-2x$ 替代 x,得

$$\ln(1-2x)=\sum_{n=0}^{\infty}(-1)^n\frac{(-2x)^{n+1}}{n+1}, x\in\left[-\frac{1}{2},\frac{1}{2}\right),$$

从而

$$\begin{aligned}f(x)=\ln(1-x-2x^2)&=\ln(1+x)+\ln(1-2x)\\&=\sum_{n=0}^{\infty}(-1)^n\frac{1+(-2)^{n+1}}{n+1}x^{n+1}\\&=\sum_{n=0}^{\infty}\frac{(-1)^n-2^{n+1}}{n+1}x^{n+1}, x\in\left[-\frac{1}{2},\frac{1}{2}\right).\end{aligned}$$

3. 利用函数的麦克劳林展开式求泰勒展开式

在 $x = x_0$ 处展开成泰勒展开式，也可以应用麦克劳林展开式.

[例 6-30]　将函数 $f(x) = \dfrac{1}{x^2 - 5x + 6}$ 在 $x = 1$ 处展开为幂级数，并写出收敛域.

解　将 $f(x)$ 拆成部分分式形式为

$$f(x) = \frac{1}{x^2 - 5x + 6} = \frac{1}{x-3} - \frac{1}{x-2} = \frac{1}{1-(x-1)} - \frac{1}{2}\frac{1}{1-\frac{x-1}{2}},$$

利用$\dfrac{1}{1-x} = \sum\limits_{n=0}^{\infty} x^n, x \in (-1,1)$，于是得

$$f(x) = \frac{1}{1-(x-1)} - \frac{1}{2}\frac{1}{1-\frac{x-1}{2}}$$

$$= \sum_{n=0}^{\infty}(x-1)^n - \frac{1}{2}\sum_{n=0}^{\infty}\frac{(x-1)^n}{2^n} = \sum_{n=0}^{\infty}\left(1 - \frac{1}{2^{n+1}}\right)(x-1)^n,$$

收敛域为(0,2).

[例 6-31]　将 $f(x) = \dfrac{1}{(1+x)^2}$ 在 $x_0 = 1$ 处展开为幂级数，并指明收敛域.

解　为利用等比级数的标准形，取逐项积分方法得

$$\int_0^x \frac{1}{(1+t)^2}\mathrm{d}t = 1 - \frac{1}{1+x} = 1 - \frac{1}{2+x-1}$$

$$= 1 - \frac{1}{2}\frac{1}{1+\frac{x-1}{2}} = 1 - \frac{1}{2}\sum_{n=0}^{\infty}\frac{(-1)^n}{2^n}(x-1)^n,$$

再求导一次得

$$f(x) = \sum_{n=1}^{\infty}\frac{(-1)^{n+1}}{2^{n+1}}n(x-1)^{n-1} = \sum_{n=0}^{\infty}\frac{(-1)^n}{2^{n+2}}(n+1)(x-1)^n, \ |x-1| < 2.$$

[例 6-32]　将 $f(x) = \dfrac{\mathrm{d}}{\mathrm{d}x}\left(\dfrac{\mathrm{e}^x - 1}{x}\right)$展开成 x 的幂级数，并求 $\sum\limits_{n=1}^{\infty}\dfrac{n}{(n+1)!}$.

解　由指数函数 e^x 的展开式可得，

$$\frac{\mathrm{e}^x - 1}{x} = \frac{1}{x}\left(\sum_{n=0}^{\infty}\frac{x^n}{n!} - 1\right) = \frac{1}{x}\sum_{n=1}^{\infty}\frac{x^n}{n!} = \sum_{n=1}^{\infty}\frac{x^{n-1}}{n!},$$

所以，$f(x) = \dfrac{\mathrm{d}}{\mathrm{d}x}\left(\dfrac{\mathrm{e}^x - 1}{x}\right) = \dfrac{\mathrm{d}}{\mathrm{d}x}\left(\sum\limits_{n=1}^{\infty}\dfrac{x^{n-1}}{n!}\right) = \sum\limits_{n=2}^{\infty}\dfrac{(n-1)x^{n-2}}{n!} = \sum\limits_{n=1}^{\infty}\dfrac{nx^{n-1}}{(n+1)!}(x \neq 0)$.

令 $x = 1$，得

$$\sum_{n=1}^{\infty}\frac{n}{(n+1)!} = f(1) = \left[\frac{\mathrm{d}}{\mathrm{d}x}\left(\frac{\mathrm{e}^x - 1}{x}\right)\right]_{x=1} = 1.$$

[例 6-33]　将 $f(x) = \arctan\dfrac{1-2x}{1+2x}$ 展开成 x 的幂级数，并求级数 $\sum\limits_{n=0}^{\infty}\dfrac{(-1)^n}{2n+1}$ 的和.

解　因为 $f'(x) = -\dfrac{2}{1+4x^2} = -2\sum\limits_{n=0}^{\infty}(-1)^n 4^n x^{2n}, x \in \left(-\dfrac{1}{2}, \dfrac{1}{2}\right)$，又因为 $f(0) = \dfrac{\pi}{4}$，所以

$$f(x)=f(0)+\int_0^x f'(t)\mathrm{d}t=\frac{\pi}{4}-2\int_0^x\left[\sum_{n=0}^{\infty}(-1)^n4^nt^{2n}\right]\mathrm{d}t$$

$$=\frac{\pi}{4}-2\sum_{n=0}^{\infty}\frac{(-1)^n4^n}{2n+1}x^{2n+1},x\in\left(-\frac{1}{2},\frac{1}{2}\right).$$

因为级数$\sum\limits_{n=0}^{\infty}\frac{(-1)^n}{2n+1}$收敛,函数$f(x)$在$x=\frac{1}{2}$处连续,所以

$$f(x)=\frac{\pi}{4}-2\sum_{n=0}^{\infty}\frac{(-1)^n4^n}{2n+1}x^{2n+1},x\in\left(-\frac{1}{2},\frac{1}{2}\right],$$

令$x=\frac{1}{2}$,得

$$f\left(\frac{1}{2}\right)=\frac{\pi}{4}-2\sum_{n=0}^{\infty}\frac{(-1)^n4^n}{2n+1}\cdot\frac{1}{2^{2n+1}},$$

再由$f\left(\frac{1}{2}\right)=0$,得

$$\sum_{n=0}^{\infty}\frac{(-1)^n}{2n+1}=\frac{\pi}{4}-f\left(\frac{1}{2}\right)=\frac{\pi}{4}.$$

[小结] 要善于运用常见函数e^x,$\sin x$,$\ln(1+x)$……的幂级数展开式,结合逐项求导、逐项积分等方法间接展开所给函数.此外,在展开函数$\sin^2x$,$\cos^2x$,a^x时,运用间接展开,先将它们分别化为$\frac{1}{2}(1-\cos2x)$,$\frac{1}{2}(1+\cos2x)$和$\mathrm{e}^{x\ln a}$,则可得相应的幂级数展开式.

4. 利用幂级数求函数的高阶导数

[例 6-34] 已知$f(x)=x^5\mathrm{e}^{x^2}$,求$f^{(99)}(0)$,$f^{(100)}(0)$.

解 将$f(x)$展开成x的幂级数,

$$f(x)=x^5\mathrm{e}^{x^2}=x^5\sum_{n=0}^{\infty}\frac{x^{2n}}{n!}=\sum_{n=0}^{\infty}\frac{x^{2n+5}}{n!},x\in(-\infty,+\infty),$$

另外,由泰勒展开式,$f(x)=\sum\limits_{n=0}^{\infty}\frac{f^{(n)}(0)}{n!}x^n$,

根据展开式的唯一性,得$f^{(99)}(0)=\frac{99!}{47!}$,$f^{(100)}(0)=0$.

习题 6-4

1. 将下列函数展开成x的幂级数,并求展开式成立的区间

(1)$f(x)=\sin^2x$;

(2)$f(x)=\ln(x^2+3x+2)$;

(3)$f(x)=x^2\ln(1+x)$;

(4)$f(x)=3^x$;

(5)$f(x)=\frac{x^{10}}{1-x}$;

(6)$f(x)=(1+x)\ln(1+x)$;

(7) $f(x)=\dfrac{1}{1+x-2x^2}$;

(8) $f(x)=\dfrac{1}{x^2-3x+2}$;

(9) $f(x)=\dfrac{1}{x^2+x-6}$;

(10) $f(x)=\dfrac{1}{(1+x)^2}$;

(11) $f(x)=\ln(2-2x^2-4x^4)$.

2. 将函数 $f(x)=\dfrac{1}{x^2+3x}$ 展开成 $(x-1)$ 的幂级数.

3. 把函数 $y=\dfrac{1}{x+1}$ 展开成 $(x-1)$ 的幂级数,并求出它的收敛区间.

4. 将函数 $f(x)=\dfrac{x-1}{3-x}$ 在点 $x_0=1$ 处展开成幂级数,并指出收敛区间(端点不考虑).

5. 将函数 $y=\ln x$ 展开成 $(x-1)$ 的幂级数并指出收敛区间.

6.4 综合训练题

1. 选择题

(1) 级数 $\sum\limits_{n=1}^{\infty}(-1)^n\dfrac{n}{2^n}\cos^2\dfrac{n}{3}\pi$(　　).

(A) 绝对收敛　　(B) 条件收敛　　(C) 发散　　(D) 收敛性不能确定

(2) 若幂级数 $\sum\limits_{n=0}^{\infty}a_nx^n$ 在 $x=2$ 处收敛,则 $\sum\limits_{n=0}^{\infty}a_n\left(x-\dfrac{1}{2}\right)^n$ 在 $x=2$ 处(　　).

(A) 绝对收敛　　(B) 条件收敛　　(C) 发散　　(D) 收敛性不能确定

(3) 对任意项级数 $\sum\limits_{n=1}^{\infty}a_n$,若 $|a_n|>|a_{n+1}|$,且 $\lim\limits_{n\to\infty}a_n=0$,则该级数(　　).

(A) 绝对收敛　　(B) 条件收敛　　(C) 发散　　(D) 收敛性不能确定

(4) 下列说法正确的是(　　).

(A) 若 $u_n\leqslant\dfrac{1}{n}$,则正项级数 $\sum\limits_{n=1}^{\infty}u_n$ 一定发散

(B) 若正项级数 $\sum\limits_{n=1}^{\infty}u_n$ 发散,则一定有 $u_n\geqslant\dfrac{1}{n}$

(C) 若级数 $\sum\limits_{n=1}^{\infty}u_n$ 收敛,且 $u_n\geqslant v_n(n=1,2,\cdots)$,则级数 $\sum\limits_{n=1}^{\infty}v_n$ 也收敛

(D) 若 $u_n\leqslant\dfrac{1}{n^2}$,则正项级数 $\sum\limits_{n=1}^{\infty}u_n$ 一定收敛

(5) 若级数 $\sum\limits_{n=2}^{+\infty}\dfrac{(-1)^n}{n^a+(-1)^n}$ 收敛,则 a 的取值范围是(　　).

(A) $a>0$　　(B) $a>1$　　(C) $a>\dfrac{1}{2}$　　(D) $a>\dfrac{1}{3}$

2. 填空题

(1) 已知级数 $\sum_{n=1}^{\infty}\frac{2^n}{n!}$ 收敛，则 $\lim_{n\to\infty}\frac{2^n}{n!}=$ ________.

(2) 若级数 $\sum_{n=1}^{\infty}u_n$ 收敛，则 $\lim_{n\to\infty}(u_n^2-u_n+3)=$ ________.

(3) 若 $\sum_{n=1}^{\infty}u_n=S$，则 $\sum_{n=1}^{\infty}(3u_n-4u_{n+1})=$ ________.

(4) 若级数 $\sum_{n=1}^{\infty}u_n$ 加括号后发散，则原级数 $\sum_{n=1}^{\infty}u_n$ 的敛散性是________.

(5) 设幂级数 $\sum_{n=1}^{\infty}\frac{(x-a)^n}{n}$ 在 $x=2$ 处收敛，则实数 a 的取值范围是________.

(6) 级数 $\sum_{n=1}^{\infty}\left(\frac{kn+1}{4n-1}\right)^n(k>0)$ 收敛，则 k 的取值范围________.

(7) 设级数 $\sum_{n=1}^{\infty}\frac{\arctan\frac{1}{n}}{n^p}$ 收敛，则 p 的取值范围为________.

(8) 幂级数 $\sum_{n=2}^{\infty}\frac{x^n}{n(n-1)}$ 在其收敛区间上的和函数 $S(x)=$ ________.

3. 判别下列级数的敛散性

(1) $\sum_{n=1}^{\infty}\frac{2n-1}{2^{\frac{n}{2}}}$；　　(2) $\sum_{n=1}^{\infty}\frac{n!}{2^n+1}$.

4. 计算题

(1) 求级数 $(3x+1)+\frac{1}{2}(3x+1)^2+\cdots+\frac{1}{n}(3x+1)^n+\cdots$ 的和函数.

(2) 求幂级数 $\sum_{n=1}^{\infty}n^2x^{n-1}$ 的和函数，并求级数 $\sum_{n=1}^{\infty}\frac{n^2}{2^{n-1}}$ 的和.

(3) 将函数 $f(x)=\ln(3x-x^2)$ 在 $x=1$ 处展开为幂级数.

(4) 设 $a>0$，试讨论 $\sum_{n=1}^{\infty}na^n$ 的敛散性. 当级数收敛时，试求其和.

(5) 求级数 $\sum_{n=2}^{\infty}\frac{1}{(n^2-1)2^n}$ 的和.

5. 证明题

(1) 证明：若级数 $\sum_{n=1}^{\infty}u_n^2$ 收敛，则 $\sum_{n=1}^{\infty}\frac{u_n}{n}$ 必绝对收敛.

(2) 设 $a_n=\int_0^{\frac{\pi}{4}}\tan^n x\,dx$，① 求 $\sum_{n=1}^{\infty}\frac{1}{n}(a_n+a_{n+2})$ 的值；② 试证：对任意的常数 $\lambda>0$，级数 $\sum_{n=1}^{\infty}\frac{a_n}{n^{\lambda}}$ 收敛.

第 7 章 向量代数与空间解析几何

本章重点介绍向量及其运算以及空间平面、直线方程的表示. 我们先引入空间直角坐标系,介绍空间中点的坐标表示、空间两点间的距离公式,在初步建立空间感的前提下,引入向量的概念及向量的运算,然后以向量为工具,建立空间平面与直线方程,并且讨论它们之间的位置关系.

7.1 空间直角坐标系

众所周知,实数 x 与数轴上的点是一一对应的,二元数组 (x,y) 与平面坐标上的点是一一对应的,从而实现了用代数的方法探索几何问题. 类似地,通过建立空间直角坐标系,把空间中的点与一个三元有序数组 (x,y,z) 建立一一对应关系,就可以用代数的方法研究空间问题.

7.1.1 空间直角坐标系的建立

过空间定点 O 作三条互相垂直的数轴,它们都以 O 为原点,并且通常取相同的长度单位. 这三条数轴分别称为 x 轴,y 轴,z 轴. 各轴正向之间的顺序通常按下述法则确定:以右手握住 z 轴,让右手的四指从 x 轴的正向以 $\frac{\pi}{2}$ 的角度转向 y 轴的正向,这时大拇指所指的方向就是 z 轴的正向. 这个法则叫做右手法则(图 7-1). 这样就组成了空间直角坐标系. O 称为坐标原点,每两条坐标轴确定的平面称为**坐标平面**,简称为**坐标面**. x 轴与 y 轴所确定的坐标面称为 xOy 坐标面,类似地有 yOz 坐标面、zOx 坐标面. 这些坐标面把空间分成八个部分,每一部分称为一个卦限(图 7-2). x 轴,y 轴,z 轴的正半轴的卦限称为第 Ⅰ 卦限,从第 Ⅰ 卦限开始,从 z 轴的正向向下看,按逆时针方向,先后出现的卦限依次称为第 Ⅱ,Ⅲ,Ⅳ 卦限,第 Ⅰ,Ⅱ,Ⅲ,Ⅳ 卦限下方的空间部分依次称为第 Ⅴ,Ⅵ,Ⅶ,Ⅷ 卦限.

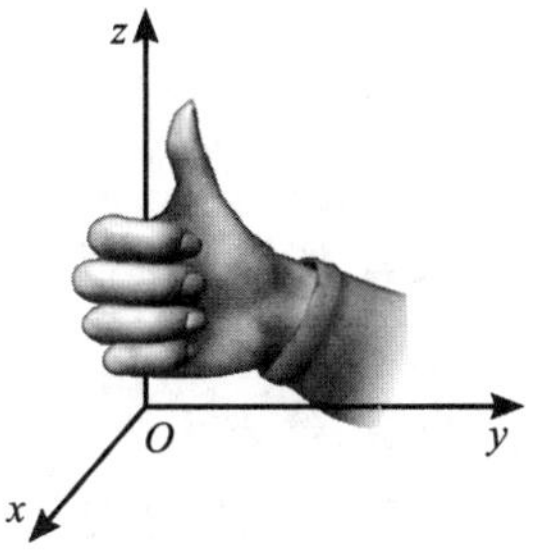

图 7-1

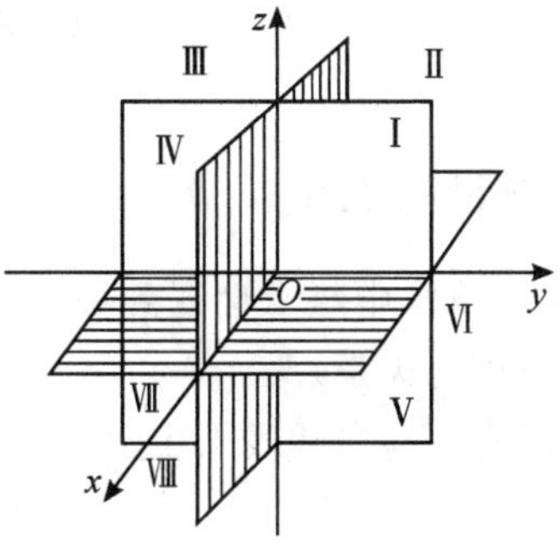

图 7-2

7.1.2 空间中点的直角坐标

设 M 为空间的一点，若过 M 点分别作垂直于三坐标轴的平面，与三坐标轴分别相交于 P,Q,R 三点，且这三点在 x 轴、y 轴、z 轴上的坐标依次为 x,y,z，则点 M 唯一地确定了一个有序数组 (x,y,z). 反之，设给定一个有序数组 (x,y,z)，且它们分别在 x 轴、y 轴、z 轴上依次对应于 P,Q,R 三点，若过 P,Q 和 R 点分别作平面垂直于所在坐标轴，则这三个平面确定了唯一的交点 M. 这样，空间的点就与一个有序数组 (x,y,z) 之间建立了一一对应关系（图 7-3）. 有序数组 (x,y,z) 就称为点 M 的坐标，记为 $M(x,y,z)$，它们分别称为横坐标、纵坐标和竖坐标.

显然，原点 O 的坐标为 $(0,0,0)$，坐标轴上的点至少有两个坐标为 0，坐标面上的点至少有一个坐标为 0. 例如，在 x 轴上的点，均有 $y=z=0$；在 xOy 坐标面上的点，均有 $z=0$.

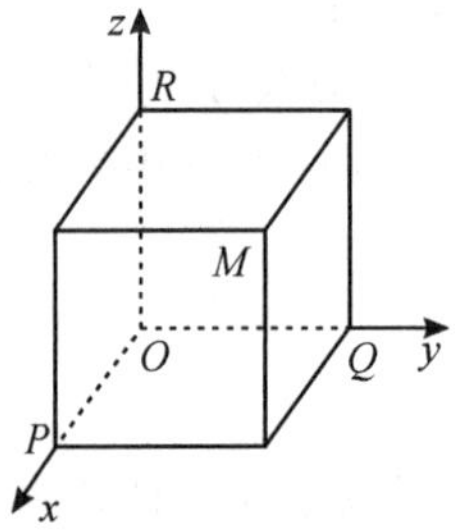

图 7-3

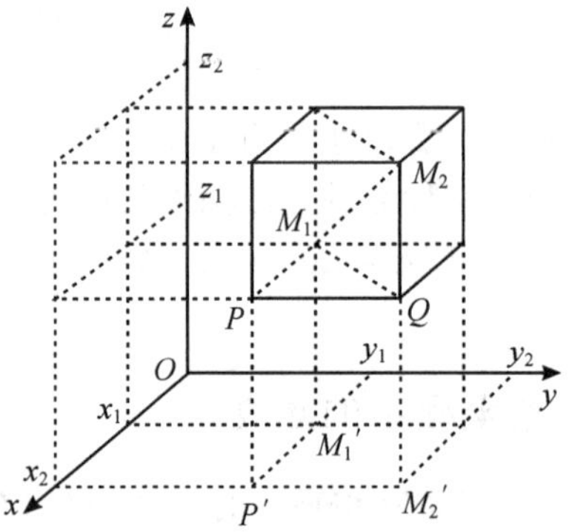

图 7-4

7.1.3 空间两点间的距离公式

设空间中有两点 $M_1(x_1,y_1,z_1)$、$M_2(x_2,y_2,z_2)$. 则它们之间的距离 $d=|M_1M_2|$ 如何计算（图 7-4）? 我们可由平面直角坐标系中两点间的距离公式引申到空间两点间的距离公式，得

$$d=\sqrt{(x_2-x_1)^2+(y_2-y_1)^2+(z_2-z_1)^2}.$$

7.2 向量及其运算

7.2.1 向量与向量的表示

在物理学和工程技术中经常会遇到一些既有大小又有方向的量，如力、速度等，我们把这类量称为**向量**（也称为**矢量**）.

在数学中，我们常用有向线段来表示向量，设起点为 A，终点为 B 的向量记为 $\overrightarrow{AB}$. 在不需要特别指明向量的起点与终点时，向量也可以用粗体字母 $\boldsymbol{a},\boldsymbol{b}$ 等表示. 如图 7-5，图 7-6 所示.

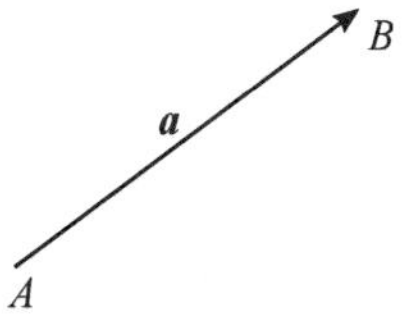

图 7-5

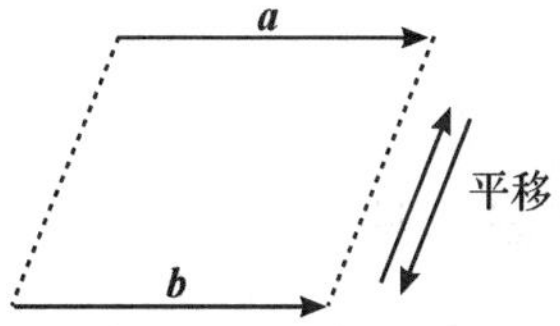

图 7-6

通常，对于两个向量 $\boldsymbol{a}$ 和 $\boldsymbol{b}$，不论起点是否一致，只要大小相等、方向相同，就称这两个向量相等，记为 $\boldsymbol{a}=\boldsymbol{b}$. 因此向量可以自由平移，如图 7-6 所示.

线段 AB 的长度表示向量的大小（也称**向量的模**），记为 $|\overrightarrow{AB}|$. 向量 $\boldsymbol{a}$ 的模记为 $|\boldsymbol{a}|$. 其中模等于 1 的向量叫做单位向量，模等于零的向量叫做零向量，记作 $\mathbf{0}$.

我们规定：将两个非零向量 $\boldsymbol{a}$ 和 $\boldsymbol{b}$ 平行移动，使它们的起点重合后两个向量之间的夹角为 $\boldsymbol{a}$ 和 $\boldsymbol{b}$ 之间的夹角，记为 $(\widehat{\boldsymbol{a},\boldsymbol{b}})$，并且规定 $0\leqslant(\widehat{\boldsymbol{a},\boldsymbol{b}})\leqslant\pi$.

如果 $(\widehat{\boldsymbol{a},\boldsymbol{b}})=0$ 或 π，那么就称向量 $\boldsymbol{a}$ 与 $\boldsymbol{b}$ 平行，记作 $\boldsymbol{a}/\!/\boldsymbol{b}$. 如果 $(\widehat{\boldsymbol{a},\boldsymbol{b}})=\frac{\pi}{2}$，那么就称向量 $\boldsymbol{a}$ 与 $\boldsymbol{b}$ 垂直，记作 $\boldsymbol{a}\perp\boldsymbol{b}$.

7.2.2　向量的线性运算

由力学知识我们知道，力的合成和分解可以由平行四边形法则或者三角形法则求得. 类似地，我们定义向量的加法和减法.

设有两个非零向量 $\boldsymbol{a},\boldsymbol{b}$，以 $\boldsymbol{a},\boldsymbol{b}$ 为边的平行四边形的对角线 $\overrightarrow{OC}$ 所表示的向量（图 7-7），称为向量 $\boldsymbol{a},\boldsymbol{b}$ 的**和向量**，记为 $\boldsymbol{a}+\boldsymbol{b}$，这就是向量加法的平行四边形法则.

从图 7-7、图 7-8 可以看出：向量的加法满足交换律和结合律，即

交换律：$\boldsymbol{a}+\boldsymbol{b}=\boldsymbol{b}+\boldsymbol{a}$；

结合律：$(\boldsymbol{a}+\boldsymbol{b})+\boldsymbol{c}=\boldsymbol{a}+(\boldsymbol{b}+\boldsymbol{c})$.

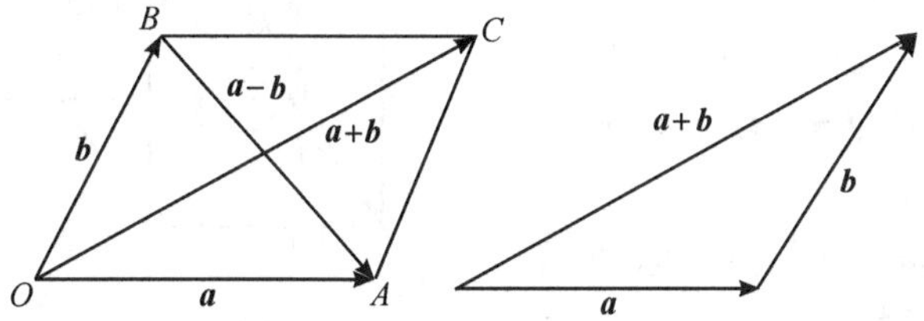

图 7-7

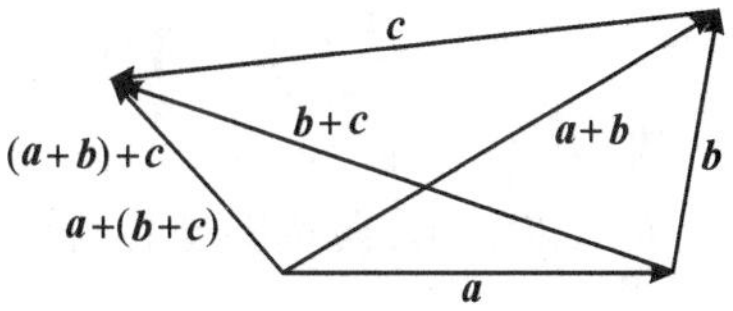

图 7-8

向量的减法定义为向量加法的逆运算，即若向量 $\boldsymbol{b}$ 与 $\boldsymbol{c}$ 的和为向量 $\boldsymbol{a}$，则向量 $\boldsymbol{c}$ 定义为 $\boldsymbol{a}$ 与 $\boldsymbol{b}$ 的差（向量），记为 $\boldsymbol{c}=\boldsymbol{a}-\boldsymbol{b}$. 如图 7-7 所示.

下面我们给出数与向量的乘积（简称数乘）的定义.

设 $\boldsymbol{a}$ 是一个非零向量，λ 是一个非零实数，则 $\lambda\boldsymbol{a}$ 仍然是一个向量. 当 $\lambda>0$ 时，方向与 $\boldsymbol{a}$ 同向；当 $\lambda<0$ 时，方向与 $\boldsymbol{a}$ 反向，且 $|\lambda\boldsymbol{a}|=|\lambda|\,|\boldsymbol{a}|$.

容易验证，数乘向量满足下列规律：

结合律：$\mu(\lambda\boldsymbol{a})=\lambda(\mu\boldsymbol{a})=(\mu\lambda)\boldsymbol{a}$；

分配律：$\lambda(\boldsymbol{a}+\boldsymbol{b})=\lambda\boldsymbol{a}+\lambda\boldsymbol{b}$；$(\lambda+\mu)\boldsymbol{a}=\lambda\boldsymbol{a}+\mu\boldsymbol{a}$.

设 $\boldsymbol{a}$ 是一个非零向量，由数乘向量的定义可知，向量 $\frac{\boldsymbol{a}}{|\boldsymbol{a}|}$ 的模等于1，且与 $\boldsymbol{a}$ 同方向，所以有

$$\boldsymbol{a}^0 = \frac{\boldsymbol{a}}{|\boldsymbol{a}|}.$$

7.2.3 向量的坐标表示法

我们通过向量的坐标表示，将向量运算代数化.

设有向量 $\boldsymbol{a}$，始点为坐标原点 O，终点为 $P(x,y,z)$. 过 P 点作三条坐标轴的垂直平面分别交 x 轴，y 轴及 z 轴于 P_x，P_y 及 P_z 点，x 轴及 y 轴的垂直平面与 xOy 坐标面交于 P_{xy} 点(图 7-9). 于是有

$$\overrightarrow{OP} = \overrightarrow{OP}_{xy} + \overrightarrow{OP}_z = \overrightarrow{OP}_x + \overrightarrow{OP}_y + \overrightarrow{OP}_z,$$

$\overrightarrow{OP}_x$，$\overrightarrow{OP}_y$，$\overrightarrow{OP}_z$ 分别称为向量$\overrightarrow{OP}$ 在 x 轴，y 轴，z 轴上的分向量.

在 x 轴，y 轴，z 轴上分别取一与坐标轴正向一致的单位向量，依次记为 $\boldsymbol{i}$，$\boldsymbol{j}$，$\boldsymbol{k}$，称为**基本单位向量**(或坐标向量). 易知：

$$\overrightarrow{OP}_x = x\boldsymbol{i}, \overrightarrow{OP}_y = y\boldsymbol{j}, \overrightarrow{OP}_z = z\boldsymbol{k}.$$

因此，

$$\overrightarrow{OP} = x\boldsymbol{i} + y\boldsymbol{j} + z\boldsymbol{k}.$$

上式称为向量$\overrightarrow{OP}$ 的坐标分解式. x、y、z 称为向量的坐标. 记作$\overrightarrow{OP} = (x,y,z)$. 即当向量的始点在坐标原点时，向量的坐标就是该向量的终点的坐标. 因此任一向量都与其坐标一一对应，从而使得向量可用坐标来表示.

三个基本单位向量 $\boldsymbol{i}$，$\boldsymbol{j}$，$\boldsymbol{k}$ 的坐标分别为(1,0,0)，(0,1,0)，(0,0,1).

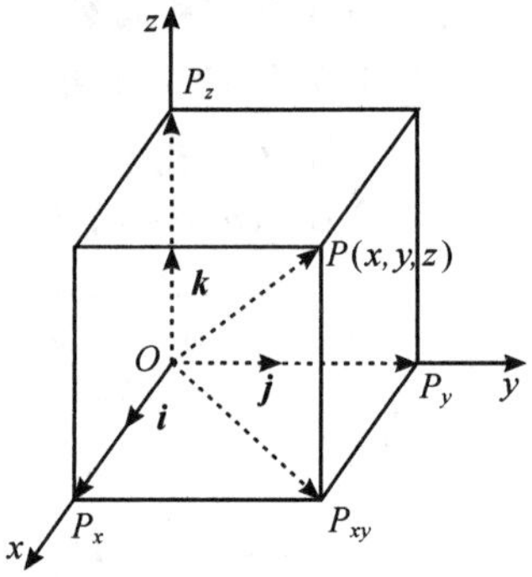

图 7-9

[例 7-1] 求始点为 $A(x_1,y_1,z_1)$、终点为 $B(x_2,y_2,z_2)$ 的向量$\overrightarrow{AB}$ 的坐标表示式.

解 如图 7-10 所示，由向量的运算性质知：

$$\begin{aligned}\overrightarrow{AB} &= \overrightarrow{OB} - \overrightarrow{OA}\\ &= (x_2\boldsymbol{i} + y_2\boldsymbol{j} + z_2\boldsymbol{k}) - (x_1\boldsymbol{i} + y_1\boldsymbol{j} + z_1\boldsymbol{k})\\ &= (x_2 - x_1)\boldsymbol{i} + (y_2 - y_1)\boldsymbol{j} + (z_2 - z_1)\boldsymbol{k}\end{aligned}$$

故$\overrightarrow{AB} = (x_2 - x_1, y_2 - y_1, z_2 - z_1)$.

该结果表示：向量的坐标等于终点坐标与始点坐标之差.

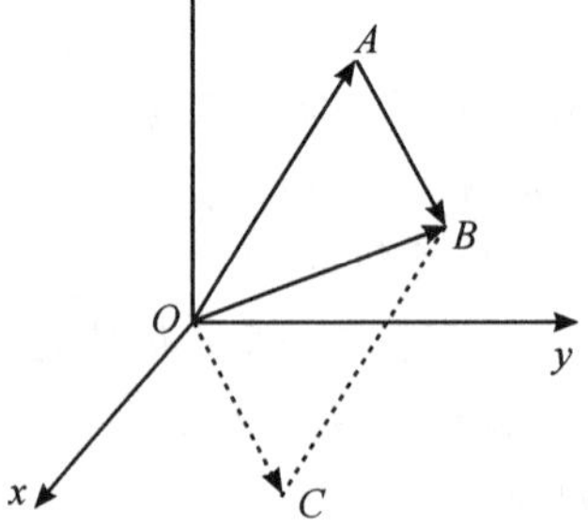

图 7-10

7.2.4 向量的线性运算(加法运算与数量乘法运算)

有了向量的坐标表示，向量的运算可转化为向量坐标的运算.

若 $\boldsymbol{a}=(a_x,a_y,a_z)$，$\boldsymbol{b}=(b_x,b_y,b_z)$，则

(1) 向量的加法：$\boldsymbol{a}\pm\boldsymbol{b}=(a_x\pm b_x,a_y\pm b_y,a_z\pm b_z)$.

(2) 向量的数乘：$m\boldsymbol{a}=(ma_x,ma_y,ma_z)$，其中 m 为常数.

(3) 向量的模：$|\boldsymbol{a}|=\sqrt{a_x^2+a_y^2+a_z^2}$.

进一步，我们规定：非零向量 $\boldsymbol{a}$ 与 x 轴，y 轴，z 轴正向的夹角 α,β,γ 称为向量 $\boldsymbol{a}$ 的**方向角**. 其中 $0\leqslant\alpha,\beta,\gamma\leqslant\pi$. 同时，把 $\cos\alpha,\cos\beta,\cos\gamma$ 称为向量 $\boldsymbol{a}$ 的方向余弦.

(4) 方向余弦：$\cos\alpha=\dfrac{x_1}{|\boldsymbol{a}|}$，$\cos\beta=\dfrac{y_1}{|\boldsymbol{a}|}$，$\cos\gamma=\dfrac{z_1}{|\boldsymbol{a}|}$，

不难发现 $\cos^2\alpha+\cos^2\beta+\cos^2\gamma=1$.

[例 7-2]　已知 $M_1(1,-2,3)$，$M_2(4,2,-1)$，求 $\overrightarrow{M_1M_2}$ 的模及方向余弦.

解　由已知可知 $\overrightarrow{M_1M_2}=\{3,4,-4\}$，

$$|\overrightarrow{M_1M_2}|=\sqrt{3^2+4^2+(-4)^2}=\sqrt{41},$$

$$\cos\alpha=\frac{3}{\sqrt{41}},\cos\beta=\frac{4}{\sqrt{41}},\cos\gamma=\frac{-4}{\sqrt{41}}.$$

[例 7-3]　设向量 $\boldsymbol{a}$ 的两个方向余弦为 $\cos\alpha=\dfrac{1}{3}$，$\cos\beta=\dfrac{2}{3}$，又已知 $|\boldsymbol{a}|=6$，求向量 $\boldsymbol{a}$ 的坐标.

解　因为 $\cos\alpha=\dfrac{1}{3}$，$\cos\beta=\dfrac{2}{3}$，由公式 $\cos^2\alpha+\cos^2\beta+\cos^2\gamma=1$ 可得

$$\cos\lambda=\pm\sqrt{1-\cos^2\alpha-\cos^2\beta}=\pm\frac{2}{3},$$

因此向量 $\boldsymbol{a}$ 的坐标为

$$x=|\boldsymbol{a}|\cos\alpha=2,y=|\boldsymbol{a}|\cos\beta=4,z=|\boldsymbol{a}|\cos\lambda=\pm4.$$

所以 $\boldsymbol{a}=\{2,4,4\}$ 或 $\boldsymbol{a}=\{2,4,-4\}$.

7.2.5　向量的数量积与向量积

1. 向量的数量积(点乘)

(1) 向量的数量积定义

定义 7.1　两个向量 $\boldsymbol{a},\boldsymbol{b}$ 的模及其夹角余弦的乘积，称为向量 $\boldsymbol{a},\boldsymbol{b}$ 的数量积或点积，记为 $\boldsymbol{a}\cdot\boldsymbol{b}$，即

$\boldsymbol{a}\cdot\boldsymbol{b}=|\boldsymbol{a}|\cdot|\boldsymbol{b}|\cos(\widehat{\boldsymbol{a},\boldsymbol{b}})$.

由向量的数量积的定义，可得三个坐标基本向量 $\boldsymbol{i},\boldsymbol{j},\boldsymbol{k}$ 之间的数量积关系为

$\boldsymbol{i}\cdot\boldsymbol{i}=\boldsymbol{j}\cdot\boldsymbol{j}=\boldsymbol{k}\cdot\boldsymbol{k}=1$；$\boldsymbol{i}\cdot\boldsymbol{j}=\boldsymbol{i}\cdot\boldsymbol{k}=\boldsymbol{j}\cdot\boldsymbol{i}=\boldsymbol{j}\cdot\boldsymbol{k}=\boldsymbol{k}\cdot\boldsymbol{i}=\boldsymbol{k}\cdot\boldsymbol{j}=0$.

由数量积的定义可以推得：

①$\boldsymbol{a}\cdot\boldsymbol{a}=|\boldsymbol{a}|^2$.

② 对于两个非零向量 $\boldsymbol{a},\boldsymbol{b}$，如果 $\boldsymbol{a}\cdot\boldsymbol{b}=0$，那么 $\boldsymbol{a}\perp\boldsymbol{b}$；反之，如果 $\boldsymbol{a}\perp\boldsymbol{b}$，那么 $\boldsymbol{a}\cdot\boldsymbol{b}=0$.

数量积有下列运算规律：

交换律：$\boldsymbol{a}\cdot\boldsymbol{b}=\boldsymbol{b}\cdot\boldsymbol{a}$；

分配律：$(\boldsymbol{a}+\boldsymbol{b})\cdot\boldsymbol{c}=\boldsymbol{a}\cdot\boldsymbol{c}+\boldsymbol{b}\cdot\boldsymbol{c}$.

(2) 数量积的坐标表示式

设 $\boldsymbol{a}=a_x\boldsymbol{i}+a_y\boldsymbol{j}+a_z\boldsymbol{k},\boldsymbol{b}=b_x\boldsymbol{i}+b_y\boldsymbol{j}+b_z\boldsymbol{k}$，则有：

$$\boldsymbol{a}\cdot\boldsymbol{b}=|\boldsymbol{a}||\boldsymbol{b}|\cos(\widehat{\boldsymbol{a},\boldsymbol{b}})=a_xb_x+a_yb_y+a_zb_z.$$

推论

$$\boldsymbol{a}\perp\boldsymbol{b}\Leftrightarrow\boldsymbol{a}\cdot\boldsymbol{b}=0\Leftrightarrow a_xb_x+a_yb_y+a_zb_z=0.$$

(3) 向量的投影

$$a_b=\mathrm{Prj}_b\boldsymbol{a}=|\boldsymbol{a}|\cos(\widehat{\boldsymbol{a},\boldsymbol{b}})=|\boldsymbol{a}|\frac{\boldsymbol{a}\cdot\boldsymbol{b}}{|\boldsymbol{a}||\boldsymbol{b}|}=\frac{\boldsymbol{a}\cdot\boldsymbol{b}}{|\boldsymbol{b}|}=\frac{a_xb_x+a_yb_y+a_zb_z}{\sqrt{b_x^2+b_y^2+b_z^2}}.$$

[例 7-4] 设 $\boldsymbol{a}=3\boldsymbol{i}-\boldsymbol{j}-2\boldsymbol{k},\boldsymbol{b}=\boldsymbol{i}+2\boldsymbol{j}-\boldsymbol{k}$，则 $\boldsymbol{a}\cdot\boldsymbol{b}=$ ________.

解 由向量的数量积公式可得

$\boldsymbol{a}\cdot\boldsymbol{b}=3\times1+(-1)\times2+(-2)\times(-1)=3$.

[例 7-5] 在 xOy 平面上与向量 $\boldsymbol{a}=(4,-3,7)$ 垂直的单位向量是________.

解 设 xOy 平面上一向量为$(x,y,0)$，它与 $\boldsymbol{a}$ 垂直，它们的数量积为零. 即

$4x-3y=0$;

又因为该向量为单位向量，可得 $x^2+y^2=1$.

联立方程组，可解得：$x=\frac{3}{5},y=\frac{4}{5}$ 或 $x=-\frac{3}{5},y=-\frac{4}{5}$.

所以所求的单位向量为$\left(\frac{3}{5},\frac{4}{5},0\right)$或$\left(-\frac{3}{5},-\frac{4}{5},0\right)$.

[例 7-6] 设 $\boldsymbol{a},\boldsymbol{b}$ 是两个向量，且 $|\boldsymbol{a}|=2,|\boldsymbol{b}|=3$，求 $|\boldsymbol{a}+2\boldsymbol{b}|^2+|\boldsymbol{a}-2\boldsymbol{b}|^2$ 的值.

解 由向量的数量积定义可知

$$|\boldsymbol{a}+2\boldsymbol{b}|^2=(\boldsymbol{a}+2\boldsymbol{b})\cdot(\boldsymbol{a}+2\boldsymbol{b})=|\boldsymbol{a}|^2+|2\boldsymbol{b}|^2+4\boldsymbol{a}\cdot\boldsymbol{b};$$

同理

$$|\boldsymbol{a}-2\boldsymbol{b}|^2=(\boldsymbol{a}-2\boldsymbol{b})\cdot(\boldsymbol{a}-2\boldsymbol{b})=|\boldsymbol{a}|^2+|2\boldsymbol{b}|^2-4\boldsymbol{a}\cdot\boldsymbol{b}.$$

两式相加可得

$|\boldsymbol{a}+2\boldsymbol{b}|^2+|\boldsymbol{a}-2\boldsymbol{b}|^2=2|\boldsymbol{a}|^2+2|2\boldsymbol{b}|^2=2|\boldsymbol{a}|^2+8|\boldsymbol{b}|^2=80$.

2. 向量的向量积(叉乘)

(1) 向量的向量积定义

定义 7.2 设向量 $\boldsymbol{c}$ 由两个向量 $\boldsymbol{a}$ 与 $\boldsymbol{b}$ 按下列方式给出：

①$\boldsymbol{c}$ 的模 $|\boldsymbol{c}|=|\boldsymbol{a}|\cdot|\boldsymbol{b}|\sin(\widehat{\boldsymbol{a},\boldsymbol{b}})$;

②$\boldsymbol{c}$ 的方向垂直于 $\boldsymbol{a}$ 与 $\boldsymbol{b}$ 所决定的平面(即 $\boldsymbol{c}$ 既垂直于 $\boldsymbol{a}$，又垂直于 $\boldsymbol{b}$)，$\boldsymbol{c}$ 的指向按右手法则从 $\boldsymbol{a}$ 转向 $\boldsymbol{b}$ 来确定，那么向量 $\boldsymbol{c}$ 叫做向量 $\boldsymbol{a}$ 与 $\boldsymbol{b}$ 的向量积，记作 $\boldsymbol{c}=\boldsymbol{a}\times\boldsymbol{b}$(图 7-11).

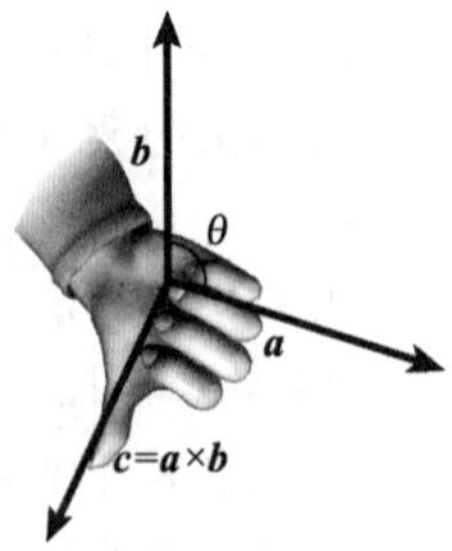

图 7-11

由向量的向量积定义可以推出：

$\boldsymbol{a}\times\boldsymbol{a}=\boldsymbol{0}$;

$\boldsymbol{a}/\!/\boldsymbol{b}\Leftrightarrow\boldsymbol{a}\times\boldsymbol{b}=\boldsymbol{0}$.

向量积符合下列的运算规律：

$\boldsymbol{a}\times\boldsymbol{b}=-\boldsymbol{b}\times\boldsymbol{a}$；

分配律：$(\boldsymbol{a}+\boldsymbol{b})\times\boldsymbol{c}=\boldsymbol{a}\times\boldsymbol{c}+\boldsymbol{b}\times\boldsymbol{c}$；

结合律：$(\lambda\boldsymbol{a})\times\boldsymbol{b}=\boldsymbol{a}\times(\lambda\boldsymbol{b})=\lambda(\boldsymbol{a}\times\boldsymbol{b})$（$\lambda$ 为常数）.

(2) 向量积的坐标表示式

设 $\boldsymbol{a}=a_x\boldsymbol{i}+a_y\boldsymbol{j}+a_z\boldsymbol{k}$，$\boldsymbol{b}=b_x\boldsymbol{i}+b_y\boldsymbol{j}+b_z\boldsymbol{k}$，根据向量积的运算律有

$$\begin{aligned}\boldsymbol{a}\times\boldsymbol{b}&=(a_x\boldsymbol{i}+a_y\boldsymbol{j}+a_z\boldsymbol{k})\times(b_x\boldsymbol{i}+b_y\boldsymbol{j}+b_z\boldsymbol{k})\\&=(a_yb_z-a_zb_y)\boldsymbol{i}-(a_xb_z-a_zb_x)\boldsymbol{j}+(a_xb_y-a_yb_x)\boldsymbol{k}.\end{aligned}$$

此即**向量积的坐标表示式**. 为了便于记忆，把上述结果写成三阶行列式形式，然后按三阶行列式展开法则，关于第一行展开，即

$$\boldsymbol{a}\times\boldsymbol{b}=\begin{vmatrix}\boldsymbol{i}&\boldsymbol{j}&\boldsymbol{k}\\a_x&a_y&a_z\\b_x&b_y&b_z\end{vmatrix}=\begin{vmatrix}a_y&a_z\\b_y&b_z\end{vmatrix}\boldsymbol{i}-\begin{vmatrix}a_x&a_z\\b_x&b_z\end{vmatrix}\boldsymbol{j}+\begin{vmatrix}a_x&a_y\\b_x&b_y\end{vmatrix}\boldsymbol{k}.$$

其中，模 $|\boldsymbol{a}\times\boldsymbol{b}|$ 等于以 $\boldsymbol{a},\boldsymbol{b}$ 为边的平行四边形的面积.

[例 7-7]　求同时垂直于向量 $\boldsymbol{a}=(2,2,1)$ 和 $\boldsymbol{b}=(4,5,3)$ 的单位向量 $\boldsymbol{c}$.

解　向量 $\boldsymbol{a}\times\boldsymbol{b}$ 同时满足垂直于向量 $\boldsymbol{a}$ 和 $\boldsymbol{b}$，

$$\boldsymbol{a}\times\boldsymbol{b}=\begin{vmatrix}\boldsymbol{i}&\boldsymbol{j}&\boldsymbol{k}\\2&2&1\\4&5&3\end{vmatrix}=\boldsymbol{i}-2\boldsymbol{j}+2\boldsymbol{k},$$

所求单位向量有两个，即 $\boldsymbol{c}=\pm\dfrac{\boldsymbol{a}\times\boldsymbol{b}}{|\boldsymbol{a}\times\boldsymbol{b}|}=\dfrac{\boldsymbol{i}-2\boldsymbol{j}+2\boldsymbol{k}}{\sqrt{1^2+(-2)^2+2^2}}=\pm\dfrac{1}{3}(\boldsymbol{i}-2\boldsymbol{j}+2\boldsymbol{k})$.

[例 7-8]　已知三角形 ABC 的顶点 $A(1,2,3)$、$B(3,4,5)$ 和 $C(2,4,7)$，求三角形 ABC 的面积.

解　根据向量积的定义，可知三角形 ABC 的面积：

$S_{\triangle ABC}=\dfrac{1}{2}|\overrightarrow{AB}||\overrightarrow{AC}|\sin\angle A=\dfrac{1}{2}|\overrightarrow{AB}\times\overrightarrow{AC}|$.

由于 $\overrightarrow{AB}=(2,2,2)$，$\overrightarrow{AC}=(1,2,4)$，因此

$$|\overrightarrow{AB}\times\overrightarrow{AC}|=\begin{vmatrix}\boldsymbol{i}&\boldsymbol{j}&\boldsymbol{k}\\2&2&2\\1&2&4\end{vmatrix}=4\boldsymbol{i}-6\boldsymbol{j}+2\boldsymbol{k},$$

于是

$$S_{\triangle ABC}=\frac{1}{2}|4\boldsymbol{i}-6\boldsymbol{j}+2\boldsymbol{k}|=\frac{1}{2}\sqrt{4^2+(-6)^2+2^2}=\sqrt{14}.$$

(3) 向量的关系及判断

设向量 $\boldsymbol{a}=\{a_x,a_y,a_z\}$，$\boldsymbol{b}=\{b_x,b_y,b_z\}$.

向量间夹角计算公式

非零向量 $\boldsymbol{a},\boldsymbol{b}$ 的夹角 $(\widehat{\boldsymbol{a},\boldsymbol{b}})$ 公式：

$$(\widehat{\boldsymbol{a},\boldsymbol{b}})=\arccos\frac{\boldsymbol{a}\cdot\boldsymbol{b}}{|\boldsymbol{a}||\boldsymbol{b}|}=\arccos\frac{a_xb_x+a_yb_y+a_zb_z}{\sqrt{a_x^2+a_y^2+a_z^2}\cdot\sqrt{b_x^2+b_y^2+b_z^2}}$$

两个向量垂直、平行的判定

定理 7.1 两个非零向量 $\boldsymbol{a},\boldsymbol{b}$ 垂直 $\Leftrightarrow \boldsymbol{a}\cdot\boldsymbol{b}=0 \Leftrightarrow a_xb_x+a_yb_y+a_zb_z=0$.

定理 7.2 $\boldsymbol{a}/\!/\boldsymbol{b} \Leftrightarrow$ 存在实数 λ,使 $\boldsymbol{a}=\lambda\boldsymbol{b} \Leftrightarrow \dfrac{a_x}{b_x}=\dfrac{a_y}{b_y}=\dfrac{a_z}{b_z}$.

其中若分母某坐标分量为 0,则分子对应坐标分量也为 0.

定理 7.3 两个非零向量 $\boldsymbol{a}/\!/\boldsymbol{b} \Leftrightarrow \boldsymbol{a}\times\boldsymbol{b}=\boldsymbol{0}$.

[例 7-9] 已知向量 $\boldsymbol{P}$ 与向量 $\boldsymbol{Q}$、x 轴均垂直,其中 $\boldsymbol{Q}=3\boldsymbol{i}+6\boldsymbol{j}+8\boldsymbol{k}$,$|\boldsymbol{P}|=2$,求向量 $\boldsymbol{P}$.

解法 1 (待定系数法):设 $\boldsymbol{P}=a\boldsymbol{i}+b\boldsymbol{j}+c\boldsymbol{k}$,由题意 $|\boldsymbol{P}|=2$,即 $\sqrt{a^2+b^2+c^2}=2$;$\boldsymbol{P}\perp\boldsymbol{Q} \Leftrightarrow \boldsymbol{P}\cdot\boldsymbol{Q}=3a+6b+8c=0$;$\boldsymbol{P}\perp x$ 轴 $\Leftrightarrow P\cdot\boldsymbol{i}=a=0$.

解方程组 $\begin{cases}\sqrt{a^2+b^2+c^2}=2\\ 3a+6b+8c=0\\ a=0\end{cases}$,解得 $a=0,b=\mp\dfrac{8}{5},c=\pm\dfrac{6}{5}$,所以 $\boldsymbol{P}=\mp\dfrac{8}{5}\boldsymbol{j}\pm\dfrac{6}{5}\boldsymbol{k}$.

解法 2 (利用向量的平行、垂直的条件):因为 $\boldsymbol{P}\perp\boldsymbol{Q},\boldsymbol{P}\perp\boldsymbol{i}$,故 $\boldsymbol{P}/\!/\boldsymbol{Q}\times\boldsymbol{i}$,

即 $\boldsymbol{P}=\lambda(\boldsymbol{Q}\times\boldsymbol{i})=\lambda\begin{vmatrix}\boldsymbol{i} & \boldsymbol{j}\\ 3 & 6\\ 1 & 0\end{vmatrix}=\lambda(8\boldsymbol{j}-6\boldsymbol{k})$,

已知 $|\boldsymbol{P}|=2$,得 $\lambda^2(8^2+6^2)=4$,所以 $\lambda=\pm\dfrac{1}{5}$,故 $\boldsymbol{P}=\pm\dfrac{1}{5}(8\boldsymbol{j}-6\boldsymbol{k})$.

[例 7-10] 设 $\boldsymbol{a},\boldsymbol{b}$ 为非零向量,且 $\boldsymbol{a}\perp\boldsymbol{b}$,则必有( ).

(A) $|\boldsymbol{a}+\boldsymbol{b}|=|\boldsymbol{a}|+|\boldsymbol{b}|$　　(B) $|\boldsymbol{a}+\boldsymbol{b}|=|\boldsymbol{a}-\boldsymbol{b}|$

(C) $|\boldsymbol{a}+\boldsymbol{b}|=|\boldsymbol{a}|-|\boldsymbol{b}|$　　(D) $\boldsymbol{a}+\boldsymbol{b}=\boldsymbol{a}-\boldsymbol{b}$

解 由已知条件可知以 $\boldsymbol{a},\boldsymbol{b}$ 为两边作出的四边形为矩形,矩形的两条对角线长度相等,所以可知答案选 B.

或者:因为 $\boldsymbol{a}\perp\boldsymbol{b}$,所以 $\boldsymbol{a}\cdot\boldsymbol{b}=0$,

$|\boldsymbol{a}+\boldsymbol{b}|^2=(\boldsymbol{a}+\boldsymbol{b})\cdot(\boldsymbol{a}+\boldsymbol{b})=|\boldsymbol{a}|^2+2\boldsymbol{a}\cdot\boldsymbol{b}+|\boldsymbol{b}|^2=|\boldsymbol{a}|^2+|\boldsymbol{b}|^2$;

$|\boldsymbol{a}-\boldsymbol{b}|^2=(\boldsymbol{a}-\boldsymbol{b})\cdot(\boldsymbol{a}-\boldsymbol{b})=|\boldsymbol{a}|^2-2\boldsymbol{a}\cdot\boldsymbol{b}+|\boldsymbol{b}|^2=|\boldsymbol{a}|^2+|\boldsymbol{b}|^2$.

故答案选 B.

习题 7-2

基础题

1. 填空题

(1) $(\boldsymbol{a}+\boldsymbol{b})\cdot(\boldsymbol{a}\times\boldsymbol{b})=$ ________.

(2) 设 $|\boldsymbol{a}|=2$,且 $\boldsymbol{a}$ 与 x 轴的夹角为 $\dfrac{\pi}{4}$,与 y 轴的夹角为 $\dfrac{\pi}{3}$,则向量 $\boldsymbol{a}$ 的坐标________.

(3) 求与向量 $\boldsymbol{u}=(2,-1,2)$ 平行,且满足方程 $\boldsymbol{j}\cdot\boldsymbol{x}=-18$ 的向量 $\boldsymbol{x}=$ ________.

(4) 平行于向量 $\boldsymbol{a}=(2,3,-1)$ 的单位向量为:________.

(5) 已知向量 $|\boldsymbol{a}|=2,|\boldsymbol{b}|=2,(\widehat{\boldsymbol{a},\boldsymbol{b}})=\dfrac{\pi}{3}$,则 $|\boldsymbol{a}+\boldsymbol{b}|=$ ________.

2. 选择题

(1) 已知 $\boldsymbol{a},\boldsymbol{b}$ 均为非零向量，且 $|\boldsymbol{a}+\boldsymbol{b}| = |\boldsymbol{a}-\boldsymbol{b}|$，则(　　).

(A)$\boldsymbol{a}-\boldsymbol{b}=\boldsymbol{0}$　　(B)$\boldsymbol{a}+\boldsymbol{b}=\boldsymbol{0}$　　(C)$\boldsymbol{a}\cdot\boldsymbol{b}=0$　　(D)$\boldsymbol{a}\times\boldsymbol{b}=\boldsymbol{0}$

(2) 下列结论中正确的是(　　).

(A) $|\boldsymbol{a}|\boldsymbol{a}=\boldsymbol{a}^2$

(B)$\boldsymbol{a}(\boldsymbol{b}-\boldsymbol{c})=\boldsymbol{a}\cdot\boldsymbol{b}-\boldsymbol{a}\cdot\boldsymbol{c}$

(C) 若 $\boldsymbol{a}\cdot\boldsymbol{b}=0$ 则必有 $\boldsymbol{a}=\boldsymbol{0}$ 或 $\boldsymbol{b}=\boldsymbol{0}$

(D) 若 $\boldsymbol{a}\neq\boldsymbol{0}$，且 $\boldsymbol{a}\cdot\boldsymbol{b}=\boldsymbol{a}\cdot\boldsymbol{c}$ 则 $\boldsymbol{b}=\boldsymbol{c}$

(3) 若向量 $\boldsymbol{a},\boldsymbol{b},\boldsymbol{c}$ 满足 $\boldsymbol{a}+\boldsymbol{b}+\boldsymbol{c}=\boldsymbol{0}$，则以下说法正确的是(　　).

(A) 这三个向量两两垂直　　(B) 这三个向量相互平行

(C) 这三个向量共面　　(D)$\boldsymbol{a}\times\boldsymbol{b}+\boldsymbol{b}\times\boldsymbol{c}=\boldsymbol{0}$

(4) 设向量 $\boldsymbol{a}$ 与三个坐标面 xOy，zOx，yOz 之间的夹角分别为 $\xi,\eta,\zeta\left(0\leqslant\xi,\eta,\zeta\leqslant\frac{\pi}{2}\right)$，则 $\cos^2\xi+\cos^2\eta+\cos^2\zeta$ 为(　　).

(A)0　　(B)1　　(C)2　　(D)3

3. 已知向量 $\boldsymbol{a}=3\boldsymbol{i}+2\boldsymbol{j}+\boldsymbol{k}$，$\boldsymbol{b}=2\boldsymbol{i}-3\boldsymbol{j}$，求：

(1)$(2\boldsymbol{a}+3\boldsymbol{b})\cdot\boldsymbol{b}$；　(2)$\boldsymbol{a}\times\boldsymbol{b}$；　(3)$\mathrm{Prj}_{\boldsymbol{b}}\boldsymbol{a}$.

4. 设 $\boldsymbol{a}=3\boldsymbol{i}-\boldsymbol{j}-2\boldsymbol{k}$，$\boldsymbol{b}=\boldsymbol{i}+2\boldsymbol{j}-\boldsymbol{k}$，求

(1)$\boldsymbol{a}\cdot\boldsymbol{b}$ 及 $\boldsymbol{a}\times\boldsymbol{b}$；　(2)$\boldsymbol{a},\boldsymbol{b}$ 的夹角余弦.

5. 设 $\boldsymbol{a},\boldsymbol{b},\boldsymbol{c}$ 为单位向量，且满足 $\boldsymbol{a}+\boldsymbol{b}+\boldsymbol{c}=\boldsymbol{0}$，求 $\boldsymbol{a}\cdot\boldsymbol{b}+\boldsymbol{b}\cdot\boldsymbol{c}+\boldsymbol{c}\cdot\boldsymbol{a}$.

6. 已知 $M_1(1,-1,2)$、$M_2(3,3,1)$ 和 $M_3(3,1,3)$，求与 $\overrightarrow{M_1M_2}$、$\overrightarrow{M_2M_3}$ 同时垂直的单位向量.

7. 设向量 $\boldsymbol{a}=a_x\boldsymbol{i}+a_y\boldsymbol{j}+a_z\boldsymbol{k}$，如果它满足下列条件之一：

(1)$\boldsymbol{a}$ 垂直于 z 轴；　(2)$\boldsymbol{a}$ 垂直于 yOz 面；　(3)$\boldsymbol{a}$ 平行于 yOz 面.

那么它的坐标有何特征？

8. 设 $\boldsymbol{a}=(1,2,3)$，$\boldsymbol{b}=(-2,y,4)$，试求常数 y，使得 $\boldsymbol{a}\perp\boldsymbol{b}$.

9. 试确定 m,n 的值，使向量 $\boldsymbol{a}=-2\boldsymbol{i}+3\boldsymbol{j}+n\boldsymbol{k}$ 和 $\boldsymbol{b}=m\boldsymbol{i}-6\boldsymbol{j}+2\boldsymbol{k}$ 平行.

10. 已知 $|\boldsymbol{a}|=3$，$|\boldsymbol{b}|=4$ 且 $\boldsymbol{a}\perp\boldsymbol{b}$，求 $|(3\boldsymbol{a}-\boldsymbol{b})\times(\boldsymbol{a}-2\boldsymbol{b})|$.

11. 已知 $\overrightarrow{OA}=\boldsymbol{i}+3\boldsymbol{k}$，$\overrightarrow{OB}=\boldsymbol{j}+3\boldsymbol{k}$，求 $\triangle AOB$ 的面积.

提高题

1. 设 $(\boldsymbol{a}+3\boldsymbol{b})\perp(7\boldsymbol{a}-5\boldsymbol{b})$，$(\boldsymbol{a}-4\boldsymbol{b})\perp(7\boldsymbol{a}-2\boldsymbol{b})$，求向量 $\boldsymbol{a}$ 与 $\boldsymbol{b}$ 的夹角.

2. 设 $\boldsymbol{a}=\boldsymbol{i}+4\boldsymbol{j}+5\boldsymbol{k}$，$\boldsymbol{b}=\boldsymbol{i}+\boldsymbol{j}+2\boldsymbol{k}$，$\boldsymbol{c}=\boldsymbol{i}+\boldsymbol{j}+\boldsymbol{k}$，

(1) 求 λ，使得 $(\boldsymbol{a}+\lambda\boldsymbol{b})\perp(\boldsymbol{a}-\lambda\boldsymbol{b})$；

(2) 求 μ，使得 $(\boldsymbol{a}+\mu\boldsymbol{b})//(\boldsymbol{a}-\mu\boldsymbol{b})$.

3. 已知平行四边形的两对角线向量为 $\boldsymbol{c}=\boldsymbol{m}+2\boldsymbol{n}$ 及 $\boldsymbol{d}=3\boldsymbol{m}-4\boldsymbol{n}$，而 $|\boldsymbol{m}|=1$，$|\boldsymbol{n}|=2$，$(\widehat{\boldsymbol{m},\boldsymbol{n}})=30^\circ$，求此平行四边形的面积.

4. $|\boldsymbol{a}|=2$，$|\boldsymbol{b}|=3$，$(\widehat{\boldsymbol{a},\boldsymbol{b}})=\frac{\pi}{3}$，试求以向量 $\boldsymbol{m}=3\boldsymbol{a}-4\boldsymbol{b}$，$\boldsymbol{n}=\boldsymbol{a}+2\boldsymbol{b}$ 为邻边的平行四边形的周长及面积.

7.3 空间平面与直线的方程

7.3.1 平面方程

1. 平面的点法式方程

如果一非零向量垂直于一平面，那么这向量就叫做该平面的**法线向量**(以下简称**法向量**). 平面上任一向量均与该平面的法向量垂直.

因为过空间一点可以作而且只能作一平面垂直于一已知直线，所以当平面 Π 上的一点 $M_0(x_0,y_0,z_0)$ 和它的一个法向量 $\boldsymbol{n}=(A,B,C)$ 为已知时，平面 Π 的位置就完全确定了. 下面我们来建立平面 Π 的方程.

设 $M(x,y,z)$ 是平面 Π 上的任一点(图 7-12)，

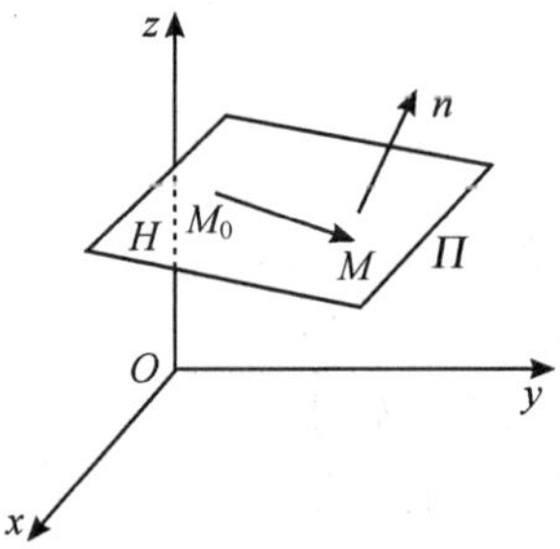

图 7-12

那么向量 $\overrightarrow{M_0M}$ 必须与平面 Π 的法向量 $\boldsymbol{n}=(A,B,C)$ 垂直，即它们的数量积等于零：

$$\boldsymbol{n}\cdot\overrightarrow{M_0M}=0.$$

由于 $\boldsymbol{n}=(A,B,C)$，$\overrightarrow{M_0M}=(x-x_0,y-y_0,z-z_0)$，所以有

$$A(x-x_0)+B(y-y_0)+C(z-z_0)=0, \tag{1}$$

可以证明平面 Π 上任意一点均满足方程(1)，满足方程(1) 的点均在平面 Π 上.

我们称方程(1) 为平面 Π 的点法式方程.

为此，只需知道平面上的一个已知点及平面的法向量就可以确定该平面的方程.

[例 7-11] 法向量为 $\boldsymbol{n}=(1,-3,2)$ 且过点 $(1,0,1)$ 的平面方程是________.

解 由平面的点法式方程，得 $1\times(x-1)-3\times(y-0)+2\times(z-2)=0$，

即所求平面方程为：$x-3y+2z-5=0$.

[例 7-12] 过原点且与 x 轴垂直的平面方程是________.

解 由已知条件可知 x 轴的方向向量就是所求平面的法向量，即 $\boldsymbol{n}=(1,0,0)$，

所以所求平面方程为：$x=0$.

2. 平面方程的一般式及其特征

由平面的点法式方程 $A(x-x_0)+B(y-y_0)+C(z-z_0)=0$，可以解得：

$$Ax+By+Cz-Ax_0-By_0-Cz_0=0.$$

设 $-Ax_0-By_0-Cz_0=D$，可得方程：

$$Ax+By+Cz+D=0, \tag{2}$$

我们称方程(2)为平面的**一般式方程**. 其中 x,y,z 的系数就是该平面的一个法向量的坐标，即 $\boldsymbol{n}=(A,B,C)$.

例如方程 $4x-y+2z-8=0$ 表示一个平面，$\boldsymbol{n}=(4,-1,2)$ 是这个平面的一个法向量.

一些特殊平面的特征及方程的形式，见表 7-1。

表 7-1　特殊平面的特征及方程形式

平面特征	参数特征	方程形式
过原点	$D=0$	$Ax+By+Cz=0$
平行于 x 轴	$A=0,D\neq 0$	$By+Cz+D=0$
过 x 轴	$A=0,D=0$	$By+Cz=0$
平行于 xOy 平面	$A=B=0,D\neq 0$	$Cz+D=0$

类似地，可讨论其他多种情况下的平面的特征.

[例 7-13]　求过三点 $A(1,1,-1)$、$B(-2,-2,0)$ 和 $C(1,0,2)$ 的平面方程.

解法 1　由已知三点求得两个向量，作向量积即得平面的法线向量，再取一个已知点，就可以写出平面的点法式方程.

$$\overrightarrow{AB}=(-3,-3,1),\overrightarrow{AC}=(0,-1,3),\overrightarrow{AB}\times\overrightarrow{AC}=\begin{vmatrix}\boldsymbol{i} & \boldsymbol{j} & \boldsymbol{k}\\ -3 & -3 & 1\\ 0 & -1 & 3\end{vmatrix}=(-8,9,3).$$

所以所求平面方程为 $-8(x-1)+9(y-1)+3(z+1)=0$.

解法 2　写出平面的一般式方程，将三个点分别代入求出系数，但是计算较繁.

设平面的方程为 $Ax+By+Cz+D=0$，将三个点的坐标代入得

$$\begin{cases}A+B-C+D=0\\ -2A-2B+D=0\\ A+2C+D=0\end{cases}，解此方程可取这样的一组解：\begin{cases}A=-8\\ B=9\\ C=3\\ D=2\end{cases}，$$

则平面的方程为 $-8x+9y+3z+2=0$.

[例 7-14]　求平行于 Oy 轴，且经过点 $P(4,2,-2)$ 和 $Q(5,1,7)$ 的平面 π 的方程.

解法 1　利用平面的点法式方程.

设平面 π 的法向量为 $\boldsymbol{n}$，则 $\boldsymbol{n}\perp\boldsymbol{j}$，且 $\boldsymbol{n}\perp\overrightarrow{PQ}$，于是取

$\boldsymbol{n}=\boldsymbol{j}\times\overrightarrow{PQ}=\{0,1,0\}\times\{1,-1,9\}=\{9,0,-1\}$，

故所求的平面 π 的方程为：$9(x-4)-(z+2)=0$，

即

$$9x-z-38=0.$$

解法 2　利用平面的一般式方程.

因为平面 $\pi//Oy$ 轴，所以设平面 π 的方程为 $Ax+Cz+D=0$，　(1)

分别把 $P(4,2,-2)$ 及 $Q(5,1,7)$ 的坐标代入上面的方程，有

$$\begin{cases}4x-2z+D=0\\ 5x+7z+D=0\end{cases},$$

可解得

$$A=-\frac{9}{38}D, C=\frac{1}{38}D,$$

将 A,C 的值代入方程(1)，则有平面 π 的方程为 $9x-z-38=0$.

3. 两平面的位置关系

设两平面对应的法向量分别为 $\boldsymbol{n}_1=(A_1,B_1,C_1)$，$\boldsymbol{n}_2=(A_2,B_2,C_2)$，

(1) 两平面平行：$\Pi_1 // \Pi_2 \Leftrightarrow \frac{A_1}{A_2}=\frac{B_1}{B_2}=\frac{C_1}{C_2}$；

(若某个分母为 0，则对应分子也为 0，重合作为平行的特例.)

(2) 两平面垂直：$\Pi_1 \perp \Pi_2 \Leftrightarrow A_1A_2+B_1B_2+C_1C_2=0$；

(3) 两平面的夹角：就是两平面的法线向量所夹的**锐角**. 两平面平行也就是其法线向量平行，两平面垂直也就是其法线向量垂直.

$$\cos(\Pi_1,\Pi_2)=\left|\cos(\widehat{\boldsymbol{n}_1,\boldsymbol{n}_2})\right|=\frac{|\boldsymbol{n}_1\cdot\boldsymbol{n}_2|}{|\boldsymbol{n}_1||\boldsymbol{n}_2|}=\frac{|A_1A_2+B_1B_2+C_1C_2|}{\sqrt{A_1^2+B_1^2+C_1^2}\cdot\sqrt{A_2^2+B_2^2+C_2^2}}.$$

[例 7-15] 求过点 $A(1,1,1)$ 和 $B(2,2,2)$ 且垂直于平面 $x+y-z=0$ 的平面方程.

解 $\overrightarrow{AB}=(1,1,1)$，$\boldsymbol{n}_0=(1,1,-1)$ 则：

$$\boldsymbol{n}=\overrightarrow{AB}\times\boldsymbol{n}_0=\begin{vmatrix}\boldsymbol{i} & \boldsymbol{j} & \boldsymbol{k}\\ 1 & 1 & 1\\ 1 & 1 & -1\end{vmatrix}=(-2,2,0).$$

平面方程：$-2(x-1)+2(y-1)=0$，即 $x-y=0$.

[例 7-16] 求过点 $(4,1,3)$ 且与平面 $2x+3y-z+4=0$ 平行的平面方程.

解法 1 采用点法式直接写出平面方程：$2(x-4)+3(y-1)-(z-3)=0$.

解法 2 可设平面方程为 $2x+3y-z+D=0$，把已知点代入解出 $D=-8$，所以所求平面的方程为 $2x+3y-z-8=0$.

4. 点到平面的距离公式

平面外一点 $M_1(x_1,y_1,z_1)$ 到平面 $Ax+By+Cz+D=0$ 的距离为：

$$d=\frac{|Ax_1+By_1+Cz_1+D|}{\sqrt{A^2+B^2+C^2}}.$$

此外，也可以推得**两平行平面的距离公式**

设两平行平面方程分别为 $Ax+By+Cz+D_1=0$ 和 $Ax+By+Cz+D_2=0$，则它们之间的距离公式为：

$$d=\frac{|D_1-D_2|}{\sqrt{A^2+B^2+C^2}}.$$

[例 7-17] 求与平面 $2x-2y+z+6=0$ 平行，且与它相距 3 个单位长度的平面方程.

解 因为所求平面与已知平面平行，所以设此平面方程为 $2x-2y+z+D=0$；两平面的距离为 3，取已知平面上一点 $(0,3,0)$，则其到所求平面的距离：$d=\frac{|-6+D|}{\sqrt{4+4+1}}=\frac{|D-6|}{3}=3$，求得 $D=15$ 或者 $D=-3$，对应的方程分别为：$2x-2y+z+15=0$ 和 $2x-$

$2y + z - 3 = 0$.

［例 7-18］　求平面 $\pi_1: 2x - y + z - 7 = 0$ 与平面 $\pi_2: x + y + 2z - 11 = 0$ 的夹角平分面 π 的方程.

解　任取夹角平分面 π 上的点 $M(x,y,z)$，则点 M 到平面 π_1 与平面 π_2 的距离相等，有

$$\frac{|2x - y + z - 7|}{\sqrt{2^2 + (-1)^2 + 1^2}} = \frac{|x + y + 2z - 11|}{\sqrt{1^2 + 1^2 + 2^2}},$$

于是 $2x - y + z - 7 = x + y + 2z - 11$，或 $2x - y + z - 7 = -(x + y + 2z - 11)$，

故所求的平面 π 的方程为 $x - 2y - z + 4 = 0$ 或 $x + z - 6 = 0$.

7.3.2　直线方程

1. 空间直线的一般式方程

空间直线 L 可以看成是两平面 Π_1 和 Π_2 的交线，即直线上点的坐标同时满足这两个平面的方程，我们将其联立所得的方程组叫做直线 L 的方程.

$$L: \begin{cases} A_1x + B_1y + C_1z + D_1 = 0 \\ A_2x + B_2y + C_2z + D_2 = 0 \end{cases}, \tag{1}$$

其中 A_1, B_1, C_1 与 A_2, B_2, C_2 不成比例，称(1) 为**直线的一般式方程**.

［例 7-19］　在直线 L 的一般式方程：

$\begin{cases} \pi_1: A_1x + B_1y + C_1z + D_1 = 0 \\ \pi_2: A_2x + B_2y + C_2z + D_2 = 0 \end{cases}$ 中，若

(1) L 与 Ox 轴平行；

(2) L 与 Oy 轴相交；

(3) L 经过原点；

(4) L 与 Oz 轴重合.

讨论等数之间的关系.

解　(1) 因为 $L // Ox$ 轴，所以 $\pi_1 // Ox$ 轴，且 $\pi_2 // Ox$ 轴，于是有：$A_1 = A_2 = 0$.

(2) 因为 L 与 Oy 轴相交，所以 π_1 与 π_2 均与 Oy 轴相交且交于同一个点. 由 π_1 与 Oy 的交点为 $B\left(0, -\dfrac{D_1}{B_1}, 0\right)$，$\pi_2$ 与 Oy 轴的交点为 $B\left(0, -\dfrac{D_2}{B_2}, 0\right)$，可知

$$-\frac{D_1}{B_1} = -\frac{D_2}{B_2}，即\frac{D_1}{B_1} = \frac{D_2}{B_2}.$$

(3) 因为 L 经过原点，所以 π_1 与 π_2 均经过原点. 故 $D_1 = D_2 = 0$.

(4) 因为 L 与 Oz 轴重合，所以 L 经过原点且 L 的方向向量与 Oz 轴平行，故有

$C_1 = C_2 = 0, D_1 = D_2 = 0$.

直线的这种表示式意义简明，容易理解，但空间位置不明显，所以在实际问题中常常使用下面将要介绍的点向式(也叫对称式) 与参数式方程.

2. 直线的点向式与参数式方程

由立体几何知道，过空间一点可以作而且只能作一条平行于已知直线的直线. 下面我们将利用这个结论来建立空间直线的方程.

设直线 L 过点 $M_0(x_0,y_0,z_0)$，$\boldsymbol{s}=(m,n,p)$ 是直线 L 的方向向量(图 7-13). 设 $M(x,y,z)$ 是直线 L 上任意一点，则 $\overrightarrow{M_0M}=(x-x_0,y-y_0,z-z_0)$，且 $\overrightarrow{M_0M}/\!/\boldsymbol{s}$. 由两向量平行的充要条件可知

$$\frac{x-x_0}{m}=\frac{y-y_0}{n}=\frac{z-z_0}{p}, \tag{2}$$

方程组(2) 称为直线的点向式方程或对称式方程.

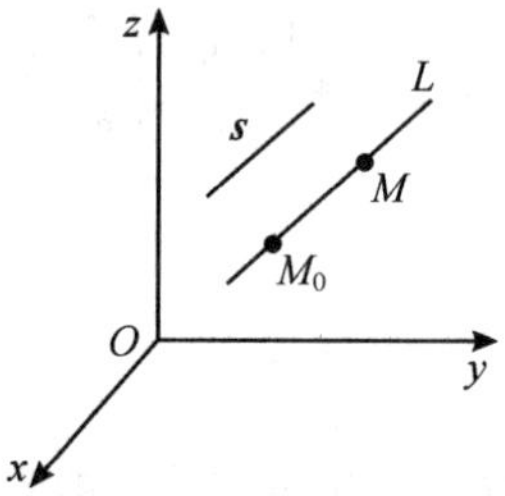

图 7-13

(2) 实质上表示两个平面方程的联立，如

$$\begin{cases}\dfrac{x-x_0}{m}=\dfrac{y-y_0}{n}\\[2mm]\dfrac{y-y_0}{n}=\dfrac{z-z_0}{p}\end{cases},$$

当分母为零时，理解为分子也为零.

在直线方程(2) 中，记其比值为 t，则有

$$\begin{cases}x=x_0+mt\\y=y_0+nt\\z=z_0+pt\end{cases}, \tag{3}$$

这样，空间直线上动点 M 的坐标 x,y,z 就都表达为变量 t 的函数. 当 t 取遍所有实数值时，由方程(3) 所确定的点 $M(x,y,z)$ 就描出了直线. 形如方程(3) 的称为直线的参数式方程，t 为参数.

[例 7-20] 求过点 $M(2,0,3)$ 且垂直于平面 Π:$4x+y-z+5=0$ 的直线方程.

解 由已知条件可得，直线垂直于平面 Π，所以可取平面 Π 的法向量 $\boldsymbol{n}=(4,1,-1)$ 为直线的方向向量 $\boldsymbol{s}$，即 $\boldsymbol{s}=(4,1,-1)$，

由点向式方程可得所求直线方程为：

$$\frac{x-2}{4}=\frac{y}{1}=\frac{z-3}{-1}.$$

[例 7-21] 求过点 $M_1(x_1,y_1,z_1)$，$M_2(x_2,y_2,z_2)$ 的直线方程.

解 直线过两点 M_1、M_2，所以可取向量 $\overrightarrow{M_1M_2}=(x_2-x_1,y_2-y_1,z_2-z_1)$ 为所求直线的方向向量 $\boldsymbol{s}$，由点向式方程可得通过两个定点的直线方程为：

$$\frac{x-x_1}{x_2-x}=\frac{y-y_1}{y_2-y_1}=\frac{z-z_1}{z_2-z_1}.$$

[例 7-22] 求过点$(1,-3,2)$ 且平行于两平面 $3x-y+5z+2=0$ 及 $x+2y-3z+4=0$ 的直线方程.

解　由直线的点向式方程，可知关键在于求出直线的方向向量. 因为所求直线平行于两平面，故直线的方向向量 $\boldsymbol{s}$ 垂直于两平面的法向量 $\boldsymbol{n}_1=(3,-1,5)$ 及 $\boldsymbol{n}_2=(1,2,-3)$. 所以可取

$$\boldsymbol{s}=\boldsymbol{n}_1\times\boldsymbol{n}_2=\begin{vmatrix}\boldsymbol{i} & \boldsymbol{j} & \boldsymbol{k}\\ 3 & -1 & 5\\ 1 & 2 & -3\end{vmatrix}=-7\boldsymbol{i}+14\boldsymbol{j}+7\boldsymbol{k},$$

因此，所求直线方程为

$$\frac{x-1}{-7}=\frac{y+3}{14}=\frac{z-2}{7},$$

即

$$\frac{x-1}{-1}=\frac{y+3}{2}=\frac{z-2}{1}.$$

[例 7-23]　求直线 $\begin{cases}x=1-t\\ y=2+t\\ z=3-2t\end{cases}$ 与平面 $2x+y-z-5=0$ 的交点.

解　设所求的交点为 $P(x,y,z)$. 显然 P 点的坐标应同时满足已知的直线方程与平面方程，将 $\begin{cases}x=1-t\\ y=2+t\\ z=3-2t\end{cases}$ 代入平面方程 $2x+y-z-5=0$，可得 $t=4$，

将其代入参数方程得：$x=-3,y=6,z=-5$.

即交点 P 的坐标为 $(-3,6,-5)$.

[例 7-24]　把直线 L 的一般式方程：$\begin{cases}x+y-z=0\\ x-y+2=0\end{cases}$ 化为对称式及参数式方程.

解法 1　利用直线的对称式方程，

在直线 L 上选取一个已知点 $M_1(0,2,2)$，(在直线 L 的一般式中，令 $x=0$，可解出 $y=z=2$) 再由 L 的一般式中两个平面的法向量的积求得直线 L 的方向向量 $\boldsymbol{s}$.

$\boldsymbol{s}=\boldsymbol{n}_1\times\boldsymbol{n}_2=(1,1,-1)\times(1,-1,0)=-(1,1,2)$，

从而得 L 的对称式方程：

$$\frac{x}{1}=\frac{y-2}{1}=\frac{z-2}{2},$$

再令 $\frac{x}{1}=\frac{y-2}{1}=\frac{z-2}{2}=t$，就得直线 L 的参数式方程：

$$\begin{cases}x=t\\ y=t+2\\ z=2t+2\end{cases}.$$

解法 2　利用两点决定一条直线的办法.

在直线 L 上的一般式中，可以选取两个已知点 $M_1(0,2,2)$ 及 $M_2(2,4,6)$，于是 L 的方向向量为 $\boldsymbol{s}=\overrightarrow{M_1M_2}=2(1,1,2)$. 其对称式方程为

$$\frac{x-2}{1}=\frac{y-4}{1}=\frac{z-6}{2}.$$

参数式方程为

$$\begin{cases} x = t + 2 \\ y = t + 4 \\ z = 2t + 6 \end{cases}.$$

[例 7-25] 求点 $M_0(x_0, y_0, z_0)$ 到平面 $\Pi: Ax + By + Cz + D = 0$ 的距离.

解 过点 M_0 作平面 Π 的垂线 L，则 L 的方程为：

$$\frac{x - x_0}{A} = \frac{y - y_0}{B} = \frac{z - z_0}{C}.$$

将直线 L 的参数方程 $x = x_0 + At, y = y_0 + Bt, z = z_0 + Ct$ 代入平面 Π 方程，得

$$t_0 = -\frac{Ax_0 + By_0 + Cz_0 + D}{A^2 + B^2 + C^2},$$

则求得直线 L 与平面 Π 的交点坐标 $M_1(x_0 + At_0, y_0 + Bt_0, z_0 + Ct_0)$，则 $|\overrightarrow{M_0M_1}|$ 就是点 $M_0(x_0, y_0, z_0)$ 到平面 $\Pi: Ax + By + Cz + D = 0$ 的距离，即

$$d = \frac{|Ax_1 + By_1 + Cz_1 + D|}{\sqrt{A^2 + B^2 + C^2}}.$$

3. 空间两直线的夹角

两直线方向向量的夹角 θ 称为两直线的夹角，通常规定 $\theta \in [0, \pi]$.

设直线 L_1 和 L_2 的方程为

$$\frac{x - x_1}{m_1} = \frac{y - y_1}{n_1} = \frac{z - z_1}{p_1} \text{和} \frac{x - x_2}{m_2} = \frac{y - y_2}{n_2} = \frac{z - z_2}{p_2},$$

因为它们的方向向量为 $\boldsymbol{s}_1 = (m_1, n_1, p_1)$ 和 $\boldsymbol{s}_2 = (m_2, n_2, p_2)$，所以 L_1 和 L_2 的夹角 θ 的余弦为

$$\cos\theta = \cos(\widehat{\boldsymbol{s}_1, \boldsymbol{s}_2}) = \frac{\boldsymbol{s}_1 \cdot \boldsymbol{s}_2}{|\boldsymbol{s}_1| \cdot |\boldsymbol{s}_2|} = \frac{m_1m_2 + n_1n_2 + p_1p_2}{\sqrt{m_1^2 + n_1^2 + p_1^2} \cdot \sqrt{m_2^2 + n_2^2 + p_2^2}}.$$

[例 7-26] 求直线 $L_1: \frac{x - 3}{4} = \frac{y + 2}{0} = \frac{z - 1}{-4}$ 和 $L_2: \frac{x}{-3} = \frac{y - 1}{-3} = \frac{z + 1}{0}$ 的夹角.

解 由两直线关系可得

$$\cos\theta = \frac{4 \cdot (-3) + 0 \cdot (-3) + (-4) \cdot 0}{\sqrt{4^2 + 0^2 + (-4)^2} \cdot \sqrt{(-3)^2 + (-3)^2 + 0^2}} = -\frac{1}{2},$$

所以 $\theta = \frac{2\pi}{3}$.

4. 直线与直线的位置关系

设两直线的方向向量为 $\boldsymbol{s}_1 = (m_1, n_1, p_1), \boldsymbol{s}_2 = (m_2, n_2, p_2)$.

(1) 两条直线平行：$l_1 // l_2 \Leftrightarrow \frac{m_1}{m_2} = \frac{n_1}{n_2} = \frac{p_1}{p_2}$,

(2) 两条直线垂直：$l_1 \perp l_2 \Leftrightarrow m_1m_2 + n_1n_2 + p_1p_2 = 0$.

[例 7-27] 求经过点(1,1,1)且平行于直线 $\begin{cases} 2x - y - 3z = 0 \\ x - 2y - 5z = 1 \end{cases}$ 的直线方程.

解 两条直线平行则对应的方向向量相同，由已知直线可得所求直线的方向向量，

$$s = \begin{vmatrix} \boldsymbol{i} & \boldsymbol{j} & \boldsymbol{k} \\ 2 & -1 & -3 \\ 1 & -2 & -5 \end{vmatrix} = (-1,7,-3).$$

故所求直线方程为：

$$\frac{x-1}{-1} = \frac{y-1}{7} = \frac{z-1}{-3}.$$

5. 直线与平面的夹角

我们称直线 L 与它在平面 Π 上的投影直线 L' 的夹角 φ 为直线 L 与平面 Π 的**夹角**. 通常规定 $0 \leqslant \varphi \leqslant \frac{\pi}{2}$(见图 7-14).

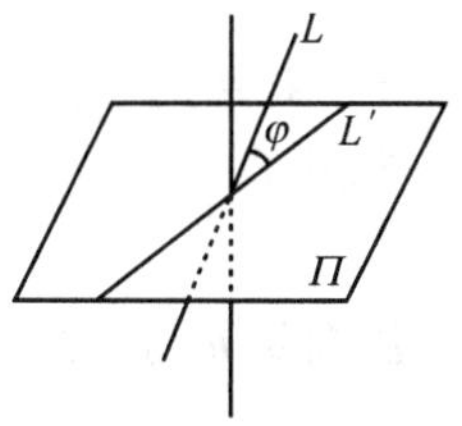

图 7-14

设直线 L:$\frac{x-x_0}{m} = \frac{y-y_0}{n} = \frac{z-z_0}{p}$,其方向向量 $\boldsymbol{s} = (m,n,p)$;

平面 Π:$Ax + By + Cz + D = 0$,其法向量 $\boldsymbol{n} = (A,B,C)$.

由于 $\boldsymbol{n}$ 与 $\boldsymbol{s}$ 的夹角为 $\frac{\pi}{2} - \varphi$ 或 $\frac{\pi}{2} + \varphi$,且 $\sin\varphi = \cos\left(\frac{\pi}{2} - \varphi\right) = \left|\cos\left(\frac{\pi}{2} + \varphi\right)\right|$,

所以

$$\sin\varphi = \frac{|\boldsymbol{n} \cdot \boldsymbol{s}|}{|\boldsymbol{n}| \cdot |\boldsymbol{s}|} = \frac{|Am + Bn + Cp|}{\sqrt{A^2 + B^2 + C^2}\sqrt{m^2 + n^2 + p^2}}.$$

6. 直线与平面的关系

(1) 直线 L // 平面 $\pi \Leftrightarrow \boldsymbol{s} \perp \boldsymbol{n} \Leftrightarrow mA + nB + PC = 0$;

(2) 直线 $L \perp$ 平面 $\pi \Leftrightarrow \boldsymbol{s}$ // $\boldsymbol{n} \Leftrightarrow \frac{m}{A} = \frac{n}{B} = \frac{P}{C}$;

(3) 直线在平面 π 上 $\Leftrightarrow \boldsymbol{s} \perp \boldsymbol{n}$ 且直线上任意一点过平面方程.

[例 7-28]　设直线 L 为 $\begin{cases} x + 3y + 2z + 1 = 0 \\ 2x - y - 10z + 3 = 0 \end{cases}$,平面 π 为 $4x - 2y + z - 2 = 0$,则(　　).

(A)L 平行于 π　　(B)L 垂直于 π　　(C)L 在 π 上　　(D)L 与 π 斜交

解　直线 L 的方向向量为:$\boldsymbol{s} = \begin{vmatrix} \boldsymbol{i} & \boldsymbol{j} & \boldsymbol{k} \\ 1 & 3 & 2 \\ 2 & -1 & -10 \end{vmatrix} = (-28,14,-7)$;平面 π 的法向量为:$\boldsymbol{n} = (4,-2,1)$,因为 $\frac{-28}{4} = \frac{14}{-2} = \frac{-7}{1}$,所以 L 垂直于 π.

故答案选 B.

[例 7-29]　直线 $\frac{x+2}{3} = \frac{y-3}{-2} = z$ 与平面 $x + 2y + 2z = 5$ 的交点坐标是________.

解　将直线方程写成参数形式：$x=3t-2, y=-2t+3, z=t$. 将它们代入平面方程，解得 $t=1$，故直线与平面的交点坐标为 $(1,1,1)$.

［**例 7-30**］　求过点 $M(1,2,-1)$ 且与直线 $\begin{cases} x=1-z \\ y=3z-1 \end{cases}$ 垂直的平面方程.

解　由已知可知直线的方向向量就是所求平面的法向量，

$$\boldsymbol{n}=\boldsymbol{s}=\begin{vmatrix} \boldsymbol{i} & \boldsymbol{j} & \boldsymbol{k} \\ 1 & 0 & 1 \\ 0 & 1 & -3 \end{vmatrix}=(-1,3,1).$$

由平面的点法式方程可得：$-(x-1)+3(y-2)-(z-1)=0$，

即所求平面方程为：$x-3y+z-4=0$.

［**例 7-31**］　求过直线 $\begin{cases} 3x+2y-z-1=0 \\ 2x-3y+2z+2=0 \end{cases}$，且垂直于已知平面 $x+2y+3z-5=0$ 的平面方程.

解　由已知条件可知所求平面的法向量 $\boldsymbol{n}$ 与已知直线的方向向量 $\boldsymbol{s}$ 及已知平面的法向量 $\boldsymbol{n}_1$ 都垂直. 所以，$\boldsymbol{n}=\boldsymbol{s}\times\boldsymbol{n}_1$.

$$\boldsymbol{s}=\begin{vmatrix} \boldsymbol{i} & \boldsymbol{j} & \boldsymbol{k} \\ 3 & 2 & -1 \\ 2 & -3 & 2 \end{vmatrix}=(7,-8,-13), \boldsymbol{n}_1=(1,2,3),$$

$$\boldsymbol{n}=\begin{vmatrix} \boldsymbol{i} & \boldsymbol{j} & \boldsymbol{k} \\ 7 & -8 & -13 \\ 1 & 2 & 3 \end{vmatrix}=(2,-34,22),$$

又因为已知直线在平面内，令 $y=0$，解得 $x=0, z=-1$.

由平面的点法式方程可得所求平面方程为：$2x-34y+22z+22=0$.

［**例 7-32**］　求过直线 $\dfrac{x-2}{1}=\dfrac{y+2}{-1}=\dfrac{z-3}{2}$ 和 $\dfrac{x-1}{-1}=\dfrac{y+1}{2}=\dfrac{z-1}{1}$ 的平面方程.

解　所求平面通过第一条直线，因此通过第一条直线上的点 $(2,-2,3)$，设所求平面方程为 $A(x-2)+B(y+2)+C(z-3)=0$，由题设 $\boldsymbol{n}=(A,B,C)$，$\boldsymbol{n}\perp\boldsymbol{s}_1=(1,-1,2)$，$\boldsymbol{n}\perp\boldsymbol{s}_2=(-1,2,1)$，于是，可取 $\boldsymbol{n}=\boldsymbol{n}_1\times\boldsymbol{n}_2=\begin{vmatrix} \boldsymbol{i} & \boldsymbol{j} & \boldsymbol{k} \\ 1 & -1 & 2 \\ -1 & 2 & 1 \end{vmatrix}=(-5,-3,1)$，故所求平面方程为：$-5(x-2)-3(y+2)+(z-3)=0$，即 $-5x-3y+z+1=0$.

7. 点到直线的距离

过已知点作与已知直线垂直的平面 Π，求出直线 L 与平面 Π 的交点 M 坐标，则 $|\overrightarrow{M_0M}|$ 就是点到直线的距离. 也可以由下面公式给出.

直线 L 外一点 $M_0(x_0,y_0,z_0)$ 到直线 L：$\dfrac{x-x_1}{m}=\dfrac{y-y_1}{n}=\dfrac{z-z_1}{p}$ 的距离为

$$d=\frac{|\overrightarrow{M_1M_0}\times \boldsymbol{s}|}{|\boldsymbol{s}|}=\frac{\left|\begin{matrix}\boldsymbol{i} & \boldsymbol{j} & \boldsymbol{k}\\ x_0-x_1 & y_0-y_1 & z_0-z_1\\ m & n & p\end{matrix}\right|}{\sqrt{m^2+n^2+p^2}}.$$

［例 7-33］　求点 $P(-1,6,3)$ 到直线 $L:\frac{x}{1}=\frac{y-4}{-3}=\frac{z-3}{-2}$ 的距离 d.

解法 1　求出 L 上的垂足之后，利用两点间距离的公式.

过点 $P(-1,6,3)$ 作平面 π，使 $\pi\perp L$，则平面 π 的方程为

$(x+1)-3(y-6)-2(z-3)=0$，即

$$x-3y-2z+25=0 \tag{1}$$

直线 L 的参数式方程为$\begin{cases}x=t\\ y=-3t+4\\ z=-2t+3\end{cases}$，代入(1) 后可得 $t=-\frac{1}{2}$，得 L 与平面 π 的交点 $Q\left(-\frac{1}{2},\frac{11}{2},4\right)$，于是有

$$d=|PQ|=\sqrt{\left(-\frac{1}{2}+1\right)^2+\left(\frac{11}{2}-6\right)^2+(4-3)^2}=\frac{\sqrt{6}}{2}.$$

解法 2　利用点到直线的距离公式.

因为 $d=\frac{|\overrightarrow{M_0M_1}\times(m,n,p)|}{\sqrt{m^2+n^2+p^2}}$. 由于 L 上的定点选取为 $M_0(0,4,3)$，$\boldsymbol{s}=(m,n,p)=(1,-3,-2)$，而点 $P(-1,6,3)$ 即是公式中的 M_1 点，故

$$d=\frac{|\overrightarrow{M_0P}\times(m,n,p)|}{\sqrt{m^2+n^2+p^2}}=\frac{|(-1,2,0)\times(1,-3,-2)|}{\sqrt{14}}=\frac{\sqrt{6}}{2}.$$

［小结］　要求点 M_0 到直线 L 的距离，在直线 L 上任取两点 M_1、M_2，连接 M_0M_1，得平行四边形，则由向量积的几何意义，有面积相等，得

$$d\cdot|\overrightarrow{M_1M_2}|=|\overrightarrow{M_1M_0}\cdot\overrightarrow{M_1M_2}|\Rightarrow d=\frac{|\overrightarrow{M_1M_0}\cdot\overrightarrow{M_1M_2}|}{|\overrightarrow{M_1M_2}|}.$$

8. 两条异面直线的距离

空间两条异面直线 L_1 和 L_2，相应的方向为 $\boldsymbol{s}_1$ 和 $\boldsymbol{s}_2$，两直线上分别有两点 M_1 和 M_2. 求这两条直线间的距离 $d=\frac{|\overrightarrow{M_1M_2}\cdot(\boldsymbol{s}_1\times\boldsymbol{s}_2)|}{|\boldsymbol{s}_1\times\boldsymbol{s}_2|}$.

［例 7-34］　求异面直线 $L_1:\frac{x+1}{0}=\frac{y-1}{1}=\frac{z-2}{3}$ 及 $L_2:\frac{x-1}{1}=\frac{y}{2}=\frac{z+1}{2}$ 之间的距离 d.

解法 1　利用点到平面的距离.

过直线 L_1 作平面 π，使 $\pi//L_2$，则在 L_2 上选取一个定点 $M_2(1,0,-1)$，则点 M_2 到平面 π 的距离 d 即是两条异面直线 L_1 与 L_2 的距离.

设平面 π 的法向量为 $\boldsymbol{n}$，则直线 L_1 的方向向量 $\boldsymbol{s}_1\perp\boldsymbol{n}$，且直线 L_2 的方向向量 $\boldsymbol{s}_2\perp\boldsymbol{n}$，故

取 $\boldsymbol{n}=\boldsymbol{s}_1\times\boldsymbol{s}_2=\begin{vmatrix}\boldsymbol{i} & \boldsymbol{j} & \boldsymbol{k}\\ 0 & 1 & 3\\ 1 & 2 & 2\end{vmatrix}=-(4,-3,1)$.

在直线 L_1 上取点 $M_1(-1,1,2)$，则平面 π 的方程为

$4(x+1)-3(y-1)+(z-2)=0$，即

$$4x-3y+z+5=0.$$

而点 $M_2(1,0,-1)$ 到平面 π 的距离 d 为

$$d=\frac{|4\cdot 1-3\cdot 0+1\cdot(-1)+5|}{\sqrt{4^2+(-3)^2+1^2}}=\frac{4\sqrt{26}}{13}.$$

解法 2　利用向量的投影.

先求直线 L_1 与 L_2 公垂线的方向 $\boldsymbol{s}$，因为 $\boldsymbol{s}\perp L_1$，$\boldsymbol{s}\perp L_2$，故有

$\boldsymbol{s}=\boldsymbol{s}_1\times\boldsymbol{s}_2=(4,-3,1)$，

在直线 L_1 与 L_2 上各取定点 $M_1(-1,1,2)$，$M_2(1,0,-1)$，则

$$d=|\mathrm{Prj}_{\boldsymbol{s}}\overrightarrow{M_1M_2}|=|\overrightarrow{M_1M_2}|\cdot|\cos(\widehat{\overrightarrow{M_1M_2},\boldsymbol{s}})|$$

$$=\frac{|\overrightarrow{M_1M_2}\cdot\boldsymbol{s}|}{|\boldsymbol{s}|}=\frac{|\overrightarrow{M_1M_2}\cdot(\boldsymbol{s}_1\times\boldsymbol{s}_2)|}{|\boldsymbol{s}_1\times\boldsymbol{s}_2|}=\frac{4\sqrt{26}}{13}.$$

习题 7-3

1. 选择题

(1) 过 y 轴及点 $(2,0,3)$ 的平面方程是(　　).

(A) $z=\frac{3}{2}x$　　(B) $x+z=5$　　(C) $x+y+z=5$　　(D) $2x+3z=y$

(2) 直线 $\begin{cases}x=2\\ y-z=1\end{cases}$ 与 $\begin{cases}x-y+z+1=0\\ x+y-z-1=0\end{cases}$ 的关系是(　　).

(A) 平行　　(B) 垂直　　(C) 共线　　(D) 异面

(3) 已知平面 $\pi_1: mx+y-3z+1=0$，平面 $\pi_2: 7x-2y-z=0$，当 $m=$(　　)时，$\pi_1\perp\pi_2$.

(A) $\frac{1}{7}$　　(B) $-\frac{1}{7}$　　(C) 7　　(D) -7

(4) 平面 $\pi_1: x+y-11=0$ 与 $\pi_2: 3x+8=0$ 的夹角 $\theta=$(　　).

(A) $\frac{\pi}{2}$　　(B) $\frac{\pi}{3}$　　(C) $\frac{\pi}{4}$　　(D) $\frac{\pi}{6}$

(5) 直线 $L: \frac{x+3}{-2}=\frac{y+4}{-7}=\frac{z}{3}$ 与平面 $\pi: 4x-2y-2z=3$ 的关系是(　　).

(A) 平行　　(B) 垂直相交　　(C) L 在 π 上　　(D) 相交但不垂直

(6) 直线 $L_1: \begin{cases}x+2y-z=7\\ -2x+y+z=7\end{cases}$ 与 $L_2: \begin{cases}3x+6y-3z=8\\ 2x-y-z=0\end{cases}$ 的关系是(　　).

(A) $L_1\perp L_2$　　(B) $L_1 /\!/ L_2$

(C) L_1 与 L_2 相交但不垂直　　(D) L_1 与 L_2 为异面直线

2. 填空题

(1) 通过点(A,B,C)且与yOz面平行的平面方程为________.

(2) 两平面$\pi_1: x+y-z-1=0$，$\pi_2: 3x+3y-3z+8=0$的位置关系是________.

(3) 通过点(A,B,C)和x轴的平面方程为________.

(4) 通过点$(4,-7,5)$，且在三坐标轴上截距相等的平面方程为________.

(5) 过点$M_1(4,0,-2)$和$M_2(5,1,7)$且平行于Ox轴的平面方程是________.

(6) 点$P(1,2,1)$到平面$x+2y+2z=10$的距离是________.

(7) 当$l=$________及$m=$________时，两平面$2x+my+3z=5$与$x-6y-lz=2$互相平行.

(8) 当$m=$________时，直线$\frac{x-1}{4}=\frac{y+2}{3}=\frac{z}{1}$与平面$mx+3y-5z+1=0$平行.

(9) 直线$\begin{cases}x+y+3z=0\\x-y-z=0\end{cases}$与$x-y-z+1=0$的夹角为________.

(10) 通过点$P_0(1,2,3)$，并平行于两个向量$\boldsymbol{a}=2\boldsymbol{i}+\boldsymbol{j}-\boldsymbol{k}$，$\boldsymbol{b}=3\boldsymbol{i}+6\boldsymbol{j}-2\boldsymbol{k}$的平面方程为________.

(11) 求通过点$P_0(2,-3,2)$和直线$\begin{cases}6x+4y+3z+5=0\\2x+y+z-2=0\end{cases}$的平面方程________.

(12) 求通过点$P_0(2,-1,-1)$和$P_1(1,2,3)$，并平行于平面$2x+3y-5z-6=0$的平面方程________.

(13) 设平面Π过点$(1,0,-1)$且与平面$4x-y+2z-8=0$平行，则平面Π的方程为________.

(14) 过$M(1,2,-1)$且与直线$\begin{cases}x=-t+2\\y=3t-4\\z=t-1\end{cases}$垂直的平面是________.

(15) 设一平面过原点及$A(6,-3,2)$，且与平面$4x-y+2z-8=0$垂直，则此平面方程为________.

(16) 球面$x^2+y^2+(z-2)^2=4$与平面$2x+y-z+26=0$之间的距离等于________.

(17) 平面$2x+y-z-1=0$与平面$2x+y-z+3=0$之间的距离等于________.

(18) 与平面$2x+y-z+3=0$的距离等于$\sqrt{6}$的平面方程是________.

(19) y轴的对称式方程为________.

(20) $|\boldsymbol{a}-\boldsymbol{b}|\geqslant|\boldsymbol{a}|-|\boldsymbol{b}|$轴在空间中的直线方程是________.

(21) 已知直线$l_1: \frac{x-1}{1}=\frac{y-2}{0}=\frac{z-3}{-1}$，$l_2: \frac{x+2}{2}=\frac{y-1}{1}=\frac{z}{1}$，则过$l_1$且平行于$l_2$的平面方程为________.

(22) 已知直线$l: \begin{cases}x+3y+2z+1=0\\2x-y-10z+3=0\end{cases}$，及平面$\pi: 4x-2y+z-2=0$，则直线$l$与平面$\pi$的位置关系是________.

3.计算题

(1) 一平面过 z 轴且与平面 $2x+y-\sqrt{5}z=7$ 间的夹角为 $\frac{\pi}{3}$，求其方程.

(2) 求点 $P(3,-1,2)$ 到直线 $\begin{cases}2x-y+z=4\\x+y-z=-1\end{cases}$ 的距离.

(3) 求过点 $(-1,0,4)$ 且与直线 $L:\begin{cases}x+2y-z=0\\x+2y+2z+4=0\end{cases}$ 垂直，又与平面 $\pi:3x-4y+z-10=0$ 平行的直线方程.

(4) 验证直线 $L_1:\frac{x-5}{-4}=\frac{y-1}{1}=\frac{z-2}{1}$ 与直线 $L_2:\frac{x}{2}=\frac{y}{2}=\frac{z-8}{-3}$ 是异面直线，求两直线间的最短距离.

4.设直线 $L:\frac{x}{-1}=\frac{y-1}{1}=\frac{z-1}{2}$ 与平面 $\pi:2x+y-z-3=0$.

(1) 求 L 与 π 的交点坐标；

(2) 求 L 与 π 的交角；

(3) 求通过 L 与 π 的交点，且与 L 垂直的平面方程.

5.求同时满足下面条件的直线 L 的方程：

(1) 通过点 $A(1,0,-2)$；

(2) 与平面 $\Pi:3x-y+2z+3=0$ 平行；

(3) 与直线 $L_1:\frac{x-1}{4}=\frac{y-3}{-2}=\frac{z}{1}$ 相交.

6.求过原点且与直线 $L_1:\frac{x-1}{2}=\frac{y-2}{1}=\frac{z+1}{1}$ 及直线 $L_2:\frac{x-2}{1}=\frac{y+1}{2}=\frac{z}{2}$ 都相交的直线方程.

7.过点 $P(-1,0,4)$ 作直线 L，使它平行于平面 $\pi:3x-4y+z-10=0$ 且与直线 $L_1:\frac{x+1}{3}=\frac{y-3}{1}=\frac{z}{2}$ 相交，求直线 L 的方程.

8.求点 $P(0,1,1)$ 关于平面 $\pi:x+y+z=0$ 的对称点.

9.求直线 $\frac{x-1}{2}=\frac{y}{1}=\frac{z-1}{0}$ 上一点 $(3,4,5)$ 到此直线与平面 $x+y+z=2$ 的交点的距离.

10.一直线过点 $B(1,2,3)$，且与向量 $\boldsymbol{c}(6,6,7)$ 平行，求点 $A(3,2,4)$ 到该直线的距离.

11.求直线 $L_1:\frac{x}{2}=\frac{y+2}{-2}=\frac{z-1}{1}$ 与直线 $L_2:\frac{x-1}{4}=\frac{y-3}{2}=\frac{z+1}{-1}$ 之间的最短距离.

12.已知直线 $L_1:\frac{x-9}{4}=\frac{y+2}{-3}=\frac{z}{1}$，直线 $L_2:\frac{x}{-2}=\frac{y-7}{9}=\frac{z-2}{2}$.

(1) 两直线是否相交?若相交，求交点；

(2) 若不相交，求两线的距离；

(3) 求两直线的公垂线方程.

7.4　综合训练题

1. 选择题

(1) 下列命题,正确的是(　　).

(A) $\boldsymbol{i}+\boldsymbol{j}+\boldsymbol{k}$ 是单位向量　　(B) $-\boldsymbol{j}$ 非单位向量

(C) $\boldsymbol{a}^2=|\boldsymbol{a}|^2$　　(D) $\boldsymbol{a}(\boldsymbol{a}\cdot\boldsymbol{b})=\boldsymbol{a}^2\cdot\boldsymbol{b}$

(2) 设空间三点的坐标分别为 $M(1,-3,4)$,$N(-2,1,-1)$,$P(-3,-1,1)$,则 $\angle MNP=$(　　).

(A) π　　(B) $\frac{3\pi}{4}$　　(C) $\frac{\pi}{2}$　　(D) $\frac{\pi}{4}$

(3) 若直线 $\frac{x-1}{1}=\frac{y+1}{2}=\frac{z-1}{\lambda}$ 和直线 $\frac{x+1}{1}=\frac{y-1}{1}=z$ 相交,则 $\lambda=$(　　).

(A) 1　　(B) $\frac{3}{2}$　　(C) $-\frac{5}{4}$　　(D) $\frac{5}{4}$

(4) 两平面 $A_1x+B_1y+C_1z+D_1=0$ 与 $A_2x+B_2y+C_2z+D_2=0$ 重合的充分必要条件是(　　).

(A) $\frac{A_1}{A_2}=\frac{B_1}{B_2}=\frac{C_1}{C_2}$　　(B) $A_1=A_2,B_1=B_2,C_1=C_2$

(C) $\frac{A_1}{A_2}=\frac{B_1}{B_2}=\frac{C_1}{C_2}=\frac{D_1}{D_2}$　　(D) $A_1=A_2,B_1=B_2,C_1=C_2,D_1=D_2$

(5) 设 $\overrightarrow{D}=\overrightarrow{AB}+\overrightarrow{BC}+\overrightarrow{CA}$(其中 $\overrightarrow{AB}$、$\overrightarrow{BC}$、$\overrightarrow{CA}$ 均为非零向量),则 $\overrightarrow{D}=$(　　).

(A) 向量 $\boldsymbol{0}$　　(B) $\sqrt{\overrightarrow{AB}+\overrightarrow{BC}+\overrightarrow{CA}}$

(C) 常数 0　　(D) $\sqrt{|\overrightarrow{AB}|^2+|\overrightarrow{BC}|^2+|\overrightarrow{CA}|^2}$

(6) 向量 $\boldsymbol{a}$ 在 $\boldsymbol{b}$ 上的投影 $\mathrm{Prj}_b\boldsymbol{a}=$(　　).

(A) $\frac{\boldsymbol{a}\cdot\boldsymbol{b}}{|\boldsymbol{a}|}$　　(B) $\frac{\boldsymbol{a}\cdot\boldsymbol{b}}{|\boldsymbol{b}|}$　　(C) $\frac{\boldsymbol{a}\times\boldsymbol{b}}{|\boldsymbol{a}|}$　　(D) $\frac{\boldsymbol{a}\times\boldsymbol{b}}{|\boldsymbol{b}|}$

(7) 设 $\boldsymbol{a}=(a_x,a_y,a_z)$,$\boldsymbol{b}=(b_x,b_y,b_z)$,则 $\boldsymbol{a}\perp\boldsymbol{b}$ 的充分必要条件是(　　).

(A) $a_x=b_x,a_y=b_y,a_z=b_z$　　(B) $a_xb_x+a_yb_y+a_zb_z=0$

(C) $\frac{a_x}{b_x}=\frac{a_y}{b_y}=\frac{a_z}{b_z}$　　(D) $a_x+a_y+a_z=b_x+b_y+b_z$

(8) 设平面方程为 $Ax+Cz+D=0$,且 $ACD\neq0$,则平面(　　).

(A) 平行于 x 轴　　(B) 平行于 y 轴

(C) 经过 y 轴　　(D) 垂直于 y 轴

(9) 设有直线 L_1:$\frac{x-1}{1}=\frac{y-5}{-2}=\frac{z+8}{1}$ 与 L_2:$\begin{cases}x-y=6\\2y+z=3\end{cases}$,则 L_1,L_2 的夹角为(　　).

(A) $\frac{\pi}{6}$　　(B) $\frac{\pi}{4}$　　(C) $\frac{\pi}{3}$　　(D) $\frac{\pi}{2}$

(10) 设有直线 L:$\begin{cases}x+3y+2z+1=0\\2x-y-10z+3=0\end{cases}$ 及平面 π:$4x-2y+z-2=0$,则直线

L(　　).

(A) 平行于 π　　(B) 在 π 上　　(C) 垂直于 π　　(D) 与 π 斜交

2. 填空题

(1) 已知 $\boldsymbol{a}$ 与 $\boldsymbol{b}$ 垂直，且 $|\boldsymbol{a}|=5$，$|\boldsymbol{b}|=12$，则 $|\boldsymbol{a}+\boldsymbol{b}|=$ ________，$|\boldsymbol{a}-\boldsymbol{b}|=$ ________.

(2) $\boldsymbol{a}$，$\boldsymbol{b}$ 的夹角为 $\frac{\pi}{3}$，$|\boldsymbol{a}|=3$，$|\boldsymbol{b}|=4$，$(\boldsymbol{a}+\boldsymbol{b})^2=$ ________.

(3) 一向量与 Ox 轴和 Oy 轴成等角，而与 Oz 轴组成的角是它们的二倍，那么这个向量的方向角 $\alpha=$ ________，$\beta=$ ________，$\gamma=$ ________.

(4) $(\boldsymbol{a}+\boldsymbol{b}+\boldsymbol{c})\times\boldsymbol{c}+(\boldsymbol{a}+\boldsymbol{b}+\boldsymbol{c})\times\boldsymbol{b}+(\boldsymbol{b}-\boldsymbol{c})\times\boldsymbol{a}=$ ________.

(5) 若两平面 $kx+y+z-k=0$ 与 $kx+y-2z=0$ 互相垂直，则 $k=$ ________.

(6) 已知从原点到某平面所作的垂线的垂足为点 $(-2,-2,1)$，则该平面方程为 ________.

(7) 设平面 π：$x+ky-2z-9=0$，若 π 过点 $(5,-4,-6)$，则 $k=$ ________；又若 π 与平面 $2x-3y+z=0$ 成 $45°$，则 $k=$ ________.

(8) 一平面过点 $(6,-10,1)$，它在 Ox 轴上的截距为 -3，在 Oz 轴上的截距为 2，则该平面的方程是________.

(9) 点 $(-1,2,0)$ 在平面 $x+2y-z=0$ 上的投影点的坐标为________.

(10) 一直线与三坐标轴间的角分别为 α、β、γ，则 $\sin^2\alpha+\sin^2\beta+\sin^2\gamma=$ ________.

(11) 与两直线 $\begin{cases}x=1\\y=-1+t\\z=2+t\end{cases}$ 及 $\frac{x+1}{1}=\frac{y+2}{2}=\frac{z-1}{1}$ 都平行，且过原点的平面方程为 ________.

(12) 已知直线 L_1：$\frac{x-1}{1}=\frac{y-2}{0}=\frac{z-3}{-1}$，$L_2$：$\frac{x+2}{2}=\frac{y-1}{1}=\frac{z}{1}$，则过 L_1 且平行于 L_2 的平面方程是________.

3. 已知空间三点 $A(1,2,3)$、$B(2,-1,5)$ 和 $C(3,2,-5)$，求：

(1) $\triangle ABC$ 的面积；

(2) $\triangle ABC$ 的 AB 边上的高；

(3) $\angle A$ 的余弦值；

(4) $\triangle ABC$ 所在的平面方程；

(5) 过 A 且与 BC 边平行的直线方程.

4. 设 $(\boldsymbol{a}+3\boldsymbol{b})\perp(7\boldsymbol{a}-5\boldsymbol{b})$，$(\boldsymbol{a}-4\boldsymbol{b})\perp(7\boldsymbol{a}-2\boldsymbol{b})$，求向量 $\boldsymbol{a}$ 与 $\boldsymbol{b}$ 的夹角.

5. 将直线方程 $\begin{cases}x+y+z+2=0\\2x-y+3z+4=0\end{cases}$ 化为点向式方程及参数方程.

习题参考答案

第 1 章　习题参考答案

习题 1-1

1. (1)$e^{3x}+2e^{2x}+1$； (2)$2^{\sin^2 x}$； (3)$(1,+\infty)$； (4)$\begin{cases} x^2-1, & x\geqslant -1 \\ -x-1, & x<-1 \end{cases}$ (5)e^{x^2}，e^{2x}； (6)$\dfrac{5x-17}{3}$； (7)③④⑤,①⑥； (8)$(-1,0)\cup(0,1)$； (9)$\sqrt[3]{x-5}$； (10)$\dfrac{1}{2},\dfrac{\pi}{4}$.

2. (1)B； (2)A； (3)B； (4)D.

3. (1)$(-1,1)$； (2)$[-2,1)$； (3)$[-1,3]$； (4)$(1,+\infty)$.

4. (1) 不相同,定义域不同； (2) 不相同,值域不同； (3) 相同； (4) 不相同,定义域不同； (5) 不相同,定义域不同.

5. (1) 偶函数； (2) 奇函数； (3) 奇函数； (4) 偶函数； (5) 奇函数； (6) 奇函数.

6. (1)$y=\cos u, u=\sqrt{x}$；

(2)$y=u^3, u=2x^2+1$；

(3)$y=a\sqrt[3]{u}, u=1+x$；

(4)$y=u^2, u=\sin v, v=3x+2$；

(5)$y=\sqrt{u}, u=\lg v, v=\sqrt{x}$；

(6)$y=\ln u, u=\tan v, v=2x$.

7. (1)$f^{-1}(x)=\dfrac{1}{2}(\arccos x-1), D=[-1,1], Z=[-\dfrac{1}{2},\dfrac{\pi-1}{2}]$；

(2)$f^{-1}(x)=e^{x-1}-2, D=(-\infty,+\infty), Z=(-2,+\infty)$；

(3)$f^{-1}(x)=\dfrac{1}{2}\ln(x-2), D=(2,+\infty), Z=(-\infty,+\infty)$.

习题 1-2

1. (1) 收敛,0； (2) 收敛,0； (3) 收敛,1； (4) 发散； (5) 收敛,2； (6) 发散； (7) 发散； (8) 发散； (9) 收敛,0.

2. k.

3. D.

习题 1-3

1. (1)2；(2)1；(3)1；(4)1；(5)不存在；(6) $\frac{\pi}{2}$；(7)10；(8) -4.

2. $\lim\limits_{x\to 0^-} f(x)=1, \lim\limits_{x\to 0^+} f(x)=1, \lim\limits_{x\to 0} f(x)=1; \lim\limits_{x\to 0^-} g(x)=-1, \lim\limits_{x\to 0^+} g(x)=1, \lim\limits_{x\to 0} g(x)$ 不存在.

3. $\lim\limits_{x\to 0^-} f(x)=-1, \lim\limits_{x\to 0^+} f(x)=0, \lim\limits_{x\to 0} f(x)$ 不存在.

习题 1-4

1. (1)5；(2)0；(3)1；(4)∞；(5)0；(6)0，-2；(7)-7,6；

2. (1)0；(2)-2；(3) $\frac{1}{2}$；(4)$2x$；(5) $-\frac{2}{7}$；(6)-1；(7)2；(8) $\frac{4}{3}$；(9)1；(10) $-\frac{1}{2}$.

3. (1) $-\frac{1}{2}$；(2)0；(3) $\frac{3^{70}\cdot 8^{20}}{5^{90}}$；(4)1；(5)$a+b$；(6)1.

习题 1-5

1. (1)3；(2) $\frac{2}{5}$；(3)0；(4) $\frac{2}{3}$；(5)2；(6)2.

2. (1)e^{-1}；(2)e^{-1}；(3)e^{-2}；(4)1；(5)2；(6) $\frac{4}{3}$.

3. 10.

4. 由于 $\frac{n}{\sqrt{n^2+2n}} \leqslant \frac{1}{\sqrt{n^2+2}} + \frac{1}{\sqrt{n^2+4}} + \cdots + \frac{1}{\sqrt{n^2+2n}} \leqslant \frac{n}{\sqrt{n^2+2}}$,

又 $\lim\limits_{n\to\infty} \frac{n}{\sqrt{n^2+2n}} = 1, \lim\limits_{n\to\infty} \frac{n}{\sqrt{n^2+2}} = 1$,故由夹逼准则可知,

$\lim\limits_{n\to\infty}\left[\frac{1}{\sqrt{n^2+2}} + \frac{1}{\sqrt{n^2+4}} + \cdots + \frac{1}{\sqrt{n^2+2n}}\right] = 1$.

习题 1-6

1. (1)∞；(2)∞；(3)$-\infty$；(4)∞；(5)0；(6)0；(7)$+\infty$；(8)∞.

2. (1)A；(2)C.

3. 函数在 $x\to 1$ 时是无穷大量,在 $x\to\infty$ 时是无穷小量

4. (1)同阶,不等价；(2)等价无穷小.

5. (1) $\begin{cases} 0, & (m<n) \\ 1, & (m=n) \\ \infty, & (m>n) \end{cases}$ (2) $\frac{1}{2}$；(3)1；(4) $\frac{3}{2}$；(5)-3.

习题 1-7

1. (1)0,二；(2)-1；(3)ln2；(4) $\frac{3}{2}$；(5)3.

2. 连续，图略.

3. $k = e^2$.

4. (1) $x = 1$，第一类可去间断点，$x = 2$，第二类间断点；(2) $x = 0$，第二类间断点；(3) $x = 1$，第一类跳跃间断点；(4) $x = 0$，第一类可去间断点.

5. (1) $f(0) = 1$；(2) $f(0) = 0$；(3) $f(0) = kl$.

6. 因为 $f(1+0) = \pi$，$f(1-0) = -\pi$，所以 $f(x)$ 在 $x = 1$ 处不连续；因为 $f(-1+0) = f(-1-0) = 0 = f(-1)$，所以 $f(x)$ 在 $x = -1$ 处连续.

习题 1-8

1. (1) $(2,3) \cup (3,+\infty)$；(2) $(-\infty,0) \cup (0,1) \cup (1,+\infty)$ (3) $\left[-\frac{1}{\sqrt{2}},1\right]$.

2. 连续.

3. $k = 5$.

4. $a = 1$.

5. 略.

6. 略.

1.9 综合训练题

1. (1) $(e^x+1)^2 + \sin(e^x+1)$；(2) $\ln\sqrt{\ln\sqrt{x}}$，$[1,+\infty)$；(3) $(-\infty,+\infty)$；(4) $f^{-1}(x) = x - 1$；(5) 1、-1，二；(6) -1；(7) 4，1；(8) $\frac{1}{2}$；(9) $(-\infty,0) \cup (0,+\infty)$；(10) 0，1，不存在.

2. (1) C；(2) C；(3) A；(4) B；(5) C；(6) B；(7) B；(8) B；(9) D；(10) D.

3. (1) e；(2) 4；(3) 0；(4) e；(5) 1；(6) $-\sin a$；(7) 1；(8) 1.

4. (1) $b = 1$，a 为任意实数；(2) $b = 1$，$a = 2$.

5. $(-\infty,+\infty)$，图略.

6. $x = 1$ 是第二类间断点，$x = 0$ 是第一类间断点.

7. 略.

8. $\lim\limits_{x\to0^-} f(x) = 3 = \lim\limits_{x\to0^+} f(x) = a$，$a = 3$.

第 2 章　习题参考答案

习题 2-1

1. (1) ① $-3f'(x_0)$；② $f'(x_0)$；③ $\frac{3}{2}f'(x_0)$；④ $-\frac{1}{f'(x_0)}$.

解析：① 由导数的定义有

$$\lim_{h\to0}\frac{f(x_0-3h)-f(x_0)}{h} = \lim_{h\to0}\frac{f(x_0-3h)-f(x_0)}{-3h}\cdot(-3) = -3f'(x_0).$$

② 同理$\lim\limits_{h\to 0}\dfrac{f(x_0+h)-f(x_0-h)}{2h}=f'(x_0)$.

③ $\lim\limits_{n\to\infty}n\left[f(x_0+\dfrac{1}{n})-f\left(x_0-\dfrac{1}{2n}\right)\right]=\lim\limits_{n\to\infty}\dfrac{f(x_0+\dfrac{1}{n})-f\left(x_0-\dfrac{1}{2n}\right)}{\left(\dfrac{3}{2}\right)\dfrac{1}{n}}\cdot\left(\dfrac{3}{2}\right)=\dfrac{3}{2}f'(x_0)$.

④ $\lim\limits_{x\to 0}\dfrac{x}{f(x_0)-f(x_0+x)}=\lim\limits_{x\to 0}\dfrac{1}{\dfrac{f(x_0)-f(x_0+x)}{x}}=-\dfrac{1}{f'(x_0)}[f'(x_0)\neq 0]$.

(2)$(a+b)f'(x_0)$.

(3)2.

解析:$(\dfrac{3}{2},0)\Rightarrow f'(1)=1,\lim\limits_{x\to 0}2\cdot\dfrac{f(1+2x)-f(1)}{2x}=2f'(1)=2$.

(4) $\dfrac{1}{2\sqrt{x}}$.　(5) -1.

2. (1)A；(2)C；(3)A；(4)D；(5)D.

3. (1) **解:**如果 $f(x)$ 在 $x=0$ 处可导,则 $f(x)$ 在 $x=0$ 处必连续,因此有

$\lim\limits_{x\to 0^-}(ax^2+bx+c)=\lim\limits_{x\to 0^+}\ln(1+x)=f(0)=0$

即 $c=0$. 又由于 $f'(0)$ 存在,得 $\lim\limits_{x\to 0^-}\dfrac{ax^2+bx}{x}=\lim\limits_{x\to 0^+}\dfrac{\ln(1+x)}{x}$,

即 $b=f'(0)=1$. 因此得 $f'(x)=\begin{cases}2ax+1, & x<0\\ \dfrac{1}{1+x}, & x\geqslant 0\end{cases}$.

为使 $f''(0)$ 存在,需要有

$$\lim_{x\to 0^-}\frac{2ax+1-1}{x}=\lim_{x\to 0^+}\frac{\dfrac{1}{1+x}-1}{x}=2a=-1,\text{由此得 } a=-\frac{1}{2}.$$

(2) **解:**① $\lim\limits_{x\to 0^-}f(x)=1+a$,

$\lim\limits_{x\to 0^+}f(x)=\lim\limits_{x\to 0^+}\dfrac{\varphi(x)-1+1-\cos x}{x}=\lim\limits_{x\to 0^+}\left[\dfrac{\varphi(x)-\varphi(0)}{x}+\dfrac{1-\cos x}{x}\right]=\varphi'(0)+0=0$,

于是当 $a=-1$ 时,$f(x)$ 在 $x=0$ 处连续,且 $f(0)=0$.

② 当 $x>0$ 时,$f'(x)=\dfrac{(\varphi'(x)+\sin x)x-(\varphi(x)-\cos x)}{x^2}$;

当 $x<0$ 时,$f'(x)=e^x$;

当 $x=0$ 时,已知 $\varphi(x)$ 具有二阶导数,且 $f(0)=0$,

$$\text{由 } f'_+(0)=\lim_{x\to 0^+}\frac{\dfrac{\varphi(x)-\cos x}{x}-f(0)}{x}=\lim_{x\to 0^+}\frac{\varphi(x)-\cos x}{x^2}$$

$$=\lim_{x\to 0^+}\frac{\varphi'(x)+\sin x}{2x}=\lim_{x\to 0^+}\left[\frac{\varphi'(x)-\varphi'(0)}{2x}+\frac{\sin x}{2x}\right]=\frac{\varphi''(0)}{2}+\frac{1}{2}=1,$$

$f'_-(0)=\lim\limits_{x\to 0^-}\dfrac{e^x-1}{x}=1$,

因为 $f'_{-}(0) = f'_{+}(0)$，所以 $f'(0) = 1$，

由此得 $f'(x) = \begin{cases} \dfrac{(\varphi'(x) + \sin x)x - (\varphi(x) - \cos x)}{x^2}, & x > 0 \\ 1, & x = 0 \\ e^x, & x < 0 \end{cases}$.

习题 2-2

1. (1) $\frac{3}{4}\pi$

解：令 $u = \frac{3x-2}{3x+2}$，则 $y = f(u)$，利用复合函数求导法，有

$\frac{dy}{dx} = f'(u) \cdot \frac{du}{dx} = \arctan u^2 \cdot \frac{12}{(3x+2)^2}$，

$\left.\frac{dy}{dx}\right|_{x=0} = \arctan u^2 \big|_{u=-1} \cdot \left.\frac{12}{(3x+2)^2}\right|_{x=0} = \frac{3}{4}\pi$. 故填 $\frac{3}{4}\pi$.

(2) $\frac{1}{x}$；

(3) $3\ln 5 \cdot 5^{\sin^3 x} \cdot \sin^2 x\cos x$；

(4) $\ln(x + \sqrt{x^2+1}) + \frac{x}{\sqrt{x^2+1}}$；

(5) $\frac{e-1}{e^2+1}$.

解：先将函数化简，再求导 $y = \arctan e^x - \frac{1}{2}[2x - \ln(e^{2x}+1)]$，

$\left.\frac{dy}{dx}\right|_{x=1} = \left\{\frac{e^x}{1+e^{2x}} - \frac{1}{2}\left[2 - \frac{2e^{2x}}{e^{2x}+1}\right]\right\}\Bigg|_{x=1} = \frac{e-1}{e^2+1}$.

(6) $\frac{1}{x} + \frac{7}{4}x^{\frac{3}{4}}$.

2. (1)C； (2)B； (3)B； (4)D； (5)C.

3. (1) $y' = 12x^2 - \frac{1}{2\sqrt{x}} + \frac{2}{x}$；

(2) $y' = 3^x\ln 3 - \frac{\sin x}{4}$；

(3) $y' = \frac{1}{x} - \frac{2}{x\ln 10} + \frac{3}{x\ln 2}$；

(4) $y' = (2x-3)(x^4+x^2-1) + (x^2-3x+2)(4x^3+2x) = 6x^5 - 15x^4 + 12x^3 - 9x^2 + 2x + 3$；

(5) $y' = (x^2 - x^{-\frac{5}{2}} + x^{-3})' = 2x + \frac{5}{2}x^{-\frac{7}{2}} - 3x^{-4}$；

(6) $y' = (\frac{1}{\sqrt{x}} - \sqrt{x})' = -\frac{1}{2}x^{-\frac{3}{2}} - \frac{1}{2}x^{-\frac{1}{2}}$；

(7) $y' = \frac{(\sin x + x\cos x)(1+x^2) - 2x^2\sin x}{(1+x^2)^2} = \frac{x(1+x^2)\cos x + (1-x^2)\sin x}{(1+x^2)^2}$;

(8) $y' = e^x(\cos x + x\cos x - x\sin x)$.

4. (1) $y' = 3\cos(3x - \frac{\pi}{6})$;

(2) $y' = 5(2+3x)^4$;

(3) $y' = \frac{1}{\tan\frac{x}{2}} \cdot \frac{1}{2}\sec^2\frac{x}{2} = \frac{1}{2\sin\frac{x}{2}\cos\frac{x}{2}} = \frac{1}{\sin x} = \csc x$;

(4) $y' = \frac{2x}{(x^2-2)\ln a}$;

(5) $y' = -\frac{6}{(2x-1)^4}$;

(6) $y' = 2\sin x\cos 3x$;

(7) $y' = \frac{x\arccos x - \sqrt{1-x^2}}{(1-x^2)^{\frac{3}{2}}}$;

(8) $y' = \frac{5(\arcsin\frac{x}{3})^4}{\sqrt{9-x^2}}$;

(9) $y' = \frac{2 \cdot 3^{\cos\frac{1}{x^2}}\ln 3 \cdot \sin\frac{1}{x^2}}{x^3}$;

(10) $y' = 5^{x\ln x}\ln 5(\ln x + 1)$;

(11) $y' = -\frac{1}{1+(\frac{1+x}{1-x})^2} \cdot (\frac{1+x}{1-x})' = -\frac{1}{1+x^2}$;

(12) $y' = \frac{6x^2}{1+x^6}\arctan x^3$;

(13) $y' = \frac{4\sqrt{x}\sqrt{x+\sqrt{x}} + 2\sqrt{x} + 1}{8\sqrt{x} \cdot \sqrt{x+\sqrt{x}} \cdot \sqrt{x+\sqrt{x+\sqrt{x}}}}$;

(14) $y' = \cos(\sin(\sin x)) \cdot \cos(\sin x) \cdot \cos x$;

(15) $y' = \cos\left[\frac{x}{\sin(\frac{x}{\sin x})}\right]\frac{\sin(\frac{x}{\sin x}) - x\cos(\frac{x}{\sin x})\frac{\sin x - x\cos x}{\sin^2 x}}{\sin^2(\frac{x}{\sin x})}$;

(16) $y' = \frac{\cos x}{|a + b\sin x|\,|\cos x|}$.

5. $y' = 2\sin(\ln x)$.

6. 解: 当 $0 < x \leqslant 1$ 时,由 $f'(\ln x) = 1$,得 $f(\ln x) = \ln x + C_1$,即 $f(x) = x + C_1$, $-\infty \leqslant x \leqslant 0$.

当 $x > 1$ 时,由 $f'(\ln x) = x = e^{\ln x}$,得 $f(\ln x) = e^{\ln x} + C_2$,即 $f(x) = e^x + C_2, x > 0$.

由 $f(0)=0$ 知，$C_1=0, C_2=-1$，故所求函数为

$$f(x)=\begin{cases} x, & -\infty < x \leqslant 0 \\ e^x-1, & x>0 \end{cases}.$$

习题 2-3

1. (1)$n!$； (2)2； (3)$-240(1-x)^{-6}$； (4)$2e^2$； (5)$(-1)^{n+1}\cdot 2n!\cdot(1+x)^{-(n+1)}$； (6)$-2^n\cos\left(2x+n\cdot\frac{\pi}{2}\right)$； (7)$6f^4(x)$； (8)$10\cdot 9!$.

2. (1)C； (2)A； (3)D； (4)C； (5)C； (6)A； (7)B； (8)B.

3. $\frac{d^2y}{dx^2}\big|_{x=0}=(2e^x+xe^x)\big|_{x=0}=2$.

4. $\frac{d^2y}{dx^2}=-4x^2\sin[f(x^2)]\cdot[f'(x^2)]^2+4x^2\cos[f(x^2)]\cdot f''(x^2)+2\cos[f(x^2)]\cdot f'(x^2)$

5. $y''=-\frac{1}{x^2}(\sin(\ln x)+\cos(\ln x))$.

6. $y^{(6)}=2^2\times 3^3\times 6!$.

7. $\frac{df}{dx}=(1+x)e^x, \frac{d^2f}{dx^2}=(2+x)e^x, \frac{d^3f}{dx^3}=(3+x)e^x, \cdots, \frac{d^nf}{dx^n}=(n+x)e^x$.

8. (1) 由公式直接有 $f^{(n)}(x)=\left(\frac{1}{2}\right)^n\sin\left(\frac{x}{2}+n\cdot\frac{\pi}{2}\right)+2^n\cos\left(2x+n\cdot\frac{\pi}{2}\right)$，

故 $f^{(28)}(\pi)=\left(\frac{1}{2}\right)^{28}\sin\left(\frac{x}{2}+28\times\frac{\pi}{2}\right)+2^{28}\cos\left(2x+28\times\frac{\pi}{2}\right)=\left(\frac{1}{2}\right)^{28}+2^{28}$；

(2)$f(x)=\frac{1}{2}\sin 2x\cos 2x\cos 4x\cos 8x=\frac{1}{4}\sin 4x\cos 4x\cos 8x=\frac{1}{16}\sin 16x$，

故 $f^{(n)}(x)=\frac{1}{16}(16)^n\sin\left(16x+n\cdot\frac{\pi}{2}\right)=16^{n-1}\sin\left(16x+n\cdot\frac{\pi}{2}\right)$.

9.【分析】函数为有理假分式时，先利用多项式除法化为多项式与有理真分式之和，再将有理真分式化为部分分式之和，然后求出 n 阶导数.

解：$y=x+3+\frac{7x-6}{(x-1)(x-2)}=x+3+\frac{8}{x-2}-\frac{1}{x-1}$，

由公式$\left(\frac{1}{x+a}\right)^{(n)}=\frac{(-1)^n n!}{(x+a)^{n+1}}$，得 $y'=1-\frac{8}{(x-2)^2}+\frac{1}{(x-1)^2}$，

当 $n>1$ 时，$y^{(n)}=\frac{8(-1)^n n!}{(x-2)^{n+1}}-\frac{(-1)^n n!}{(x-1)^{n+1}}=(-1)^n n!\left[\frac{8}{(x-2)^{n+1}}-\frac{1}{(x-1)^{n+1}}\right]$.

10. 解：$y=(\sin^2x)^3+(\cos^2x)^3=(\sin^2x+\cos^2x)(\sin^4x-\sin^2x\cos^2x+\cos^4x)$

$$=(\sin^2x+\cos^2x)^2-3\sin^2x\cos^2x=1-\frac{3}{4}\sin^2 2x=1-\frac{3}{4}\cdot\frac{1-\cos 4x}{2}$$

$y=\frac{5}{8}+\frac{3}{8}\cos 4x$，所以 $y^{(n)}=\frac{3}{8}\cdot 4^n\cos\left(4x+\frac{n\pi}{2}\right)$.

11. 解：$\lim\limits_{x\to 0}\left[\frac{\sin 3x}{x^3}+\frac{f(x)}{x^2}\right]=\lim\limits_{x\to 0}\frac{\sin 3x+xf(x)}{x^3}$，即 $\sin 3x+xf(x)=O(x^3)$，

$\sin 3x = 3x - \frac{1}{6}(3x)^3 + O(x^4)$，

$xf(x) = x\left[f(0) + f'(0)x + \frac{f''(0)}{2}x^2 + O(x^3)\right] = f(0)x + f'(0)x^2 + \frac{f''(0)}{2}x^3 + O(x^3)$

所以 $\sin 3x + xf(x) = [3 + f(0)]x + f'(0)x^2 + \left[-\frac{9}{2} + \frac{f''(0)}{2}\right]x^3 + O(x^3)$，

于是 $f(0) = -3, f'(0) = 0, f''(0) = 9$，

由于 $f(x) = -3 + \frac{9}{2}x^2 + O(x^2)$，所以，$\lim\limits_{x\to 0}\frac{f(x)+3}{x^2} = \frac{9}{2}$.

习题 2-4

1. (1) $y = x$；(2) 1；(3) -2；(4) $\frac{x\sqrt{x^2+y^2} + y\mathrm{e}^{\arctan\frac{y}{x}}}{x\mathrm{e}^{\arctan\frac{y}{x}} - y\sqrt{x^2+y^2}}$；

(5) $\sqrt{3}\left(-\frac{2}{3} + \ln 3\right)$；(6) $\left(-\frac{1}{2x^2} + \frac{1}{4x} + \frac{\cos x}{8\sin x}\right)\sqrt{\mathrm{e}^{\frac{1}{x}}\sqrt{x\sqrt{\sin x}}}$；

(7) $\sqrt[5]{\frac{x-5}{\sqrt[5]{x^2+2}}}\left[\frac{1}{5(x-5)} - \frac{2x}{25(x^2+2)}\right]$；

(8) $\frac{\sqrt{x+2}(3-x)^4}{(x+1)^5}\left[\frac{1}{2(x+2)} - \frac{4}{3-x} - \frac{5}{x+1}\right]$；

(9) $(2x+1)^{\sin x}\left[\cos x\ln(2x+1) + \frac{2\sin x}{2x+1}\right]$；(10) $y - 3x + 7 = 0$；

(11) ① $-r\cot 2\theta$；② $\frac{3}{2}r\tan 2\theta$.

2. (1) C；(2) D；(3) A.

3. (1) $y|_{x=0} = -1$；

(2) $\cos xy(y + xy') + \frac{y'-1}{(y-x)^2} = 0$，$y' = \frac{1 - y(y-x)^2\cos xy}{x(y-x)^2\cos xy + 1}$，$\frac{\mathrm{d}y}{\mathrm{d}x}\Big|_{x=0} = 2$.

4. $y'(0) = -\frac{1}{\mathrm{e}}$.

5. $y' = \frac{\mathrm{e}^y}{1 - x\mathrm{e}^y}$，$y'(0) = \mathrm{e}$.

6. $y' = \frac{x+y}{x-y}$.

7. $y' = -\frac{2x+y}{x+y}$，$y'' = \frac{xy'-y}{(x+y)^2} = -\frac{2x^2+3xy+y^2}{(x+y)^3}$.

8. (1) $y' = -\frac{\frac{1}{3}x + y}{x+y}$；(2) $y' = \frac{5 - y\mathrm{e}^{xy}}{3y^2 + x\mathrm{e}^{xy}}$；(3) $y' = \frac{\mathrm{e}^{x+y} - y}{x - \mathrm{e}^{x+y}}$；(4) $y' = \frac{x^2 + y\cos\frac{y}{x}}{x\cos\frac{y}{x}}$；

(5) $y' = \frac{y}{2\pi y\cos(\pi y^2) - x}$；(6) $y' = \frac{x+y}{x-y}$.

9. (1) $y' = (\frac{x}{1+x})^x(\ln\frac{x}{1+x} - \frac{x}{1+x} + 1)$； (2) $y' = x^{\sqrt{x}-\frac{1}{2}}\ln(x+2)$；

(3) $y' = (\sin x)^{\tan x}(\sec^2 x \cdot \ln\sin x + 1)$；

(4) $y' = \frac{1}{2}\sqrt{x(\sin x)\sqrt{1-e^x}} \cdot (\frac{1}{x} + \cot x - \frac{e^x}{2(1-e^x)})$；

(5) $y' = \frac{x^2}{1-x} \cdot \sqrt[3]{\frac{3-x}{x^2+3}}[\frac{2}{x} - \frac{1}{x-1} - \frac{1}{3}(\frac{1}{3-x} + \frac{2x}{x^2+3})]$；

(6) $y' = (x^2-x+1)^x \cdot [\ln(x^2-x+1) + \frac{x(2x-1)}{x^2-x+1}]$；

(7) $y = 2x^2\sqrt{\frac{1+x}{1-x}} \cdot (\frac{1}{x} + \frac{1}{1-x^2})$；

(8) $y' = x^{x^x} \cdot [x^x(\ln x + 1)\ln x + x^{x-1}]$； (9) $y' = (x + \sqrt{x^2+1})^n \frac{n}{\sqrt{x^2+1}}$；

(10) $y' = (x-a_1)^{a_1}(x-a_2)^{a_2}\cdots(x-a_n)^{a_n}(\frac{a_1}{x-a_1} + \frac{a_2}{x-a_2} + \cdots + \frac{a_n}{x-a_n})$.

10. (1) $\frac{dy}{dx} = \frac{(1-t)'}{(\frac{t^2}{2})'} = -\frac{1}{t}$； (2) $\frac{dy}{dx} = \frac{(\ln(1+t^2))'}{(\arctan t)'} = 2t$；

(3) $\frac{dy}{dx} = \frac{(e^t\cos t)'}{(e^t\sin t)'} = \frac{\cos t - \sin t}{\sin t + \cos t}$； (4) $\frac{dy}{dx} = \frac{(e^{2t}\sin^2 t)'}{(e^{2t}\cos^2 t)'} = \frac{\sin t(\sin t + \cos t)}{\cos t(\cos t - \sin t)}$.

11. (1) $\frac{d^2y}{dx^2} = \frac{(2e^t)''(3e^{-t})' - (2e^t)'(3e^{-t})''}{[(3e^{-t})']^3} = \frac{4}{9}e^{3t}$； (2) $\frac{d^2y}{dx^2} = \frac{1}{f''(t)}$.

12. (1) $\frac{d^3y}{dx^3} = -\frac{3}{8t^5}(1+t^2)$； (2) $\frac{d^3y}{dx^3} = \frac{t^4-1}{8t^3}$.

习题 2-5

1. (1) $-\sin(\sin x)\cos x dx$； (2) $(1+x^2)^{-\frac{3}{2}}dx$； (3) $a\cos(ax+b)e^{\sin(ax+b)}dx$； (4) $2xf'(x^2)dx$； (5) $(2x+\frac{1}{x})dx$； (6) $e dx$； (7) $2\cos(2x+1)$； (8) $f'[g(x)], f'[g(x)] \cdot g'(x)$.

2. (1)D； (2)B； (3)A； (4)D； (5)B； (6)C； (7)C； (8)B； (9)D.

3. $\Delta x = 1, \Delta y = 18, dy = 11; \Delta x = 0.1, \Delta y = 1.61, dy = 1.1; \Delta x = 0.01, \Delta y = 0.110601, dy = 0.11$.

4. (1) $dy = 6(x^3-3x+3)(x^2-1)dx$； (2) $dy = (2x - \frac{3}{x^2})dx$；

(3) $dy = [3\cos 3x e^{\sin 3x} + (x+1)e^x]dx$； (4) $dy = \frac{x^2+1}{(1-x^2)^2}dx$；

(5) $dy = -e^{-x}(\cos x + \sin x)dx$； (6) $dy = \frac{1}{2\sqrt{x(1-x)}}dx$；

(7) $dy = 2(e^{2x} - e^{-2x})dx$； (8) $dy = \ln 5 \cdot \sec^2 x \cdot 5^{\tan x}$；

(9) $dy = [\frac{1}{\sqrt{x}} - \frac{1}{(x-1)^2}]dx$； (10) $dy = \frac{-2\cos x}{(1+\sin x)^2}dx$；

(11) $dy = 8x\tan(1+2x^2)\sec^2(1+2x^2)dx$； (12) $dy = -\frac{1}{1+x^2}dx$.

5. $dy = \left[\frac{f'(\ln x)\cdot e^{f(x)}}{x} + f(\ln x)\cdot e^{f(x)}\cdot f'(x)\right]dx$.

6. (1) 对方程两边同时求微分得 $e^y dy = d(x\ln y)$，即 $e^y dy = xd(\ln y) + \ln y dx$，

所以 $e^y dy = \frac{x}{y}dy + \ln y dx$，求得 $dy = \frac{y\ln y}{ye^y - x}dx$；

(2) 对方程两边同时求微分得 $xdy + ydx = 0$，所以 $dy = -\frac{y}{x}dx = -\frac{a^2}{x^2}dx$；

(3) 对方程两边同时求微分得 $\frac{1}{a^2}2xdx + \frac{1}{b^2}2ydy = 0$，所以 $dy = -\frac{b^2x}{a^2y}dx$；

(4) 对方程两边同时求微分得 $dy = xde^y + e^y dx$，即 $dy = xe^y dy + e^y dx$，

所以，$dy = \frac{e^y}{2-y}dx$；

7. (1) $dy = \frac{1}{2\sqrt{x(1-x)}}dx$，$dy\big|_{x=\frac{1}{4}} = \frac{\sqrt{3}}{3}dx$.

(2) $dy = \frac{1-x^2}{(1+x^2)^2}dx$，当 $x=0$ 时，$dy\big|_{x=0} = dx$；当 $x=1$ 时，$dy\big|_{x=1} = 0$.

2.6 综合训练题

1. (1) (4,8)； (2) $\frac{1}{2\sqrt{x}}$； (3) -2； (4) $\frac{1}{2}\sin 4x + 2x\cos 4x$； (5) $-2015!$； (6) -4；

(7) $\frac{e^y}{1-xe^y}$； (8) $a=-1, b=2$； (9) $\frac{e^{\sin y}}{1-x\cos y e^{\sin y}}$；

(10) $-\cos[f(x^2)][f'(x^2)]^2 4x^2 - \sin[f(x^2)]f''(x^2)4x^2 - 2\sin[f(x^2)]f'(x^2)$；

(11) $-\frac{e^y+2}{\cos y + xe^y}dx$； (12) $2xg(x^2)dx$； (13) $-\sin 2(1-x)e^{\sin^2(1-x)}dx$；

(14) $(1+2u)e^{2u}du$； (15) $\frac{\cos\sqrt{x}\sin\sqrt{x}}{-\sqrt{x}}e^{\cos^2\sqrt{x}}dx$.

2. (1)D； (2)D； (3)B； (4)D； (5)A； (6)C； (7)B； (8)A； (9)B； (10)C； (11)B； (12)B； (13)C； (14)B； (15)C； (16)C； (17)C； (18)D.

3. 求切线方程的关键是先求曲线上切点的坐标 (x_0, y_0) 及切线的斜率 $k = y'\big|_{x=x_0}$.

解：设曲线上切点的坐标为 (x_0, y_0)，将曲线方程两边对 x 求导，得

$2x + 2y + 2xy' + 2yy' - 4 - 5y' = 0 \Rightarrow y' = \frac{4-2x-2y}{2x+2y-5}$，

切线的斜率为：$k = y'_{x=x_0} = \frac{4-2x_0-2y_0}{2x_0+2y_0-5}$.

已知直线 $2x+3y=0$ 的斜率为 $k_1 = -\frac{2}{3}$，由于切线平行于已知直线，故 $k = k_1 = -\frac{2}{3}$，

即 $\frac{4-2x_0-2y_0}{2x_0+2y_0-5} = -\frac{2}{3}$，化简后，得 $x_0 + y_0 - 1 = 0$.

又因为切点(x_0,y_0)在曲线上，故必满足曲线方程

$x_0^2+2x_0y_0+y_0^2-4x_0-5y_0+3=0$，

解联立方程组：

$$\begin{cases}x_0^2+2x_0y_0+y_0^2-4x_0-5y_0+3=0\\ x_0+y_0-1=0\end{cases}$$，得 $x_0=1,y_0=0$，

切点坐标为(1,0)，斜率$k=-\dfrac{2}{3}$，切线方程为：$y=-\dfrac{2}{3}(x-1)$.

4. 解：点(1,1)在曲线上，即点(1,1)为切点，故切线斜率为$y'|_{x=1}$，方程两边对x求导，有$3y^2y'+2yy'=2$，得$y'=\dfrac{2}{3y^2+2y}$，于是得出点(1,1)处切线斜率为$y'\Big|_{\substack{x=1\\y=1}}=\dfrac{2}{5}$，从而得切线方程为$y-1=\dfrac{2}{5}(x-1)$，即$2x-5y+3=0$，

法线方程为$y-1=-\dfrac{5}{2}(x-1)$，即$5x+2y-7=0$.

5. 解：因为$y=x|x|=\begin{cases}-x^2, & x<0\\ x^2, & x\geqslant 0\end{cases}$，所以$\lim\limits_{x\to0^-}y=\lim\limits_{x\to0^-}(-x^2)=0$，$\lim\limits_{x\to0^+}y=\lim\limits_{x\to0^+}x^2=0$.

当$x\to0$时，函数的左、右极限相等，且等于$x=0$时的函数值，所以$y=x|x|$在点$x=0$处连续.

因为$y'_-(0)=\lim\limits_{\Delta x\to0^-}\dfrac{\Delta y}{\Delta x}=\lim\limits_{\Delta x\to0^-}\dfrac{-(0+\Delta x)^2-0}{\Delta x}=\lim\limits_{\Delta x\to0^-}(-\Delta x)=0$，

$y'_+(0)=\lim\limits_{\Delta x\to0^+}\dfrac{\Delta y}{\Delta x}=\lim\limits_{\Delta x\to0^+}\dfrac{(0+\Delta x)^2-0}{\Delta x}=\lim\limits_{\Delta x\to0^+}\Delta x=0$，即$y=x|x|$在点$x=0$处的左、右导数存在且相等，所以$y=x|x|$在点$x=0$处可导，且导数等于0.

6. 解：$f(x)=\begin{cases}x^2-1, & |x|\geqslant1\\ 1-x^2, & |x|<1\end{cases}$，当$x_0<-1$或$x_0>1$时，$f'(x_0)=2x_0$；当$-1<x_0<1$时，$f'(x_0)=-2x_0$；当$x_0=1$时，$f'_-(1)=\lim\limits_{x\to1^-}\dfrac{f(x)-f(1)}{x-1}=\lim\limits_{x\to1^-}\dfrac{1-x^2-0}{x-1}=\lim\limits_{x\to1^-}-(1+x)=-2$，

$f'_+(1)=\lim\limits_{x\to1^+}\dfrac{f(x)-f(1)}{x-1}=\lim\limits_{x\to1^+}\dfrac{x^2-1-0}{x-1}=\lim\limits_{x\to1^+}(1+x)=2$，

$f'_-(1)\neq f'_+(1)$，所以$f'(1)$不存在，同理可知$f'(-1)$也不存在，从而可得：

$f'(x_0)=\begin{cases}2x_0, & |x_0|>1\\ -2x_0, & |x_0|<1\end{cases}$，$x_0=\pm1$时，$f'(x_0)$不存在.

7. (1)$y'=(a+b)x^{a+b-1}$；(2)$y'=-\dfrac{1+5x^3}{2x\sqrt{x}}$；(3)$y'=-\dfrac{1}{2\sqrt{x}}(1+\dfrac{1}{x})$；

(4)$y'=\dfrac{1}{\sqrt{2x}}(3x+1)$；(5)$y'=abx^{b-1}+abx^{a-1}+ab(a+b)x^{a+b-1}$；(6)$y'=x-\dfrac{4}{x^3}$.

8. (1)$y'=\dfrac{1}{2x\ln a}$；(2)$y'=-\dfrac{acnx^{n-1}}{(b+cx^n)^2}$；(3)$y'=-\dfrac{2}{x(1+\ln x)^2}$；

(4)$y'=\dfrac{2-4x}{(1-x+x^2)^2}$；(5)$y'=ax^{a-1}+a^x\ln a$；(6)$y'=\dfrac{e^{-\frac{1}{x}}}{x^2}$；

(7) $y' = -e^{e^{-x}-x}$； (8) $y' = xe^{-2x}(2\sin 3x - 2x\sin 3x + 3\cos 3x)$.

9. (1) $y' = (1-x)\sec^2 x - \tan x$； (2) $y' = \dfrac{5}{1+\cos x}$；

(3) $y' = \dfrac{x\cos x - \sin x}{x^2} + \dfrac{\sin x - x\cos x}{\sin^2 x}$； (4) $y' = 2\sec^2 x + \sec x\tan x$.

10. (1) $y' = \dfrac{x}{\sqrt{x^2-a^2}}$； (2) $y' = \dfrac{2x}{(1+x^2)\ln a}$； (3) $y' = \dfrac{2x}{x^2-a^2}$；

(4) $y' = \dfrac{1}{\sqrt{x}(1-x)}$； (5) $y' = n\sin^{n-1}x\cdot\cos(n+1)x$； (6) $y' = -\dfrac{3}{2}\cos^2\dfrac{x}{2}\sin\dfrac{x}{2}$；

(7) $y = \dfrac{1}{x\ln x}$； (8) $y' = \dfrac{-1}{\sqrt{x^2-a^2}}\lg e$； (9) $y' = \dfrac{2}{1+x^2}$； (10) $y' = \dfrac{1}{1+x^2}$；

(11) $y' = \dfrac{2\arcsin\dfrac{x}{2}}{\sqrt{4-x^2}}$； (12) $y' = \dfrac{2}{a}\left(\sec^2\dfrac{x}{a}\tan\dfrac{x}{a} - \csc^2\dfrac{x}{a}\cot\dfrac{x}{a}\right)$.

11. $f^{(n)}(0) = \dfrac{n!}{3}[2^{n+1} + (-1)^n]$.

12. 解：$f(x) = \dfrac{1}{x^2-3x-4} = \dfrac{1}{(x+1)(x-4)} = \dfrac{1}{5}\left(\dfrac{1}{x-4} - \dfrac{1}{x+1}\right)$，

由 $\left(\dfrac{1}{x+a}\right)' = -(x+a)^{-2}$，$\left(\dfrac{1}{x+a}\right)'' = 2\times1\times(x+a)^{-3}$，……，$\left(\dfrac{1}{x+a}\right)^{(n)} = \dfrac{(-1)^n n!}{(x+a)^{n+1}}$

得 $f^{(n)}(x) = \dfrac{1}{5}\left[\dfrac{(-1)^n n!}{(x-4)^{n+1}} - \dfrac{(-1)^n n!}{(x+1)^{n+1}}\right]$，$f^{(n)}(0) = \dfrac{n!}{5}\left[\dfrac{(-1)^n}{(-4)^{n+1}} - \dfrac{(-1)^n}{1^{n+1}}\right] = \dfrac{n!}{5}\left[(-1)^{n+1} - \dfrac{1}{4^{n+1}}\right]$.

13. $y^{(n)} = (\sqrt{2})^n e^x \sin\left(x + \dfrac{n\pi}{4}\right)$.

14. 解：因为 $f(x) = 1 - 2\sin^2 x\cos^2 x = 1 - \dfrac{1}{2}\sin^2 2x$，$f'(x) = -\sin 4x$，

所以，$f^{(n)}(x) = -4^{n-1}\sin\left[4x + (n-1)\dfrac{\pi}{2}\right]$.

15. 解：因为 $y' = 2\sin x\cos x = \sin 2x$，$y'' = 2\cos 2x = 2\sin\left(2x + \dfrac{\pi}{2}\right)$，

$y''' = -2^2\sin 2x = 2^2\sin\left(2x + 2\times\dfrac{\pi}{2}\right)$…… 所以，$y^{(n)} = 2^{n-1}\sin\left(2x + (n-1)\times\dfrac{\pi}{2}\right)$.

16. 解：因为 $y = \dfrac{1-x}{1+x} = \dfrac{2}{1+x} - 1 = 2(1+x)^{-1} - 1$，

$y' = -1\cdot 2(1+x)^{-2}$，$y'' = (-1)(-2)\cdot 2(1+x)^{-3}$，……，

所以 $y^{(n)} = (-1)(-2)\cdots(-n)\cdot 2(1+x)^{-(n+1)} = 2\cdot\dfrac{(-1)^n n!}{(1+x)^{(n+1)}}$.

17. 解：等式两边取自然对数，有 $\ln x + f(y) = y$，等式两边对求导，有 $\dfrac{1}{x} + f'(y)y' = y'$，

于是可得 $y' = \dfrac{1}{x[1-f'(y)]}$，$y'' = -\dfrac{[1-f'(y)]^2 - f''(y)}{x^2[1-f'(y)]^3}$.

18. (1)$y' = \dfrac{y-2x}{2y-x}$； (2)$y' = \dfrac{y}{y-1}$； (3)$y' = \dfrac{y(y\cot x - \cos x \cdot \ln y)}{\sin x - y\ln\sin x}$；

(4)$y' = \dfrac{\sqrt{1-y^2}\,e^{x+y}}{1-\sqrt{1-y^2}\,e^{x+y}}$.

19. (1)$y' = (\cos x)^{\sin x}(\cos x\ln\cos x - \tan x\sin x)$；

(2)$y' = (\sin x)^{\ln x}\left(\dfrac{1}{x}\ln\sin x + \dfrac{\ln x}{\sin x}\cos x\right)$；

(3)$y' = \dfrac{\sqrt[5]{x-3}\,\sqrt[3]{3x-2}}{\sqrt{x+2}}\left[\dfrac{1}{5(x-3)} + \dfrac{1}{3x-2} - \dfrac{1}{2(x+2)}\right]$；

(4)$y' = \dfrac{x^2}{1-x}\sqrt[3]{\dfrac{5-x}{(x+3)^2}}\left[\dfrac{2}{x} + \dfrac{1}{1-x} - \dfrac{1}{3(5-x)} - \dfrac{2}{3(3+x)}\right]$.

20. (1) $\dfrac{d^2y}{dx^2} = (2t+3)(t+2)$； (2) $\dfrac{d^2y}{dx^2} = \sin t(\tan t + t)$； (3) $\dfrac{d^2y}{dx^2} = (t+1)(2t^2-1)$.

21. 解: $\dfrac{dy}{dx} = \dfrac{e^t\cos t - e^t\sin t}{e^t\sin 2t + 2e^t\cos 2t} = \dfrac{\cos t - \sin t}{\sin 2t + 2\cos 2t}$，点$(0,1)$对应的参数 $t=0$，

$\left.\dfrac{dy}{dx}\right|_{t=0} = \left.\dfrac{\cos t - \sin t}{\sin 2t + 2\cos 2t}\right|_{t=0} = \dfrac{1}{2}$. 所求法线方程为 $y-1=-2x$，即 $2x+y-1=0$.

22. $g'(x) = \begin{cases} \dfrac{xf'(x)-f(x)}{x^2}, & x \neq 0 \\ \dfrac{f''(0)}{2}, & x = 0 \end{cases}$.

23. 解: 两边对 x 求导，得

$$\frac{y-xy'}{y^2} = \sec^2(\ln\sqrt{x^2+y^2})\cdot\frac{1}{2(x^2+y^2)}\cdot(2x+2yy')$$
$$= \left[1+\tan^2(\ln\sqrt{x^2+y^2})\right]\cdot\frac{x+yy'}{x^2+y^2},$$

由原方程可知 $\dfrac{x}{y} = \tan(\ln\sqrt{x^2+y^2})$，代入上式，有

$\dfrac{x-xy'}{y^2} = \left(1+\dfrac{x^2}{y^2}\right)\cdot\dfrac{x+yy'}{x^2+y^2} \Rightarrow y' = \dfrac{y-x}{y+x}$，

把 y' 再对 x 求导数，得

$y'' = \dfrac{2xy'-2y}{(y+x)^2}$，再把 $y' = \dfrac{y-x}{y+x}$ 代入上式，得，$y'' = -\dfrac{2(x^2+y^2)}{(y+x)^3}$.

24. 解: $dy = \ln(1+x+\sqrt{2x+x^2})d(1+x) + (1+x)d\ln(1+x+\sqrt{2x+x^2}) - d\sqrt{2x+x^2}$，

$dy = \ln(1+x+\sqrt{2x+x^2})dx + \dfrac{1+x}{\sqrt{2x+x^2}}dx - \dfrac{1+x}{\sqrt{2x+x^2}}dx$.

25. 解: 当 $x>0$ 时，$f'(x) = \dfrac{1}{x+1}$；当 $x<0$ 时，$f'(x) = \dfrac{x\sin 2x - \sin^2 x}{x^2}$. 由于

$$f'_-(0) = f'_+(0) = 1$$

因此 $f'(0) = 1$，于是

$$f'(x)=\begin{cases}\dfrac{1}{x+1}, & x>0\\ 1, & x=0\\ \dfrac{x\sin 2x-\sin^2 x}{x^2}, & x<0\end{cases}$$ 即

$$f'(x)=\begin{cases}\dfrac{1}{x+1}, & x\geqslant 0\\ \dfrac{x\sin 2x-\sin^2 x}{x^2}, & x<0\end{cases}.$$

26. 解：$f(x)=\begin{cases}x+1, & x<0\\ k^2, & x=0,\\ kx\mathrm{e}^x+1, & x>0\end{cases}$

$\lim\limits_{x\to 0^-}f(x)=\lim\limits_{x\to 0^-}(1+x)=1$，$\lim\limits_{x\to 0^+}f(x)=\lim\limits_{x\to 0^+}(kx\mathrm{e}^x+1)=1$

所以 k 无论为何值，$\lim\limits_{x\to 0}f(x)$ 均存在且 $\lim\limits_{x\to 0}f(x)=1$.

当 $k^2=1$ 即 $k=\pm 1$ 时，有 $\lim\limits_{x\to 0}f(x)=f(0)$，所以 $f(x)$ 在点 $x=0$ 处连续.

当 $k=1$ 时，

$$f'_-(0)=\lim_{x\to 0^-}\frac{f(x)-f(0)}{x}=\lim_{x\to 0^+}\frac{x+1-1}{x}=1,$$

$$f'_+(0)=\lim_{x\to 0^+}\frac{f(x)-f(0)}{x}=\lim_{x\to 0^+}\frac{x\mathrm{e}^x+1-1}{x}=1,$$

所以当 $k=1$ 时，$f(x)$ 在点 $x=0$ 处可导，且 $f'(0)=1$.

当 $k=-1$ 时，

$$f'_-(0)=\lim_{x\to 0^-}\frac{f(x)-f(0)}{x}=\lim_{x\to 0^+}\frac{x+1-1}{x}=1,$$

$$f'_+(0)=\lim_{x\to 0^+}\frac{f(x)-f(0)}{x}=\lim_{x\to 0^+}\frac{-x\mathrm{e}^x+1-1}{x}=-1,$$

所以当 $k=-1$ 时，$f(x)$ 在点 $x=0$ 处不可导.

综上讨论，有下列结论：

当 k 为任何值时，$f(x)$ 在点 $x=0$ 处都有极限；

当 $k=\pm 1$ 时，$f(x)$ 在点 $x=0$ 处连续；

当 $k=1$ 时，$f(x)$ 在点 $x=0$ 处可导.

27. 解：要利用导数的定义来证明 $f(x)$ 在点 x_0 处是否可导，必须先求出函数值 $f(x_0)$. 由函数连续性定义，有

$$f(x_0)=\lim_{x\to x_0}f(x)=\lim_{x\to x_0}\left[(x-x_0)\cdot\frac{f(x)}{x-x_0}\right],$$

$$\lim_{x\to x_0}(x-x_0)\cdot\lim_{x\to x_0}\frac{f(x)}{x-x_0}=0.$$

再由导数的定义，有

$$f'(x_0)=\lim_{x\to x_0}\frac{f(x)-f(x_0)}{x-x_0}=\lim_{x\to x_0}\frac{f(x)}{x-x_0}=a.$$

【注】在论证含有抽象函数记号的函数是否可导时，一定要充分注意题目所给出的函数所满足的条件，并通过导数的定义，正确地利用这些条件，既不能随意地“扩大”所给条件，也不能主观地增加条件，从而导致错误的论证方法.

28. 证明：因为对于任何$(-\infty,+\infty)$有

$f(x+y)=f(x)f(y)$

取 $y=0$，得

$f(x)=f(x)f(0)$，

即 $f(x)\equiv 0$ 或者 $f(0)=1$.

如果 $f(x)\equiv 0$，命题得证；以下讨论 $f(0)=1$ 的情况：对于任何 $x\in(-\infty,+\infty)$ 有

$$f'(x)=\lim_{\Delta x\to 0}\frac{f(x+\Delta x)-f(x)}{\Delta x}=\lim_{\Delta x\to 0}\frac{f(x)f(\Delta x)-f(x)}{\Delta x}$$

$$=\lim_{\Delta x\to 0}f(x)\frac{f(\Delta x)-1}{\Delta x}=\lim_{\Delta x\to 0}f(x)\frac{f(\Delta x)-f(0)}{\Delta x}=f(x)f'(0).$$

由于 $f'(0)=1$，得 $f'(x)=f(x)$.

29. 解：当 $0<x\leqslant 1$ 时，由 $f'(\ln x)=1$，得 $f(\ln x)=\ln x+C_1$，即 $f(x)=x+C_1$，$-\infty\leqslant x\leqslant 0$.

当 $x>1$ 时，由 $f'(\ln x)=x=\mathrm{e}^{\ln x}$，得 $f(\ln x)=\mathrm{e}^{\ln x}+C_2$，即 $f(x)=\mathrm{e}^x+C_2$，$x>0$.

由 $f(0)=0$ 知，$C_1=0$，$C_2=-1$，故所求函数为 $f(x)=\begin{cases}x, & -\infty<x\leqslant 0\\ \mathrm{e}^x-1, & x>0\end{cases}$.

第 3 章　习题参考答案

习题 3-1

1. (1) **解**：满足罗尔定理条件，其中 $\xi=\frac{1}{4}$；

(2) **解**：满足罗尔定理条件，其中 $\xi=0$.

2. (1) **解**：满足拉格朗日定理条件，其中 $\xi=\pm 1$；

(2) **解**：满足拉格朗日定理条件，其中 $\xi=\sqrt{\frac{4}{\pi}-1}$.

3. 证明：由于 $f(1)=f(2)=f(3)=f(4)=0$，由罗尔定理可知，$x_1\in(1,2)$ 使得 $f'(x)=0$，同理可知，$(2,3)$，$(3,4)$ 也各存在 $f'(x)=0$，故有三个根，结论得证.

4. 证明：设 $f(x)=\ln x$，则 $f(x)$ 在$[b,a]$上满足拉格朗日中值定理，故 $\exists\xi\in(a,b)$，使得$\frac{f(b)-f(a)}{b-a}=f'(\xi)=\frac{1}{\xi}$。又由于$\frac{1}{\xi}\in\left[\frac{1}{a},\frac{1}{b}\right]$，故有$\frac{1}{a}\leqslant\frac{\ln a-\ln b}{a-b}\leqslant\frac{1}{b}$，即不等式得证.

5. 证明：令 $F(x)=f(x)-x$，则 $F(x)$ 在$[0,1]$上连续，在$(0,1)$上可导，且 $F(0)=F(1)=0$.

由 $f(x)$ 不恒等于 x，则存在 $x_0\in(0,1)$ 使 $f(x_0)\neq x_0$.

① 若 $f(x_0)>x_0$，则在区间$(0,x_0)$对 $F(x)$ 应用拉格朗日中值定理，则存在 $\xi\in(0,x_0)$ 使$\frac{F(x_0)-F(0)}{x_0-0}=F'(\xi)=\frac{f(x_0)-x_0}{x_0}>0$，即存在 $\xi\in(0,1)$ 使 $F'(\xi)=f'(\xi)-1>0$，

故 $f'(\xi) > 1$；

② 若 $f(x_0) < x_0$，则在区间 $(x_0,1)$ 对 $F(x)$ 应用拉格朗日中值定理，则存在 $\xi \in (x_0,1)$ 使 $\dfrac{F(1)-F(x_0)}{1-x_0} = F'(\xi) = \dfrac{x_0 - f(x_0)}{1-x_0} > 0$，即存在 $\xi \in (0,1)$ 使 $F'(\xi) = f'(\xi) - 1 > 0$，故 $f'(\xi) > 1$；

综上，存在一点 $\xi \in (0,1)$ 使 $f'(\xi) > 1$.

习题 3-2

1. (1) $-\dfrac{1}{8}$；　(2) 0；　(3) $\dfrac{1}{2}$；　(4) 0；　(5) $\dfrac{1}{2}$.

2. (1) 未定式；(2) 分式的分子分母可导.

习题 3-3

1. (1) **解**：单调递增区间 $(-1,0)$，$(1,+\infty)$，单调递减区间 $(-\infty,-1)$，$(0,1)$；

(2) **解**：单调递增区间 $(-\infty,-2)$，$\left(-\dfrac{4}{5},+\infty\right)$，单调递减区间 $\left(-2,-\dfrac{4}{5}\right)$；

(3) **解**：单调递增区间 $(0,+\infty)$，单调递减区间 $(-1,0)$；

(4) **解**：单调递增区间 $(-1,1)$，单调递减区间 $(-\infty,-1)$，$(1,+\infty)$.

2. (1) **解**：极小值 $f(0) = 2$，无极大值；

(2) **解**：无极小值，极大值 $f\left(\dfrac{3}{4}\right) = \dfrac{5}{4}$；

(3) **解**：极小值 $f(2) = -2$，极大值 $f(1) = 0$；

(4) **解**：极小值 $f(0) = 0$，极大值 $f(2) = \dfrac{4}{e^2}$.

3. (1) **解**：最大值 $f(-1) = 10$，最小值 $f(-4) = -71$；

(2) **解**：最大值 $f(0.01) = f(100) = 100.01$，最小值 $f(1) = 2$.

4. **证明**：令 $f(x) = x^5 + 2x^3 + x - 1$，

因 $f(x)$ 在闭区间 $[0,1]$ 连续，且 $f(0) = -1 < 0$，$f(1) = 3 > 0$.

根据零点定理 $f(x)$ 在 $(0,1)$ 内有一个零点，即方程 $x^5 + 2x^3 + x - 1 = 0$ 至少有一个小于 1 的正根.

在 $(0,1)$ 内，$f'(x) = 5x^4 + 6x^2 + 1 > 0$，所以 $f(x)$ 在 $[0,1]$ 内单调增加，即曲线 $y = f(x)$ 在 $(0,1)$ 内与 x 轴至多只有一个交点.

综上所述，方程 $x^5 + 2x^3 + x - 1 = 0$ 有且只有一个小于 1 的正根.

习题 3-4

1. (1) **解**：函数的定义域为 $(-\infty,+\infty)$，

$y' = \dfrac{-2x}{(x^2+1)^2}$，$y'' = \dfrac{2x^3 - 6x}{(1+x^2)^3}$.

令 $y'' = 0$，得 $x_1 = \dfrac{1}{\sqrt{3}}$，$x_2 = -\dfrac{1}{\sqrt{3}}$.

x	$(-\infty,-\frac{1}{\sqrt{3}})$	$-\frac{1}{\sqrt{3}}$	$(-\frac{1}{\sqrt{3}},\frac{1}{\sqrt{3}})$	$\frac{1}{\sqrt{3}}$	$(\frac{1}{\sqrt{3}},+\infty)$
$f''(x)$	+	0	−	0	+
$f(x)$	凹	拐点	凸	拐点	凹

所以，曲线的凹区间为$(-\infty,-\frac{1}{\sqrt{3}})$，$(\frac{1}{\sqrt{3}},+\infty)$，凸区间为$(-\frac{1}{\sqrt{3}},\frac{1}{\sqrt{3}})$，拐点为$(-\frac{1}{\sqrt{3}},\frac{3}{4})$，$(\frac{1}{\sqrt{3}},\frac{3}{4})$.

(2) **解**：$x\in R$， $y'=4(1+x)^3$， $y''=12(1+x)^2$ 恒大于0.

所以，曲线在$(-\infty,+\infty)$ 均为凹区间.

2. 解：$f'=3ax^2+2bx$，

$f''(x)=6ax+2b$，

$\begin{cases}f''(1)=6a+2b=0\\ f(1)=a+b=3\end{cases}$，所以 $a=-\frac{3}{2}$，$b=\frac{9}{2}$.

3. (1) **解**：函数的定义域为 $x\neq 1$，

$y'=\frac{x^2(x-3)}{(x-1)^3}$，令 $y'=0$，得 $x_1=0$，$x_2=3$.

x	$(-\infty,0)$	0	$(0,1)$	$(1,3)$	3	$(3,+\infty)$
y'	+	0	+	−	0	+
y	↗	/	↗	↘	极小值	↗

所以，y 的单调增区间为$(-\infty,1)\cup(3,+\infty)$，单调减区间为$(1,3)$，

$y\Big|_{x=3}=\frac{27}{4}$ 为极小值.

(2) **解**：$y''=\frac{6x}{(x-1)^4}$，令 $y''=0$，得 $x=0$.

x	$(-\infty,0)$	0	$(0,1)$	$(1,+\infty)$
$f''(x)$	−	0	+	+
$f(x)$	凸	拐点	凹	凹

所以，曲线 y 的凹区间为$(0,1)\cup(1,+\infty)$，凸区间为$(-\infty,0)$，拐点是$(0,0)$.

(3) **解**：因为$\lim\limits_{x\to\infty}y=\infty$，故 y 无水平渐近线.

又$\lim\limits_{x\to 1}y=+\infty$，故 $x=1$ 为 y 的垂直渐近线.

而$\lim\limits_{x\to\infty}\frac{y}{x}=\lim\limits_{x\to 1}\frac{x^2}{(x-1)^2}=1$，

$\lim\limits_{x\to\infty}(y-x)=\lim\limits_{x\to\infty}[\frac{x^3}{(x-1)^2}-x]=2$

故，$y=x+2$ 是 y 的斜渐近线.

3.5 综合训练题

1. (1)A； (2)D； (3)B； (4)C；

(5) 因在 $x=a$ 的某邻域内$\frac{f(x)-f(a)}{(x-a)^2}<0$，从而 $f(x)<f(a)$. 故选 B.

(6) 分析：$\Delta y - \mathrm{d}y = f(x_0 + \Delta x) - f(x_0) - f'(x_0)\Delta x$（前两项用拉格朗日定理）

$= f'(\xi)\Delta x - f'(x_0)\Delta x = \Delta x[f'(\xi) - f'(x_0)], \xi \in (x_0, x_0 + \Delta x)$，

由于 $f''(x) > 0$，所以 $f'(x)$ 递增，故 $f'(\xi) - f'(x_0) > 0$，从而 $\Delta y - \mathrm{d}y > 0$.

又由于 $\mathrm{d}y = f'(x_0)\Delta x > 0$，所以 A 为正确选项.

2. (1) $y = \frac{x}{2} - \frac{1}{4}$；(2) $y = x + \frac{3}{2}$；

(3) 因为 $\frac{\mathrm{d}y}{\mathrm{d}x} = \frac{t^2 - 1}{t^2 + 1}, \frac{\mathrm{d}^2 y}{\mathrm{d}x^2} = \frac{4t}{3(t^2+1)^3} < 0$，得 $t < 0$，所以 x 的取值范围为 $(-\infty, 1)$.

3. (1) **证明**：令 $g(x) = f(x) - 1 + x$，则 $g(x)$ 在 $[0,1]$ 上连续，且 $g(0) = -1 < 0, g(1) = 1 > 0$，所以存在 $\xi \in (0,1)$，使得 $g(\xi) = f(\xi) - 1 + \xi = 0$，即 $f(\xi) = 1 - \xi$.

(2) **证明**：根据拉格朗日中值定理，存在 $\eta \in (0, \xi), \zeta \in (\xi, 1)$，使得

$f'(\eta) = \frac{f(\xi) - f(0)}{\xi} = \frac{1-\xi}{\xi}, f'(\zeta) = \frac{f(1) - f(\xi)}{1 - \xi} = \frac{\xi}{1-\xi}$，从而 $f'(\eta)f'(\zeta) = 1$.

4. 解：$y' = \frac{x^2 + x}{1 + x^2}\mathrm{e}^{\frac{\pi}{2} + \arctan x}$，$y' = 0$ 得驻点 $x_1 = 0, x_2 = -1$.

x	$(-\infty, -1)$	-1	$(-1, 0)$	0	$(0, +\infty)$
y'	+	0	−	0	+
y	↗	极大值 $-2\mathrm{e}^{\frac{\pi}{4}}$	↘	极小值 $-\mathrm{e}^{\frac{\pi}{2}}$	↗

由此可见递增区间 $(-\infty, -1), (0, +\infty)$，递减区间 $(-1, 0)$，极大值 $f(-1) = -2\mathrm{e}^{\frac{\pi}{4}}$，极小值 $f(0) = -\mathrm{e}^{\frac{\pi}{2}}$.

由于 $a_1 = \lim\limits_{x \to +\infty} \frac{f(x)}{x} = \lim\limits_{x \to +\infty} \frac{x-1}{x}\mathrm{e}^{\frac{\pi}{2} + \arctan x} = \mathrm{e}^{\pi}$，

$b_1 = \lim\limits_{x \to +\infty}[f(x) - \mathrm{e}^{\pi}x] = \lim\limits_{x \to +\infty}[(x-1)\mathrm{e}^{\frac{\pi}{2} + \arctan x} - \mathrm{e}^{\pi}x] = -2\mathrm{e}^{\pi}$；

$a_2 = \lim\limits_{x \to -\infty} \frac{f(x)}{x} = \lim\limits_{x \to -\infty} \frac{x-1}{x}\mathrm{e}^{\frac{\pi}{2} + \arctan x} = 1$，

$b_2 = \lim\limits_{x \to -\infty}[f(x) - \mathrm{e}^{\pi}x] = \lim\limits_{x \to -\infty}[(x-1)\mathrm{e}^{\frac{\pi}{2} + \arctan x} - x] = -2$.

可见渐近线为 $y_1 = \mathrm{e}^{\pi}(x - 2), y_2 = x - 2$.

5. 证明：设辅助函数 $f(x) = x^3 - 3ax + 2b, x \in (-\infty, +\infty)$，显然 $f(x)$ 在 $(-\infty, +\infty)$ 内连续且可导.

$f'(x) = 3x^2 - 3a = 3(x^2 - a) = 3(x - \sqrt{a})(x + \sqrt{a})$.

令 $f'(x) = 0$，解得驻点 $x = \sqrt{a}, x = -\sqrt{a}\ (a > 0)$.

由于 $a > 0, b^2 < a^3$，可推知 $|b| < a\sqrt{a}$，即 $-a\sqrt{a} < b < a\sqrt{a}$，

所以 $f(\sqrt{a}) = 2(b - a\sqrt{a}) < 0, f(-\sqrt{a}) = 2(b + a\sqrt{a}) > 0$.

列下表讨论 $f(x)$ 的单调区间及极值：

x	$(-\infty, -\sqrt{a})$	$-\sqrt{a}$	$(-\sqrt{a}, \sqrt{a})$	$\sqrt{a}$	$(\sqrt{a}, +\infty)$
$f'(x)$	+	0	−	0	+
$f(x)$	↗	极大值 $2(b + a\sqrt{a})$	↘	极小值 $2(b - a\sqrt{a})$	↗

因为 $\lim\limits_{x\to-\infty} f(x) = \lim\limits_{x\to-\infty}(x^3-3ax+2b) = -\infty$，$f(-\sqrt{a}) = 2(b+a\sqrt{a}) > 0$，所以据连续函数的零点定理，可知方程 $f(x)=0$ 在 $(-\infty,-\sqrt{a})$ 内至少有一个实根；

因为 $f(\sqrt{a}) = 2(b-a\sqrt{a}) < 0$，$\lim\limits_{x\to+\infty} f(x) = \lim\limits_{x\to+\infty}(x^3-3ax+2b) = +\infty$，所以同理，方程 $f(x)=0$ 在 $(\sqrt{a},+\infty)$ 内至少有一个实根.

又 $f(x)$ 在 $(-\infty,-\sqrt{a})$ 内是单调增的，在 $(-\sqrt{a},\sqrt{a})$ 内是单调减的，在 $(\sqrt{a},+\infty)$ 内是单调增的，故方程 $f(x)=0$ 在 $(-\infty,-\sqrt{a})$，$(-\sqrt{a},\sqrt{a})$，$(\sqrt{a},+\infty)$ 内分别最多有一个实根.

综上所述，方程 $f(x)=0$ 在 $(-\infty,-\sqrt{a})$，$(-\sqrt{a},\sqrt{a})$，$(\sqrt{a},+\infty)$ 内有且仅有三个实根.

6. 在 $(-\infty,-1)\cup(0,1)$ 上递减，在 $(-1,0)\cup(1,+\infty)$ 上递增，$x=\pm1$ 处取得极小值 1.

7. (1) 设辅助函数 $f(x) = e^x - ex$，利用单调性可以证明不等式成立.

(2) 由 $\lim\limits_{x\to0}\dfrac{f(x)}{x} = 0$ 可以知道：$f(0)=0$，$f'(0)=0$；函数 $f(x)$ 在 $[0,1]$ 上满足罗尔定理，可以得到 $f'(\eta)=0$，$\eta\in(0,1)$；又函数 $f'(x)$ 在 $[0,\eta]$ 上满足罗尔定理. 由此可以得到结论.

(3) 左边，由条件易知 $C\neq0$，$\lim\limits_{x\to\infty}\left(\dfrac{x+C}{x-C}\right)^x = e^{2C}$；

右边，由拉格朗日中值定理有：$f(x)-f(x-1) = f'(\xi)\cdot1$，其中 ξ 介于 $x-1$ 与 x 之间，那么

$\lim\limits_{x\to\infty}[f(x)-f(x-1)] = \lim\limits_{x\to\infty}f'(\xi) = e$，

于是有，$e^{2C} = e$，得到 $C = \dfrac{1}{2}$.

(4) 提示：用单调性证明或在区间 $[x,x+1]$ 上用拉格朗日中值定理证明.

(5) 提示：用罗尔中值定理及单调性证明. 或用反证法，在 $[a,x_0]$ 及 $[x_0,b]$ 上用拉格朗日中值定理.

(6) 提示：利用单调性或最值证.

(7) $a=2$，极大值.

(8) 提示：用零点定理及单调性证明.

第 4 章　习题参考答案

习题 4-1

1. (1) $x^2-3\cos x+C$；　(2) $2\cos x - x\sin x$；　(3) $2+3\cos x$；　(4) $\dfrac{\sin x}{1+x^2}+C$；　(5) $2^x\ln2$.

2. (1) $x-x^3+C$；　(2) $\dfrac{2^x}{\ln2}+\dfrac{1}{3}x^3+C$；　(3) $\ln|x|-3\sin x+C$；

(4) $\dfrac{1}{6}x^2-2\ln|x|-\dfrac{3}{x}+\dfrac{4}{3x^3}+C$；　(5) $\dfrac{1}{2}t^2+3t+3\ln|t|-\dfrac{1}{t}+C$；　(6) $\dfrac{4}{7}x^{\frac{7}{4}}+C$.

3. (1)$x-\arctan x+C$； (2)e^u-u+C； (3)$\frac{1}{2}(t-\sin t)+C$； (4)$\sin x-\cos x+C$；

(5)$-\frac{1}{x}-\arctan x+C$； (6)$x+\cos x+C$； (7)$2\tan x+3x+C$.

4. $y=\sin x+1$.

习题 4-2

1. (1)$\frac{1}{12}(2x-1)^6+C$； (2)$-\frac{1}{3}\cos 3x+C$； (3)$-e^{-x}+C$； (4)$\sqrt{1+2x}+C$；

(5)$-\frac{1}{2(2x+3)}+C$； (6)$-e^{\frac{1}{x}}+C$； (7)$\frac{1}{3}(t^2-5)^{\frac{3}{2}}+C$； (8)$e^{\sin x}+C$；

(9)$\sin e^x+C$； (10)$-\frac{1}{2}e^{-2x+1}+C$； (11)$-\frac{10^{1-3x}}{3\ln 10}+C$； (12)$\ln(1+e^x)+C$；

(13)$-\sin(1+\frac{1}{x})+C$； (14)$-\frac{1}{\ln x}+C$； (15)$2\arctan\sqrt{x}+C$.

2. (1)$\ln|1+\ln x|+C$； (2)$\sin(\arcsin x)+C$； (3)$\frac{1}{2}(1+\tan x)^2+C$； (4)$\frac{1}{2}\ln(1+x^2)+C$；

(5)$\frac{1}{6}\arctan\frac{3}{2}x+C$； (6)$\frac{1}{3}\arcsin\frac{3}{2}x+C$； (7)$\frac{1}{4}\arctan(x+\frac{1}{2})+C$；

(8)$\frac{1}{2}x-\frac{1}{12}\sin 6x+C$； (9)$-\cos x+\frac{1}{3}\cos^3 x+C$； (10)$\arctan e^t+C$；

(11)$\frac{1}{2}\ln\left|\frac{x-1}{x+1}\right|+C$； (12)$-\frac{1}{2}\cot 2x+C$； (13)$\frac{1}{8}\tan^8 x+C$； (14)$-2\ln\left|\cos\sqrt{x}\right|+C$；

(15)$-\frac{1}{2(2x+1)}+C$； (16)$\frac{1}{2}\ln(x^2+2x+2)+C$； (17)$\frac{1}{12}\arctan\frac{3}{4}x+C$；

(18)$3\ln|x|-\arctan x-\ln(x^2+1)+C$.

3. (1)$2\arctan\sqrt{x}+C$； (2)$x-2\sqrt{x}+2\ln(1+\sqrt{x})+C$； (3)$6(\sqrt[6]{x}-\arctan\sqrt[6]{x})+C$；

(4)$\frac{2}{3}(\sqrt{x-1})^3+2\sqrt{x-1}+C$.

习题 4-3

(1)xe^x-e^x+C； (2)$x\arcsin x+\sqrt{1-x^2}+C$； (3)$\frac{1}{2}x^2\sin 2x+\frac{1}{2}x\cos 2x-\frac{1}{4}\sin 2x+C$；

(4)$\frac{1}{2}e^x(\sin x+\cos x)+C$； (5)$x\ln(x^2+1)-2x+2\arctan x+C$； (6)$-\frac{1}{x}\ln x-\frac{1}{x}+C$；

(7)$-e^{-x}(x^2+2x+2)+C$； (8)$\ln x(\ln\ln x-1)+C$； (9)$\frac{1}{27}e^{3x}(9x^2-6x+2)+C$；

(10)$(x^3+1)\ln(x^3+1)-x^3+C$； (11)$x\arctan\sqrt{x}-\sqrt{x}+\arctan\sqrt{x}+C$.

习题 4-4

1. 略.

2. (1)$>$； (2)$<$； (3)$>$； (4)$>$； (5)$<$； (6)$>$.

3. (1) -2； (2) $\frac{9\pi}{4}$； (3) 0； (4) 0.

4. (1) $1 \leqslant \int_0^1 e^x dx \leqslant e$； (2) $0 \leqslant \int_1^2 (2x^3 - x^4) dx \leqslant \frac{27}{16}$； (3) $4 \leqslant \int_1^2 (x+1)^2 dx \leqslant 9$；

(4) $\frac{\pi}{2} \leqslant \int_{\frac{\pi}{2}}^{\pi} (1 + \sin^2 x) dx \leqslant \pi$； (5) $\frac{\sqrt{3}}{9}\pi \leqslant \int_{\frac{\sqrt{3}}{3}}^{\sqrt{3}} \arctan x dx \leqslant \frac{2\sqrt{3}}{9}\pi$.

习题 4-5

1. (1) $\sqrt{1+x^2}$； (2) $\ln(3x^2+2)$； (3) $2x\sin x^4$； (4) $-xe^{-x}$；

(5) $-3\sqrt{\arctan(1+18x^2)}$； (6) $4x^3 - \sin 2x$.

2. (1) -2； (2) $3e + \frac{\pi}{2} - 3$； (3) -4； (4) $3(e-1)$； (5) 0； (6) 5； (7) $\frac{\pi}{6}$；

(8) $\frac{7}{3}$； (9) $\frac{1}{2}$； (10) $\frac{\pi}{6}$； (11) $\frac{1}{2}\ln 5$； (12) $\ln\frac{e+1}{2}$； (13) 1； (14) $\frac{\pi^2}{32}$； (15) $\frac{19}{3}$；

(16) $\arctan e - \frac{\pi}{4}$； (17) $\frac{\pi}{2}$； (18) 4.

3. (1) $\frac{1}{3}$； (2) $\frac{1}{2}$； (3) -1； (4) 1.

4. $\frac{1}{2\ln 2} + \frac{2}{3}$.

习题 4-6

1. (1) $4 - 2\ln 3$； (2) $4 - 2\arctan 2$； (3) π； (4) $2 - \frac{\pi}{2}$.

2. (1) 1； (2) $\frac{\pi}{2} - 1$； (3) $e - 2$； (4) $1 - \frac{2}{e}$； (5) $\frac{\pi}{2}$； (6) $\frac{\pi}{4} - \frac{1}{2}\ln 2$； (7) $\frac{\pi}{4} - \frac{1}{2}$；

(8) $2 - \frac{2}{e}$.

3. (1) 0； (2) $\frac{\pi}{3}$； (3) $\frac{\pi}{2}$； (4) 6.

4. 略.

习题 4-7

1. (1) $\frac{1}{2}$； (2) $-\frac{1}{2}$； (3) 1 (4) π.

2. (1) 发散； (2) 收敛； (3) 收敛； (4) 收敛； (5) 发散； (6) 发散.

习题 4-8

1. (1) $\frac{9}{2}$； (2) $\frac{1}{2}$； (3) $\frac{9}{2}$； (4) $\frac{\pi}{2} - 1$； (5) $\frac{3}{2} - \ln 2$； (6) 1； (7) 16； (8) $\frac{8}{3}$.

2. (1) $S = \frac{1}{3}$； (2) $V_x = \frac{\pi}{5}$.

3. (1)$S=\frac{4}{3}\sqrt{2}$； (2)$V_y=2\pi$.

4. (1)$S=\frac{7}{3}$； (2)$V_x=\frac{31}{5}\pi$.

5. $V_x=\frac{16}{15}\pi, V_y=\frac{4}{3}\pi$.

4.9 综合训练题

1. (1) $\frac{1}{1+x^2}$； (2)2^x+C； (3)$-x+C$； (4)$\left(\sin\frac{\pi}{4}+1\right)x+C$； (5)$F(\sin x)+C$；

(6) $\frac{1}{5}\arcsin 5x+C$； (7) $\frac{1-3\ln x}{x^2}+C$； (8)$-f(x)$； (9) $\frac{\pi}{2}$； (10)1.

2. (1)B； (2)A； (3)； (4)C； (5)C.

3. (1)$-2\cot 2x+C$； (2)$\ln(1+\sin^2 x)+C$； (3)$x\arctan x-\frac{1}{2}\ln(1+x^2)+C$；

(4)$2e^{\sqrt{x}}(\sqrt{x}-1)+C$.

4. (1) $\frac{35}{3}$； (2)$e-\sqrt{e}$； (3)5； (4) $\frac{1}{2}\ln 2$； (5)2π.

5. $\frac{1}{2}$.

6. $V_y=\frac{\pi}{2}(e^2+1)$.

7. 略.

第 5 章　习题参考答案

习题 5-1

1. (1) 由$\frac{dy}{dx}=2x$，解得通解 $y=x^2+C$.

(2) 将 $x=1, y=4$ 代入通解方程，解得 $C=3$，因此过点(1,4)的曲线方程为 $y=x^2+3$.

(3) 由已知切线方程可知其斜率为 2，对通解方程求导，$2x=2$，解得 $x=1$. 因此由(2)可知所求的曲线方程为 $y=x^2+3$.

(4)$\int_0^1(x^2+C)dx=2$，即解得 $C=\frac{5}{3}$，因此所求曲线方程为 $y=x^2+\frac{5}{3}$.

2. (1) $\frac{dy}{dx}=x^2$； (2) $\frac{dy}{dx}=\frac{y}{x}, y(1)=2$； (3)$y\frac{dy}{dx}+2x=0$.

习题 5-2

1. (1)$y-\ln y=x+\ln x+C$； (2)$y=e^{-\int P(x)dx}\left(\int Q(x)e^{\int P(x)dx}dx+C\right)$.；

(3)$y=\sin x(x^2+C)$； (4)$y=\frac{x+C}{\arcsin x}$； (5)$y=\frac{x}{3}\ln x-\frac{x}{9}$.

2. (1)B； (2)A； (3)D.

3. 这是一个齐次方程，令 $u=\dfrac{y}{x}$，解得微分方程的通解为：$y+\sqrt{x^2+y^2}=Cx^2$，将初始条件代入得 $C=1$，所以方程的特解为：$y+\sqrt{x^2+y^2}=x^2$.

4. 这是一个齐次方程，令 $u=\dfrac{y}{x}$，解得微分方程的通解为：$\sqrt{1+\dfrac{y^2}{x^2}}=Cx$，将初始条件代入得 $C=\sqrt{5}$，所以方程的特解为：$\sqrt{1+\dfrac{y^2}{x^2}}=\sqrt{5}x$.

5. 分离变量，解得 $y^2+1=C\dfrac{x-1}{x+1}$.

6. 这个是一阶线性非齐次方程，由公式法解得：$y=\mathrm{e}^{-\sin x}(x+C)$.

7. 这个是一阶线性非齐次方程，由公式法解得：$y=\dfrac{1}{\sin x}(-3\sin x+C)$，将初始条件代入，解得 $C=3$，所得特解为：$y=\dfrac{1}{\sin x}(-3\sin x+3)$.

8. 这个是一阶线性非齐次方程，由公式法解得：$y=\cos x\left(\dfrac{1}{\cos x}+C\right)$.

9. 交换 x 和 y 的地位，原方程就是一阶线性非齐次方程了. 把 x 看作未知函数，把 y 看作自变量，原方程变为关于函数 x 的一阶线性非齐次微分方程 $\dfrac{\mathrm{d}x}{\mathrm{d}y}+\dfrac{1-2y}{y^2}x=1$.

利用通解公式，即得原方程的通解为 $x=y^2(1+C\mathrm{e}^{\frac{1}{y}})$.

10. 对积分变限函数求导可得微分方程 $\dfrac{\mathrm{d}y}{y}=\dfrac{x^2-2x+1}{x^2}\mathrm{d}x$，解得通解为：

$\ln y=x-2\ln x-\dfrac{1}{x}+C$，又因为 $y(1)=1$，解得 $C=0$，

所以，特解为 $\ln y=x-2\ln x-\dfrac{1}{x}$.

习题 5-3

1. (1)D； (2)D； (3)B； (4)A； (5)C； (6)A； (7)D.

2. (1)$y''+2y'+2y=0$； (2)$y=C_1\mathrm{e}^{-2x}+C_2\mathrm{e}^{2x}+\dfrac{1}{4}x\mathrm{e}^{2x}$；

(3)$y^*=ax+b+x(ax+b)\mathrm{e}^{-x}+x\mathrm{e}^{3x}(E\cos x+F\sin x)$；

(4) 通解为：$y=C_1\mathrm{e}^{x}+C_2\mathrm{e}^{2x}+\dfrac{5}{2}$，将初始条件代入，得特解：$y=-5\mathrm{e}^{x}-\dfrac{7}{2}\mathrm{e}^{2x}+\dfrac{5}{2}$.

3. 特征方程为：$r^2+2r+5=0$，齐次的通解为：$Y=\mathrm{e}^{-x}(C_1\cos 2x+C_2\sin 2x)$；另外设非齐次的特解为：$y^*=a\mathrm{e}^{x}$，代入原方程，解得 $a=\dfrac{1}{4}$，

所以方程的特解为：$y=Y+y^*=\mathrm{e}^{-x}(C_1\cos 2x+C_2\sin 2x)+\dfrac{1}{4}\mathrm{e}^{x}$.

4. 对积分变限函数求导可得 $y''+y=4\cos 2x$，

对应的齐次的通解为：$Y=C_1\cos x+C_2\sin x$，设方程的特解 $y^*=a\cos2x+b\sin2x$，代入原方程，解得：$a=\frac{4}{5}$，$b=\frac{8}{5}$。所以方程的通解为：$y=Y+y^*=Y=C_1\cos x+C_2\sin x+\frac{4}{5}\cos2x+\frac{8}{5}\sin2x$.

又因为 $f(0)=-1$，$f'(0)=0$。代入解得 $C_1=-\frac{9}{5}$，$C_2=-\frac{16}{5}$.

所以方程的特解为：$y=-\frac{9}{5}\cos x-\frac{16}{5}\sin x+\frac{4}{5}\cos2x+\frac{8}{5}\sin2x$.

5. 非齐次方程对应的齐次方程 $y''-3y'+2y=0$ 的特征方程为 $r^2-3r+2=0$，有两个不相等的根 $r_1=2$，$r_2=1$，因此齐次方程的通解为 $Y=C_1e^x+C_2e^{2x}$。由于原方程的自由项有两项，所以将原方程分解为两个方程

$$y''-3y'+2y=2e^{-x}\cos x, \tag{1}$$

$$y''-3y'+2y=e^{2x}(4x+5). \tag{2}$$

方程(1)的一个特解可设为 $y_1^*=e^{-x}(A\cos x+B\sin x)$，将其代入方程(1)，可定出 $A=\frac{1}{5}$，$B=-\frac{1}{5}$，所以 $y_1^*=e^{-x}\left(\frac{1}{5}\cos x-\frac{1}{5}\sin x\right)$.

而方程(2)的一个特解可设为 $y_2^*=xe^{2x}(ax+b)$，代入方程(2)，定出 $a=2$，$b=1$，即 $y_2^*=e^{2x}(2x^2+x)$。根据非齐次方程解的结构定理，原方程的通解为

$$y=Y+y_1^*+y_2^*=\frac{e^{-x}}{5}(\cos x-\sin x)+C_1e^x+(C_2+x+2x^2)e^{2x}.$$

6. 分析：这是求解常系数线性微分方程的反问题。求解此类问题的一般方法是：先由给定的特解确定特征根，再由特征根导出特征方程，最后导出微分方程。

所给的两个特解为 $y_1=2e^{3x}$ 与 $y_2=e^{-x}$，由于 $\frac{y_1}{y_2}=\frac{2e^{3x}}{e^{-x}}=2e^{4x}\neq C$(常数)，因此 y_1 与 y_2 是线性无关的，故特征根分别为 $r_1=3$ 与 $r_2=-1$，对应的特征方程为 $(r-3)(r+1)=0$，即 $r^2-2r-3=0$，因此需确定的二阶常系数线性齐次方程为：$y''-2y'-3y=0$.

5.4 综合训练题

基础篇

1. (1)C； (2)A； (3)B； (4)A； (5)C； (6)B； (7)D； (8)C.

2. (1) **解**：分离变量，得 $\frac{y+1}{y}dy=\frac{1}{2x}dx$，

两边积分 $\int\frac{y+1}{y}dy=\int\frac{1}{2x}dx$，

求积分，得 $y+\ln y=\frac{1}{2}\ln x+\frac{1}{2}\ln C$，

$\ln e^{2y}+\ln y^2=\ln(Cx)$，

即 $\ln(e^{2y}y^2)=\ln(Cx)$，

故所得微分方程的通解为 $e^{2y}y^2=Cx$（C 为任意常数）。

(2) 分离变量，得$\frac{dy}{y} = \frac{2x}{1+x^2}dx$，

两边积分$\int \frac{dy}{y} = \int \frac{2x}{1+x^2}dx$，

求积分，得 $\ln y = \ln(1+x^2) + \ln C$，

化简后即得所给微分方程的通解为 $y = C(1+x^2)$，

把初始条件$y|_{x=1} = 4$ 代入通解，可得 $C = 2$. 于是所求特解为 $y = 2(1+x^2)$.

3. 解：特征方程 $r^2 + 2r + 1 = 0$，特征根 $r_1 = r_2 = -1$，

齐次方程的通解 $Y = (C_1 + C_2 x)e^{-x}$，

因为 $f(x) = 3e^{-x}2^x = 3e^{x(\ln 2-1)}$，$\lambda = \ln 2 - 1$ 不是特征根，

设特解 $y^* = Ae^{x(\ln 2-1)}$，代入方程得 $A = \frac{3}{\ln^2 2}$，$y^* = \frac{3}{\ln^2 2}e^{x(\ln 2-1)}$，

通解 $y = Y + y^* = (C_1 + C_2 x)e^{-x} + \frac{3}{\ln^2 2}e^{x(\ln 2-1)}$.

4. 解：特征方程 $r^2 + 2r + 1 = 0$，特征根 $r_1 = r_2 = -1$，

齐次方程的通解 $Y = (C_1 + C_2 x)e^{-x}$，

对于 $f_1(x) = xe^x$，$\lambda = 1$ 不是特征根，

设特解 $y_1^* = (ax+b)e^x$，$Q(x) = ax + b$，

代入得特解：$y_1^* = \frac{1}{4}(x-1)e^x$，

对于 $f_2(x) = 3e^{-x}$，$\lambda = -1$ 是二重特征根，

设特解 $y_2^* = Ax^2e^{-x}$，$Q(x) = Ax^2$，

代入得特解：$y_2^* = \frac{3}{2}x^2e^{-x}$，

$y^* = y_1^* + y_2^* = \frac{1}{4}(x-1)e^x + \frac{3}{2}x^2e^{-x}$，

通解为：$y = Y + y^* = (C_1 + C_2 x)e^{-x} + \frac{1}{4}(x-1)e^x + \frac{3}{2}x^2e^{-x}$.

5. 解法 1：根据题意，所求方程对应的齐次方程的两个线性无关解为 $y_1 = \cos 2x$，$y_2 = \sin 2x$，所以对应的齐次方程的特征根分别为 $\lambda_1 = 2i$，$\lambda_2 = -2i$，

其特征方程为$(\lambda + 2i)(\lambda - 2i) = \lambda^2 + 4 = 0$，

从而所求方程对应的齐次方程为 $y'' + 4y = 0$.

设所求方程为 $y'' + 4y = f(x)$，取 $C_1 = C_2 = 0$，将 $y = x$ 代入得 $f(x) = 4x$，故所求的二阶线性常系数微分方程为：$y'' + 4y = 4x$.

解法 2：因为 $y = C_1\cos 2x + C_2\sin 2x + x$，所以

$y' = -2C_1\sin 2x + 2C_2\cos 2x + 1$，

$y'' = -4C_1\cos 2x - 4C_2\sin 2x = -4(C_1\cos 2x + C_2\sin 2x + x) + 4x = -4y + 4x$.

即 $y'' + 4y = 4x$. 这就是函数 $y = C_1\cos 2x + C_2\sin 2x + x$ 所满足的二阶线性常系数微分方程.

拓展篇

1. 令 $x - t = u$，则方程化为

$$\int_0^x f(t)\mathrm{d}t = x + x\int_0^x f(u)\mathrm{d}u - \int_0^x uf(u)\mathrm{d}u,$$

两边对 x 求导,得 $f(x) = 1 + \int_0^x f(u)\mathrm{d}u$

再对 x 求导,得 $f'(x) = f(x)$,解之,得 $f(x) = C\mathrm{e}^x$

在 $f(x) = 1 + \int_0^x f(u)\mathrm{d}u$ 中,令 $x = 0$,得 $f(0) = 1$,从而 $C = 1, f(x) = \mathrm{e}^x$.

2. (1) 对等式恒等变形:$(x+1)f'(x) + (x+1)f(x) - \int_0^x f(t)\mathrm{d}t = 0$,两边求导,得 $(x+1)f''(x) + (x+2)f'(x) = 0$.

在原方程中令变限 $x = 0$ 得 $f'(0) + f(0) = 0$,由 $f(0) = 1$,得 $f'(0) = -1$.

现降阶,令 $u = f'(x)$,则有 $u' + \frac{x+2}{x+1}u = 0$,解此一阶线性方程得

$f'(x) = u = C\frac{\mathrm{e}^{-x}}{x+1}$,由 $f'(0) = -1$,得 $C = -1$,于是 $f'(x) = -\frac{\mathrm{e}^{-x}}{x+1}$.

(2) 由 $f'(x) = -\frac{\mathrm{e}^{-x}}{x+1} < 0 (x \geqslant 0)$,$f(x)$ 单调减,$f(x) \leqslant f(0) = 1 (x \geqslant 0)$;

又设 $\varphi(x) = f(x) - \mathrm{e}^{-x}$,则

$\varphi'(x) = f'(x) + \mathrm{e}^{-x} = \frac{x}{x+1}\mathrm{e}^{-x} \geqslant 0 (x \geqslant 0)$,$\varphi(x)$ 单调增,

因而 $\varphi(x) \geqslant \varphi(0) = 0 (x \geqslant 0)$,即 $f(x) \geqslant \mathrm{e}^{-x} (x \geqslant 0)$.

综上所述,当 $x \geqslant 0$ 时,$\mathrm{e}^{-x} \leqslant f(x) \leqslant 1$.

3. 将方程变形为 $\frac{1}{y^2}y' + \frac{1}{x} \cdot \frac{1}{y} = \frac{1}{x^2}$,令 $\frac{1}{y} = u$,得 $u' - \frac{1}{x}u = -\frac{1}{x^2}$,由公式法解得:

$u = x\left(\frac{1}{4x^4} + C\right)$,即 $\frac{1}{y} = x\left(\frac{1}{4x^4} + C\right)$,又 $y(1) = 1$,得 $C = \frac{3}{4}$.

所以方程的解为:$y = \frac{4x^3}{1+3x^4}$.

4. 两边求导得 $f'(x) = f(a-x)$,再求导得,$f''(x) = f'(a-x)$,令 $t = a - x$,解得 $f'(a-t) = f(t)$,即 $f(x) = f'(a-x)$;

联立可得微分方程:$f''(x) = f(x)$,即 $y'' = y$,解方程可得通解:$y = C_1\mathrm{e}^{-x} + C_2\mathrm{e}^x$.

又 $f(0) = 1, f'(a) = 1$,代入得到 $y = \frac{\mathrm{e}^{2a} - \mathrm{e}^a}{\mathrm{e}^{2a}+1}\mathrm{e}^{-x} + \frac{\mathrm{e}^a + 1}{\mathrm{e}^{2a}+1}\mathrm{e}^x$.

5. 两边求导两次,可得微分方程 $f''(x) = f(x) + \mathrm{e}^x$,即 $y'' - y = \mathrm{e}^x$,对应的齐次方程的通解为:$Y = C_1\mathrm{e}^{-x} + C_2\mathrm{e}^x$,设特解 $y^* = ax\mathrm{e}^x$,代入原微分方程得 $a = \frac{1}{2}$,所以方程的通解为:$y = C_1\mathrm{e}^{-x} + C_2\mathrm{e}^x + \frac{1}{2}x\mathrm{e}^x$. 又因为 $f(0) = 1, f'(0) = 1$,

代入通解得 $C_1 = \frac{1}{4}, C_2 = \frac{3}{4}$. 所以 $f(x) = \frac{1}{4}\mathrm{e}^{-x} + \frac{3}{4}\mathrm{e}^x + \frac{1}{2}x\mathrm{e}^x$.

6. 将微分方程变形为:$x^2y'' + 2xy' + xy' + y = 0$,即 $(x^2y')' + (xy)' = 0$,两边积分,得 $x^2y' + xy = C_1$,即 $y' + \frac{1}{x}y = \frac{C_1}{x^2}$,由公式法,解得 $y = \frac{1}{x}(C_1\ln x + C_2)$.

7. 对应的特征方程为 $r^2+1=0$，$r=\pm i$ 对应齐次方程通解为 $Y=C_1\cos x+C_2\sin x$；设 $y''+y=x$ 的特解 $y_1^*=Ax+B$，代入原方程得 $A=1,B=0$，故 $y_1^*=x$.

设 $y''+y=\cos x$ 的特解 $y_2^*=x(C\cos x+D\sin x)$，代入原方程得 $C=0,D=\frac{1}{2}$，故 $y_2^*=\frac{1}{2}x\sin x$，所以原方程特解为 $y^*=x+\frac{1}{2}x\sin x$.

所求方程通解为 $y=C_1\cos x+C_2\sin x+x+\frac{1}{2}x\sin x$.

8. 分析：关键由非齐次的三个特解，求出对应齐次方程两个线性无关的解，从而确定对应齐次方程和方程右边自由项.

$y_1-y_3=e^{-x}$，$y_3-y_2=e^{2x}-2e^{-x}$，为对应齐次方程的解.

$(e^{2x}-2e^{-x})+2e^{-x}=e^{2x}$ 仍为齐次方程的解.

e^{2x} 和 e^{-x} 为对应齐次方程的解，且 $\frac{e^{2x}}{e^{-x}}\neq$ 常数，则为两个线性无关的解.

对应特征方程两个特征根 $r_1=-1,r_2=2$，故特征方程为

$(r+1)(r-2)=r^2-r-2=0$，

所求微分方程为 $y''-y'-2y=f(x)$，

$y_2-e^{-x}=xe^x$ 为非齐次方程的一个特解，代入上面方程得

$f(x)=(xe^x)''-(xe^x)'-2xe^x=e^x-2xe^x$，

故 $y''-y'-2y=e^x-2xe^x$ 为所求方程.

9. 因为函数 $f(x)$ 二阶可导，且在 $x=C$ 取得极值，所以 $f'(C)=0$，将 $x=C$ 代入已知的微分方程，可得 $f''(C)=\frac{e^C-1}{Ce^C}$. 讨论，当 $C>0$ 时，$e^C>1$，可得 $f''(C)>0$；当 $C<0$ 时，$e^C<1$，可得 $f''(C)>0$. 因此，只要 $C\neq 0$，函数 $f(x)$ 如果在 $x=C$ 取得极值，就一定是极小值.

第 6 章　习题参考答案

习题 6-1

1. (1)D；(2)A；(3)C；(4)D.

2. (1)$u_n=S_n-S_{n-1}=\frac{1}{4n^2-1}$；$\frac{1}{2}$.　(2) $\lim\limits_{n\to\infty}u_n=0$.　(3)$2a_1-S$.

(4) 由级数收敛的定义可以判定其发散，因为 $S_n=\sqrt{n+1}-1$，$\lim\limits_{n\to\infty}S_n=\infty$.

(5) 因为 $\lim\limits_{n\to\infty}u_n\neq 0$，所以一定发散.

3. (1) 因为 $\lim\limits_{n\to\infty}S_n=\lim\limits_{n\to\infty}\frac{n}{2n+1}=\frac{1}{2}$，所以级数收敛到 $\frac{1}{2}$.

(2) 因为 $u_n=\left(\frac{1}{3}\right)^{n-1}-\left(\frac{1}{2}\right)^{n-1}$，由几何级数可知其收敛，收敛到 $-\frac{1}{2}$.

4. 因为 $u_n=\frac{1}{(5n-4)\cdot(5n+1)}=\frac{1}{5}\left(\frac{1}{5n-4}-\frac{1}{5n+1}\right)$，

则前 n 项和 $S_n=\frac{1}{1\cdot 6}+\frac{1}{6\cdot 11}+\cdots+\frac{1}{(5n-4)\cdot(5n+1)}+\cdots$

$$=\frac{1}{5}\left(1-\frac{1}{6}+\frac{1}{6}-\frac{1}{11}+\cdots+\frac{1}{5n-4}-\frac{1}{5n+1}\right)=\frac{1}{5}\left(1-\frac{1}{5n+1}\right)=\frac{n}{5n+1}.$$

而 $\lim\limits_{n\to\infty}s_n=\frac{1}{5}$. 所以,原级数收敛.

5. 级数的一般项 $u_n=\frac{3n^n}{(1+n)^n}$,因为

$$\lim_{n\to\infty}u_n=\lim_{n\to\infty}\frac{3n^n}{(1+n)^n}=3\lim_{n\to\infty}\left(\frac{n}{1+n}\right)^n=\frac{3}{\mathrm{e}}\neq 0,$$

故由级数收敛的必要条件知,级数 $\sum\limits_{n=1}^{\infty}\frac{3n^n}{(1+n)^n}$ 发散.

习题 6-2

1. (1)B; (2)B; (3)C; (4)C; (5)D; (6)D; (7)C.

(8)C. $\sum\limits_{n=1}^{\infty}(-1)^n\frac{k+n}{n^2}=k\sum\limits_{n=1}^{\infty}\frac{(-1)^n}{n^2}+\sum\limits_{n=1}^{\infty}\frac{(-1)^n}{n}$,

显然 $\sum\limits_{n=1}^{\infty}\frac{(-1)^n}{n^2}$ 绝对收敛,而 $\sum\limits_{n=1}^{\infty}\frac{(-1)^n}{n}$ 条件收敛,则原级数条件收敛.

(9)C. 由不等式 $2ab\leqslant a^2+b^2$ 知

$$\left|(-1)^n\frac{|a_n|}{\sqrt{n^2+\lambda}}\right|=\frac{|a_n|}{\sqrt{n^2+\lambda}}\leqslant\frac{1}{2}\left(a_n^2+\frac{1}{n^2+\lambda}\right),$$

而 $\sum\limits_{n=1}^{\infty}a_n^2$ 和 $\sum\limits_{n=1}^{\infty}\frac{1}{n^2+\lambda}$ 都收敛,则原级数绝对收敛.

(10)C. 注意到 $\sum\limits_{n=1}^{\infty}\frac{\sin(n\alpha)}{n^2}$ 绝对收敛,而 $\sum\limits_{n=1}^{\infty}\frac{1}{\sqrt{n}}$ 发散,由运算法则,$\sum\limits_{n=1}^{\infty}\left(\frac{\sin(n\alpha)}{n^2}-\frac{1}{\sqrt{n}}\right)$ 必发散.

(11)C. $u_n=(-1)^n\ln\left(1+\frac{1}{\sqrt{n}}\right)=(-1)^n v_n$,

$$v_n=\ln\left(1+\frac{1}{\sqrt{n}}\right)>\ln\left(1+\frac{1}{\sqrt{n+1}}\right)=v_{n+1}\Rightarrow\{v_n\}\downarrow(\text{递减}),$$

$\lim\limits_{n\to\infty}v_n=\lim\limits_{n\to\infty}\ln\left(1+\frac{1}{\sqrt{n}}\right)=0$,由莱布尼茨判别法可知,级数 $\sum\limits_{n=1}^{\infty}u_n$ 收敛.

$\lim\limits_{n\to\infty}\frac{\ln^2\left(1+\frac{1}{\sqrt{n}}\right)}{\frac{1}{n}}=\lim\limits_{n\to\infty}\frac{\left(\frac{1}{\sqrt{n}}\right)^2}{\frac{1}{n}}=1$. 调和级数 $\sum\limits_{n=1}^{\infty}\frac{1}{n}$ 发散.

2. (1)$0<p\leqslant 1,p>1,p\leqslant 0$; (2)$a>\frac{2}{3}$; (3) $\frac{\pi^2}{8}$.

3. (1) 因为 $u_n=\frac{1}{n\sqrt{n+1}}\sim\frac{1}{n^{\frac{3}{2}}}$,而 $\sum\limits_{n=1}^{\infty}\frac{1}{n^{\frac{3}{2}}}$ 收敛,故原级数收敛.

(2) 因为 $u_n=\sqrt{n}\ln\left(1+\frac{1}{n^2}\right)\sim\frac{1}{n^{\frac{3}{2}}}$，而$\sum\limits_{n=1}^{\infty}\frac{1}{n^{\frac{3}{2}}}$ 收敛，故原级数收敛.

(3) 因为$\lim\limits_{n\to\infty}\frac{u_{n+1}}{u_n}=\lim\limits_{n\to\infty}2\left(\frac{n}{n+1}\right)^n=\frac{2}{\mathrm{e}}<1$，由比值审敛法可知原级数收敛.

(4) 因为 $0<u_n=\frac{1}{n}-\sin\frac{1}{n}<\frac{1}{n}$，而$\sum\limits_{n=1}^{\infty}\frac{1}{n}$ 发散，由比较法可知原级数发散.

(5) 因为$\lim\limits_{n\to\infty}\frac{u_{n+1}}{u_n}=\lim\limits_{n\to\infty}x\left(\frac{n}{n+1}\right)^n=\frac{x}{\mathrm{e}}$，当$\frac{x}{\mathrm{e}}<1$，即 $0\leqslant x<\mathrm{e}$ 时，原级数收敛；当$\frac{x}{\mathrm{e}}>1$，即 $x>\mathrm{e}$ 时，原级数发散；当$\frac{x}{\mathrm{e}}=1$，即 $x=\mathrm{e}$ 时，因为$\left(\frac{n}{n+1}\right)^n>\frac{1}{\mathrm{e}}$，所以$\lim\limits_{n\to\infty}\frac{u_{n+1}}{u_n}<1$，原级数收敛.

(6) 因为 $u_n=\frac{x^n(1-x)}{1-x^{2n}}$，$\lim\limits_{n\to\infty}\frac{u_{n+1}}{u_n}=\lim\limits_{n\to\infty}x\frac{1-x^{2n}}{1-x^{2n+2}}$，当 $x>1$ 时，$\lim\limits_{n\to\infty}\frac{u_{n+1}}{u_n}=\frac{1}{x}<1$，原级数收敛；当 $0<x<1$ 时，$\lim\limits_{n\to\infty}\frac{u_{n+1}}{u_n}=x<1$，原级数收敛；当 $x=1$ 时，原级数为$\sum\limits_{n=1}^{\infty}\frac{1}{2^n}$ 收敛. 所以级数对于 $x>0$ 都收敛.

4. 因为 $u_n=\frac{\sqrt{n+2}-\sqrt{n-2}}{n^a}=\frac{4}{n^a(\sqrt{n+2}-\sqrt{n-2})}\sim\frac{1}{n^{a+\frac{1}{2}}}$，当 $a+\frac{1}{2}>1$，即 $a>\frac{1}{2}$ 时，原级数收敛；当 $a\leqslant\frac{1}{2}$ 时，原级数发散.

5. 分析：这是一个数列极限问题，如果直接求$\lim\limits_{n\to\infty}\frac{n!}{n^n}=0$ 来证明，则不容易想出. 我们可以将它转化成级数问题，只要证出级数$\sum\limits_{n=1}^{\infty}\frac{n!}{n^n}$ 收敛，那么根据级数收敛的必要条件，命题得证.

考虑正项级数$\sum\limits_{n=1}^{\infty}\frac{n!}{n^n}$，因为

$$\lim_{n\to\infty}\frac{u_{n+1}}{u_n}=\lim_{n\to\infty}\frac{(n+1)!}{(n+1)^{n+1}}\Big/\frac{n!}{n^n}=\lim_{n\to\infty}\frac{1}{\left(1+\frac{1}{n}\right)^n}=\frac{1}{\mathrm{e}}<1,$$

所以由比值审敛法知$\sum\limits_{n=1}^{\infty}\frac{n!}{n^n}$ 收敛，再由级数性质知，一般项 $u_n=\frac{n!}{n^n}\to 0$，

即$\lim\limits_{n\to\infty}\frac{n!}{n^n}=0$.

6. 因为$\frac{u_{n+1}}{u_n}=\frac{a^{n+1}}{1+a^{2n+2}}\frac{1+a^{2n}}{a^n}=\frac{1+a^{2n}}{1+a^{2n+2}}a$，

(1) 当 $0<a<1$ 时，$\lim\limits_{n\to\infty}a^{2n}=0$，$\lim\limits_{n\to\infty}a^{2n+2}=0$，所以$\lim\limits_{n\to\infty}\frac{u_{n+1}}{u_n}=a<1$.

由比值审敛法知，级数$\sum\limits_{n=1}^{\infty}\frac{a^n}{1+a^{2n}}$ 收敛.

(2) 当 $a>1$ 时，$\lim\limits_{n\to\infty}a^{2n}=+\infty$，$\lim\limits_{n\to\infty}a^{2n+2}=+\infty$，所以$\lim\limits_{n\to\infty}\frac{u_{n+1}}{u_n}=\frac{1}{a}<1$.

由比值审敛法知，级数$\sum\limits_{n=1}^{\infty}\frac{a^n}{1+a^{2n}}$ 收敛.

(3) 当 $a=1$ 时,级数 $\sum\limits_{n=1}^{\infty}\dfrac{a^n}{1+a^{2n}}$ 即为 $\sum\limits_{n=1}^{\infty}\dfrac{1}{2}$,而级数 $\sum\limits_{n=1}^{\infty}\dfrac{1}{2}$ 是发散的.

总结上述三种情况可得,级数 $\sum\limits_{n=1}^{\infty}\dfrac{a^n}{1+a^{2n}}(a>0)$ 当 $a\neq 1$ 时收敛,当 $a=1$ 时发散.

7. 因为 $\sum\limits_{n=1}^{\infty}\dfrac{1}{n-\ln n}$ 发散,所以不绝对收敛,考虑其为交错级数,考虑其是否满足莱布尼茨审敛法的两个条件:

设 $f(n)=n-\ln n, u_n=\dfrac{1}{f(n)}$,

则 $f(n+1)-f(n)=[(n+1)-\ln(n+1)]-(n-\ln n)=1-\ln\dfrac{n+1}{n}$.

因为$\dfrac{n+1}{n}<\mathrm{e}$,所以 $\ln\dfrac{n+1}{n}<1, 1-\ln\dfrac{n+1}{n}>0$.

从而 $f(n+1)>f(n)$,$\{f(n)\}$是单调增加数列,$\{u_n\}$是单调减少数列.

又因为$\lim\limits_{n\to\infty}u_n=\lim\limits_{n\to\infty}\dfrac{1}{n-\ln n}=\lim\limits_{n\to\infty}\dfrac{\frac{1}{n}}{1-\frac{\ln n}{n}}$,

由洛必达法则 $\lim\limits_{x\to+\infty}\dfrac{\ln x}{x}=0$,

所以$\lim\limits_{n\to\infty}u_n=0$.

由交错级数的审敛法得,级数 $\sum\limits_{n=1}^{\infty}(-1)^n\dfrac{1}{n-\ln n}$ 收敛.

8. 证明: 将级数记为 $\sum u_n$,其中 $u_n=\dfrac{(2n+1)(2n+2)}{(2n+3)^2(2n+4)^2}$,注意到级数的一般项是分式,分母比分子高 2 阶,取 $v_n=\dfrac{1}{n^2}$,且

$$\lim_{n\to\infty}\frac{u_n}{v_n}=\lim_{n\to\infty}\frac{\left(2+\frac{1}{n}\right)\left(2+\frac{2}{n}\right)}{\left(2+\frac{3}{n}\right)^2\left(2+\frac{4}{n}\right)^2}=1,$$

因为 $\sum\limits_{n=1}^{\infty}\dfrac{1}{n^2}$ 收敛,由比较判别法,$\sum u_n$ 收敛.

9. 注意到,级数的一般项是分式,分母比分子高一阶,取 $v_n=\dfrac{1}{n}$,因为

$$\lim_{n\to\infty}\frac{u_n}{v_n}=\lim_{n\to\infty}\frac{n^{n+1}}{(1+n)^{n+2}}\cdot\frac{n}{1}=\lim_{n\to\infty}\left(\frac{n}{1+n}\right)^{n+2}=\frac{1}{\mathrm{e}},$$

而正项级数 $\sum\limits_{n=1}^{\infty}\dfrac{1}{n}$ 发散,故级数 $\sum\limits_{n=1}^{\infty}\dfrac{n^{n+1}}{(1+n)^{2+n}}$ 发散.

习题 6-3

1. (1)C; (2)D; (3)D; (4)B; (5)A; (6)B; (7)D; (8)B; (9)A;

(10)A. 由题设$\lim\limits_{n\to\infty}\left|\dfrac{a_{n+1}}{a_n}\right|$存在，记为$\rho_1$，$\sum\limits_{n=1}^{\infty}a_nx^n$的收敛半径为$\dfrac{\sqrt{5}}{3}$，故$\dfrac{\sqrt{5}}{3}=\dfrac{1}{\rho_1}$，$\rho_1=\dfrac{3}{\sqrt{5}}$；又由于题设$\lim\limits_{n\to\infty}\left|\dfrac{b_{n+1}}{b_n}\right|$存在，记为$\rho_2$，$\sum\limits_{n=1}^{\infty}b_nx^n$的收敛半径为$\dfrac{1}{3}$，故$\rho_2=3$. 幂级数$\sum\limits_{n=0}^{\infty}\dfrac{a_n^2}{b_n^2}x^n$的收敛半径：$\lim\limits_{n\to\infty}\dfrac{\dfrac{a_{n+1}^2}{b_{n+1}^2}}{\dfrac{a_n^2}{b_n^2}}=\lim\limits_{n\to\infty}\dfrac{\dfrac{a_{n+1}^2}{a_n^2}}{\dfrac{b_{n+1}^2}{b_n^2}}=\dfrac{9}{5}\cdot\dfrac{1}{9}=\dfrac{1}{5}$.

所以$R=5$.

(11)A. 幂级数的条件收敛点只能在收敛区间端点，于是该级数收敛半径为$R=|-2+1|=1$，$x_0=-1$为收敛区间的中点，$x=2$位于收敛区间$(-2,0)$之外. 由阿贝尔定理知，此幂级数在$x=2$处发散.

(12)B. 因为此幂级数在$x=-1$处收敛，而其收敛域为以$x=1$为中心的区间，从而收敛域包含以1为中心，$1-(-1)=2$为半径的区间$(1-2,1+2)=(-1,3)$，又因为幂级数在收敛域的内部(即收敛区间)上绝对收敛，所以在$x=2$处绝对收敛.

2. (1)$R=\dfrac{1}{3}$； (2)$R=1$； (3)$(-1,1)$； (4)$(-1,1)$.

(5) 由于幂级数$\sum\limits_{n=1}^{\infty}a_nx^n$在$x=-3$处条件收敛，则$x=-3$为幂级数$\sum\limits_{n=1}^{\infty}a_nx^n$收敛区间的端点，则其收敛半径为3，而幂级数$\sum\limits_{n=1}^{\infty}a_n(x-1)^n$是幂级数$\sum\limits_{n=1}^{\infty}a_nx^n$作中心平移，收敛半径不变，则幂级数$\sum\limits_{n=1}^{\infty}a_n(x-1)^n$的收敛半径为3.

(6) 因为$\left(\sum\limits_{n=0}^{\infty}a_nx^n\right)'=\sum\limits_{n=0}^{\infty}na_nx^{n-1}$，所以幂级数$\sum\limits_{n=0}^{\infty}na_nx^{n-1}$的收敛半径为3，则幂级数$\sum\limits_{n=0}^{\infty}na_n(x-1)^{n-1}$的收敛区间为$-3<x-1<3$，即收敛区间为$(-2,4)$.

3. (1)$(-\infty,+\infty)$；(2)$\left(-\dfrac{\sqrt{3}}{3},\dfrac{\sqrt{3}}{3}\right)$；(3)$(-\sqrt{3},\sqrt{3})$；(4)$(0,4)$；(5)$(-\sqrt{3},\sqrt{3})$；(6)$[-a,a)$；

(7) 求收敛域必须考虑在端点处所对应的级数的收敛情况.

$$\lim_{n\to\infty}\left|\frac{u_{n+1}}{u_n}\right|=\lim_{n\to\infty}\left|\frac{\ln(n+2)x^n}{n+1}\,\frac{n}{\ln(n+1)x^{n-1}}\right|=|x|,$$

所以，当$|x|<1$时，幂级数绝对收敛；

当$x=1$时，原级数为$\sum\limits_{n=1}^{\infty}\dfrac{\ln(1+n)}{n}$，发散，(因为当$n>2$时，$\dfrac{\ln(1+n)}{n}>\dfrac{1}{n}$)

当$x=-1$时，原级数为$\sum\limits_{n=1}^{\infty}(-1)^{n-1}\dfrac{\ln(1+n)}{n}$，为交错级数.

满足 ① $\lim\limits_{n\to\infty}\dfrac{\ln(1+n)}{n}=0$；

② 设 $f(x)=\dfrac{\ln(1+x)}{x}, x\geqslant 2$.

$f'(x)=\dfrac{\dfrac{x}{1+x}-\ln(1+x)}{x^2}$，当 $x\geqslant 2$ 时，$\dfrac{x}{1+x}<1,\ln(1+x)>1$，

所以 $f'(x)<0, f(x)$ 单调减，所以 $u_n>u_{n+1}$，

故 $\sum\limits_{n=1}^{\infty}(-1)^{n-1}\dfrac{\ln(1+n)}{n}$ 收敛，所以收敛域为$[-1,1)$.

4. (1)$S(x)=\left(\sum\limits_{n=1}^{\infty}x^n\right)'=\left(\dfrac{x}{1-x}\right)'=\dfrac{1}{(1-x)^2}. x\in(-1,1)$.

(2) 设 $S(x)=x+\dfrac{x^3}{3}+\dfrac{x^5}{5}+\cdots, S'(x)=1+x^2+x^4+\cdots=\dfrac{1}{1-x^2}$，

$S(x)=\int\dfrac{1}{1-x^2}\mathrm{d}x=\dfrac{1}{2}\ln\dfrac{1-x}{1+x}+C$，又因为 $S(0)=0$，所以 $C=0$.

所以 $S(x)=\dfrac{1}{2}\ln\dfrac{1-x}{1+x}$，令 $x=\sqrt{2}$，则 $\sum\limits_{n=1}^{\infty}\dfrac{1}{(2n-1)2^n}=\sqrt{2}\cdot\dfrac{1}{2}\ln\dfrac{1-\dfrac{1}{\sqrt{2}}}{1+\dfrac{1}{\sqrt{2}}}=\dfrac{\sqrt{2}}{2}\ln\dfrac{\sqrt{2}-1}{\sqrt{2}+1}$.

(3) 因为 $\sum\limits_{n=1}^{\infty}nx^n=x\left(\sum\limits_{n=1}^{\infty}x^n\right)'=x\left(\dfrac{x}{1-x}\right)'=\dfrac{x}{(1-x)^2}$，令 $x=\dfrac{1}{2}$，则 $\sum\limits_{n=1}^{\infty}\dfrac{n}{2^n}=2$.

(4)$S(x)=\dfrac{1}{x}\sum\limits_{n=1}^{\infty}\dfrac{x^{2n+1}}{2n+1}-\sum\limits_{n=1}^{\infty}x^{2n}=\dfrac{1}{x}\int_0^x\sum\limits_{n=1}^{\infty}x^{2n}\mathrm{d}x-\dfrac{x^2}{1-x^2}=\dfrac{1}{x^2-1}-\dfrac{1}{2x}\ln\dfrac{1-x}{1+x}$.

(5) 因为 $\lim\limits_{n\to\infty}\dfrac{a_{n+1}}{a_n}=\lim\limits_{n\to\infty}\dfrac{n4^n}{(n+1)4^{n+1}}=\dfrac{1}{4}$，所以 $R=4$.

当 $x=-4$ 时，级数 $\sum\limits_{n=1}^{\infty}\dfrac{(-1)^{n-1}}{4n}$ 收敛，当 $x=4$ 时，级数 $\sum\limits_{n=1}^{\infty}\dfrac{1}{4n}$ 发散，收敛域$[-4,4)$.

令 $S(x)=\sum\limits_{n=1}^{\infty}\dfrac{1}{n4^n}x^{n-1}$，则 $xS(x)=\sum\limits_{n=1}^{\infty}\dfrac{1}{n}\left(\dfrac{x}{4}\right)^n$，令 $t=\dfrac{x}{4}$，

$xS(x)=\sum\limits_{n=1}^{\infty}\dfrac{1}{n}\left(\dfrac{x}{4}\right)^n=\sum\limits_{n=1}^{\infty}\dfrac{t^n}{n}=\sum\limits_{n=1}^{\infty}\int_0^t t^{n-1}\mathrm{d}t=\int_0^t\sum\limits_{n=1}^{\infty}t^{n-1}\mathrm{d}t$

$=\int_0^t\dfrac{1}{1-t}\mathrm{d}t=-\ln(1-t)=-\ln\left(1-\dfrac{x}{4}\right)$.

所以 $S(x)=\begin{cases}-\dfrac{1}{x}\ln\left(1-\dfrac{x}{4}\right), & x\in[-4,0)\cup(0,4)\\ \dfrac{1}{4}, & x=0\end{cases}$.

(6)$S(x)=\sum\limits_{n=2}^{\infty}\dfrac{x^n}{n^2-1}=\sum\limits_{n=2}^{\infty}\dfrac{1}{2}\left(\dfrac{1}{n-1}-\dfrac{1}{n-1}\right)x^n(|x|<1)$，

其中 $\sum\limits_{n=2}^{\infty}\dfrac{x^n}{n-1}=x\sum\limits_{n=2}^{\infty}\dfrac{x^{n-1}}{n-1}=x\sum\limits_{n=1}^{\infty}\dfrac{x^n}{n}$；$\sum\limits_{n=2}^{\infty}\dfrac{x^n}{n+1}=\dfrac{1}{x}\sum\limits_{n=3}^{\infty}\dfrac{x^n}{n}(x\neq 0)$，

设 $g(x)=\sum\limits_{n=1}^{\infty}\dfrac{x^n}{n}, g'(x)=\sum\limits_{n=1}^{\infty}\left(\dfrac{x^n}{n}\right)'=\sum\limits_{n=1}^{\infty}x^{n-1}=\dfrac{1}{1-x}(|x|<1)$，

$$g(x)=g(x)-g(0)=\int_0^x g'(x)\mathrm{d}x=\int_0^x \frac{1}{1-x}\mathrm{d}x=-\ln(1-x),$$

从而 $S(x)=\frac{x}{2}[-\ln(1-x)]-\frac{1}{2x}\left[-\ln(1-x)-x-\frac{x^2}{2}\right]$

$$=\frac{2+x}{4}+\frac{1-x^2}{2x}\ln(1-x)(|x|<1\text{ 且 }x\neq 0),$$

因此 $\sum\limits_{n=2}^{\infty}\frac{1}{(n^2-1)2^n}=S\left(\frac{1}{2}\right)=\frac{5}{8}-\frac{3}{4}\ln 2.$

习题 6-4

1. (1) $\sin^2 x=\frac{1-\cos 2x}{2}=\sum\limits_{n=1}^{\infty}(-1)^{n+1}\frac{2^{2n}x^{2n}}{(2n)!},x\in(-\infty,+\infty).$

(2) $\ln(x^2+3x+2)=\ln(x+1)(x+2)=\ln(x+1)+\ln(x+2)$

$$=\ln(x+1)+\ln 2+\ln\left(1+\frac{x}{2}\right);$$

而 $\ln(1+x)=\sum\limits_{n=1}^{\infty}(-1)^{n-1}\frac{x^n}{n}(-1<x\leqslant 1)$;

$$\ln\left(1+\frac{x}{2}\right)=\sum_{n=1}^{\infty}(-1)^{n-1}\frac{x^n}{2^n n}(-2<x\leqslant 2).$$

所以 $f(x)=\ln 2+\sum\limits_{n=1}^{\infty}(-1)^{n-1}\frac{x^n}{n}+\sum\limits_{n=1}^{\infty}(-1)^{n-1}\frac{x^n}{2^n n}(-1<x\leqslant 1).$

(3) $f(x)=x^2\sum\limits_{n=1}^{\infty}(-1)^{n-1}\frac{x^n}{n}=\sum\limits_{n=1}^{\infty}(-1)^{n-1}\frac{x^{n+2}}{n}(-1<x\leqslant 1).$

(4) $3^x=\mathrm{e}^{\ln 3^x}=\mathrm{e}^{x\ln 3}=\sum\limits_{n=0}^{\infty}\frac{x^n\ln^n 3}{n!}(-\infty<x<+\infty).$

(5) $f(x)=x^{10}\frac{1}{1-x}=x^{10}\sum\limits_{n=0}^{\infty}x^n=\sum\limits_{n=0}^{\infty}x^{n+10}(-1<x<1).$

(6) $(1+x)\ln(1+x)=(1+x)\sum\limits_{n=1}^{\infty}(-1)^{n-1}\frac{x^n}{n}$

$$=\sum_{n=1}^{\infty}(-1)^{n-1}\frac{x^n}{n}+\sum_{n=1}^{\infty}(-1)^{n-1}\frac{x^{n+1}}{n}(-1<x\leqslant 1).$$

(7) $f(x)=\frac{1}{(1-x)(1+2x)}=\frac{1}{3}\left(\frac{1}{1-x}+\frac{2}{1+2x}\right)=\frac{1}{3}\cdot\frac{1}{1-x}+\frac{2}{3}\cdot\frac{1}{1+2x}$

$$=\frac{1}{3}\cdot\sum_{n=0}^{\infty}x^n+\frac{2}{3}\cdot\sum_{n=0}^{\infty}(-1)^n 2^n x^n\left(-\frac{1}{2}<x<\frac{1}{2}\right).$$

(8) $f(x)=\frac{1}{(x-2)(x-1)}=\frac{1}{x-2}-\frac{1}{x-1}=-\frac{1}{2}\frac{1}{1-\frac{x}{2}}+\frac{1}{1-x}$

$$=\sum_{n=0}^{\infty}x^n-\frac{1}{2}\sum_{n=0}^{\infty}\frac{x^n}{2^n}=\sum_{n=0}^{\infty}\left(1-\frac{1}{2^{n+1}}\right)x^n(-1<x<1).$$

(9) $f(x)=\dfrac{1}{(x-2)(x+3)}=\dfrac{1}{x-2}-\dfrac{1}{x+3}=-\dfrac{1}{2}\dfrac{1}{1-\dfrac{x}{2}}-\dfrac{1}{3}\dfrac{1}{1+\dfrac{x}{3}}$

$=-\dfrac{1}{2}\sum\limits_{n=0}^{\infty}\dfrac{x^n}{2^n}-\dfrac{1}{3}\sum\limits_{n=0}^{\infty}\dfrac{(-1)^n}{3^n}x^n=-\sum\limits_{n=0}^{\infty}\left(\dfrac{1}{2^{n+1}}+\dfrac{1}{3^{n+1}}\right)x^n\,(-2<x<2).$

(10) $f(x)=-\left(\dfrac{1}{1+x}\right)'=-\left(\sum\limits_{n=0}^{\infty}(-1)^n x^n\right)'=\sum\limits_{n=1}^{\infty}(-1)^n n x^{n-1}\,(-1<x<1).$

(11) 本题属于逐项求导求积的展开问题.

$f(x)=\ln[2(1+x^2)(1-2x^2)]=\ln2+\ln(1+x^2)+\ln(1-2x^2)$,

$f'(x)=\dfrac{2x}{1+x^2}-\dfrac{4x}{1-2x^2}$

$=2x\sum\limits_{n=0}^{\infty}(-1)^n x^{2n}-4x\sum\limits_{n=0}^{\infty}2^n x^{2n}$

$=2\sum\limits_{n=0}^{\infty}(-1)^n x^{2n+1}-4\sum\limits_{n=0}^{\infty}2^n x^{2n+1}.$

注意到 $f(x)-f(0)=\int_0^x f'(t)\mathrm{d}t$，且 $f(0)=\ln2$，则有

$f(x)=\ln2+2\sum\limits_{n=0}^{\infty}\dfrac{(-1)^n}{2n+2}x^{2n+2}-4\sum\limits_{n=0}^{\infty}\dfrac{2^n}{2n+2}x^{2n+2}$

$=\ln2+\sum\limits_{n=0}^{\infty}\left[\dfrac{(-1)^n}{n+1}-\dfrac{2^{n+1}}{n+1}\right]x^{2n+2}$

$=\ln2+\sum\limits_{n=1}^{\infty}\left[\dfrac{(-1)^n-2^n}{n}\right]x^{2n}\,(|x|<\dfrac{1}{\sqrt{2}}).$

2. $f(x)=\dfrac{1}{x(x+3)}=\dfrac{1}{3}\left(\dfrac{1}{x}-\dfrac{1}{x+3}\right)=\dfrac{1}{3}\left(\dfrac{1}{1+x-1}-\dfrac{1}{4}\dfrac{1}{1+\dfrac{x-1}{4}}\right)$

$=\dfrac{1}{3}\left(\sum\limits_{n=0}^{\infty}(-1)^n(x-1)^n-\dfrac{1}{4}\sum\limits_{n=0}^{\infty}\dfrac{(-1)^n}{4^n}(x-1)^n\right)(0<x<2).$

3. $f(x)=\dfrac{1}{x+1}=\dfrac{1}{2+x-1}=\dfrac{1}{2}\dfrac{1}{1+\dfrac{x-1}{2}}=\dfrac{1}{2}\sum\limits_{n=0}^{\infty}\dfrac{(-1)^n}{2^n}(x-1)^n$

$=\sum\limits_{n=0}^{\infty}\dfrac{(-1)^n}{2^{n+1}}(x-1)^n\,(-1<x<3).$

4. $f(x)=(x-1)\dfrac{1}{3-x}=(x-1)\dfrac{1}{2-(x-1)}=(x-1)\dfrac{1}{2}\dfrac{1}{1-\dfrac{x-1}{2}}$

$=\dfrac{(x-1)}{2}\sum\limits_{n=0}^{\infty}\dfrac{(x-1)^n}{2^n}=\sum\limits_{n=0}^{\infty}\dfrac{(x-1)^{n+1}}{2^{n+1}}\,(-2<x<2).$

5. $\ln x=\ln(1+x-1)=\sum\limits_{n=1}^{\infty}\dfrac{(-1)^{n-1}}{n}(x-1)^n\,(0<x\leqslant 2).$

6.4 综合训练题

1. (1)A； (2)A； (3)D； (4)D； (5)B.

2. (1)0； (2)3； (3)$4u_1-S$； (4)发散； (5)$1\leqslant a\leqslant 3$； (6)$0<k<4$； (7)$p+1>1$,得 $p>0$；

(8)$S=\frac{x^2}{2}+\frac{x^3}{3\times 2}+\frac{x^4}{4\times 3}+\frac{x^5}{5\times 4}+\cdots$,

$S'=x+\frac{x^2}{2}+\frac{x^3}{3}+\frac{x^4}{4}+\cdots$,

$S''=1+x+x^2+x^3+\cdots=\frac{1}{1-x}$,

所以 $S'=\int\frac{1}{1-x}dx=-\ln(1-x)+C_1$,因为 $S'(0)=0$,所以 $C_1=0$；

$S=\int-\ln(1-x)dx=-x\ln(1-x)+x+\ln(1-x)+C_2$,因为 $S(0)=0$,所以 $C_2=0$；

所以 $S=-x\ln(1-x)+x+\ln(1-x),x\in(-1,1)$.

3. (1) 用比值法判别,收敛； (2) 用正项级数的比值审敛法判别,发散.

4. (1)$S'=3+3(3x+1)+3(3x+1)^2+3(3x+1)^3+\cdots=\frac{3}{1-(3x+1)}=-\frac{1}{x}$,

所以 $S=\int-\frac{1}{x}dx=-\ln|x|+C$,因为 $S\left(-\frac{1}{3}\right)=0,C=-\ln3$,

所以 $S=-\ln|x|-\ln3,x\in\left(-\frac{2}{3},0\right)$.

(2)$S=\left(\sum_{n=1}^{\infty}x^{n+1}\right)''-\left(\sum_{n=1}^{\infty}x^n\right)'=\left(\frac{x^2}{1-x}\right)''-\left(\frac{x}{1-x}\right)'=\frac{2}{(1-x)^3}-\frac{1}{(1-x)^2},x\in(-1,1)$.

$\sum_{n=1}^{\infty}\frac{n^2}{2^{n-1}}=f\left(\frac{1}{2}\right)=16-4=12$.

(3)$f(x)=\ln[1+(x-1)]+\ln2+\ln\left(1-\frac{x-1}{2}\right)$

$=\sum_{n=1}^{\infty}\frac{(-1)^n}{n}(x-1)^n+\ln2+\sum_{n=1}^{\infty}\frac{(-1)^{n-1}}{n}\frac{(x-1)^n}{2^n},x\in(0,2]$.

(4) $\lim_{n\to\infty}\frac{u_{n+1}}{u_n}=\lim_{n\to\infty}\frac{(n+1)a^{n+1}}{na^n}=a$,当 $0<a<1$ 时,收敛.

$\sum_{n=1}^{\infty}na^n=a\left(\sum_{n=1}^{\infty}a^n\right)'=a\cdot\left(\frac{a}{1-a}\right)'=\frac{a}{(1-a)^2},0<a<1$.

(5) 先求 $\sum_{n=1}^{\infty}\frac{x^n}{n^2-1}=\frac{1}{2}\left(\sum_{n=1}^{\infty}\frac{x^n}{n-1}-\sum_{n=1}^{\infty}\frac{x^n}{n+1}\right)=\frac{x}{2}\sum_{n=1}^{\infty}\frac{x^{n-1}}{n-1}-\frac{1}{2}\left(\sum_{n=1}^{\infty}x^{n+1}\right)'$

$=1-\ln(1-x)+\left(\frac{x^2}{1-x}\right)'=1-\ln(1-x)+\frac{2x-x^2}{(1-x)^2}$.

令 $x=\frac{1}{2}$,代入,可得：$\sum_{n=1}^{\infty}\frac{1}{(n^2-1)2^n}=4+\ln2$.

5. (1) 证明：因为 $\left|\frac{u_n}{n}\right| = \frac{1}{n} \cdot |u_n| \leqslant \frac{1}{2}\left(\frac{1}{n^2} + u_n^2\right)$，因为 $\sum\limits_{n=1}^{\infty} \frac{1}{n^2}$ 和 $\sum\limits_{n=1}^{\infty} u_n^2$ 都收敛，所以级数绝对收敛.

(2) 因为 $a_n + a_{n+2} = \int_0^{\frac{\pi}{4}} \tan^n x \,\mathrm{d}x + \int_0^{\frac{\pi}{4}} \tan^{n+2} x \,\mathrm{d}x = \int_0^{\frac{\pi}{4}} \tan^n x (1 + \tan^2 x) \mathrm{d}x$

$= \int_0^{\frac{\pi}{4}} \tan^n x \,\mathrm{d}\tan x = \left.\frac{\tan^{n+1} x}{n+1}\right|_0^{\frac{\pi}{4}} = \frac{1}{n+1}$，

所以 $\sum\limits_{n=1}^{\infty} \frac{1}{n}(a_n + a_{n+2}) = \sum\limits_{n=1}^{\infty} \frac{1}{n(n+1)} = \sum\limits_{n=1}^{\infty}\left(\frac{1}{n} - \frac{1}{n+1}\right) = 1$.

又因为 $\lim\limits_{n\to\infty} \frac{u_{n+1}}{u_n} < 1$（因为 $0 < \tan x < 1$，所以 $a_n > a_{n+1}$），由比值法可得级数收敛.

第 7 章　习题参考答案

习题 7-2

基础题

1. (1)0；(2)$(\sqrt{2}, 1, \pm 1)$；(3)$(36, -18, 36)$；(4)$\pm \frac{1}{\sqrt{14}}(2, 3, -1)$；(5)$2\sqrt{3}$.

2. (1)C；　(2)B；　(3)C；　(4)C.

3. (1)39；　(2)$(3, 2, -13)$；　(3)0.

4. (1)3；$(5, 1, 7)$；　(2) $\frac{\sqrt{21}}{14}$.

5. 解：因为 $\boldsymbol{a} + \boldsymbol{b} + \boldsymbol{c} = \boldsymbol{0}$，所以 $\boldsymbol{a} \cdot (\boldsymbol{a} + \boldsymbol{b} + \boldsymbol{c}) = 0$，得 $\boldsymbol{a} \cdot \boldsymbol{b} + \boldsymbol{a} \cdot \boldsymbol{c} = -1$，同理可得：$\boldsymbol{a} \cdot \boldsymbol{b} + \boldsymbol{b} \cdot \boldsymbol{c} = -1$，$\boldsymbol{a} \cdot \boldsymbol{c} + \boldsymbol{b} \cdot \boldsymbol{c} = -1$，所以 $\boldsymbol{a} \cdot \boldsymbol{b} + \boldsymbol{b} \cdot \boldsymbol{c} + \boldsymbol{c} \cdot \boldsymbol{a} = -\frac{2}{3}$.

6. 解：$\overrightarrow{M_1M_2} = (2, 4, -1)$，$\overrightarrow{M_2M_3} = (0, -2, 2)$；

$$\overrightarrow{M_1M_2} \times \overrightarrow{M_2M_3} = \begin{vmatrix} \boldsymbol{i} & \boldsymbol{j} & \boldsymbol{k} \\ 2 & 4 & -1 \\ 0 & -2 & 2 \end{vmatrix} = (6, -4, -4);$$

因此所求向量为：$\pm \frac{1}{\sqrt{68}}(6, -4, -4) = \pm \frac{1}{\sqrt{17}}(3, -2, -2)$.

7. (1)$a_z = 0$；　(2)$\begin{cases} a_y = 0 \\ a_z = 0 \end{cases}$；　(3)$a_x = 0$.

8. $\boldsymbol{a} \cdot \boldsymbol{b} = 0$，即 $-2 + 2y + 12 = 0$，$y = -5$.

9. 因为向量平行，所以 $\frac{-2}{m} = \frac{3}{-6} = \frac{n}{2}$，所以 $m = 4$，$n = -1$.

10. 59.

11. $\overrightarrow{OA} \times \overrightarrow{OB} = \begin{vmatrix} \boldsymbol{i} & \boldsymbol{j} & \boldsymbol{k} \\ 1 & 0 & 3 \\ 0 & 1 & 3 \end{vmatrix} = (-3, -3, 1)$，$S_{\triangle AOB} = \frac{1}{2}|\overrightarrow{OA} \times \overrightarrow{OB}| = \frac{1}{2}|(-3,$

$-3,1)| = \frac{\sqrt{19}}{2}$.

提高题

1. [分析] 由于 $\cos\theta = \frac{\boldsymbol{a}\cdot\boldsymbol{b}}{|\boldsymbol{a}||\boldsymbol{b}|}$，因此只需求出 $\boldsymbol{a}\cdot\boldsymbol{b}$，$|\boldsymbol{a}|$ 与 $|\boldsymbol{b}|$ 即可.

解： 由已知 $\begin{cases}(\boldsymbol{a}+3\boldsymbol{b})\cdot(7\boldsymbol{a}-5\boldsymbol{b})=0\\(\boldsymbol{a}-4\boldsymbol{b})\cdot(7\boldsymbol{a}-2\boldsymbol{b})=0\end{cases}$ 得出 $\begin{cases}7|\boldsymbol{a}|^2 16\boldsymbol{a}\cdot\boldsymbol{b}-15|\boldsymbol{b}|^2=0\\7|\boldsymbol{a}|^2-30\boldsymbol{a}\cdot\boldsymbol{b}+8|\boldsymbol{b}|^2=0\end{cases}$，

$|\boldsymbol{a}| = \sqrt{2\boldsymbol{a}\cdot\boldsymbol{b}}$，$|\boldsymbol{b}| = \sqrt{2\boldsymbol{a}\cdot\boldsymbol{b}}$，$\cos\theta = \frac{\boldsymbol{a}\cdot\boldsymbol{b}}{|\boldsymbol{a}||\boldsymbol{b}|} = \frac{\boldsymbol{a}\cdot\boldsymbol{b}}{2\boldsymbol{a}\cdot\boldsymbol{b}} = \frac{1}{2}$，所以 $\theta = \frac{\pi}{3}$.

2. 解：(1) 欲使 $\boldsymbol{a}+\lambda\boldsymbol{b}$ 垂直于 $\boldsymbol{a}-\lambda\boldsymbol{b}$，当且仅当 $(\boldsymbol{a}+\lambda\boldsymbol{b})\cdot(\boldsymbol{a}-\lambda\boldsymbol{b}) = |\boldsymbol{a}|^2-\lambda^2|\boldsymbol{b}|^2 = 0$.
由此得 $\lambda^2 = \frac{|\boldsymbol{a}|^2}{|\boldsymbol{b}|^2} = \frac{1+16+25}{1+1+4} = \frac{42}{6} = 7$，从而 $\lambda = \pm\sqrt{7}$.

(2) 欲使 $\boldsymbol{a}+\mu\boldsymbol{b}$ 平行于 $\boldsymbol{a}-\mu\boldsymbol{b}$，当且仅当 $(\boldsymbol{a}+\mu\boldsymbol{b})\times(\boldsymbol{a}-\mu\boldsymbol{b}) = 2\mu\boldsymbol{b}\times\boldsymbol{a} = \boldsymbol{0}$.
由于 $\boldsymbol{b}\times\boldsymbol{a}\neq\boldsymbol{0}$，故只有 $\mu=0$，即 $\boldsymbol{a}//\boldsymbol{a}$.

3. 解： 设平行四边形面积为 S，由叉乘的几何意义可知，

$S = \frac{1}{2}|\boldsymbol{c}\times\boldsymbol{d}| = \frac{1}{2}|(\boldsymbol{m}+2\boldsymbol{n})\times(3\boldsymbol{m}-4\boldsymbol{n})| = \frac{1}{2}|-4\boldsymbol{m}\times\boldsymbol{n}+6\boldsymbol{n}\times\boldsymbol{m}|$

$= \frac{1}{2}|-10\boldsymbol{m}\times\boldsymbol{n}| = 5|\boldsymbol{m}\times\boldsymbol{n}| = 5|\boldsymbol{m}||\boldsymbol{n}|\sin(\boldsymbol{m},\boldsymbol{n}) = 5$.

4. 解：以 $\boldsymbol{m},\boldsymbol{n}$ 为边的平行四边形的周长为 $2|\boldsymbol{m}|+2|\boldsymbol{n}|$，面积为 $|\boldsymbol{m}\times\boldsymbol{n}|$. 计算
$|\boldsymbol{m}|^2 = \boldsymbol{m}\cdot\boldsymbol{m} = (3\boldsymbol{a}-4\boldsymbol{b})\cdot(3\boldsymbol{a}-4\boldsymbol{b}) = 9|\boldsymbol{a}|^2-24\boldsymbol{a}\cdot\boldsymbol{b}+16|\boldsymbol{b}|^2 = 108$，
$|\boldsymbol{n}|^2 = \boldsymbol{n}\cdot\boldsymbol{n} = (\boldsymbol{a}+2\boldsymbol{b})\cdot(\boldsymbol{a}+2\boldsymbol{b}) = |\boldsymbol{a}|^2+4\boldsymbol{a}\cdot\boldsymbol{b}+4|\boldsymbol{b}|^2 = 52$.

解得 $|\boldsymbol{m}| = 6\sqrt{3}$，$|\boldsymbol{n}| = 2\sqrt{13}$，所求平行四边形的周长为：$2|\boldsymbol{m}|+2|\boldsymbol{n}| = 4(3\sqrt{3}+\sqrt{13})$.

面积为：$|\boldsymbol{m}\times\boldsymbol{n}| = |(3\boldsymbol{a}-4\boldsymbol{b})\times(\boldsymbol{a}+2\boldsymbol{b})| = 10|\boldsymbol{a}\times\boldsymbol{b}| = 30\sqrt{3}$.

习题 7-3

1. (1)A； (2)A； (3)B； (4)C； (5)A； (6)B.

2. (1)$x=a$； (2) 平行； (3)$cy+bz=0$； (4)$x+y+z=2$； (5)$9y-z=2$；
(6)$d=1$； (7)$-\frac{3}{2}, -12$； (8)-1； (9)0； (10)$4x+y+9z=33$；
(11)$16x+11y+8z=15$； (12)$9x-y+3z=16$； (13)$4x-y+2z=2$；
(14)$x-3y-z+4=0$；

(15)$\overrightarrow{OA} = \{6,-3,2\}$，已知平面的法向量 $\boldsymbol{n}_1 = (4,-1,2)$，故所求平面的法向量 $\boldsymbol{n} = \overrightarrow{OA}\times\boldsymbol{n}_1 = (-4,-4,6) = -2(2,2,-3)$，从而由点法式方程可得所求平面为 $2(x-6)+2(y+3)-3(z-2)=0$，即 $2x+2y-3z=0$；

(16)$4\sqrt{6}-2$； (17) $\frac{2\sqrt{6}}{3}$； (18)$2x+y-z+9=0$ 或 $2x+y-z-3=0$；

(19) $\frac{x}{0} = \frac{y}{1} = \frac{z}{0}$； (20) $\frac{x}{1} = \frac{y}{0} = \frac{z}{0}$ 或 $\begin{cases}y=0\\z=0\end{cases}$；

(21) 所求平面法向量为 $\boldsymbol{n}=(1,0,-1)\times(2,1,1)=(1,-3,1)$，故应填 $(x-1)-3(y-2)+(z-3)=0$，即 $x-3y+z+2=0$；

(22) l 的方向向量 $\boldsymbol{s}=(1,3,2)\times(2,-1,-10)=(-28,14,-7)$，$\pi$ 的法向量 $\boldsymbol{n}=(4,-2,1)$，显然 $\boldsymbol{s}/\!/\boldsymbol{n}$，故直线 l 垂直于平面 π.

3. (1) 由题意可知，平面过原点，所以可设平面方程为：$Ax+By+Cz=0$；又过 z 轴，所以 $C=0$；所以平面方程设为 $Ax+By=0$；又与平面 $2x+y-\sqrt{5}z=7$ 夹角为 $\frac{\pi}{3}$，所以有 $\cos\frac{\pi}{3}=\frac{|2A+B|}{\sqrt{A^2+B^2}\cdot\sqrt{2^2+1^2+(-\sqrt{5})^2}}$，解得 $A=\frac{1}{3}B$ 或 $A=-3B$，所以所求方程为：$x+3y=0$ 或 $3x-y=0$.

(2) 过点 P 作与已知直线垂直的平面，方程为 $\boldsymbol{n}=\boldsymbol{s}=\begin{vmatrix}\boldsymbol{i}&\boldsymbol{j}&\boldsymbol{k}\\2&-1&1\\1&1&-1\end{vmatrix}=(0,3,3)$，平面方程可以写成：$y+z-1=0$；

解方程组：$\begin{cases}2x-y+z=4\\x+y-z=-1\\y+z-1=0\end{cases}$，解得交点 M 坐标为：$\left(1,-\frac{1}{2},\frac{3}{2}\right)$；

所以点到直线的距离就是两点 P、M 之间的距离.

所以，$d=|PM|=\frac{3}{2}\sqrt{2}$.

(3) 已知直线 L 的方向向量 $\boldsymbol{s}_1=\begin{vmatrix}\boldsymbol{i}&\boldsymbol{j}&\boldsymbol{k}\\1&2&-1\\1&2&2\end{vmatrix}=(6,-3,0)$，$\boldsymbol{n}_1=(3,-4,1)$；

$\boldsymbol{s}=\boldsymbol{s}_1\times\boldsymbol{n}_1=\begin{vmatrix}\boldsymbol{i}&\boldsymbol{j}&\boldsymbol{k}\\6&-3&0\\3&-4&1\end{vmatrix}=(-3,-6,-15)$；所求直线方程为：$\frac{x+1}{-3}=\frac{y}{-6}=\frac{z-4}{-15}$，即 $\frac{x+1}{1}=\frac{y}{2}=\frac{z-4}{5}$.

(4) 异面直线：不相交也不平行. 由异面直线距离公式 $d=\frac{|\overrightarrow{M_1M_2}\cdot(\boldsymbol{s}_1\times\boldsymbol{s}_2)|}{|\boldsymbol{s}_1\times\boldsymbol{s}_2|}$，可解得 $d=\frac{5}{3}$.

4. (1) $(1,0,-1)$； (2) $\frac{\pi}{6}$； (3) $x-y-2z-3=0$.

5. 设所求直线 L 的方向向量是 $\boldsymbol{\tau}$. 而已知直线 L_1 的方向是 $\boldsymbol{\tau}_1=4\boldsymbol{i}-2\boldsymbol{j}+\boldsymbol{k}$，其上有一点 $A_1(1,3,0)$. 同时，已知平面 Π 的法线向量为 $\boldsymbol{n}=3\boldsymbol{i}-\boldsymbol{j}+2\boldsymbol{k}$.

根据条件(2)，L 的方向向量 $\boldsymbol{\tau}$ 垂直平面 Π 的法线向量 $\boldsymbol{n}$，即 $\boldsymbol{\tau}\perp\boldsymbol{n}$；

再根据条件(3)，$\boldsymbol{\tau}$ 必垂直由 $\overrightarrow{AA_1}$ 与 L_1 所确定的平面的法线向量 $\boldsymbol{n}_1=\boldsymbol{\tau}_1\times\overrightarrow{AA_1}$.

由于 $\boldsymbol{\tau}\perp\boldsymbol{n}$ 和 $\boldsymbol{\tau}\perp\boldsymbol{n}_1$，可取 $\boldsymbol{\tau}=\boldsymbol{n}\times\boldsymbol{n}_1=\boldsymbol{n}\times(\boldsymbol{\tau}_1\times\overrightarrow{AA_1})$.

由于 $\boldsymbol{n}_1=\boldsymbol{\tau}_1\times\overrightarrow{AA_1}=\begin{vmatrix}\boldsymbol{i} & \boldsymbol{j} & \boldsymbol{k}\\ 4 & -2 & 1\\ 0 & 3 & 2\end{vmatrix}=-7\boldsymbol{i}-8\boldsymbol{j}+12\boldsymbol{k}$,

从而 $\boldsymbol{\tau}=\boldsymbol{n}\times\boldsymbol{n}_1=\begin{vmatrix}\boldsymbol{i} & \boldsymbol{j} & \boldsymbol{k}\\ -7 & -8 & 12\\ 3 & -1 & 2\end{vmatrix}=-4\boldsymbol{i}+50\boldsymbol{j}+31\boldsymbol{k}$.

于是得到所求直线 L 的方程为 $\frac{x-1}{-4}=\frac{y}{50}=\frac{z+2}{31}$.

6. 原点与直线 L_1 决定一平面 π_1，$A(1,2,-1)$ 在直线 L_1 上，$\overrightarrow{OA}=(1,2,-1)$，直线 L_1 的方向向量为 $\boldsymbol{s}_1=(2,1,1)$.

平面 π_1 的法线向量为：$\boldsymbol{n}_1=\boldsymbol{s}_1\times\overrightarrow{OA}=\begin{vmatrix}\boldsymbol{i} & \boldsymbol{j} & \boldsymbol{k}\\ 2 & 1 & 1\\ 1 & 2 & -1\end{vmatrix}=-3(1,-1,-1)$.

平面 π_1 的方程为：$x-y-z=0$.

再求直线 L_2 与平面 π_1 的交点，直线 L_2 的参数方程为：$\begin{cases}x=t+2\\ y=2t-1,\\ z=2t\end{cases}$

代入平面 π_1 得 $t+2-2t+1-2t=0$，则 $t=1$，交点 $B(3,1,2)$，直线 OB 必通过两直线，OB 方程为：$\frac{x}{3}=\frac{y}{1}=\frac{z}{2}$.

7. 此题可分三步，第一步过 P 点作平面 π 的平行平面 π_1；第二步求平面 π_1 与直线 L_1 的交点 Q；第三步过 P,Q 作直线 L，则 L 即为所求.

过 $P(-1,0,4)$ 点且平行于平面 π 的平面 π_1 的方程为

$3(x+1)-4y+(z-4)=0$ 或 π_1：$3x-4y+z-1=0$.

令 $x=-1+3t,y=3+t,z=2t$，代入平面 π_1，得

$3(-1+3t)-4(3+t)+2t-1=0$,

解得 $t=\frac{16}{7}$，因此，交点为 $Q\left(\frac{41}{7},\frac{37}{7},\frac{32}{7}\right)$. 从而过 P,Q 的直线 L 的方程为

$$\frac{x+1}{\frac{41}{7}+1}=\frac{y-0}{\frac{37}{7}-0}=\frac{z-4}{\frac{32}{7}-4},$$

整理，得 $\frac{x+1}{48}=\frac{y}{37}=\frac{z-4}{4}$.

8. 过点 P 且垂直于平面 π 的直线为 l：$\frac{x}{1}=\frac{y-1}{1}=\frac{z-1}{1}$,

P 到平面 π 的距离为 $d=\frac{|0+1+1|}{\sqrt{0+1+1}}=\sqrt{2}$,

所求点为直线 l 上到平面 π 距离为 $\sqrt{2}$ 的另一点，l 的参数式为 $\begin{cases}x=t\\ y=t+1.\\ z=t+1\end{cases}$

l 上某一点 $\{t,t+1,t+1\}$ 到 π 的距离为 $\sqrt{2}$，则有 $\sqrt{2}=\dfrac{|t+t+1+t+1|}{\sqrt{0+1+1}}$，解得 $t=0$，$t=-\dfrac{4}{3}$. 当 $t=0$ 时就是 P 点，$t=-\dfrac{4}{3}$ 对应点为 $\left(-\dfrac{4}{3},-\dfrac{1}{3},-\dfrac{1}{3}\right)$，此即为所求.

9. 设直线 $\dfrac{x-1}{2}=\dfrac{y}{1}=\dfrac{z-1}{0}$ 与平面 $x+y+z=2$ 的交点为 M.

令 $\dfrac{x-1}{2}=\dfrac{y}{1}=\dfrac{z-1}{0}=t$，则有

$$x=2t+1,y=t,z=1. \tag{1}$$

将(1)代入平面方程 $x+y+z=2$，得 $t=0$，故交点为 $M(1,0,1)$.

于是点 M 与点 $(3,4,5)$ 的距离为 $d=\sqrt{4+16+16}=6$.

10. 以 $\boldsymbol{c}(6,6,7)$ 为底，以 $\overrightarrow{BA}$ 为另一边作平行四边形，则所求距离就是该平行四边形的高 d，因为该平行四边形的面积为 $S=|\overrightarrow{BA}\times\boldsymbol{c}|=d|\boldsymbol{c}|$，则所求距离为 $d=\dfrac{|\overrightarrow{BA}\times\boldsymbol{c}|}{|\boldsymbol{c}|}$，

而 $\overrightarrow{BA}=(2,0,1)$，$|\boldsymbol{c}|=11$.

$$\overrightarrow{BA}\times\boldsymbol{c}=\begin{vmatrix}\boldsymbol{i}&\boldsymbol{j}&\boldsymbol{k}\\2&0&1\\6&6&7\end{vmatrix}=(-6,-8,12),\ |\overrightarrow{BA}\times\boldsymbol{c}|=2\sqrt{61}.$$

所以 $d=\dfrac{|\overrightarrow{BA}\times\boldsymbol{c}|}{|\boldsymbol{c}|}=\dfrac{2\sqrt{61}}{11}$.

11. 由于 L_1 与 L_2 不平行，因此，过 L_1 作平行于 L_2 的平面 π，则 L_2 上任一点到平面 π 的距离即为 L_1 与 L_2 的最短距离.

过 L_1 且平行于 L_2 的平面 π 的方程可表示为

$$\begin{vmatrix}x&y+2&z-1\\2&-2&1\\4&2&-1\end{vmatrix}=0,\text{即 } 2x+y=0,$$

取 L_2 上点 $(1,3,-1)$，得所求距离为 $d=\dfrac{|3-2|}{\sqrt{4+1}}=\dfrac{1}{\sqrt{5}}$.

12. (1) 两直线的方向向量分别为：$\boldsymbol{s}_1=(4,-3,1)$，$\boldsymbol{s}_2=(-2,9,2)$，

显然不平行，而点 $M_1(9,-2,0)$，$M_2(0,-7,2)$ 分别在两直线上：$\overrightarrow{M_1M_2}=(-9,-5,2)$.

$$\text{因为 } \boldsymbol{s}_1\times\boldsymbol{s}_2\cdot\overrightarrow{M_1M_2}=\begin{vmatrix}4&-3&1\\-2&9&2\\-9&-5&2\end{vmatrix}=245\neq0,$$

所以 $\boldsymbol{s}_1,\boldsymbol{s}_2,\overrightarrow{M_1M_2}$ 不共面，两直线不相交.

(2) 过直线 L_2 作平面 π_2 与直线 L_1 平行，则直线 L_1 上的点 M_1 到平面 π_2 的距离，就是两异面直线的距离.

$$\text{平面 } \pi_2 \text{ 的法线向量 } \boldsymbol{n}=\boldsymbol{s}_1\times\boldsymbol{s}_2=\begin{vmatrix}\boldsymbol{i}&\boldsymbol{j}&\boldsymbol{k}\\4&-3&1\\-2&9&2\end{vmatrix}=(-15,10,30)=5(-3,-2,6);$$

过点 $M_2(0,-7,2)$ 的平面 π_2 方程为：$-3x-2(y+7)+6(z-2)=0$，

即 $3x+2y-6z+26=0$.

$M_1(9,-2,0)$ 到平面 π_2 的距离为：$d=\dfrac{|3\times9+2\times(-2)-6\times0+26|}{\sqrt{9+4+36}}=7$.

另一种方法：$d=|\mathrm{Prj}_n\overrightarrow{M_1M_2}|$，则有：$d=\dfrac{|\boldsymbol{s}_1\times\boldsymbol{s}_2\cdot\overrightarrow{M_1M_2}|}{|\boldsymbol{s}_1\times\boldsymbol{s}_2|}=7$.

(3) 过 $M_1(9,-2,0)$，以 $\boldsymbol{n}_1=\boldsymbol{n}\times\boldsymbol{s}_1=\boldsymbol{s}_1\times\boldsymbol{s}_2\times\boldsymbol{s}_3$ 为法向量作平面 Π_1：

$\boldsymbol{n}_1=(-80,-135,-85)$，$\Pi_1$：$16x+27y+17z-90=0$

过 $M_2(0,-7,2)$，以 $\boldsymbol{n}_2=\boldsymbol{n}\times\boldsymbol{s}_2$ 为法向量作平面 Π_2：

$\boldsymbol{n}_2=(290,30,155)$，$\Pi_2$：$58x+6y+31z-20=0$

平面 Π_1 与平面 Π_2 的交线为：$\begin{cases}16x+27y+17z-90=0\\58x+6y+31z-20=0\end{cases}$，就是两直线的公垂线.

7.4 综合训练题

1. (1)C； (2)D； (3)D； (4)C； (5)A； (6)B； (7)B； (8)B； (9)C； (10)C.

2. (1)13,13； (2)37； (3) $\dfrac{\pi}{2},\dfrac{\pi}{2},\pi$ 或 $\dfrac{\pi}{4},\dfrac{\pi}{4},\dfrac{\pi}{2}$； (4)$2\boldsymbol{a}\times\boldsymbol{c}$； (5)$\pm1$；

(6)$2x+2y-z+9=0$； (7)2；$\pm\dfrac{\sqrt{70}}{2}$； (8)$4x+3y-6z+12=0$；

(9)$\left(-\dfrac{3}{2},1,\dfrac{1}{2}\right)$； (10)2； (11)$x-y+z=0$； (12)$x-3y+z+2=0$.

3. (1)$3\sqrt{21}$；(2)$3\sqrt{6}$；(3)$-\sqrt{\dfrac{7}{34}}$；(4)$4x+2y+z-11=0$；(5)$\dfrac{x-1}{1}=\dfrac{y-2}{3}=\dfrac{z-3}{-10}$.

4. $\dfrac{\pi}{3}$.

5. 要求直线的点向式方程，关键是“定点”(确定直线上一点) 和“定向”(确定直线的方向向量).

我们不妨令 $z=0$，代入原方程组解得 $x=-2,y=0$，即点$(-2,0,0)$ 在直线上.

所求直线的方向向量 $\boldsymbol{s}$ 垂直于两平面的法向量 $\boldsymbol{n}_1=(1,1,1)$ 及 $\boldsymbol{n}_2=(2,-1,3)$. 所以可取

$$\boldsymbol{s}=\boldsymbol{n}_1\times\boldsymbol{n}_2=\begin{vmatrix}\boldsymbol{i}&\boldsymbol{j}&\boldsymbol{k}\\1&1&1\\2&-1&3\end{vmatrix}=4\boldsymbol{i}-\boldsymbol{j}-3\boldsymbol{k},$$

由直线的点向式方程可得所求直线的点向式方程为：

$\dfrac{x+2}{4}=\dfrac{y}{-1}=\dfrac{z}{-3}$,

令$\dfrac{x+2}{4}=\dfrac{y}{-1}=\dfrac{z}{-3}=t$，得直线的参数方程为$\begin{cases}x=-2+4t\\y=-t\\z=-3t\end{cases}$.